MySQL
数据库管理与开发实践教程

◎ 程朝斌 张水波 编著

清华大学出版社
北京

内 容 简 介

本书讲述MySQL数据库的开发技术。全书共分为16章，内容包括MySQL发展历史，与其他数据库的区别，MySQL常用的一些工具，MySQL文件结构、系统架构、存储引擎、数据类型，数据库和表的创建、管理和删除，数据完整性约束，包括主键约束、外键约束、非空约束、默认值约束、唯一约束和自增约束等，数据的单表查询和多表查询，视图和索引，变量、常量、运算符和表达式、运算符的优先级、流程控制语句、自定义函数，系统函数，存储过程和触发器，事务管理，性能优化，日志文件管理、权限管理以及数据的备份和还原。最后一章通过一个综合案例实现网上购物系统的数据库。

本书可作为在校大学生学习使用MySQL的教学资料，也可以作为非计算机专业学生学习MySQL的参考书。

图书在版编目（CIP）数据

MySQL数据库管理与开发实践教程/程朝斌，张水波编著. —北京：清华大学出版社，2016（2019.2重印）
（清华电脑学堂）

ISBN 978-7-302-41863-4

Ⅰ. ①M…　Ⅱ. ①程…　②张…　Ⅲ. ①关系数据库系统-教材　Ⅳ. ①TP311.138

中国版本图书馆CIP数据核字（2015）第251963号

责任编辑：夏兆彦　薛　阳
封面设计：张　阳
责任校对：胡伟民
责任印制：沈　露

出版发行：清华大学出版社
　　网　　址：http://www.tup.com.cn, http://www.wqbook.com
　　地　　址：北京清华大学学研大厦A座　　**邮　　编**：100084
　　社 总 机：010-62770175　　**邮　　购**：010-62786544
　　投稿与读者服务：010-62776969，c-service@tup.tsinghua.edu.cn
　　质量反馈：010-62772015，zhiliang@tup.tsinghua.edu.cn
印 装 者：北京九州迅驰传媒文化有限公司
经　　销：全国新华书店
开　　本：185mm×260mm　　**印　张**：25.5　　**字　数**：640千字
版　　次：2016年6月第1版　　**印　次**：2019年2月第5次印刷
定　　价：49.00元

产品编号：060061-01

前 言

FOREWORD

MySQL 是目前最流行的开放源代码数据库管理系统。它最初由 MySQL AB 公司自由研发，以简单高效可靠的特点，在短短几年的时间就从一个名不见经传的数据库系统，变成一个在 IT 行业几乎是无人不知的开源数据库管理系统。MySQL 被 Oracle 公司收购之后更是发展迅速，目前世界上许多流量较大的网站都依托于 MySQL 来支持其业务关键的应用程序，其中包括 Facebook、Google、Ticketmaster 和 eBay。

本书以目前 MySQL 数据库的最新版本 5.6.19 进行介绍，从实用和实际的角度，深入浅出地分析 MySQL 5.6.19 的各个要点。

1. 本书内容

全书共分为 16 章，主要内容如下。

第 1 章　MySQL 入门知识。本章首先介绍 MySQL 的发展历史、特性、分支版本及与其他数据库的区别，然后简单介绍 MySQL 5.6.19 的功能，重点讲解 MySQL 的实战操作，最后介绍 MySQL 自带的 5 个实用工具。

第 2 章　MySQL 数据库体系结构。本章从 MySQL 的文件结构、系统架构、存储引擎以及内置数据类型等方面来介绍 MySQL 数据库的体系结构。

第 3 章　操作数据库和表。本章介绍数据库和表的相关操作，包括数据库的表的概念、创建和对数据库与表的管理等多个内容。

第 4 章　数据完整性。本章详细介绍在 MySQL 中如何维护数据的完整性，包括主键约束、外键约束、非空约束、默认值约束、唯一约束以及自增约束等内容。

第 5 章　数据查询。本章着重介绍如何使用 SELECT 语句实现数据的简单查询和多表查询，包括获取所有列和部分列、为列指定别名、限制查询结果、交叉连接查询、内连接查询、外连接查询、联合查询和子查询等内容。

第 6 章　数据维护。本章重点介绍数据表中数据的更新操作，包括对数据的插入、修改和删除。插入是向数据表中添加不存在的记录；修改是对已存在的数据进行更新；删除是删除数据表中已存在的记录。

第 7 章　视图与索引。本章从视图开始介绍，包括视图的概念、创建、查看、修改、删除以及使用等内容；然后介绍与索引有关的知识，包括索引的概念、分类、设计原则、创建、修改以及删除等内容。

第 8 章　MySQL 编程。本章将介绍一些与 MySQL 相关的基础编程，包括变量和常量、流程控制语句以及自定义函数等内容。

第 9 章　系统函数。本章将 MySQL 中常用的系统函数进行分类，然后分别介绍聚合函数、数学函数、字符串函数以及日期和时间函数、系统信息函数以及加密和解密函数等多种函数。

第 10 章　存储过程和触发器。本章重点介绍存储过程和触发器两部分内容，包括它们的创建和使用、查看、修改以及删除等内容。

第 11 章　MySQL 事务。本章将详细介绍 MySQL 中的事务编程，包括事务的特征、分类、控制语句以及隔离级别等内容。

第 12 章　MySQL 性能优化。本章介绍的 MySQL 性能优化包括在查询方面的优化、运维方面的优化以及架构方面的优化等内容。

第 13 章　MySQL 日常管理。本章首先介绍 MySQL 中的日志文件的基本管理；接着介绍如何通过 Workbench 界面工具维护日志；然后介绍 MySQL 中常说的“国际化”和“本地化”；最后介绍一些常用的 MySQL 维护管理工具。

第 14 章　MySQL 权限管理。本章着重介绍 MySQL 数据库的权限系统，包括工作原理、MySQL 系统数据库涉及的表、用户管理以及权限管理等内容。

第 15 章　数据备份与还原。本章详细介绍 MySQL 中数据的备份和还原，首先从备份基础开始介绍，包括基础概念、常用备份、表备份和自动备份；然后介绍完全备份，包括 mysqldump 命令的语法、如何实现备份和还原、数据迁移等内容；最后介绍表维护，主要使用 myisamchk 命令工具进行操作。

第 16 章　网上购物系统数据库。本章利用前面介绍的知识点实现网上购物系统的数据库，并通过存储过程等知识实现部分网购功能。

2. 本书特色

本书是针对初、中级用户量身定做，由浅入深地讲解 MySQL 数据库开发的应用。本书采用大量的范例进行讲解，力求通过实际操作帮助读者更容易地使用 MySQL 数据库开发网站和程序。

1）知识点全面

本书紧紧围绕 MySQL 的基础知识开发展开讲解，具有很强的逻辑性和系统性。

2）实例丰富

书中各范例和综合实验案例均经过作者精心设计和挑选，它们大多数都是根据作者在实际开发中的经验总结而来的，涵盖了在实际开发中所遇到的各种场景。

3）应用广泛

对于精选案例，给出详细步骤，结构清晰简明，分析深入浅出，而且有些程序能够直接在项目中使用，避免读者进行二次开发。

4）基于理论，注重实践

本书不仅介绍了理论知识，还介绍了过程。在章节的合适位置安排了综合应用实例或者小型应用程序，将理论应用到实践当中，以加强读者实际应用能力，巩固开发基础和知识。

5）网站技术支持

读者在学习或者工作的过程中，如果遇到实际问题，可以直接登录 www.ztydata.com.cn 与我们取得联系，作者会在第一时间内给予帮助。

3. 读者对象

本书可作为在校大学生学习使用 MySQL 进行课程设计的参考资料，也适合作为高等院校相关专业的教学参考书，还可以作为非计算机专业学生学习 MySQL 数据库的参考书。

（1）MySQL 数据库初学者。

（2）想全面学习 MySQL 数据库的软件开发人员。

（3）MySQL 数据库管理人员。

（4）MySQL 数据库爱好者。

（5）社会培训班学员。

除了封面署名人员之外，参与本书编写的人员还有李海庆、王咏梅、康显丽、王黎、汤莉、倪宝童、赵俊昌、方宁、郭晓俊、杨宁宁、王健、连彩霞、丁国庆、牛红惠、石磊、王慧、李卫平、张丽莉、王丹花、王超英、王新伟等。在编写过程中难免会有漏洞，欢迎读者通过清华大学出版社网站 www.tup.tsinghua.edu.cn 与我们联系，帮助我们改正提高。

编　者

目 录

CONTENTS

第 1 章　MySQL 入门知识

MySQL 最初由 MySQL AB 公司自主研发，以其简单高效可靠的特点，在短短几年的时间就从一个名不见经传的数据库系统，变成一个在 IT 行业几乎是无人不知的开源数据库管理系统。从微型嵌入式系统，到小型 Web 网站，以及大型企业级应用，到处都可见其身影的存在。

MySQL 被 Oracle 公司收购之后，更是发展迅速，目前世界上许多流量较大的网站都依托于 MySQL 来支持其业务关键的应用程序，其中包括 Facebook、Google、Ticketmaster 和 eBay。

本章首先介绍了 MySQL 发展历史、MySQL 特性、分支版本及与其他数据库的区别，然后简单介绍 MySQL 5.6.19 的功能，重点讲解 MySQL 的实战操作，帮助读者快速入门，包括安装 MySQL、启动服务、登录到 MySQL、执行命令以及 MySQL Workbench 的使用，最后介绍了 MySQL 自带的 5 个实用工具。

本章学习要点：

- 了解 MySQL 的主要特性、适用场景和分支版本
- 了解 MySQL 与其他数据库的区别
- 掌握 MySQL 的安装
- 掌握管理 MySQL 服务的方法
- 掌握 MySQL 下的登录和常用命令
- 熟悉 MySQL Workbench 工具的使用
- 了解 MySQL 常用的几个工具

1.1 MySQL 概述

MySQL 是一个关系数据库管理系统（Relational DataBase Management System，RDBMS）。它是一个程序，可以存储大量的种类繁多的数据，并且提供服务以满足任何组织的需要，包括零售商店、大型的商业和政府行业。与 MySQL 同属于 RDBMS 的还有著名的 Oracle、SQL Server 和 DB2。

下面从 MySQL 的历史开始讲解，逐步了解 MySQL 的方方面面。

1.1.1 MySQL 发展历史

MySQL 的历史最早可以追溯到 1979 年，当时有一个名叫 Monty Widenius 的程序员在名为 TcX 的小公司打工，并且使用 BASIC 设计了一个报表工具，使其可以在 4MB 主频和 16KB 内存的计算上运行。没过多久，Monty 又将此工具用 C 语言进行了重写并移

植到了 UNIX 平台。当时，这只是一个很底层的且仅面向报表的存储引擎，名叫 Unireg。

虽然 TcX 这个小公司资源有限，但 Monty 天赋极高，面对资源有限的不利条件，反而更能发挥他的潜能。Monty 总是力图写出最高效的代码，并因此养成了习惯。与 Monty 在一起的其他同事，很少有人能坚持把那些代码持续写到 20 年后，但他做到了。

1990 年，TcX 公司的客户中开始有人要求为他的 API 提供 SQL 支持。当时有人提议直接使用商用数据库，但是 Monty 觉得商用数据库的速度难以令人满意。于是，他直接借助于 MySQL 的代码，将它集成到自己的存储引擎中。令人失望的是，效果并不太令人满意，于是，Monty 雄心大起，决心自己重写一个 SQL 支持。

1996 年，MySQL 1.0 版本发布，可以在小范围内使用。到了 1996 年 10 月，MySQL 3.11.1 版本发布，没有 2.x 版本，最开始只提供了 Solaris 下的二进制版本。一个月后，Linux 版本出现了。这时的 MySQL 还非常简陋，除了在一个表上做一些 INSERT、UPDATE、DELETE 和 SELECT 操作外，没有其他更多的功能。

紧接下来的两年里，MySQL 被依次移植到各个平台。它在发布时采用的许可策略有些与众不同：允许免费使用，但是不能将 MySQL 与自己的产品绑定在一起发布。如果想一起发布，就必须使用特殊许可，这就意味着用户要花“银子”。当然，商业支持也是需要花“银子”的。其他方面用户怎么用都可以，这种特殊许可为 MySQL 带来了一些收入，从而为它的持续发展打下了良好的基础。

MySQL 关系型数据库于 1998 年 1 月发行第一个版本。它使用系统核心的多线程机制提供完全的多线程运行模式，提供了面向 C、C++、Eiffel、Java、Perl、PHP、Python 以及 Tcl 等编程语言的编程接口（API）。支持多种字段类型，并提供了完整的操作符支持。

1999—2000 年，MySQL AB 公司在瑞典成立。Monty 与 Sleepycat 合作开发出了 Berkeley DB（简称为 BDB）引擎，由于 BDB 支持事务处理，所以 MySQL 从此开始支持事务处理了。

2000 年 4 月，MySQL 对旧的存储引擎 ISAM 进行了整理，将其命名为 MyISAM。2001 年，Heikki Tuuri 向 MySQL 提出建议，希望能集成他的存储引擎 InnoDB，这个引擎同样支持事务处理，还支持行级锁。该引擎之后被证明是最为成功的 MySQL 事务存储引擎。

2003 年 12 月，MySQL 5.0 版本发布，提供了视图和存储过程等功能。

2008 年 1 月，MySQL AB 公司被 Sun 公司以 10 亿美金收购，MySQL 数据库进入 Sun 时代。在 Sun 时代，Sun 公司对其进行了大量的推广、优化和 Bug 修复等工作。

2008 年 11 月，MySQL 5.1 发布，它提供了分区、事件管理，以及基于行的复制和基于磁盘的 NDB 集群系统，同时修复了大量的 Bug。

2009 年 4 月，甲骨文以 74 亿美元收购 Sun 公司，自此 MySQL 数据库进入 Oracle 时代，而其第三方的存储引擎 InnoDB 早在 2005 年就被甲骨文收购。

2010 年 12 月，MySQL 5.5 发布，其主要新特性包括半同步的复制及对 SIGNAL/RESIGNAL 的异常处理功能的支持，最重要的是 InnoDB 存储引擎终于变为当前 MySQL 的默认存储引擎。MySQL 5.5 不是时隔两年后的一次简单的版本更新，而是加强了 MySQL 各个方面在企业级的特性。甲骨文公司同时也承诺 MySQL 5.5 和未来版本仍是采用 GPL 授权的开源产品。

2013 年 2 月，甲骨文公司宣布 MySQL 5.6 正式版发布，首个正式版本号为 5.6.10。2014 年 5 月 30 日，发布了 MySQL 5.6.19 版本，这是目前最新的版本，本书介绍的 MySQL 数据库就是使用 5.6.19 版本。

1.1.2 MySQL 主要特性

下面罗列了 MySQL 数据库的一些主要特性。

（1）内部构件和可移植性。

（2）使用 C 和 C++编写。

（3）用众多不同的编译器进行了测试。

（4）能够工作在众多不同的平台上。

（5）使用 GNU Automake、Autoconf 和 Libtool 进行移植。

（6）提供了用于 C、C++、Eiffel、Java、Perl、PHP、Python、Ruby 和 Tcl 的 API。

（7）采用核心线程的完全多线程，如果有多个 CPU，它能方便地使用这些 CPU。

（8）提供了事务性和非事务性存储引擎。

（9）使用了极快的“B 树”磁盘表（MyISAM）和索引压缩。

（10）添加另一个存储引擎相对简单。如果打算为内部数据库添加一个 SQL 接口，该特性十分有用。

（11）极快的基于线程的内存分配系统。

（12）通过使用优化的“单扫描多连接”，能实现极快的连接。

（13）存储器中的哈希表用作临时表。

（14）SQL 函数是使用高度优化的类库实现的，运行很快。通常，在完成查询初始化后，不存在存储器分配。

（15）服务器可作为单独程序运行在客户/服务器联网环境下。它也可作为库提供，可嵌入（链接）到独立的应用程序中。这类应用程序可单独使用，也能在网络环境下使用。

（16）众多列类型：带符号/无符号整数，1、2、3、4、8 字节长，FLOAT，DOUBLE，CHAR，VARCHAR，TEXT，BLOB，DATE，TIME，DATETIME，TIMESTAMP，YEAR，SET，ENUM，以及 OpenGIS 空间类型。

（17）在 SELECT 查询的 WHERE 子句中，提供完整的操作符和函数支持。例如：

```
mysql> SELECT CONCAT(first_name, ' ', last_name)
    -> FROM citizen
    -> WHERE income/dependents > 10000 AND age > 30;
```

（18）对 SQL GROUP BY 和 ORDER BY 子句的全面支持。支持聚合函数 COUNT()，COUNT()，AVG()，STD()，SUM()，MAX()和 MIN()等。

（19）支持 LEFT OUTER JOIN 和 RIGHT OUTER JOIN，采用标准的 SQL 和 ODBC 语法。

（20）MySQL 的 SHOW 命令可用于检索关于数据库、数据库引擎、表和索引的信息。EXPLAIN 命令可用于确定优化器处理查询的方式。

（21）函数名与表名或列名不冲突。例如，ABS 是有效的列名。唯一的限制在于，调用函数时，函数名和随后的符号“(”之间不得有空格。

（22）十分灵活和安全的权限和密码系统，允许基于主机的验证。连接到服务器时，所有的密码传输均采用加密形式，从而保证了密码安全。

（23）处理大型数据库：有用户使用 MySQL 服务器包含 5 千万条记录的数据库，有些用户将 MySQL 用于包含 60 000 个表和约 50 亿行的数据库。

（24）每个表可支持高达 64 条索引（在 MySQL 4.1.2 之前为 32 条）。每条索引可由 1～16 个列或列元素组成。最大索引宽度为 1000 字节（在 MySQL 4.1.2 之前为 500）。索引可使用具备 CHAR、VARCHAR、BLOB 或 TEXT 列类型的列前缀。

（25）在任何平台上，客户端可使用 TCP/IP 协议连接到 MySQL 服务器。在 Windows 系统的 NT 系列中（NT、2000、XP 或 2003），客户端可使用命名管道进行连接。在 UNIX 系统中，客户端可使用 UNIX 域套接字文件建立连接。

（26）对数种不同字符集的全面支持，包括 latin1 (cp1252)、german、big5、ujis 等。例如，在表名和列名中允许使用斯堪的纳维亚字符 ‘å’、‘ä’ 和 ‘ö’。从 MySQL 4.1 开始，提供了 Unicode 支持。

（27）所有数据均以所选的字符集保存。正常字符串列的比较不区分大小写。

（28）MySQL 服务器提供了对 SQL 语句的内部支持，可用于检查、优化和修复表。通过 mysqlcheck 客户端，可在命令行上使用这类语句。MySQL 还包括 myisamchk，这是一种很快的命令行实用工具，可用于在 MyISAM 表上执行这类操作。

（29）对于所有 MySQL 程序，均能通过“--help”或“-?”选项调用，以获取联机帮助信息。

1.1.3 MySQL 适用场景

目前，MySQL 的使用用户已经达千万级别了，其中不乏企业级用户。可以说是目前最为流行的开源数据库管理系统软件了。任何产品都不可能是万能的，也不可能适用于所有的应用场景。下面列举了 MySQL 最常用到的 4 种场景。

1. Web 网站系统

Web 站点是 MySQL 最大的客户群，也是 MySQL 发展史上最为重要的支撑力量。MySQL 之所以能成为 Web 站点开发者们最青睐的数据库管理系统，是因为 MySQL 数据库的安装和配置都非常简单，使用过程中的维护也不像很多大型商业数据库管理系统那么复杂，而且性能出色。还有一个非常重要的原因就是 MySQL 是开放源代码的，完全可以免费使用。

2. 日志记录系统

MySQL 数据库的插入和查询性能都非常高效，如果设计得较好，在使用 MyISAM

存储引擎的时候，两者可以做到互不锁定，达到很高的并发性能。所以，对需要大量的插入和查询日志记录的系统来说，MySQL 是非常不错的选择。比如处理用户的登录日志、操作日志等，都是非常适合的应用场景。

3. 数据仓库系统

随着现在数据仓库数据量的飞速增长，需要的存储空间越来越大。数据量的不断增长，使数据的统计分析变得越来越低效，也越来越困难。怎么办？这里有几个主要的解决思路，一个是采用昂贵的高性能主机以提高计算性能，用高端存储设备提高 I/O 性能，效果理想，但是成本非常高；第二个就是通过将数据复制到多台使用大容量硬盘的廉价服务器上，以提高整体计算性能和 I/O 能力，效果尚可，存储空间有一定限制，成本低廉；第三是通过将数据水平拆分，使用多台廉价的服务器和本地磁盘来存放数据，每台机器上面都只有所有数据的一部分，解决了数据量的问题，所有服务器一起并行计算，也解决了计算能力问题，通过中间代理程序调配各台机器的运算任务，既可以解决计算性能问题又可以解决 I/O 性能问题，成本也很低廉。

在上面的三个方案中，第二和第三个的实现 MySQL 都有较大的优势。通过 MySQL 的简单复制功能，可以很好地将数据从一台主机复制到另外一台，不仅在局域网内可以复制，在广域网同样可以。当然，很多人可能会说，其他的数据库同样也可以做到，不是只有 MySQL 有这样的功能。确实，很多数据库同样能做到，但是 MySQL 是免费的，其他数据库大多都是按照主机数量或者 CPU 数量来收费，当我们使用大量的服务器的时候，授权费用相当惊人。第一个方案，基本上所有数据库系统都能够实现，但是其高昂的成本并不是每一个公司都能够承担的。

4. 嵌入式系统

嵌入式环境对软件系统最大的限制是硬件资源非常有限，在嵌入式环境下运行的软件系统，必须是轻量级低消耗的软件。MySQL 在资源使用方面的伸缩性非常大，可以在资源非常充裕的环境下运行，也可以在资源非常少的环境下正常运行。它对于嵌入式环境来说，是一种非常合适的数据库系统，而且 MySQL 有专门针对于嵌入式环境的版本。

1.1.4 MySQL 分支版本

在 MySQL 的发展中最初由 MySQL AB 公司开发，之后被 Sun 公司收购，再被 Oracle 公司收购。另外，由于 MySQL 开源代码的原因，市场上出现了很多 MySQL 的分支版本，本节将介绍其中最有代表性的三个，分别是 Percona Server、MariaDB 和 Drizzle。

1. Percona Server

Percona Server 是一个与 MySQL 向后兼容的替代品，它尽可能不改变 SQL 语法、客户/服务器协议和硬盘上的文件格式。任何运行在 MySQL 上的数据库都可以运行在 Percona Server 上而不需要修改。切换到 Percona Server 的方法也很简单，只需关闭 MySQL 和启动 Percona Server 即可，而不需要导出和重新导入数据，反之切换回去也不麻烦。

Percona Server 只对标准 MySQL 中需要并且可以产生显著好处的地方做了改进，并且努力与原版保持尽可能的相同。

Percona Server 包括 Percona XtraDB 存储引擎，即改进版本的 InnoDB。这同样是一个向后兼容的替代品。例如，如果要创建一个使用 InnoDB 存储引擎的表，Percona Server 能自动识别并用 XtraDB 替代之。

Percona Server 的一些改进已经包括在最新的 MySQL 版本中，许多其他改进也只是稍做修改而重新实现。因此，Percona Server 也被称为 MySQL 新特性的“抢鲜”版本。

2．MariaDB

在 Sun 收购 MySQL 之后，MySQL 的创建者之一 Monty 离开 Sun 公司，随后成立 Monty 公司创建了 MariaDB。MariaDB 的目标是社区开发，Bug 修改和许多的新特性（特别是与社区开发的特性相集成）。

与 Percona Server 相比，MariaDB 包括更多对服务器的扩展。例如，有许多是对查询优化和复制的改变。它使用 Aria 存储引擎取代了 MyISAM 来存储内部临时表。同时也包括很多社区的引擎，如 SphinxSE 和 PBXT。

MariaDB 是原版 MySQL 的超集，因此已有的系统不需要修改就可以运行，就像 Percona Server 一样。然而，MariaDB 更适用一些特定的场景，例如复杂的子查询或多表关联。

3．Drizzle

Drizzle 是真正的 MySQL 分支，而非只是一个变种或者增强版本。它并不与 MySQL 兼容，尽管区分上还并不是太大。在许多场合并不能简单地将 MySQL 替换为 Drizzle，因为后者对 SQL 语法的修改太大了。

Drizzle 创建于 2008 年，致力于更好地服务 MySQL 用户。其创建目标是更好地满足网页应用的核心功能。与 MySQL 相比，它更加简单，选择更少。例如，只能使用 utf8 作为字符集，并且只有一个类型的 BLOB，主要针对 64 位硬件编译，且支持 IPv6 网络等。

Drizzle 数据库服务器的一个关键目标是消除 MySQL 上的异常和遗留的行为。例如，声明了 NOT NULL 列但发现数据库列中存储了 NULL。MySQL 上一些不明显或者复杂的特性被删除，例如触发器和查询缓存等。

在代码层，Drizzle 构建于一个精简内核和插件的微核心架构之上。服务器的核心比起 MySQL 已经精简许多。几乎任何东西都是以插件形式使用。Drizzle 使用了诸如 Boost 的标准开源库，并遵从代码、架构和 API 方面的标准。

目前，Drizzle 虽然已经在某些产品环境下部署但还没有广泛应用。Drizzle 项目的理念是抛弃向后兼容的束缚，而这意味着相对于迁移一个已有的应用而言，它更适合新的应用开发。

1.2 MySQL 与其他数据库的区别

前面简单介绍了 MySQL 的发展历程，从中了解了 MySQL 快速崛起的必要条件。接下来，通过 MySQL 在功能、性能，以及其易用性方面和其他主流的数据库做一个基本的比较，来了解一下 MySQL 成为当下最流行的开源数据库软件的充分条件。

1.2.1 功能比较

作为一个成熟的数据库管理系统，要满足各种各样的商业需求，功能肯定是会被列入重点参考对象的。MySQL 虽然在早期版本的时候功能非常简单，只能做一些很基础的结构化数据存取操作，但是经过多年的改进和完善之后，已经基本具备了所有通用数据库管理系统所需要的相关功能。

MySQL 基本实现了 ANSI SQL 92 的大部分标准，仅有少部分并不经常被使用的部分没有实现。比如在字段类型支持方面，另一个著名的开源数据库 PostGreSQL 支持的类型是最完整的，而 Oracle 和其他一些商业数据库，比如 DB2、Sybase 等，较 MySQL 来说也要相对少一些。在事务支持方面，虽然 MySQL 的存储引擎 InnoDB 实现了 SQL 92 标准所定义的 4 个事务隔离级别的全部，只是在实现的过程中每一种的实现方式可能有一定的区别，这在当前商用数据库管理系统中都不多见。比如，大名鼎鼎的 Oracle 数据库就仅实现了其中的两种（Serializable 和 Read Commited）。

不过在可编程支持方面，MySQL 和其他数据库相比还有一定的差距，虽然最新版的 MySQL 已经开始提供一些简单的可编程支持，如开始支持 Procedure、Function、Trigger 等，但是所支持的功能还比较有限，和其他几大商用数据库管理系统相比，还存在较大的不足。如 Oracle 有强大的 PL/SQL，SQL Server 有 T-SQL，PostGreSQL 也有功能很完善的 PL/PGSQL 的支持。

整体来说，虽然在功能方面 MySQL 数据库作为一个通用的数据库管理系统暂时还无法和 PostGreSQL 相比，但是其功能完全可以满足通用商业需求，提供足够强大的服务。况且不管是哪一种数据库，在功能方面都不敢声称自己比其他任何一款商用通用数据库管理系统都强，甚至都不敢声称自己拥有某一数据库产品的所有功能。因为每一款数据库管理系统都有其自身的优势，但也有其自身的限制，这只能代表每一款产品所倾向的方向不一样而已。

1.2.2 易用性比较

从系统易用性方面来比较，每一个使用过 MySQL 的用户都能够明显地感觉出 MySQL 在这方面与其他通用数据库管理系统之间的优势所在。尤其是相对于一些大型的商业数据库管理系统如 Oracle、DB2 以及 Sybase 来说，对于普通用户来说，操作的难易程度明显不处于一个级别。MySQL 一直都奉行简单易用的原则，也正是靠这一特性，吸引了大量的初级数据库用户最终选择了 MySQL。也正是这一批又一批的初级用户，在经过了几年时间的成长之后，很多都已经成为高级数据库用户，而且也一直都在伴随着 MySQL 成长。

从安装方面来说，MySQL 安装包大小只有 100MB 左右，这与几大商业数据库相比完全不在一个数量级。安装难易程度也要比 Oracle 等商业数据库简单很多，不论是通过已经编译好的二进制分发包还是源码编译安装，都非常简单。

再从数据库创建来比较，MySQL 只需要一个简单的 CREATE DATABASE 命令，即可在瞬间完成建库的动作，而 Oracle 数据库与之相比，创建一个数据库简直就是一个非常庞大的工程。当然，不可否认二者数据库的概念存在一定的差别。

1.2.3 性能比较

性能方面，一直是 MySQL 引以为自豪的一个特点。在权威的第三方评测机构多次测试较量各种数据库 TPCC 值的过程中，MySQL 一直都有非常优异的表现，而且在其他所有商用的通用数据库管理系统中，只有 Oracle 数据库能够与其一较高下。至于各种数据库详细的性能数据，可以通过网上第三方评测机构公布的数据了解具体细节信息。

MySQL 一直以来奉行一个原则，那就是在保证足够的稳定性的前提下，尽可能地提高自身的处理能力。也就是说，在性能和功能方面，MySQL 第一考虑的要素主要还是性能，MySQL 希望自己是一个在满足客户 99%的功能需求的前提下，花掉剩下的大部分精力来在性能方面努力，而不是希望自己成为一个比其他任何数据库的功能都要强大的数据库产品。

1.2.4 可靠性比较

关于可靠性的比较，并没有太多详细的评测比较数据，但是从目前业界的交流中可以了解到，几大商业厂商的数据库的可靠性肯定是没有太多值得怀疑的。但是作为开源数据库管理系统的代表，MySQL 也有非常优异的表现，而并不是像有些人心中所怀疑的那样，因为不是商业厂商所提供，就会不够稳定不够健壮。从 Taobao 和 Baidu 这样大型的网站都是使用 MySQL 数据库，就可以看出 MySQL 在稳定可靠性方面，并不会比商业厂商的产品有太多逊色。而且排在全球前 10 位的大型网站里面，大部分都有部分业务是运行在 MySQL 数据库环境上，如 Yahoo、Google 等。

总地来说，MySQL 数据库在发展过程中一直有自己的三个原则：简单、高效、可靠。从上面的简单比较中也可以看出，在 MySQL 自己的所有三个原则上面，没有哪一项是做得不好的。而且，虽然功能并不是 MySQL 自身所追求的三个原则之一，但是考虑到当前用户量的急剧增长，用户需求越来越多样化，MySQL 也不得不在功能方面做出大量的努力，来不断满足客户的新需求。比如最近版本中出现的 Partition 功能，自主研发的 Maria 存储引擎在功能方面的扩展支持等，都证明了 MySQL 在功能方面也开始了不懈的努力。

1.3 MySQL 5.6.19 功能概述

截止本书编写时 MySQL 发布的最新版本是 5.6.19，处于测试的最新版本是 5.6.21。MySQL 5.6.19 在原来版本的基础上改进并新增了许多特性，例如，在 Linux 上的性能提升多达 230%，更加快速地执行查询、增强的诊断功能，通过基于策略的密码管理和实施来确保安全性，复制多线程从而可提高功能，InnoDB 可以更加高效地处理事务和只读负载等。下面从 4 个方面简单介绍了 MySQL 5.6.19 数据库中的新增和增强功能。

1. 增强的性能架构（PERFORMANCE_SCHEMA）

新检测让用户能够更好地监控资源最密集的查询、对象、用户和应用程序，也可以通过查询、线程、用户、主机和对象来实现新汇总统计信息概要，增强功能允许更简便的默认配置，并且只耗费不到 5%的成本。

2. 通过提升 MySQL 优化诊断来提供更好的查询执行时间和诊断功能

通过提升 MySQL 优化诊断来提供更好的查询执行时间和诊断功能，这主要表现在以下三个方面。

（1）子查询优化。通过在执行之前优化子查询来简化查询开发，新效率体现在查询执行时间内，显著提升结果集的选择、分类并返回交付。

（2）新增的指数条件下推（Index Condition Pushdown）和批量密钥访问（Batch Key Access）功能可提高选择查询量高达 280 倍。

（3）增强的优化诊断功能。通过 EXPLAIN 进行 INSERT、UPDATE 和 DELETE 操作。EXPLAIN 计划以 JSON 格式输出，提供更精确的优化指标和更好的可读性，优化跟踪（Optimizer Traces）可跟踪优化决策过程。

3. 通过增强 InnoDB 存储引擎来提高性能处理量和应用可用性

从 MySQL 5.5 版本开始，InnoDB 已经成为默认的存储引擎。通过增强 InnoDB 存储引擎来提高性能处理量和应用可用性，这主要表现在以下 4 个方面。

（1）提升处理和只读量高达 230%。通过 InnoDB 重构以尽量减少传统线程，冲洗和清理互斥冲突和瓶颈，从而在高负重 OLTP 系统上实现更好的并发性，进而针对只读工作负载和处理，显著提高处理量。

（2）提高可用性。在线 DDL 操作可使数据库管理员添加索引和执行表变更，并且应用程序仍可用于更新。

（3）InnoDB 全文搜索。允许开发人员在 InnoDB 表上建立全文索引，以表示基于文本的内容，并加快单词和短语的应用搜索。

（4）简单和关键值查找。通过熟悉的 Memcached API 对 InnoDB 的灵活 NoSQL 访问，提供了 InnoDB 数据的简单和关键值查找。用户可以实现在同一个数据库关键值操作和复杂的 SQL 查询的“双赢”效应。

4. 通过 MySQL 复制的新功能以提高扩展性和高可用性

通过 MySQL 复制的新功能以提高扩展性和高可用性，这主要体现在以下三个方面。

（1）自我修复功能的复制集群。新增的全球处理识别和使用程序（Global Transaction Identifiers and Utilities）能更加方便地实现自动检测并从故障中恢复。碰撞安全复制功能（Crash-Safe Replication）使二进制日志和从动装载，在崩溃和恢复复制的情况下，能自动恢复到复制流的正确位置上，而无须管理员干预。通过自动检测和警告错误 Checksums 可跨集群维护数据的完整性。

（2）高性能复制集群。通过多线程的从动装置，Binlog 组提交和基于行复制的优化使复制能力提高了 5 倍，让用户在向外扩展其跨商品系统的工作负载时，能够最大限度地提高复制性能和效率。

（3）时间延迟复制，这能够防止发生在主机的操作失误，例如，意外删除表格。

1.4 实验指导——在 Windows 下安装 MySQL

MySQL 从 5.6 以后，其安装和配置过程与原来版本发生了很大的变化。在安装之前，需要到 MySQL 官方网站（http://dev.mysql.com/downloads）找到要安装的数据库版本并进行下载。由于 MySQL 支持多种操作系统，在下载时要注意选择合适的安装文件。

下面以 MySQL 5.6.19 版本的 Windows 版本安装为例进行介绍。

（1）双击下载的 MySQL 安装程序，在这里是 mysql-installer-community-5.6.19.0.msi，此时会显示安装的欢迎界面，如图 1-1 所示。

（2）单击 Install MySQL Products 链接进入用户许可协议窗口，如图 1-2 所示。

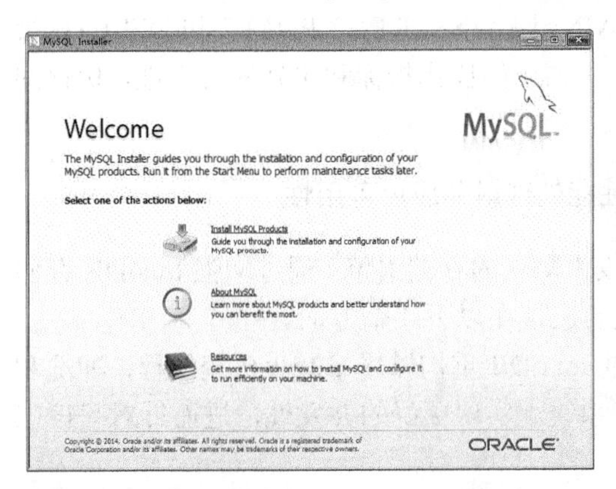

图 1-1 安装 MySQL 时弹出窗口

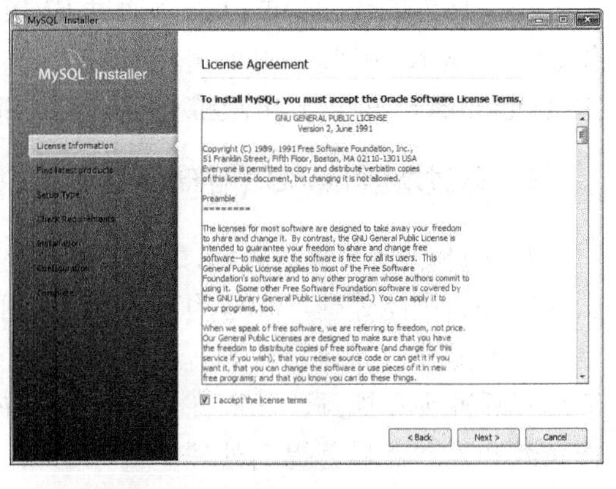

图 1-2 用户许可协议窗口

（3）在图 1-2 中选择 I accept the license terms 选项表示接受用户安装时的许可协议，然后单击 Next 按钮进入 MySQL 查找最新版本界面，如图 1-3 所示。

（4）启用 Skip the check for updates 项表示跳过更新检查，读者可以根据实际情况进行操作。单击 Next 按钮进入选择安装类型界面，如图 1-4 所示。

在图 1-4 中的左侧提供了 5 种安装类型界面，默认选中 Developer Default 该项。除了该项外还包括 4 项，Server only 表示仅作为服务器，Client only 表示仅作为客户端，Full 表示完全安装类型，Custom 表示自定义安装类型。

另外，该图右侧 Installation Path 表示应用程序安装的路径，Data Path 表示数据库中数据文件的路径，默认情况下安装在 C 盘，用户可以根据实际情况选择其他磁盘，这里选择为 D 盘。

（5）在这里选择 Custom 选项使用自定义方式安装，并指定安装路径完成后单击 Next 按钮进入功能和组件选择界面，如图 1-5 所示。

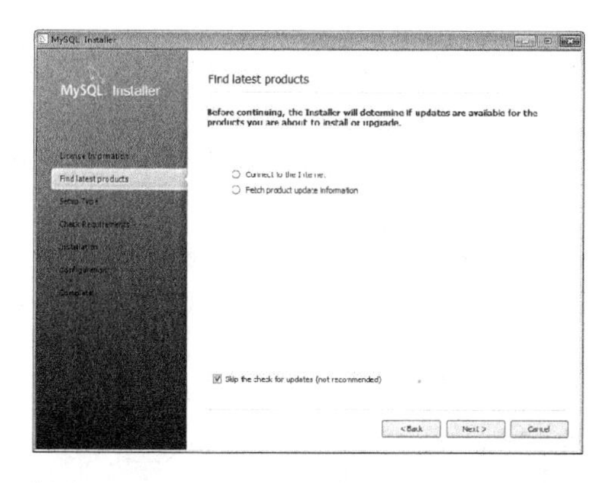

图 1-3　查找最新版本界面

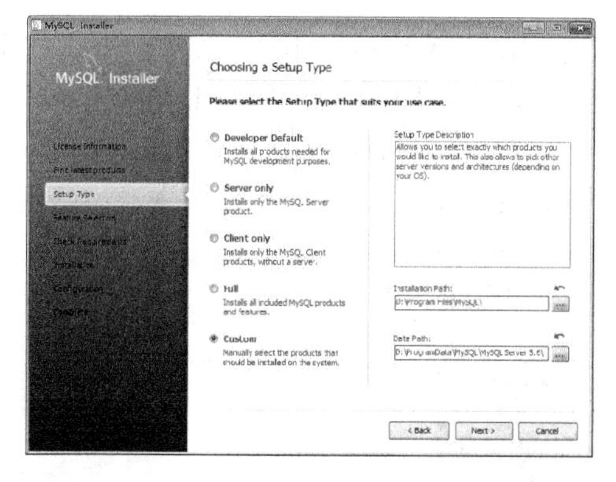

图 1-4　选择安装类型设置界面

在左侧选择区中启用相应复选框表示安装该功能，同时在右侧的选项区可以选择该功能对应的各个组件。

（6）要安装的功能和组件选择完成之后单击 Next 按钮进入安装前必备组件的依赖检测界面。在这里会检测当前系统软件，并根据所要安装的功能和组件罗列需要安装的组件，如图 1-6 所示。

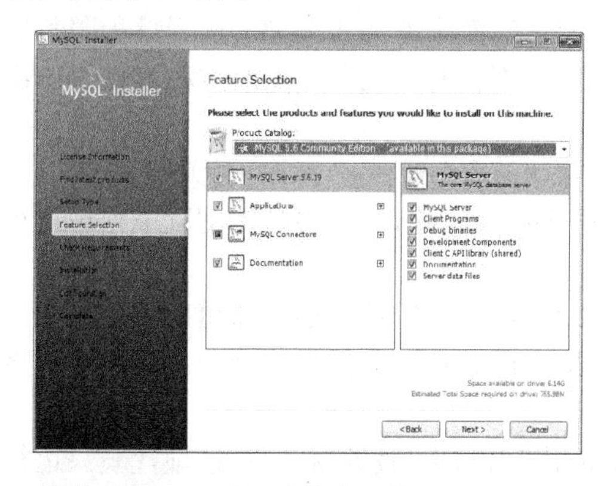

图 1-5　选择功能和组件

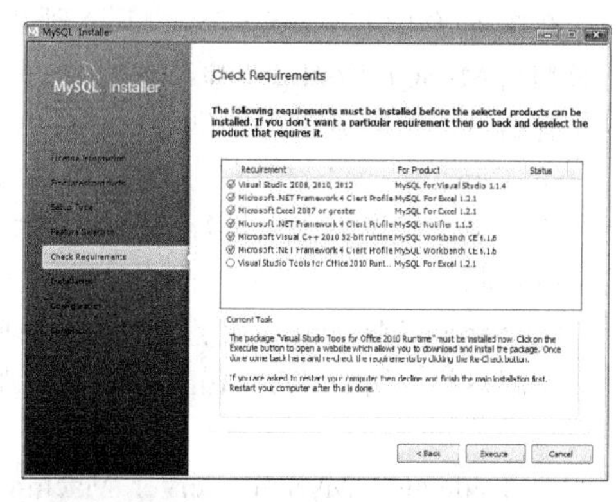

图 1-6　检测依赖关系界面

（7）单击 Execute 按钮进入将要安装或更新的组件界面，如图 1-7 所示。如图 1-8 所示为组件安装时的界面效果。

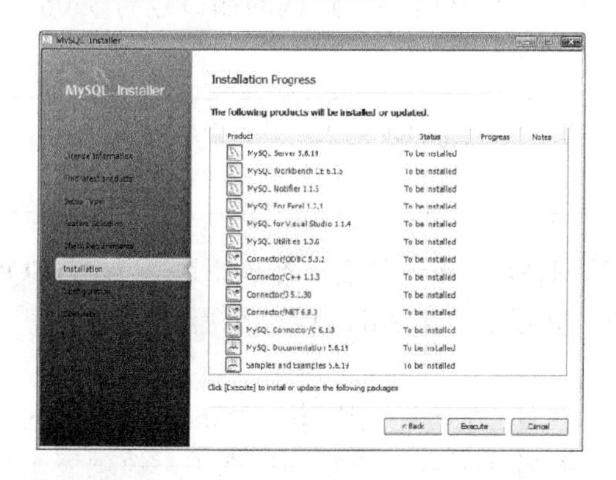

图 1-7　将要安装或更新的组件

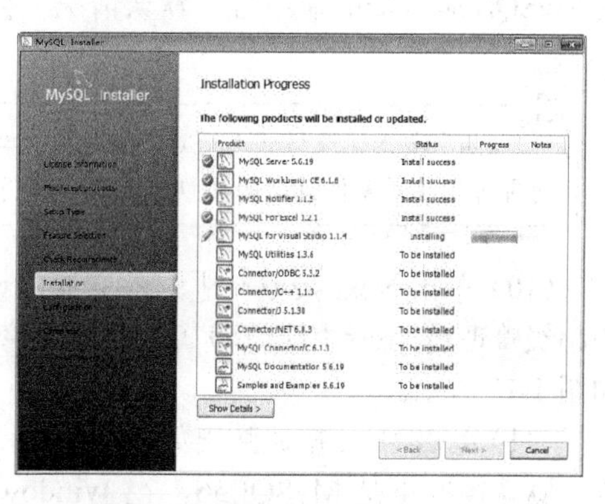

图 1-8　组件安装时的界面

（8）待 MySQL 的所有组件全部安装完成后单击 Next 按钮进行下一步操作，这时会进入服务器配置界面，如图 1-9 所示。

（9）单击 Next 按钮会弹出如图 1-10 所示的界面。作为初学者，选择默认项不再更改就足够了，这样占用系统的资源不会很多。

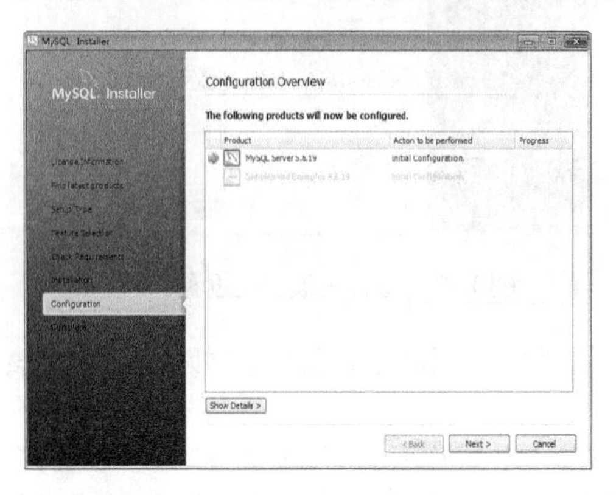

图 1-9　MySQL 服务器配置界面

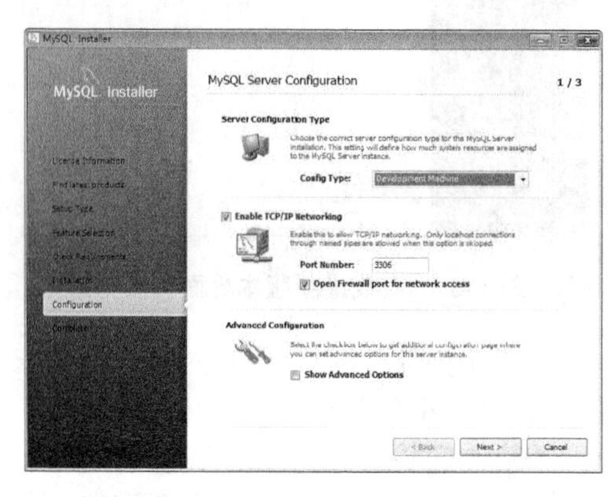

图 1-10　MySQL Server 配置界面

在图 1-10 中的 Config Type 下拉列表用来配置当前服务器的类型，选择哪种服务器将影响到 MySQL Configuration Wizard（配置向导）对内存、硬盘和安装过程或使用的决策。有如下三种服务器类型供选择。

① Developer Machine（开发机器）。这是默认的服务器类型，该项代表典型个人用桌面工作站。假设机器上运行着多个桌面应用程序，将 MySQL 服务器配置成使用最少的系统资源。

② Server Machine（服务器）。该选项代表服务器，MySQL 服务器可以同其他应用程序一起运行，例如 FTP、Email 和 Web 服务器，MySQL 服务器配置使用适当比例的系统资源。

③ Dedicated MySQL Server Machine（专用 MySQL 服务器）。该选项代表只运行 MySQL 服务的服务器。假设没有运行其他的应用程序，将 MySQL 服务器配置成使用所有可用系统资源。

通过 Enable TCP/IP Networking 复选框可以启用或禁用 TCP/IP 网络，并配置用来连接 MySQL 服务器的端口号。默认情况下会启用 TCP/IP 网络，默认的端口号为 3306。

注意

如果要想更改访问 MySQL 使用的端口，直接在 Port Number 文本输入框中输入新的端口号即可，但是要保证新的端口号没有被占用。

（10）单击 Next 按钮在进入的界面中设置 MySQL 账户信息。在这里需要为 MySQL 的超级管理员（root 用户）设置一个登录密码，也可以单击 Add User 按钮添加新的用户，如图 1-11 所示。

（11）单击 Next 按钮弹出如图 1-12 所示的界面，在该界面中输入 Windows 服务的名称，默认情况下是 MySQL56。在 Windows 服务名称下有一个复选框选项，该项表示系统开机是否启动 MySQL 服务，默认为启用状态。

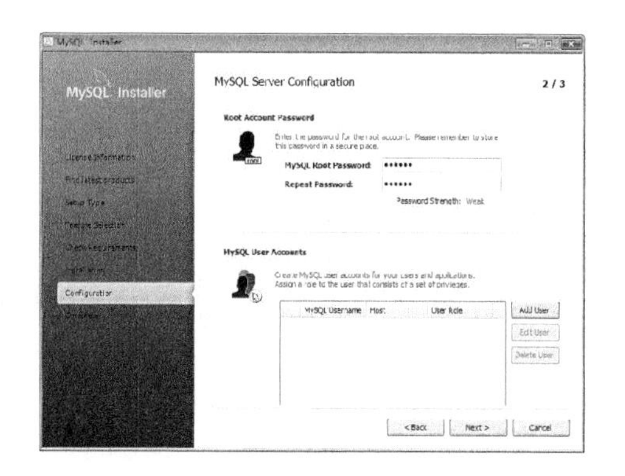

图 1-11 为 root 用户设置密码

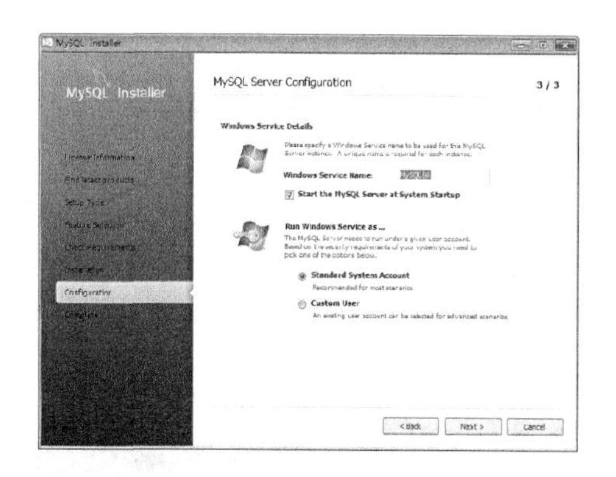

图 1-12 向 Windows 添加服务

（12）单击 Next 按钮将开始 MySQL 的配置过程，完成之后进入如图 1-13 所示界面。单击 Next 按钮开始安装 MySQL 数据库的示例数据库。

（13）示例数据库安装完成之后单击 Next 按钮进入最终的安装完成界面，如图 1-14 所示。

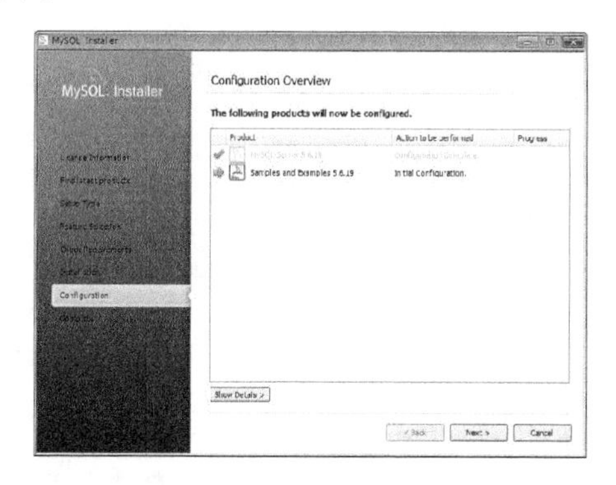

图 1-13 MySQL 安装和配置完成界面

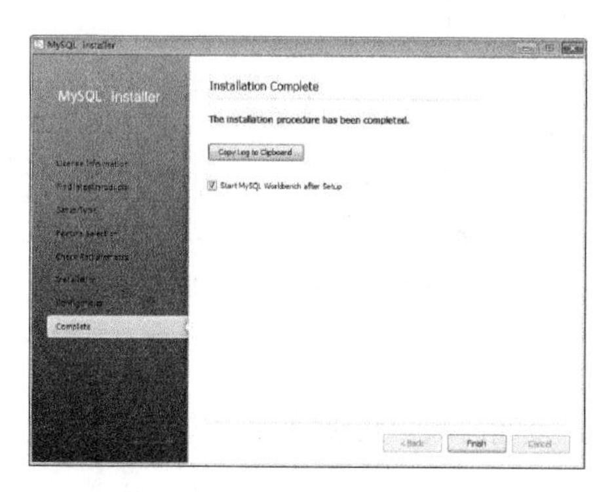

图 1-14 MySQL 安装和配置完成界面

（14）在如图 1-14 所示界面中有一个 Start MySQL Workbench after Setup 复选框，该复选框默认处于启用状态表示安装完成之后自动 MySQL Workbench 程序。该程序是 MySQL 的图形化管理工具，如图 1-15 所示为该程序启动之后查看版本时的运行效果。

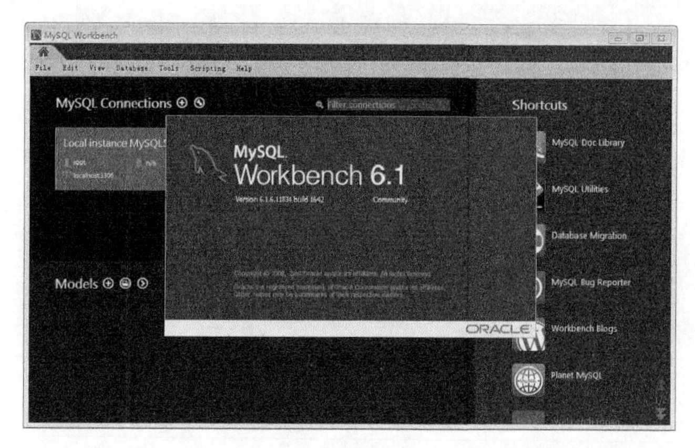

图 1-15 查看 MySQL Workbench 版本

1.5 MySQL 基本操作

在 1.4 节中详细介绍了 MySQL 的安装过程。安装过程结束之后的第一件事就是对安装 MySQL 是否成功进行验证。通常情况下，如果安装过程中没有出现错误提示，即可以认为这次是安装成功的。本节将介绍最简单的验证安装的方法，以及如何启动和配置服务器。

1.5.1 启动和登录 MySQL

MySQL 数据库分为客户端和服务器端，只有服务器端服务开启以后，才可以通过客户端登录 MySQL 数据库。下面首先介绍启动 MySQL 服务器的方法。

【范例 1】

默认情况下 MySQL 安装完成之后会自动启动 MySQL 服务。也可以通过命令启动，命令语法如下：

```
net start|stop mysql 服务名称
```


上述命令中的 start 和 stop 分别表示启动和停止，只能使用其中之一；mysql 服务名称是指安装 MySQL 时指定的名称，默认值是 MySQL56。

启动 MySQL 服务命令如下：

```
net start MySQL56
```

停止 MySQL 服务命令如下：

```
net stop MySQL56
```

除了命令方式之外，还可以打开系统的【服务】管理界面对 MySQL 服务进行管理。如图 1-16 所示为右击 MySQL56 服务名称弹出快捷菜单的效果，在这里可以启动、停止、暂停、重新启动和查看服务的属性。

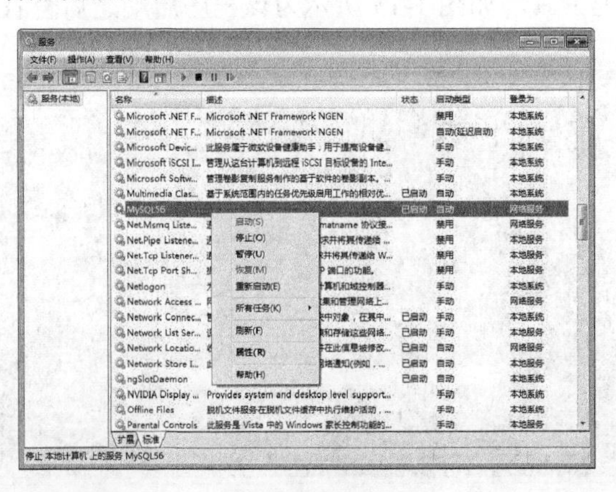

图 1-16 管理 MySQL56 服务

从图 1-16 中可以看到，当前 MySQL 服务处于启动状态，启动类型是随 Windows 系统自动启动，登录方式为网络服务。

【范例 2】

MySQL 服务启动以后，开发者可以通过客户端来登录 MySQL 数据库。登录 MySQL 数据库有两种方式：一种是使用命令，另一种是使用 MySQL Workbench 工具。

使用命令登录到 MySQL 服务器的方法是从系统的【开始】菜单中找到 MySQL 的程序组，然后展开 MySQL Server 5.6 列表选择 MySQL 5.6 Command Line Client – Unicode 工具，如图 1-17 所示。此时会进入 Windows 的命令提示符窗口，窗口标题为“MySQL 5.6 Command Line Client – Unicode”。在窗口中输入安装 MySQL 时指定的密码，按下回车键即可进行连接，如果连接成功将显示欢迎信息，并显示当前 MySQL 的版本号，同时显示有 mysql>提示符表示进入命令行状态，如图 1-18 所示。

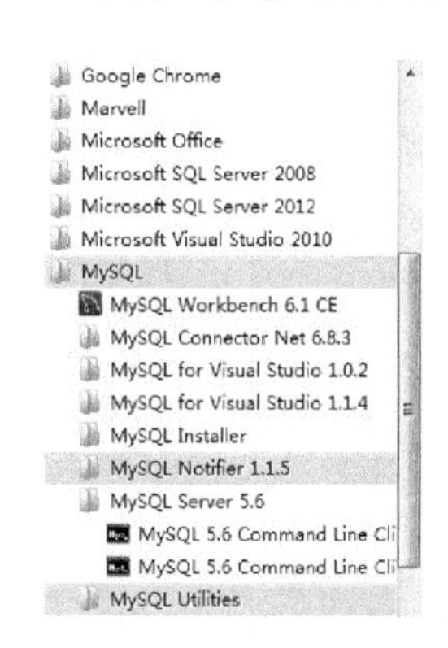
Google Chrome
Marvell
Microsoft Office
Microsoft SQL Server 2008
Microsoft SQL Server 2012
Microsoft Visual Studio 2010
MySQL
MySQL Workbench 6.1 CE
MySQL Connector Net 6.8.3
MySQL for Visual Studio 1.0.2
MySQL for Visual Studio 1.1.4
MySQL Installer
MySQL Notifier 1.1.5
MySQL Server 5.6
MySQL 5.6 Command Line Cli
MySQL 5.6 Command Line Cli
MySQL Utilities

图 1-17 MySQL 程序组

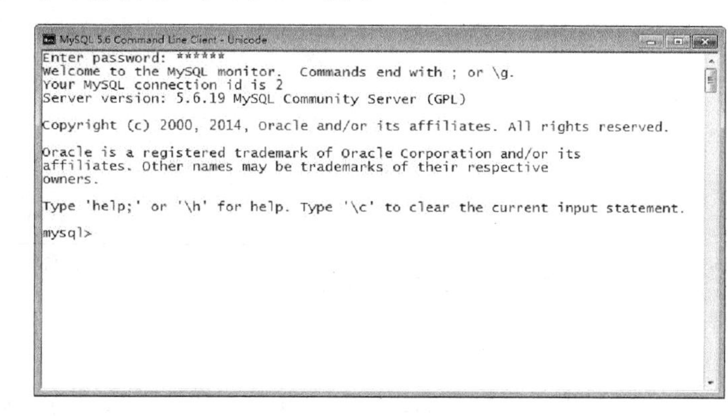
MySQL 5.6 Command Line Client - Unicode
Enter password: ******
Welcome to the MySQL monitor. Commands end with ; or \g.
Your MySQL connection id is 2
Server version: 5.6.19 MySQL Community Server (GPL)
Copyright (c) 2000, 2014, Oracle and/or its affiliates. All rights reserved.
Oracle is a registered trademark of Oracle Corporation and/or its
affiliates. Other names may be trademarks of their respective
owners.
Type 'help;' or '\h' for help. Type '\c' to clear the current input statement.
mysql>

图 1-18 登录到 MySQL 数据库

下面对图 1-18 中所显示的重要信息进行说明。

（1）Commands end with ; or \g：说明 MySQL 控制台下的命令是以分号（;）或“\g”来结束的，遇到这个结束符就开始执行命令。

（2）Your MySQL connection id is 2：id 表示 MySQL 数据库的连接次数，如果数据库是新安装，这是第一次登录。如果安装成功后已经登录过，将会显示其他的数字。

（3）Server version：Server version 之后的内容表示当前数据库版本，这里安装的版本是 5.6.19 MySQL Community Server (GPL)。

（4）Type 'help;' or '\h' for help：表示输入“help;”或者“\h”可以看到帮助信息。

（5）Type '\c' to clear the current input statement：表示遇到“\c”就清除当前输入语句。

提示

图 1-18 这种方式实际上是调用的 mysql 命令。因此，读者也可在命令行下输入 mysql 命令来登录到 MySQL 服务器。

如果在如图 1-17 所示 MySQL 程序组中选择 MySQL Workbench 6.1 CE 选项，在弹出的窗口中同样可以登录到 MySQL。方法是：在 MySQL Workbench 窗口中选择 Database | Connect to Database 命令，打开 Setup New Connection 对话框来设置连接信息。

在 Connection Name 文本框中为连接设置一个别名，这里为“MySQL Default

Connection”。然后在 Connection Method 列表中选择连接 MySQL 采用的方式，默认值为 TCP/IP。Hostname 文本框中是 MySQL 数据库的 IP 或者机器名，默认的 127.0.0.1 表示本机，同时在 Port 文本框中需要指定对应的端口号，默认为 3306。Username 文本框用于设置登录 MySQL 使用的用户名，默认为 root；单击 Store in Vault 按钮在弹出的对话框中输入登录密码，如图 1-19 所示。

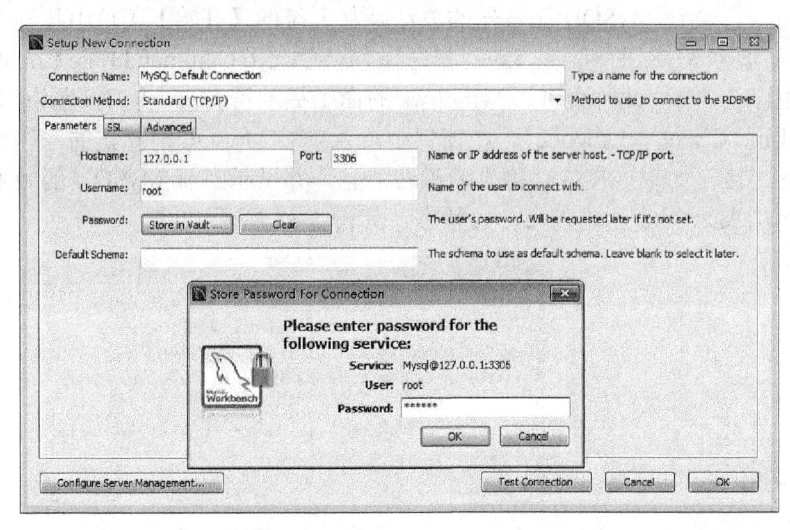

图 1-19　设置连接信息

设置完成之后单击 Test Connection 按钮对连接进行测试，如果成功将会弹出成功对话框，最后单击 OK 按钮保存并返回主窗口。此时主窗口会出现名为 MySQL Default Connection 的连接区域，双击该区域即可建立连接并打开同名的选项卡。在该选项卡下可以对 MySQL 的所有方面进行管理，这里也是图形界面的主要工作区域，例如，从左侧的 Navigator 窗格中单击 Server Status 链接可以查看当前 MySQL 服务器的状态信息，如图 1-20 所示。

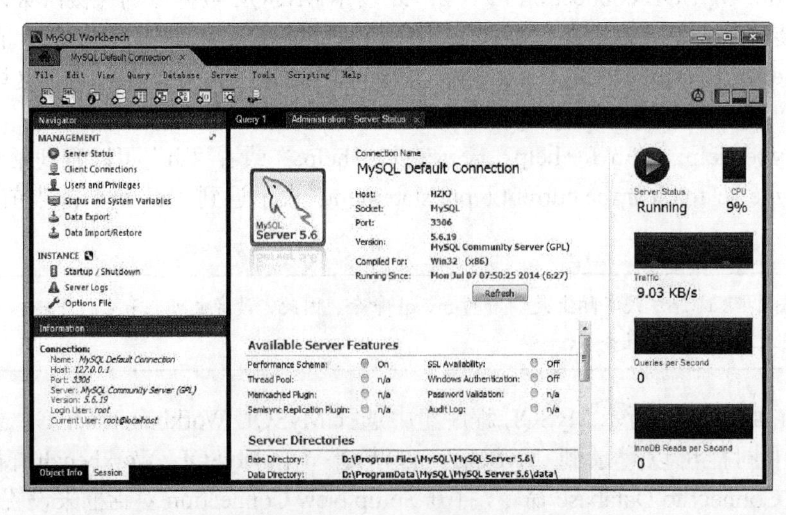

图 1-20　MySQL Workbench 工具查看 MySQL 信息

1.5.2 常用命令

登录 MySQL 数据库后就可以执行一些语句查看操作结果了。在 MySQL Workbench 工具中通过鼠标操作可以很直观地查看所需信息，非常简单。因此，本节以客户端为例讲解常用的命令。

【范例 3】

在“mysql>”提示符下直接输入 SELECT 语句即可完成简单的查询操作。例如，下面的命令显示了 MySQL 服务器的版本号和当前日期。这里要注意的是，MySQL 命令不区分大小写。

```
mysql> SELECT VERSION(),CURRENT_DATE();
+----------------+------------------------+
| VERSION()  | CURRENT_DATE()  |
+----------------+------------------------+
| 5.6.19       | 2014-07-07        |
+----------------+------------------------+
```

【范例 4】

如果一条 SQL 语句比较长，可将其分成多行来输入，并在最后输入分号“; ”来作为结束。这种方法需要注意 SQL 语句中的逗号与结束符分号之间的用法。例如，如下代码所示：

```
mysql> SELECT
    -> USER()
    -> ,
    -> NOW()
    -> ;
+------------------+---------------------------+
| USER()       | NOW()                |
+------------------+---------------------------+
| root@localhost  | 2014-07-07 15:18:30  |
+------------------+---------------------------+
```

【范例 5】

如果用户需要一次执行多条语句，可以直接以分号分隔每个语句，如下所示：

```
mysql> SELECT USER();SELECT NOW();
+-------------------------+
| USER()              |
+-------------------------+
| root@localhost       |
+-------------------------+

+-------------------------+
| NOW()             |
```

```
+---------------------------+
| 2014-07-07 15:25:10  |
+---------------------------+
```

【范例 6】

使用 SHOW DATABASES 语句可以显示当前 MySQL 服务器上已经存在的数据库列表。

```
mysql> SHOW DATABASES;
+--------------------------------+
| Database           |
+--------------------------------+
| information_schema    |
| mysql              |
| performance_schema    |
| sakila              |
| test               |
| world              |
+--------------------------------+
```

【范例 7】

使用“USE 数据库名”语句可以打开指定的数据库。使用“SELECT DATABASE()”语句可显示当前所在的数据库。

```
mysql> USE world;
Database changed
mysql> SELECT DATABASE();
+-------------------+
| DATABASE() |
+-------------------+
| world       |
+-------------------+
```

【范例 8】

如果要查看当前数据库中所有数据表的名称，可以使用“SHOW TABLES”语句。例如，要查看 world 数据库下所有数据表名称，命令如下：

```
mysql> SHOW TABLES;
+-------------------------+
| Tables_in_world  |
+-------------------------+
| city              |
| country           |
| countrylanguage    |
+-------------------------+
```

【范例 9】

当命令输入错误而又无法改变（多行语句情况下）时，只需在输入分号前输入“\c”

即可取消这条命令。示例如下：

```
mysql> select
    -> now()
    -> c
    -> \c
```

1.5.3 MySQL 配置文件

MySQL 数据库安装完成以后，可能会根据实际情况更改 MySQL 的某些配置。一般可以通过两种方式进行更改：一种是通过配置向导进行更改；另一种是通过手动方式更改。

MySQL 的配置文件为 my.ini，默认保存在安装 MySQL 时指定的 Data Path 目录下。在 MySQL 的安装目录有一个 my-default.ini 文件里面存放的是一些默认参考配置信息，而数据库真正使用的是 my.ini 文件。因此，只要修改 my.ini 中的内容就可以达到更改配置的目的。my.ini 文件中包含大量的内容，下面介绍该文件时会去掉大量的注释内容，然后从客户端配置和服务器端配置进行介绍。

提示

如果读者安装时选择的配置不一样，那么配置文件就会稍有不同。通常情况下，读者经常修改的是默认字符集、默认存储引擎和端口等信息，其他参数比较复杂，一般不进行修改。另外，每次修改参数后，必须重新启动 MySQL 服务才会有效。

1. 客户端配置

客户端的配置内容比较简单，port 参数表示 MySQL 数据库的端口，默认端口是 3306。default-character-set 参数是客户端的默认字符集，默认设置是 utf8。如果想要更改客户端的设置内容，可以直接在 my.ini 文件中进行更改。部分内容如下。

```
  # Other default tuning values
  # MySQL Server Instance Configuration File
  # ----------------------------------------------------------------------
  # Generated by the MySQL Server Instance Configuration Wizard
  # 该文件是使用 MySQL 配置向导生成的
  # CLIENT SECTION
  # ----------------------------------------------------------------------
  # 下面将会是客户端的各个参数的介绍。[client]和[mysql]都是客户端的。
  #
  [client]
  no-beep

  # pipe
  # socket=mysql
  port=3306
```

```
[mysql]
default-character-set=utf8
```

2．服务器端配置

与客户端内容相比，服务器端的配置要复杂得多，自动生成的文件内容是通过英文解释说明的，如下通过中文对相关的内容进行了解释说明。

```
# SERVER SECTION
# ----------------------------------------------------------------------
# 下面是服务器端各个参数的介绍。[mysqlId]表示下面的内容属于服务器端。
# server_type=3
[mysqld]
# port 参数表示 MySQL 数据库的端口，默认端口是 3306。
port=3306
# basedir 参数表示 MySQL 安装路径，此处显示的安装路径为 F 磁盘。
# basedir="F:/Program Files/MySQL/MySQL Server 5.6/"
# datadir 参数表示 MySQL 数据文件的存储位置。
datadir="F:/Documents and Settings/All Users/Application Data/MySQL/
MySQL Server 5.6/data\"
# character-set-server 参数表示默认的字符集，这个字符集是服务器端的。
character-set-server=utf8
# default-storage-engine 参数表示默认的存储引擎，存储引擎表示数据的存储方式。
default-storage-engine=INNODB
# sql-mode 参数表示 SQL 模式的参数，通过这个参数，可以设置检验 SQL 语句的严格程度。
sql-mode="STRICT_TRANS_TABLES,NO_AUTO_CREATE_USER,NO_ENGINE_SUBSTITUTION"
# plugin-load 参数表示 Windows 身份验证
# plugin-load=authentication_windows.dll
# 通用查询日志和慢查询日志
log-output=NONE
general-log=0
general_log_file="WS.log"
slow-query-log=0
slow_query_log_file="WS-slow.log"
long_query_time=10
# 二进制日志
# log-bin
# 错误日志
log-error="WS.err"
# max_connections 参数表示允许同时访问 MySQL 服务器的最大连接数。其中一个连接将保
# 留作为管理员登录。
max_connections=100
# query_cache_size 参数表示查询时的缓存大小。缓存中可以存储以前的 SELECT 语句查询
# 过的信息，遇到相同的查询时，可以直接从缓存中取出结果。
query_cache_size=1M
```

```
# table_open_cache 参数表示所有进程打开表的总数。
table_open_cache=2000
# tmp_table_size 参数表示内存中临时表的最大值。
tmp_table_size=5M
# thread_cache_size 参数表示保留客户端线程的缓存。
thread_cache_size=9
```

3. InnoDB 存储引擎使用的参数

InnoDB 是 MySQL 5.6.19 数据库的默认存储引擎，在 my.ini 文件中还包含 InnoDB 和 MyISAM 存储引擎使用的参数。如下文件内容所示为 InnoDB 存储引擎的一些常用参数。

```
#*** INNODB Specific options ***
# InnoDB_data_home_dir=0.0
# InnoDB_additional_mem_pool_size 参数表示附加的内存池，用来存储 InnoDB 表的内容。
InnoDB_additional_mem_pool_size=2M
# InnoDB_flush_log_at_trx_commit 参数设置提交日志的时机。
InnoDB_flush_log_at_trx_commit=1
# InnoDB_log_buffer_size 参数表示用来存储日志数据的缓冲区的大小。
InnoDB_log_buffer_size=1M
# InnoDB_buffer_pool_size 表示缓存的大小。InnoDB 使用一个缓冲池来保存索引和原始数据。
InnoDB_buffer_pool_size=8M
# InnoDB_log_file_size 参数表示日志文件的大小。
InnoDB_log_file_size=48M
# InnoDB_thread_concurrency 参数表示在 InnoDB 存储引擎允许的线程最大数。
InnoDB_thread_concurrency=8
```

提示

本节仅列出了 my.ini 文件中三个方面的常用配置内容，该文件中的实际内容非常复杂，读者可以打开熟悉一下，这里不再详述。

1.6 实验指导——使用 MySQL Workbench 管理 MySQL

MySQL Workbench 是一款专门为 MySQL 设计的数据库管理、实体建模、图形绘制的集成工具，它是著名的数据库设计工具 DBDesigner 4 的升级版。

在 MySQL 5.6.19 中自带的是 MySQL Workbench 6.1，也可以手动下载其他版本。下面的操作也以 MySQL Workbench 6.1（以下简称 Workbench）版本为例。

（1）打开 Workbench 并连接到 MySQL 服务器，其工作窗口如图 1-21 所示。

（2）中间的语句编辑区域是最主要的，下面编写语句实现查看 world 数据库中 city 数据表的内容，如下所示。

```
-- 选择 world 数据库
```

```
USE world;
-- 查询 city 表中的数据
SELECT * FROM city;
```

上述语句中以“--”符号开始行的表示注释，单击语句控制栏上的【执行】按钮运行上述语句。在下面会显示查询的结果集，同时【输出】窗格中会显示每个语句的执行情况，如图 1-22 所示。

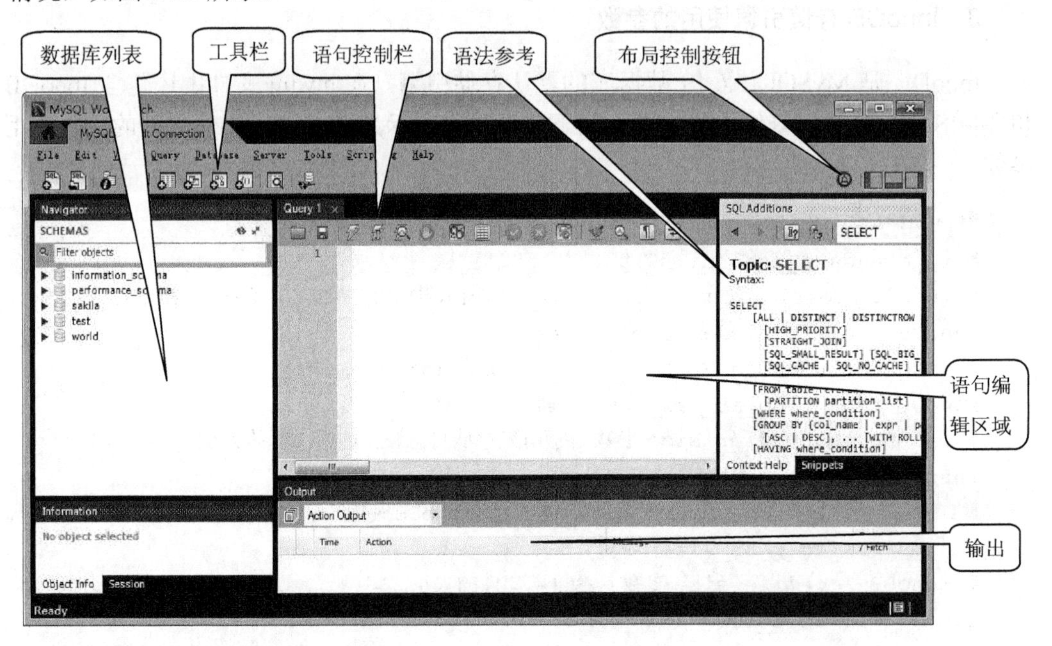

图 1-21 Workbench 工作窗口

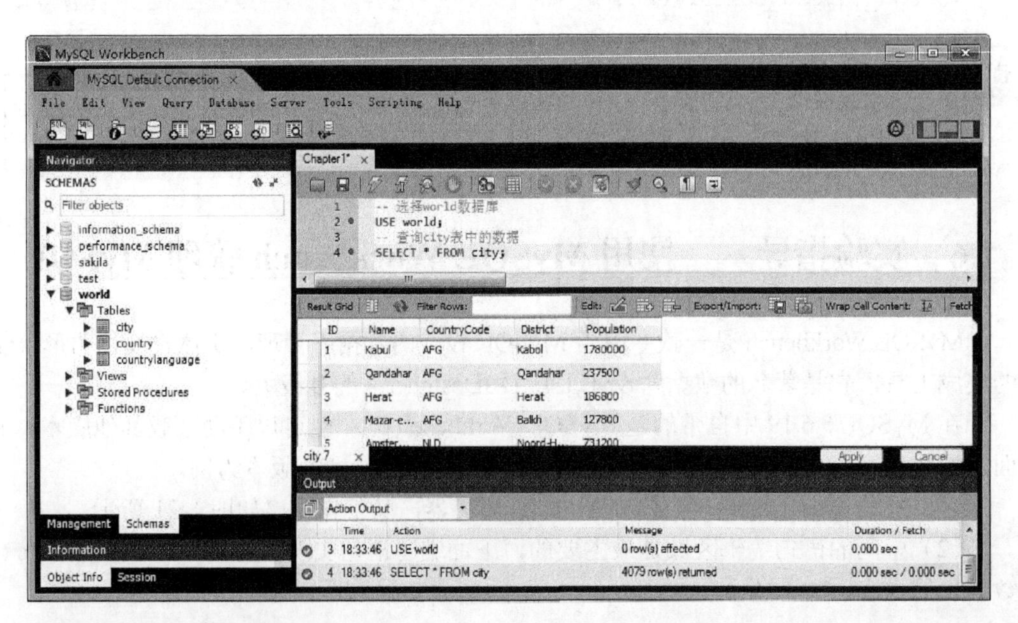

图 1-22 执行语句结果

注释当前行的快捷键是 Ctrl+/（数字键盘），执行语句的快捷键是 Ctrl+Enter。

（3）单击语句控制栏上的【保存】按钮或者按 Ctrl+S 键可以将当前的所有语句保存到外部 SQL 文件。

（4）从 Navigator 窗格的 MANAGEMENT 区域中单击 Client Connections 链接可以查看当前 MySQL 数据库服务器上所有的客户端连接信息，包括连接时使用的用户名和主机，当前访问的数据库，当前的状态和线程 ID 等，如图 1-23 所示。

（5）单击 Users and Privileges 链接可以管理 MySQL 的所有用户信息，并且为这些用户分配权限，如图 1-24 所示。

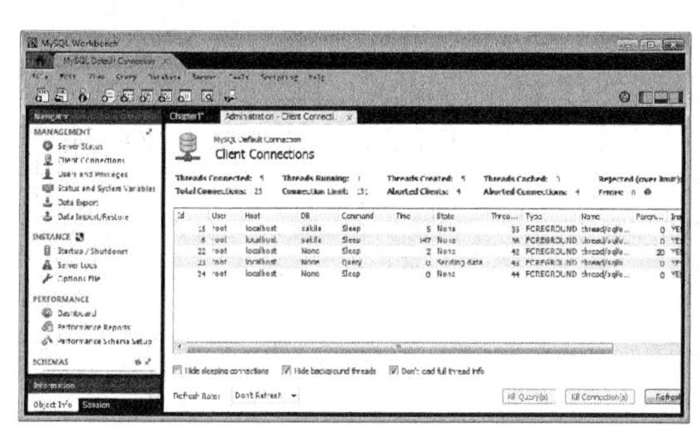

图 1-23 查看连接信息

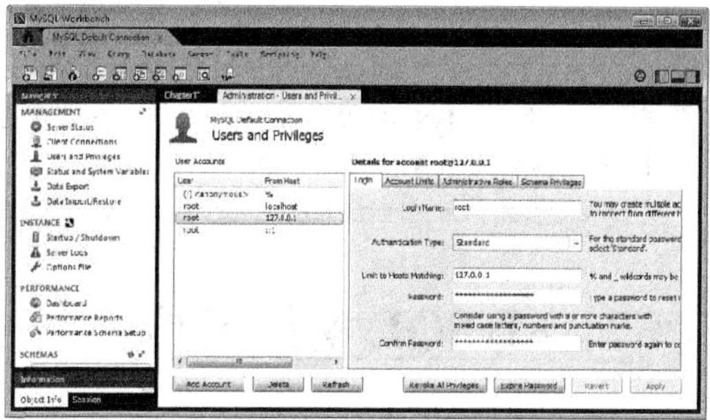

图 1-24 管理用户和权限

（6）单击 Status and System Variables 链接可以管理当前 MySQL 的状态变量和系统变量信息，如图 1-25 所示。

（7）从 Navigator 窗格的 INSTANCE 区域中单击 Startup/Shutdown 链接可以暂停或者启动当前 MySQL 服务器的服务，并查看启动和关闭时的日志信息，如图 1-26 所示。

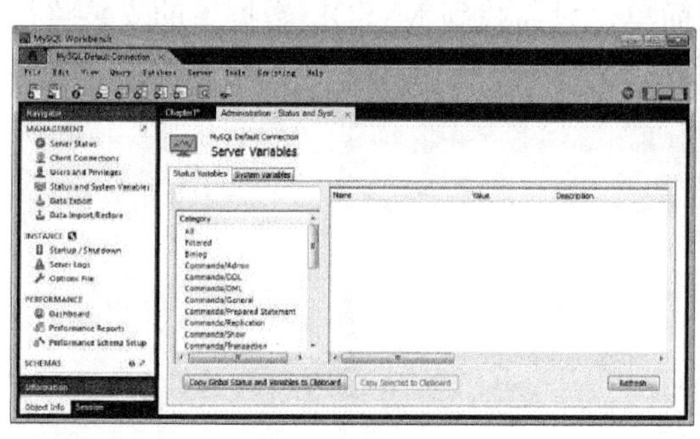

图 1-25 管理变量信息

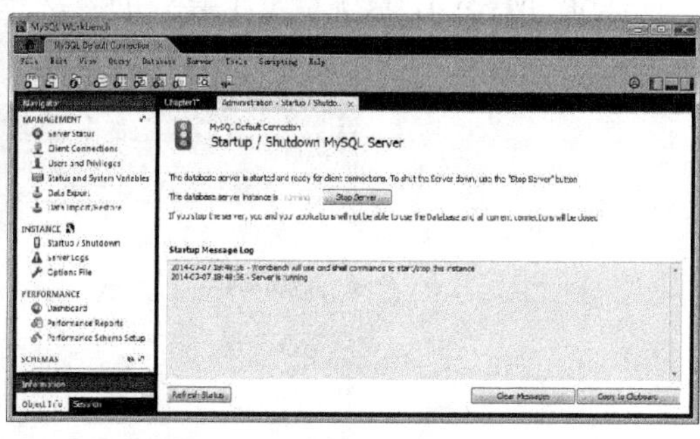

图 1-26 管理 MySQL 服务

（8）从 Navigator 窗格的 PERFORMANCE 区域中单击 Dashboard 链接会进入 MySQL 的状态监控面板，在这里显示了 Network Status（网络状态）、MySQL Status（系统状态）和 InnoDB Status（InnoDB 引擎状态），如图 1-27 所示。

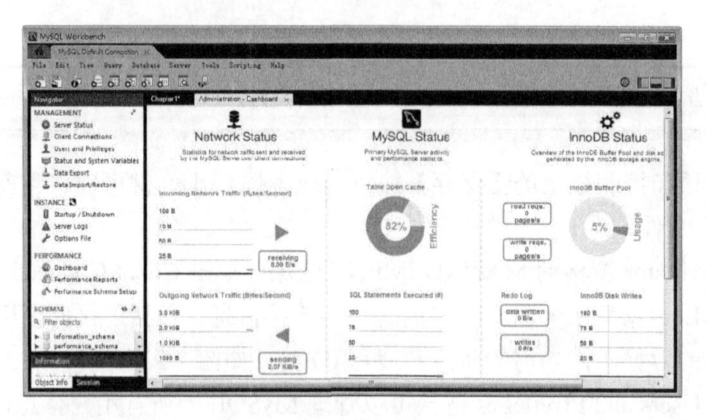

图 1-27　MySQL 状态监控面板

> **试一试**
>
> 除了 MySQL Workbench 之外 MySQL 的图形管理工具还有很多，如 Navicat 和 SQLyog 等。每种工具都有自己的特点，读者可以安装它们试用一下。

1.7 MySQL 实用工具

在MySQL安装目录下的bin目录中存放了很多应用程序，这些应用程序都是MySQL的工具集。本节将介绍其中最实用的 5 个工具，分别是 mysql、mysqladmin、mysqlshow、mysqlbinlog 和 perror。

1.7.1 查看工具集

查看 MySQL 系统自带工具集的方法很简单，只需找到 MySQL 数据库的安装路径下并打开 bin 目录即可看到，如图 1-28 所示。

图 1-28　bin 文件夹下的命令

从图 1-28 中可以看出，MySQL 中自带了多个命令工具，通过执行这些命令可以实现不同的操作，大多数的操作都是通过 MySQL 命令来实现的。另外，mysqladmin 命令主要用来对数据库做一些简单的操作，以及显示服务器状态等。如表 1-1 所示对图 1-28 中的实用工具进行了简单说明。

表 1-1 MySQL 中的常用命令工具

命令名称（工具名称）	说明
myisampack	压缩 MyISAM 表以产生更小的只读表的一个工具
mysql	交互式输入 SQL 语句或从文件以批处理模式执行它们的命令行工具
mysqladmin	执行管理操作的客户程序，例如创建或删除数据库，重载授权表，将表刷新到硬盘上，以及重新打开日志文件。mysqladmin 还可以用来检索版本、进程，以及服务器的状态信息
mysqlbinlog	从二进制日志读取语句的工具。在二进制日志文件中包含的执行过的语句的日志可用来帮助从崩溃中恢复
mysqlcheck	检查、修复、分析以及优化表的表维护客户程序
mysqldump	将 MySQL 数据库转储到一个文件(例如 SQL 语句或 Tab 分隔符文本文件）的客户程序
mysqlimport	使用 LOAD DATA INFILE 将文本文件导入相关表的客户程序
mysqlshow	显示数据库、表、列以及索引相关信息的客户程序
perror	显示系统或 MySQL 错误代码含义的工具

技巧

为了方便在命令下使用这些工具，可以将 MySQL 的 bin 目录添加到系统的 path 变量中，例如，本示例中的路径是“D:\Program Files\MySQL\MySQL Server 5.6\bin”。

1.7.2 mysql 工具

在所有工具集中最常用的就是 mysql，它其实是一个 MySQL 的客户端，支持交互式和非交互式使用。交互使用时查询结果采用 ASCII 表格式。当采用非交互式（例如，用作过滤器）模式时，结果为 Tab 分隔符格式。

mysql 工具基本语法如下：

```
mysql [options] [database]
```

执行 mysql 或“mysql -?”语句可查看详细帮助信息，如表 1-2 所示对帮助信息中常用的一些选项进行了介绍。

表 1-2 mysql 工具常用选项

选项名称	说明
-?, --help	显示帮助信息并退出
-B, --batch	打印结果，使用 Tab 作为列间隔符，每个行占用新的一行。使用该选项，则 mysql 不使用历史文件
--character-sets-dir=name	字符集的安装目录
-D, --database=name	要使用的数据库，主要在选项文件中使用

续表

选项名称	说明
-T, --debug-info	当程序退出时输出部分调试信息
--default-character-set=name	使用 charset 作为默认字符集
-E, --vertical	垂直输出查询输出的行。如果没有该选项，可以使用\G 结尾指定单个语句的垂直输出
-f, --force	即使出现一个 SQL 错误仍继续
-h, --host=name	连接指定主机上的 MySQL 服务器
-H, --html	产生 HTML 输出
-N, --skip-column-names	在结果中不写列名
-s, --silent	沉默模式，产生少的输出。可以多次使用该选项以产生更少的输出
-X, --xml	产生 XML 输出
-n, --unbuffered	每次查询后刷新缓存区
-u, --user=name	连接服务器时 MySQL 使用的用户名
-v, --verbose	冗长模式。产生更多的输出，可以多次使用该选项以产生更多的输出
-V, --version	显示版本信息并退出
-w, --wait	如果不能建立连接，等待并重试而不是放弃
--show-warnings	如果每个语句后有警告则显示。此选项适用于交互式和批处理模式
--net-buffer-length=#	TCP/IP 和套接字通信缓冲区大小
--max-allowed-packet=#	从服务器发送或接收的最大包长度
--connect-timeout=#	连接超时前的秒数

例如，直接在 DOS 窗口中执行 mysql –V 命令查看版本信息，输出结果如下。

```
C:\Users\Administrator>mysql  -V
mysql  Ver 14.14 Distrib 5.6.19, for Win32 (x86)
```

【范例 10】

使用 mysql 工具以 root 身份登录到 MySQL 服务器，并运行 status 命令查看当前 MySQL 服务器的状态，执行语句如下。

```
C:\Users\Administrator>mysql -u root -p
```

上述语句执行后会要求用户输入 root 的登录密码，如果连接成功将显示欢迎信息，并显示当前 MySQL 的版本号，同时显示有 mysql>提示符表示进入命令行状态。此时输入“status”表示运行 status 命令，将看到返回结果，如图 1-29 所示。

1.7.3 mysqladmin 工具

mysqladmin 工具主要用来对数据库做一些简单操作，以及显示服务器状态等。mysqladmin 的基本语法格式如下：

```
mysqladmin [option] command [command option] command …
```

直接在 DOS 窗口中执行 mysqladmin 语句或者输入“mysqladmin -?”可以查看详细

语法及参数信息。

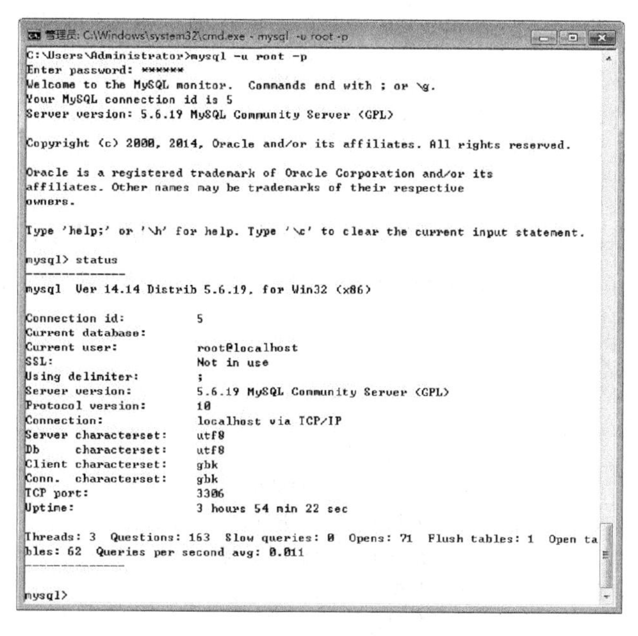

图 1-29 使用 mysql 工具查看服务器状态

1. mysqladmin 功能选项

mysqladmin 的帮助信息包括三部分，第一部分为 mysqladmin 的功能选项，如表 1-3 所示对常用的选项进行了说明。

表 1-3 mysqladmin 的功能选项

选项名称	说明
-c, --count=#	自动运行次数，必须和-i 一起使用
-f, --force	禁用错误，drop 数据库时不提示，执行多条命令时出错继续执行
-C, --compress	在服务器和客户端之间使用压缩
--character-sets-dir=name	设置字符集目录
--default-character-set=name	设置字符集默认目录
-?, --help	显示帮助信息
-h, --host=name	主机名
-p, --password[=name]	服务器连接密码
-P, --port=#	端口号
--protocol=name	设置连接使用的协议
-s, --silent	如果连接服务器失败则退出
-u, --user=name	用户名
-V, --version	显示 MYSQLADMIN 的版本
-E, --vertical	垂直显示输出
-w, --wait[=#]	如果连接断开，则等待并重试
--connect_timeout=#	连接超时
--shutdown_timeout=#	超时关闭

【范例 11】

例如，要查看当前 mysqladmin 的版本可用-V 选项，执行结果如下。

```
C:\Users\Administrator>mysqladmin -V
mysqladmin  Ver 8.42 Distrib 5.6.19, for Win32 on x86
```

2. mysqladmin 命令选项

mysqladmin 帮助信息的第二部分表示 mysqladmin 的相关变量，这里不再对这些变量进行说明。第三部分表示 mysqladmin 可以执行的相关服务器命令。如表 1-4 所示针对这些命令进行了详细说明。

表 1-4 mysqladmin 的命令选项

命令名称	说明
create databasename	创建一个新数据库
debug	用于通知服务器将调试信息写入日志
drop databasename	删除一个数据库及其所有表
extended-status	显示服务器的一个扩展状态信息
flush-hosts	清除所有缓存的主机
flush-logs	清除所有日志
flush-status	清除状态变量
flush-tables	清除所有表
flush-threads	清除线程缓存
flush-privileges	再次装载授权表（同 reload）
kill id,id,...	杀死 mysql 线程
password [new-password]	将旧口令改为新口令
old-password [new-password]	修改口令
ping	检查 mysqld 是否在线
processlist	显示服务器中活跃线程列表
reload	重载授权表
refresh	刷新所有表并关闭和打开日志文件
shutdown	关掉服务器
status	显示服务器的简短状态消息
start-slave	启动 slave
stop-slave	关闭 slave
variables	打印出可用变量
version	得到服务器的版本信息

【范例 12】

使用 mysqladmin 工具连接到 MySQL 并执行 version 命令查看 MySQL 数据库版本。执行结果如下。

```
C:\Users\Administrator>mysqladmin -u root -p version
Enter password: ******
mysqladmin  Ver 8.42 Distrib 5.6.19, for Win32 on x86
Copyright (c) 2000, 2014, Oracle and/or its affiliates. All rights
reserved.
```

```
Oracle is a registered trademark of Oracle Corporation and/or its
affiliates. Other names may be trademarks of their respective
owners.

Server version          5.6.19
Protocol version        10
Connection              localhost via TCP/IP
TCP port                3306
Uptime:                 2 hours 2 min 39 sec

Threads: 1  Questions: 2  Slow queries: 0  Opens: 67  Flush tables: 1  Open
tables: 60  Queries per second avg: 0.000
```

【范例 13】

使用 mysqladmin 工具连接到 MySQL 并执行 processlist 命令查看 MySQL 中的活跃线程列表。执行结果如下。

```
C:\Users\Administrator> mysqladmin -u root -p processlist
Enter password: ******
+----+-------+---------+------+---------+-------+-------+----------+
| Id  | User | Host              | db  | Command  | Time | State  | Info       |
+----+-------+---------+------+---------+-------+-------+----------+
| 2   | root | localhost:57182   |     | Query    | 0    | init   |show
processlist |
+-----+------+---------+------+---------+-------+-------+----------+

Uptime: 7512  Threads: 1  Questions: 5  Slow queries: 0  Opens: 67  Flush
tables: 1  Open tables: 60  Queries per second avg: 0.000
```

无论是在范例 12 还是范例 13 中，命令执行完毕后都会输出状态信息，例如 MySQL 服务器运行的秒数，如下对输出的各项信息进行了说明。

（1）Uptime：表示 MySQL 服务器已经运行的秒数。

（2）Threads：活动线程（客户）的数量。

（3）Questions：从 MySQL 启动以来客户问题（查询）的数量。

（4）Slow Queries：执行时间超过 long_query_time 秒的查询的数量。

（5）Opens：服务器已经打开的数据库表的数量。

（6）Flush tables：服务器已经执行的 flush…、refresh 和 reload 命令的数量。

（7）Open tables：目前打开的表的数量。

（8）Queries per second avg：执行平均用时秒数。

1.7.4 mysqlshow 工具

mysqlshow 工具可以快速地查找存在哪些数据库、数据库中的表，以及表中的列或者索引。基本语法如下：

```
mysqlshow[options] [db_name [tal_name [col_name]]]
```

在上述所示的语法中，如果没有指定数据库，则显示所有匹配的数据库；如果没有指定数据库表，则显示数据库中所有匹配的表；如果没有给出列，则显示表中所有匹配的列和列类型。

mysqlshow 命令的常用选项及说明如表 1-5 所示。

表 1-5 **mysqlshow 选项**

选项名称	说明
---help，-?	显示一个帮助消息并退出
-C, --compress	压缩所有的客户和服务器之间发送的信息（如果它们都支持压缩）
-h, --host=name	在显示的主机上连接 MySQL 服务器
-k, --keys	显示表索引
-i, --status	显示关于每个表的额外信息
-p, --password[=name]	连接服务器时使用的密码。如果使用短选项形式（-p），不能在选项和密码之间有一个空格。如果在命令行中忽略了--password 或-p 选项后面的密码值，将提示输入一个管理员密码
-u, --user=name	连接服务器时使用的 MySQL 用户名
-v, --verbose	冗长模式，打印出程序操作的详细信息。此选项可以多次使用以便增加信息总量
-V, --version	显示版本信息并退出

【范例 14】

下面通过几个语句演示 mysqlshow 工具的简单应用。

（1）使用 mysqlshow 工具连接到 MySQL，如果不带其他选项默认将显示出 MySQL 上的所有数据库，执行结果如下。

```
C:\Users\Administrator >mysqlshow -u root -p
Enter password: ******
+----------------------------+
|    Databases       |
+----------------------------+
| information_schema  |
| mysql              |
| performance_schema  |
| sakila              |
| test                |
| world              |
+----------------------------+
```

（2）如果要查看 world 数据库下的所有数据表名称，只需在上述命令的基础上添加 world 即可，执行结果如下。

```
C:\Users\Administrator>mysqlshow world -u root -p
Enter password: ******
Database: world
+----------------------------+
|    Tables          |
```

```
+----------------------------+
| city                  |
| country                |
| +----------------------------+
```

（3）如果要查看 world 数据库下的所有数据表中包含的行数，只需在上述命令的基础上为 world 添加-v 选项即可，执行结果如下。

```
C:\Users\Administrator>mysqlshow world -v -u root -p
Enter password: ******
Database: world
+-------------------------+----------+
|    Tables          | Columns|
+-------------------------+----------+
| city                |     5 |
| country              |    15 |
| countrylanguage       |      4 |
+-------------------------+----------+
3 rows in set..
```

（4）如果希望查看 world 数据库 city 表中字段的详细信息，只需在 world 和-v 之间添加 city 即可，执行结果如图 1-30 所示。

```
管理员: C:\Windows\system32\cmd.exe
-----------------------------+---------+

C:\Users\Administrator>mysqlshow world city -u root -p
Enter password: ******
Database: world  Table: city
+-------------+----------+-------------------+------+-----+---------+----------
-----+------------------------------+---------+
| Field       | Type     | Collation         | Null | Key | Default | Extra
     | Privileges                   | Comment |
+-------------+----------+-------------------+------+-----+---------+----------
-----+------------------------------+---------+
| ID          | int(11)  |                   | NO   | PRI |         | auto_incre
ment | select,insert,update,references |         |
| Name        | char(35) | latin1_swedish_ci | NO   |     |         |
     | select,insert,update,references |         |
| CountryCode | char(3)  | latin1_swedish_ci | NO   |     |         |
     | select,insert,update,references |         |
| District    | char(20) | latin1_swedish_ci | NO   |     |         |
     | select,insert,update,references |         |
| Population  | int(11)  |                   | NO   |     | 0       |
     | select,insert,update,references |         |
+-------------+----------+-------------------+------+-----+---------+----------
-----+------------------------------+---------+

C:\Users\Administrator>_
```

图 1-30 查看 city 表字段信息

1.7.5 mysqlbinlog 工具

MySQL 数据库将生成的日志文件写成二进制格式，如果要以文本格式查看这些文件可以使用 mysqlbinlog 工具。语法如下：

```
mysqlbinlog [options] log-files…
```

执行 mysqlbinlog 或“mysqlbinlog -?”命令可以查看它的帮助信息。该命令显示的帮助信息包括两部分，第一部分显示 mysqlbinlog 的功能选项，常用选项如表 1-6 所示；第二部分显示了 mysqlbinlog 命令的相关变量。

表 1-6 mysqladmin 执行的功能选项

选项名称	说明
-?, --help	显示帮助信息并退出
-d, --database=name	只列出该数据库的条目（只用于本地）
-f, --force-read	使用该选项，如果 mysqlbinlog 读它不能识别的二进制日志事件，它会打印警告，忽略该事件并继续。没有该选项，如果 mysqlbinlog 读到此类事件则停止
-H, --hexdump	在注释中显示日志的十六进制转储
-h, --host=name	获取给定主机上的 MySQL 服务器的二进制日志
-l, --local-load=name	为指定目录中的 LOAD DATA INFILE 预处理本地临时文件
-P, --port=#	用于连接远程服务器的 TCP/IP 端口号
--protocol=name	使用的连接协议
-R, --read-from-remote-server	从 MySQL 服务器读二进制日志。如果未给出该选项，任何连接参数选项将被忽略。这些选项是--host、--password、--port、--protocol、--socket 和--user
-S, --socket=name	用于连接的套接字文件
--start-datetime=name	从二进制日志中第一个日期时间等于或晚于 datetime 参量的事件开始读取。datetime 值相对于运行 mysqlbinlog 的机器上的本地时区。该值格式应符合 DATETIME 或 TIMESTAMP 数据类型
--stop-datetime=name	从二进制日志中第一个日期时间等于或晚于 datetime 参量的事件起停止读。关于 datetime 值的描述参见--start-datetime 选项

通常情况下，可以使用 mysqlbinlog 工具直接读取二进制日志文件并将它们用于本地 MySQL 服务器，也可以使用--read-from-remote-server 选项从远程服务器读取二进制日志。当读取远程二进制日志时，可以通过连接参数选项来指示如何连接服务器，但是它们经常被忽略掉，除非还指定了--read-from-remote-server 选项。还可以使用 mysqlbinlog 来读取在复制过程中从服务器所写的中继日志文件，中继日志格式与二进制日志文件相同。

【范例 15】

例如，下面执行 mysqlbinlog 工具输出 binlog.000003 中包含的所有语句以及其他信息。如果指定的文件不存在，则会输入提示信息，提示该文件并不存在，结果如下。

```
C:\Users\Administrator>mysqlbinlog binlog.000003
/*!50530 SET @@SESSION.PSEUDO_SLAVE_MODE=1*/;
/*!40019 SET @@session.max_insert_delayed_threads=0*/;
/*!50003 SET @OLD_COMPLETION_TYPE=@@COMPLETION_TYPE,COMPLETION_
TYPE=0*/;
DELIMITER /*!*/;
mysqlbinlog: File 'binlog.000003' not found (Errcode: 2 - No such file or
directory)
DELIMITER ;
# End of log file
ROLLBACK /* added by mysqlbinlog */;
/*!50003 SET COMPLETION_TYPE=@OLD_COMPLETION_TYPE*/;
```

```
/*!50530 SET @@SESSION.PSEUDO_SLAVE_MODE=0*/;
```

提示

本节只是简单演示了 mysqlbinlog 命令的使用，关于该命令查看二进制文件的信息还会在后面进行介绍，这里不再进行具体解释。

1.7.6 perror 工具

对于大多数系统错误，除了内部文本信息之外，MySQL 还会按下面的风格显示系统错误代码：

```
message…(errorno:#)
message…(Errcode:#)
```

通过检查系统文档或使用 perror 工具，可以检查错误代码的意义。perror 为系统错误代码或存储引擎（表处理）错误代码打印其描述信息。其基本语法如下：

```
perror [options] errorcode
```

【范例 16】

直接执行 perror 工具显示的错误信息如下：

```
C:\Users\Administrator>perror 13 64
OS error code  13:  Permission denied
Win32 error code 13: 数据无效。
Win32 error code 64: 指定的网络名不再可用。
```

与前面几个工具相比，perror 工具要简单得多，这一点从帮助信息中就可以看出来。执行 perror 工具查看帮助信息，输出的帮助信息如下：

```
C:\Users\Administrator>perror
perror Ver 2.11, for Win32 (x86)
Copyright (c) 2000, 2013, Oracle and/or its affiliates. All rights
reserved.

Usage: perror [OPTIONS] [ERRORCODE [ERRORCODE...]]
  -?, --help          Displays this help and exits.
  -I, --info          Synonym for --help.
  -s, --silent         Only print the error message.
  -v, --verbose        Print error code and message (default).
                  (Defaults to on; use --skip-verbose to disable.)
  -V, --version        Displays version information and exits.

Variables (--variable-name=value)
and boolean options {false|true}  Value (after reading options)
--------------------------------- ----------------------------------
verbose                           true
```

思考与练习

一、填空题

1. MySQL 数据库目前属于__________公司的产品。

2. 为了向后兼容 MySQL 的 InnoDB 存储引擎，在 Percona Server 中增加了__________存储引擎。

3．安装 MySQL 时默认分配的端口号是__________。

4. 假设要启动名为 mysql5 的服务应该使用__________命令。

5．使用__________命令可以显示当前 MySQL 服务器上已经存在的数据库列表。

6．使用__________命令可以查看当前数据库中所有数据表的名称。

7．使用 mysql 工具以 admin 身份登录到 MySQL 服务器的语句是__________。

二、选择题

1．下列不属于 MySQL 特性的是________。

A．十分灵活和安全的权限和密码系统

B．所有数据均以所选的字符集保存

C．所有 MySQL 程序均能通过“-help”或“-?”选项调用

D．区分大小写

2．在 MySQL 的众多分支中，__________版本对其修改最大。

A．Drizzle

B．MariaDB

C．Percona Server

D．MaxDB

3．在执行命令语句输出的状态信息中，Threads 表示__________。

A．目前打开的表的数量

B. 表示 MySQL 服务器已经运行的秒数

C．活动线程（客户）的数量

D．执行平均用时秒数

4．控制台中执行__________语句时可以退出 MySQL。

A．exit

B．go 或 quit

C．go 或 exit

D．exit 或 quit

5．如下哪个命令可以查看当前 MySQL 的版本号？__________

A．SELECT VERSION();

B．SELECT USER();

C．SELECT NOW();

D．SELECT mysql();

6．MySQL 的默认配置文件为__________。

A．mysql.ini

B．mysql.config

C．my.ini

D．mysql.xml

7. 使用 mysqladmin 工具要查看版本号应该使用__________选项。

A．version

B．status

C．reload

D．processlist

三、简答题

1．简述 MySQL 流行的原因及其适用场景。

2. 简述 MySQL 的三个分支及与 MySQL 的区别。

3．罗列三点以上 MySQL 与其他数据库的区别。

4．描述登录 MySQL 客户端并查看当前时间的步骤。

5．简述 mysql 工具的使用方法。

第 2 章　MySQL 数据库体系结构

麻雀虽小，五脏俱全。MySQL 虽然以简单著称，但其内部结构并不简单。本章从 MySQL 文件结构、系统架构、存储引擎以及内置数据类型 4 个方面来介绍 MySQL 数据库的体系结构，希望能够帮助读者对 MySQL 有一个更全面深入的了解。

本章学习要点：

- 熟悉 MySQL 的数据文件和日志文件
- 了解 MySQL 架构中的重要模块
- 理解模块之间的交互流程
- 熟悉 MySQL 中常用的存储引擎
- 熟悉选择合适存储引擎的方法
- 掌握 MySQL 存储引擎的查看和更改
- 熟悉 MySQL 的整数、浮点、字符串和日期类型
- 了解 ENUM 和 SET 类型的使用

2.1 MySQL 文件结构

每个 MySQL 数据库至少有两个操作系统文件：一个数据文件和一个日志文件。数据文件包含数据和对象，例如表、索引、存储过程和视图。日志文件包含恢复数据库中的所有事务所需的信息。为了便于分配和管理，可以将数据文件集合起来放到文件组中。

2.1.1 数据文件

在 MySQL 中每一个数据库都会在定义好（或者默认）的数据目录下存在一个以数据库名字命名的文件夹，用来存放该数据库中各种表数据文件。不同的 MySQL 存储引擎有各自不同的数据文件，存放位置也有区别。多数存储引擎的数据文件都存放在和 MyISAM 数据文件位置相同的目录下，但是每个数据文件的扩展名却各不一样。如 MyISAM 用“.MYD”作为扩展名，InnoDB 用“.ibd”，Archive 用“.arc”，CSV 用“.csv”，等等。

1．“.frm”文件

与表相关的元数据（meta）信息都存放在“.frm”文件中，包括表结构的定义信息等。不论是什么存储引擎，每一个表都会有一个以表名命名的“.frm”文件。所有的“.frm”文件都存放在所属数据库的文件夹下面。

2．“.MYD”文件

“.MYD”文件是 MyISAM 存储引擎专用，存放 MyISAM 表的数据。每一个 MyISAM 表都会有一个“.MYD”文件与之对应，同样存放于所属数据库的文件夹下，和“.frm”文件在一起。

3．“.MYI”文件

“.MYI”文件也是专属于 MyISAM 存储引擎的，主要存放 MyISAM 表的索引相关信息。对于 MyISAM 存储来说，可以被 cache 的内容主要就是来源于“.MYI”文件中。每一个 MyISAM 表对应一个“.MYI”文件，存放位置和“.frm”以及“.MYD”一样。

4．“.ibd”文件和 ibdata 文件

这两种文件都是存放 InnoDB 数据的文件，之所以有两种文件来存放 InnoDB 的数据（包括索引），是因为 InnoDB 的数据存储方式能够通过配置来决定是使用共享表空间存放存储数据，还是独享表空间存放存储数据。独享表空间存储方式使用“.ibd”文件来存放数据，且每个表一个“.ibd”文件，文件存放在和 MyISAM 数据相同的位置。如果选用共享存储表空间来存放数据，则会使用 ibdata 文件来存放，所有表共同使用一个（或者多个，可自行配置）ibdata 文件。

ibdata 文件可以通过 innodb_data_home_dir 和 innodb_data_file_path 两个参数共同配置组成，innodb_data_home_dir 配置数据存放的总目录，而 innodb_data_file_path 配置每一个文件的名称。当然，也可以不配置 innodb_data_home_dir 而直接在 innodb_data_file_path 参数配置的时候使用绝对路径来完成配置。innodb_data_file_path 中可以一次配置多个 ibdata 文件。文件可以是指定大小，也可以是自动扩展的，但是 InnoDB 限制了只有最后一个 ibdata 文件能够配置成自动扩展类型。当需要添加新的 ibdata 文件的时候，只能添加在 InnoDB_data_file_path 配置的最后，而且必须重启 MySQL 才能完成 ibdata 的添加工作。

试一试

上面仅介绍了两种最常用存储引擎的数据文件，此外其他各种存储引擎都有各自的数据文件，读者可以自行创建某个存储引擎的表做一个简单的测试，做更多的了解。

2.1.2 日志文件

MySQL 日志文件的种类比较多，下面简单介绍它们，在本书后面会详细介绍日志管理。

1．错误日志

错误日志（Error Log）记录了 MySQL 运行过程中所有较为严重的警告和错误信息，

以及 MySQLServer 每次启动和关闭的详细信息。在默认情况下，系统记录错误日志的功能是关闭的，错误信息被输出到标准错误输出（stderr），如果要开启系统记录错误日志的功能，需要在启动时开启-log-error 选项。错误日志的默认存放位置在数据目录下，以 hostname.err 命名。但是可以使用命令：--log-error[=file_name]，修改其存放目录和文件名。

为了方便维护需要，有时候会希望将错误日志中的内容做备份并重新开始记录，这时候就可以利用 MySQL 的 FLUSHLOGS 命令来告诉 MySQL 备份旧日志文件并生成新的日志文件。备份文件名以“.old”结尾。

2. 二进制日志

二进制日志（Binary Log，也称为 binlog）也是 MySQL 中最为重要的日志之一。当通过“--log-bin[=file_name]”参数打开记录的功能之后，MySQL 会将所有修改数据库数据的 query 以二进制形式记录到日志文件中。当然，日志中并不仅限于 query 语句这么简单，还包括每一条 query 所执行的时间，所消耗的资源，以及相关的事务信息，所以二进制日志是事务安全的。

和错误日志一样，binlog 记录功能同样需要“--log-bin[=file_name]”参数的显式指定才能开启，如果未指定 file_name，则会在数据目录下记录为 mysql-bin.*****（**代表 0～9 之间的某一个数字，来表示该日志的序号）。

3. 更新日志

更新日志（Update Log）是 MySQL 在较老的版本上使用的，其功能和二进制日志基本类似，只不过不是以二进制格式来记录而是以简单的文本格式记录内容。自从 MySQL 增加了 binlog 功能之后，就很少使用更新日志了。从版本 5.0 开始，MySQL 已经不再支持更新日志了。

4. 查询日志

查询日志（Query Log）记录 MySQL 中所有的 query，通过“--log[=fina_name]”参数来打开该功能。由于记录了所有的 query，包括所有的 SELECT，体积比较大，开启后对性能也有较大的影响，所以请慎用该功能。一般只用于跟踪某些特殊的 SQL 性能问题时才会短暂打开该功能。默认的查询日志文件名为 hostname.log。

5. 慢查询日志

顾名思义，慢查询日志（Slow Query Log）中记录的是执行时间较长的 query，也就是人们常说的“慢查询”。通过“--log-slow-queries[=file_name]”参数来打开该功能并设置记录位置和文件名。默认文件名为 hostname-slow.log，默认目录也是数据目录。

慢查询日志采用的是简单的文本格式，可以通过各种文本编辑器查看其中的内容。其中记录了语句执行的时刻，执行所消耗的时间，执行用户，连接主机等相关信息。MySQL 还提供了专门用来分析满查询日志的工具程序 mysqlslowdump，用来帮助数据库管理人员解决可能存在的性能问题。

6．InnoDB 的在线 redo 日志

InnoDB 是一个事务安全的存储引擎，其事务安全性主要就是通过在线 redo 日志和记录在表空间中的 undo 信息来保证的。redo 日志中记录了 InnoDB 所做的所有物理变更和事务信息，通过 redo 日志和 undo 信息，InnoDB 保证了在任何情况下的事务安全性。InnoDB 的 redo 日志同样默认存放在数据目录下，可以通过 innodb_log_group_home_dir 来更改设置日志的存放位置，通过 innodb_log_files_in_group 设置日志的数量。

2.2 系统架构

总地来说，MySQL 可以看成是两层架构，第一层为 SQL Layer，在 MySQL 数据库系统处理底层数据之前的所有工作都是在这一层完成的，包括权限判断、SQL 解析、执行计划优化、Query Cache 的处理等；第二层就是存储引擎层，通常称为 Storage Engine Layer，也就是底层数据存取操作实现部分，由多种存储引擎共同组成。

本节将详细对 MySQL 这两层架构中包含的模块，以及各个模块之间的交互方式进行介绍。

2.2.1 架构结构图

MySQL 架构中的 SQL Layer 层和 Storage Engine Layer 层可以用一个简单的示意图来表示，如图 2-1 所示。

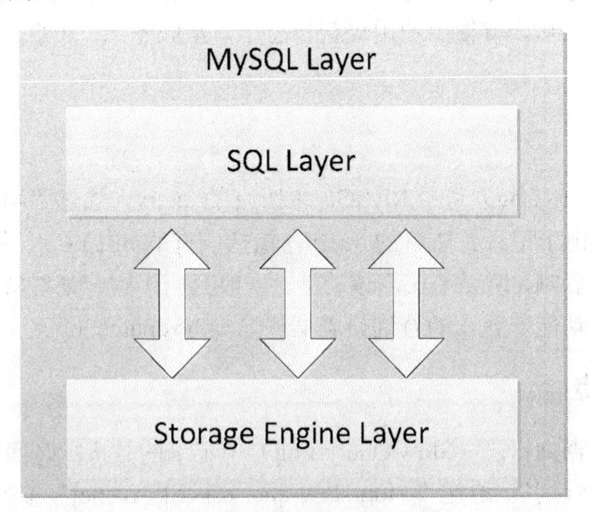

图 2-1 MySQL 架构结构图

虽然从图 2-1 看起来 MySQL 架构非常简单，就是简单的两部分而已，但实际上每一层中都含有各自的很多小模块，尤其是第一层 SQL Layer，结构相当复杂。下面就分别针对 SQL Layer 和 Storage Engine Layer 做一个简单的分析。

SQL Layer 中包含多个子模块，下面逐一对它们进行简单介绍。

1. 初始化模块

顾名思义，初始化模块就是在 MySQL 服务器启动的时候，对整个系统做各种各样的初始化操作。例如，各种内存、缓存结构的初始化和内存空间的申请，各种系统变量的初始化设定，各种存储引擎的初始化设置，等等。

2. 核心 API

核心 API 模块主要是为了提供一些需要非常高效的底层操作功能的优化实现，包括各种底层数据结构的实现、特殊算法的实现、字符串处理、数字处理、文件 I/O、格式化输出，以及最重要的内存管理部分。

3. 网络交互模块

底层网络交互模块抽象出底层网络交互所使用的接口 API，实现底层网络数据的接收 与发送，以方便其他各个模块调用，以及对这一部分的维护。

4. Client 和 Server 交互协议模块

任何 C/S 结构的软件系统，都肯定会有自己独有的信息交互协议，MySQL 也不例外。MySQL 的 Client 和 Server 交互协议模块部分，实现了客户端与 MySQL 交互过程中的所有协议。当然这些协议都是建立在现有的操作系统和网络协议之上的，如 TCP/IP 以及 UNIX Socket。

5. 用户模块

用户模块所实现的功能，主要包括用户的登录连接权限控制和用户的授权管理。它就像 MySQL 的大门守卫一样，决定是否给来访者“开门”。

6. 访问控制模块

为了安全考虑，还需要访问控制模块实时监控客户的每一个动作，给不同的客户以不同的权限。访问控制模块实现的功能就是根据用户模块中各用户的授权信息，以及数据库自身特有的各种约束，来控制用户对数据的访问。用户模块和访问控制模块两者结合起来，组成了 MySQL 整个数据库系统的权限安全管理的功能。

7. 连接管理、连接线程和线程管理

连接管理模块负责监听对 MySQL 服务器的各种请求，接收连接请求，转发所有连接请求到线程管理模块。每一个连接上 MySQL 服务器的客户端请求都会被分配（或创建）一个连接线程为其单独服务。而连接线程的主要工作就是负责 MySQL 服务器与客户端的通信，接受客户端的命令请求，传递 Server 端的结果信息等。线程管理模块则负责管理维护这些连接线程。包括线程的创建，线程的缓存等。

8. Query 解析和转发模块

在 MySQL 中习惯将所有 Client 端发送给 Server 端的命令都称为 query。在 MySQL 服务器内部，连接线程接收到客户端的一个 query 后，会直接将该 query 传递给专门负责将各种 query 进行分类然后转发给各个对应的处理模块，这个模块就是 Query 解析和转发模块。其主要工作就是将 query 语句进行语义和语法的分析，然后按照不同的操作类型进行分类，然后做出针对性的转发。

9. Query Cache 模块

Query Cache 模块在 MySQL 中是一个非常重要的模块，它的主要功能是将客户端提交给 MySQL 的 SELECT 类 query 请求的返回结果集缓存到内存中，与该 query 的一个 hash 值做一个对应。该 query 所取数据的基表发生任何数据的变化之后，MySQL 会自动使该 query 的缓存失效。在读写比例非常高的应用系统中，Query Cache 对性能的提高是非常显著的。当然它对内存的消耗也是非常大的。

10. Query 优化器模块

Query 优化器就是优化客户端请求的 query，根据客户端请求的 query 语句和数据库中的一些统计信息，在一系列算法的基础上进行分析，得出一个最优的策略，告诉后面的程序如何取得这个 query 语句的结果。

11. 表变更管理模块

表变更管理模块主要是负责完成一些 DML 和 DDL 的 query，如 update，delete，insert，createtable，altertable 等语句的处理。

12. 表维护模块

表的状态检查，错误修复，以及优化和分析等工作都是表维护模块需要做的事情。

13. 系统状态管理模块

系统状态管理模块负责在客户端请求系统状态的时候，将各种状态数据返回给用户，像 DBA 常用的各种 showstatus 命令、showvariables 命令等，所得到的结果都是由这个模块返回的。

14. 表管理器

这个模块从名字上看来很容易和上面的表变更和表维护模块相混淆，但是其功能与变更及维护模块却完全不同。大家知道，每一个 MySQL 的表都有一个表的定义文件，也就是*.frm 文件。表管理器的工作主要就是维护这些文件，以及一个 cache，该 cache 中的主要内容是各个表的结构信息。此外，它还维护 table 级别的锁管理。

15. 日志记录模块

日志记录模块主要负责整个系统级别的逻辑层的日志的记录，包括错误日志、二进制日志和慢查询日志等。

16. 复制模块

复制模块又可分为 Master 模块和 Slave 模块两部分，Master 模块主要负责在 Replication 环境中读取 Master 端的 binary 日志，以及与 Slave 端的 I/O 线程交互等工作。

Slave 模块比 Master 模块所要做的事情稍多一些，在系统中主要体现在两个线程上面。一个是负责从 Master 请求和接受 binary 日志，并写入本地 relaylog 中的 I/O 线程。另外一个是负责从 relaylog 中读取相关日志事件，然后解析成可以在 Slave 端正确执行并得到和 Master 端完全相同的结果的命令并再交给 Slave 执行的 SQL 线程。

17. 存储引擎接口模块

存储引擎接口模块可以说是 MySQL 数据库中最有特色的一点了。目前各种数据库产品中，基本上只有 MySQL 可以实现其底层数据存储引擎的插件式管理。这个模块实际上只是一个抽象类，但正是因为它成功地将各种数据处理高度抽象化，才成就了今天 MySQL 可切换存储引擎的特色。

2.2.2 模块交互流程

在了解了 MySQL 的各个模块之后，再看看 MySQL 各个模块间是如何相互协同工作的。接下来通过启动 MySQL 服务器→客户端连接→请求 query→得到返回结果→最后退出，这样一个完整过程来进行分析。

（1）执行启动 MySQL 命令之后，MySQL 的初始化模块就从系统配置文件中读取系统参数和命令行参数，并按照参数来初始化整个系统，如申请并分配缓存、初始化全局变量以及各种结构等。同时各个存储引擎也被启动，并进行各自的初始化工作。当整个系统初始化结束后，由连接管理模块接手。连接管理模块会启动处理客户端连接请求的监听程序，包括 TCP/IP 的网络监听，还有 UNIX 的 Socket。这时候，MySQL 服务器就基本启动完成，准备好接受客户端请求了。

（2）当连接管理模块监听到客户端的连接请求（借助网络交互模块的相关功能），双方通过 Client 和 Server 交互协议模块所定义的协议"寒暄"几句之后，连接管理模块就会将连接请求转发给线程管理模块，去请求一个连接线程。

（3）线程管理模块马上又会将控制交给连接线程模块，告诉连接线程模块：现在这边有连接请求过来需要建立连接。连接线程模块在接到连接请求后，首先会检查当前连接线程池中是否有被 cache 的空闲连接线程，如果有就取出一个和客户端请求连接上；如果没有空闲的连接线程，则建立一个新的连接线程与客户端请求连接。当然，连接线程模块并不是在收到连接请求后马上就会取出一个连接线程和客户端连接，而是首先通过调用用户模块进行授权检查，只有客户端请求通过了授权检查后，它才会将客户端请求和负责请求的连接线程连上。

（4）在 MySQL 中将客户端请求分为两种类型：一种是 query，需要调用 Parser 也就是 Query 解析和转发模块的解析才能够执行的请求；一种是 command，不需要调用 Parser

就可以直接执行的请求。如果初始化配置中打开了 Full Query Logging 功能，那么 Query 解析与转发模块会调用日志记录模块将请求计入日志，不管是一个 query 类型的请求还是一个 command 类型的请求，都会被记录进入日志，所以出于性能考虑，一般很少打开 Full Query Logging 的功能。

（5）当客户端请求和连接线程“互通协议”接上头之后，连接线程就开始处理客户端请求发送过来的各种命令（或者 query），接受相关请求。它将收到的 query 语句转给 Query 解析和转发模块，Query 解析器先对 Query 进行基本的语义和语法解析，然后根据命令类型的不同，有些会直接处理，有些会分发给其他模块来处理。

（6）如果是一个 query 类型的请求，会将控制权交给 Query 解析器。Query 解析器首先分析看是不是一个 SELECT 类型的 query，如果是则调用查询缓存模块，让它检查该 query 在缓存集中是否已经存在。如果有，则直接将缓存集中的数据返回给连接线程模块，然后通过与客户端的连接的线程将数据传输给客户端。如果不是一个可以被缓存的 query 类型，或者缓存集中没有该 query 的数据，那么 query 将被继续传回 Query 解析器，让 Query 解析器进行相应处理，再通过 Query 分发器分发给相关处理模块。

（7）如果 Query 解析器解析结果是一条未被缓存的 SELECT 语句，则将控制权交给 Optimizer，也就是 Query 优化器模块，如果是 DML 或者是 DDL 语句，则会交给表变更管理模块，如果是一些更新统计信息、检测、修复和整理类的 query 则会交给表维护模块去处理，复制相关的 query 则转交给复制模块去进行相应的处理，请求状态的 query 则转交给了状态收集报告模块。实际上，表变更管理模块根据所对应的处理请求的不同，是分别由 INSERT 处理器、DELETE 处理器、UPDATE 处理器、CREATE 处理器，以及 ALTER 处理器这些小模块来负责不同的 DML 和 DDL 的。

（8）在各个模块收到 Query 解析与分发模块分发过来的请求后，首先会通过访问控制模块检查连接用户是否有访问目标表以及目标字段的权限。如果有，就会调用表管理模块请求相应的表，并获取对应的锁。表管理模块首先会查看该表是否已经存在于表缓存集中，如果已经打开则直接进行锁相关的处理，如果没有在 cache 中，则需要再打开表文件获取锁，然后将打开的表交给表变更管理模块。

（9）当表变更管理模块“获取”打开的表之后，就会根据该表的相关 meta 信息，判断表的存储引擎类型和其他相关信息。根据表的存储引擎类型，提交请求给存储引擎接口模块，调用对应的存储引擎实现模块，进行相应处理。

（11）不过，对于表变更管理模块来说，可见的仅是存储引擎接口模块所提供的一系列“标准”接口，底层存储引擎实现模块的具体实现，对于表变更管理模块来说是透明的。它只需要调用对应的接口，并指明表类型，接口模块会根据表类型调用正确的存储引擎来进行相应的处理。

（12）当一条 query 或者一个 command 处理完成（成功或者失败）之后，控制权都会交还给连接线程模块。如果处理成功，则将处理结果（可能是一个结果集，也可能是成功或者失败的标识）通过连接线程反馈给客户端。如果处理过程中发生错误，也会将相应的错误信息发送给客户端，然后连接线程模块会进行相应的清理工作，并继续等待后面的请求，重复上面提到的过程，或者完成客户端断开连接的请求。

（13）如果在上面的过程中，相关模块使数据库中的数据发生了变化，而且 MySQL

打开了二进制日志功能，则对应的处理模块还会调用日志处理模块将相应的变更语句以更新事件的形式记录到相关参数指定的二进制日志文件中。

在上面各个模块的处理过程中，各自的核心运算处理功能部分都会高度依赖整个 MySQL 的核心 API 模块，比如内存管理、文件 I/O、数字和字符串处理等。

2.3 MySQL 存储引擎

简单地说，存储引擎就是如何存储数据、如何为存储的数据建立索引和如何更新、查询数据等技术的实现方法。由于在关系型数据库中数据是以表的形式存储的，所以存储引擎也可以称为表类型（即存储和操作此表的类型）。

在 Oracle 和 SQL Server 等数据库中只有一种存储引擎，所有数据存储管理机制都是一样的。但是，MySQL 数据库提供了多种存储引擎，例如 MyISAM、InnoDB 和 MEMORY 等。甚至允许开发人员根据自己的需求编写自己的存储引擎。

下面将学习如何查看 MySQL 支持的存储引擎、每种存储引擎的作用，以及选择存储引擎的方法。

2.3.1 MySQL 存储引擎简介

在 MySQL 最开始发行的时候是 ISAM 存储引擎，而且实际上在最初的时候，MySQL 甚至是没有存储引擎这个概念的。MySQL 在架构上面也没有像现在这样的 SQL Layer 和 Storage Engine Layer 这两个结构清晰的层次结构，当时不管是代码本身还是系统架构，对于开发者来说都很痛苦的一件事情。到后来，MySQL 意识到需要更改架构，将前端的业务逻辑和后端数据存储以清晰的层次结构拆分开的同时，对 ISAM 做了功能上面的扩展和代码的重构，并改名为 MyISAM 存储引擎。在之后的 MySQL 版本中默认存储引擎都是 MyISAM。

MySQL 在 5.1（不包括）之前的版本中，存储引擎是需要在 MySQL 安装的时候就必须和 MySQL 一起被编译并同时被安装的。也就是说，5.1 之前的版本中，虽然存储引擎层和 SQL 层的耦合已经非常少了，基本上完全是通过接口来实现交互，但是这两层之间仍然是没办法分离的，即使在安装的时候也是一样。

但是从 MySQL 5.1 开始，MySQL AB 对其结构体系做了较大的改造，并引入了一个新的概念：插件式存储引擎体系结构。MySQL AB 在架构改造的时候，让存储引擎层和 SQL 层各自更为独立，耦合更小，甚至可以做到在线加载新的存储引擎，也就是完全可以将一个新的存储引擎加载到一个正在运行的MySQL中，而不影响MySQL的正常运行。插件式存储引擎的架构，为存储引擎的加载和移出更为灵活方便，也使自行开发存储引擎更为方便简单。在这一点上面，目前还没有哪个数据库管理系统能够做到。

MySQL 的插件式存储引擎主要有 MyISAM、InnoDB、NDB Cluster、Maria、Falcon、Memory、Archive、Merge 和 Federated 等，其中最著名而且使用最为广泛的是 MyISAM 和 InnoDB 两种存储引擎。MyISAM 是 MySQL 最早的 ISAM 存储引擎的升级版本，也是 MySQL 默认的存储引擎。而 InnoDB 实际上并不是 MySQL 公司的，而是第三方软件公司 Innobase（在 2005 年被 Oracle 公司所收购）所开发，其最大的特点是提供了事务控制等特性，所以使用也非常广泛。

其他的存储引擎使用场景要稍微少一些，都是应用于某些特定的场景，如 NDBCluster 虽然也支持事务，但是主要是用于分布式环境。Maria 是 MySQL 最新开发（还没有发布最终的 GA 版本）的对 MyISAM 的升级版存储引擎。Falcon 是 MySQL 公司自行研发的用于替代当前 InnoDB 存储引擎的一款带有事务等高级特性的数据库存储引擎，目前正在研发阶段。Memory 存储引擎所有数据和索引均存储于内存中，所以主要是用于一些临时表，或者对性能要求极高的表。Archive 是一个数据经过高比例压缩存放的存储引擎，主要用于存放过期而且很少访问的历史信息，不支持索引。Merge 和 Federated 在严格意义上来说，并不能算作一个存储引擎。因为 Merge 存储引擎主要用于将几个基表合并到一起，对外作为一个表来提供服务，基表可以基于其他的几个存储引擎。而 Federated 实际上所做的事情，有点儿类似于 Oracle 的 dblink，主要用于远程存取其他 MySQL 服务器上面的数据。

2.3.2 查看 MySQL 存储引擎

查看 MySQL 支持存储引擎的方法非常简单，语法如下：

```
SHOW ENGINES;
```

【范例 1】

在命令行下登录到 MySQL 并执行 SHOW ENGIENS 命令查看所有存储引擎，输出结果如下。

```
mysql> show engines\G
*************************** 1. row ***************************
      Engine: FEDERATED
      Support: NO
      Comment: Federated MySQL storage engine
      Transactions: NULL
      XA: NULL
      Savepoints: NULL
*************************** 2. row ***************************
      Engine: MRG_MYISAM
      Support: YES
      Comment: Collection of identical MyISAM tables
      Transactions: NO
      XA: NO
      Savepoints: NO
*************************** 3. row ***************************
      Engine: MyISAM
      Support: YES
      Comment: MyISAM storage engine
      Transactions: NO
      XA: NO
```

```
      Savepoints: NO
*************************** 4. row ***************************
      Engine: BLACKHOLE
      Support: YES
      Comment: /dev/null storage engine (anything you write to it
      disappears)
      Transactions: NO
      XA: NO
      Savepoints: NO
*************************** 5. row ***************************
      Engine: CSV
      Support: YES
      Comment: CSV storage engine
      Transactions: NO
      XA: NO
      Savepoints: NO
*************************** 6. row ***************************
      Engine: MEMORY
      Support: YES
      Comment: Hash based, stored in memory, useful for temporary tables
      Transactions: NO
      XA: NO
      Savepoints: NO
*************************** 7. row ***************************
      Engine: ARCHIVE
      Support: YES
      Comment: Archive storage engine
      Transactions: NO
      XA: NO
      Savepoints: NO
*************************** 8. row ***************************
      Engine: InnoDB
      Support: DEFAULT
      Comment: Supports transactions, row-level locking, and foreign keys
      Transactions: YES
      XA: YES
      Savepoints: YES
*************************** 9. row ***************************
      Engine: PERFORMANCE_SCHEMA
      Support: YES
      Comment: Performance Schema
      Transactions: NO
      XA: NO
      Savepoints: NO
```

MySQL 每条命令默认以分号“;”作为结束，这里使用“\G”可以让结果显示得更加美观。

从上述输出结果中可以知道，InnoDB 是默认的数据库存储引擎。除此之外，当前版本的 MySQL 数据库还支持 FEDERATED、MRG_MYISAM、MyISAM、BLACKHOLE、CSV、MEMORY、ARCHIVE 和 PERFORMANCE_SCHEMA 存储引擎。查询结果的每条记录都包含相同的列，下面是列的说明。

（1）Engine：数据库存储引擎名称。

（2）Support：表示 MySQL 是否支持该类引擎，YES 表示支持，NO 表示不支持。

（3）Comment：表示对该引擎的注释信息。

（4）Transactions：表示是否支持事务处理，YES 表示支持，NO 表示不支持。

（5）XA：表示是否分布式交易处理的 XA 规范，YES 表示支持，NO 表示不支持。

（6）Savepoints；表示是否支持保存点，以便事务回滚到保存点，YES 表示支持，NO 表示不支持。

【范例 2】

SHOW ENGINES 命令会返回所有的存储引擎，如果只希望查看当前 MySQL 的默认存储引擎，可以使用如下命令。

```
SHOW VARIABLES LIKE 'storage_engine';
```

输出的结果如下，可以看出默认存储引擎为 InnoDB。


```
mysql> SHOW VARIABLES LIKE 'storage_engine';
+-----------------------+-------------+
| Variable_name     | Value    |
+-----------------------+-------------+
| storage_engine    | InnoDB    |
+-----------------------+-------------+
```

2.3.3 MyISAM 存储引擎

2.3.1 节介绍了 MyISAM 存储引擎是由早期的 ISAM 存储引擎升级而来，提供了高速存储和检索，以及全文搜索能力。同时也是 MySQL 的默认存储引擎，但是它并不支持事务。

MyISAM 引擎的表存储为三个文件，其文件名称与表名相同，但是后缀名分别以“.myd”、“.myi”和“.frm”结尾。其中，“.myd”为后缀名的文件存储数据；“.myi”为后缀名的文件存储索引，它是 MYIndex 的缩写；“.frm”为后缀名的文件存储表的结构。

MyISAM 支持三种不同的存储格式，即静态型、动态型和压缩型。其中，前两种格式根据正使用的列的类型来自动选择，而第三个是已压缩格式，只能使用 myisampack 工具进行创建。

1. 静态固定长度

这是一种默认的存储格式，其字段都是非变长的字段，即字段都是固定的。在存储时，列的宽度不足时，会自动使用空格补足。但是，在访问时并不会得到这些空格。使用这种存储格式的优点是：存储非常迅速，容易缓存，并且在出现故障时容易恢复。但是，这种格式也存在着缺点，例如占用的空间通常比动态表多。

2. 动态可变长度

在这种存储格式中，其字段是可变长的，即记录的长度是不固定的。使用这种存储格式时，虽然占用的空间相对较少，但是频繁地更新删除记录会产生碎片，需要定期改善性能，并且出现故障的时候恢复相对比较困难。

3. 压缩表

压缩表占用磁盘空间小，每个记录是被单独压缩的，所以只有非常小的访问开支。

2.3.4 InnoDB 存储引擎

InnoDB 是当前 MySQL 数据库版本的默认存储引擎，它与 MyISAM 相比，其最大特色就是支持 ACID 兼容的事务功能。目前，InnoDB 采用双轨制授权，一个是 GPL 授权，另一个则是专有软件授权。

InnoDB 存储引擎给 MySQL 数据库提供了具有事务、回滚和崩溃修复能力、多版本并发控制的事务安全型表。InnoDB 存储引擎也提供了行级锁，提供与 Oracle 类似的不加锁读取。它的缺点在于：读写效率稍差，占用的数据空间相对较大。

InnoDB 是 MySQL 数据库中第一个提供外键约束的表引擎，而且它对于事务的处理能力，也是其他存储引擎所无法比拟的。如下通过三个方面介绍了 InnoDB 存储引擎的特点。

（1）InnoDB 存储引擎中存储表和索引有两种方式：使用共享表空间存储和使用多表空间存储。

① 共享表间空间存储。

表结构存储在后缀名是“.frm”的文件中，数据和索引存储在 innodb_data_home_dir 和 innodb_data_file_path 定义的表空间中。

② 多表空间存储。

表结构存储在后缀名是“.frm”的文件中，但是每个表的数据和索引单独保存在“.ibd”文件中。如果为分区表，则每个分区表对应单独的“.ibd”文件，文件名是表名+分区名。使用多表空间存储需要设置参数 innodb_file_per_table，并且重启服务才能生效，只对新建表有效。

（2）InnoDB 存储引擎支持外键，外键所在的表为子表，外键所依赖的表为父表。父表中被子表外键关联的字段必须为主键。如果删除、修改父表中的某条信息时，子表也必须有相应的改变。

（3）InnoDB 存储引擎支持自动增长列 AUTO_INCREMENT，自动增长列的值不能为空，而且值必须是唯一的。另外，在 MySQL 中规定自增列必须为主键，在插入值时，自动增长列分为以下三种情况。

① 如果自动增长列不输入值，则插入的值为自动增长后的值。

② 如果输入的值为 0 或空（NULL），则插入的值也为自动增长后的值。

③ 如果插入某个确定的值，且该值在前面的数据中没有出现过，则可以直接插入。

2.3.5 MEMORY 存储引擎

MEMORY 存储引擎会将表中的数据存放在内存，如果数据库重启或发生崩溃，表中的数据都将消失。就像 MyISAM 一样，MEMORY 和 MERGE 存储引擎处理非事务表，这两个引擎也都被默认包含在 MySQL 中。

如果数据库重启或发生崩溃，MEMORY 存储引擎表中的数据都将会消失。因此，它非常适合用于存储临时数据的临时表，以及数据仓库中的表。默认情况下，MEMORY 存储引擎使用的是哈希（HASH）索引，而不是 BTREE 索引。

提示

哈希索引的速度要比 BTREE 索引快，如果读者希望使用 BTREE 索引，那么可以在创建索引时选择使用。

虽然 MEMORY 存储引擎速度非常快，但是在使用上有一定的限制。例如，该存储引擎只支持表锁、并发性能较差，而且不支持 TEXT 和 BLOB 列类型。最重要的是，存储变长字段（VARCHAR）时是按照固定长度字段（CHAR）的方式进行的，这样会导致内存的浪费。

另外，还有一点是不能忽视的，MySQL 数据库使用 MEMORY 存储引擎作为临时表来存放查询的中间结果集。如果中间结果集大于 MEMORY 存储引擎表的容量设置，或中间结果含有 TEXT 或 BLOB 列类型字段，则 MySQL 数据库会把其转换到 MyISAM 存储引擎表而存放到磁盘。

2.3.6 其他存储引擎

除了上面介绍的三种存储引擎外，下面对 MySQL 数据库支持的其他存储引擎进行简单的说明。

1. PERFORMANCE_SCHEMA 存储引擎

PERFORMANCE_SCHEMA 是 MySQL 在 5.5 版本中新增的一个存储引擎，主要用于收集数据库服务器性能参数。MySQL 用户是不能创建存储引擎为 PERFORMANCE_SCHEMA 的表的。

PERFORMANCE_SCHEMA 存储引擎提供了以下三个功能。

（1）提供进程等待的详细信息，包括锁、互斥变量和文件信息等。

（2）保存历史的事件汇总信息，为提供 MySQL 服务器性能做出详细的判断。

（3）对于新增和删除监控事件点都非常容易，并且可以随意改变 MySQL 服务器的监控周期。

例如，下面的代码检查数据库是否启动 performance_schema 功能，如果返回的结果为 ON 则表示开启，如果为 OFF 则表示功能处于关闭状态，代码如下。

```
mysql> SHOW VARIABLES LIKE 'performance_schema';
+------------------------------+---------+
| Variable_name        | Value  |
+------------------------------+---------+
| performance_schema    | ON     |
+------------------------------+---------+
```

2. BLACKHOLE 存储引擎

BLACKHOLE 存储引擎还被称为“黑洞引擎”，它能够接收数据，但是会丢弃数据而非存储它。使用该存储引擎写入的任何数据都会消失，不进行实际存储。它虽然不能存储数据，但是 MySQL 还是会正常地记录下日志，而且这些日志还会被正常地同步到 Slave 上，可以在 Slave 上对数据进行后续处理。

BLACKHOLE 存储引擎一般用于以下三种场合。

（1）验证转储文件语法的正确性。

（2）来自二进制日志记录的开销测量，通过比较开启或者禁用二进制日志的 BLACKHOLE 功能。

（3）被用来查找与存储引擎自身不相关的性能瓶颈。

3. CSV 存储引擎

逻辑上由逗号分隔数据的存储引整，它会在数据库子目录里为每个数据表创建一个后缀名是“.csv”的文件。这是一种普通的文本文件，每个数据行占用一个文本行，而且 CSV 存储引擎不支持索引。

4. MRG_MYISAM 存储引擎

MRG_MYISAM 存储引擎也叫 MERGE 存储引擎，它允许集合将被处理同样（指所有表同样的列和索引信息）的 MyISAM 表作为一个单独的表。

5. ARCHIVE 存储引擎

ARCHIVE 存储引擎被用来以非常小的覆盖区存储大量无索引数据。这种存储引擎拥有高效的插入速度，但是对查询的支持相对较差。

2.3.7 如何选择存储引擎

实际工作中选择一个合适的存储引擎是一个很复杂的问题，每种存储引擎都有各自的优势。因此，不能笼统地说哪个存储引擎更好，只有说合适不合适。下面分别介绍了 InnoDB、MyISAM 和 MEMORY 这三种存储引擎的特性对比，根据其不同的特性，给出了一些选择的建议。

1. InnoDB 存储引擎

它主要用于事务处理应用程序，支持外键，同时还支持崩溃修复能力和并发控制。

如果对事务的完整性要求比较高，要求实现并发通知，那么选择 InnoDB 存储引擎比较有优势。如果需要频繁地进行更新和删除操作，也可以选择该存储引擎，因为该存储引擎可以实现事务的提交和回滚。

2. MyISAM 存储引擎

这种存储引擎提供了高速的存储与检索和全文搜索能力。该存储引擎插入数据快，但是空间和内存的使用效率较低。如果表主要适用于插入新记录和读出记录，那么选择 MyISAM 存储引擎可以实现处理的高效率。

3. MEMORY 存储引擎

这种存储引擎提供“内存中”表，该存储引擎的所有数据都存储在内存中，数据的处理速度很快但是安全性不高。如果需要很快的读写速度，对数据的安全性要求较低，可以选择这种存储引擎。

注 意

MEMORY 存储引擎对表的大小有要求，不建议太大的表。因此，这类数据库只使用于相对较小的数据库表。

2.4 实验指导——更改 MySQL 默认存储引擎

2.3 节介绍了 MySQL 支持的多种存储引擎，以及查看和选择存储引擎的方法。本节通过实验指导讲解如何更改 MySQL 使用的默认存储引擎。更改方法有两种，一种是手动方式修改，另一种是借用 MySQL Workbench 工具修改。

1. 使用手动方式修改默认存储引擎

这种方式需要打开 MySQL 的配置文件 my.ini，并找到 default-storage-engine 选项并修改其值为新的存储引擎名称即可，如图 2-2 所示。

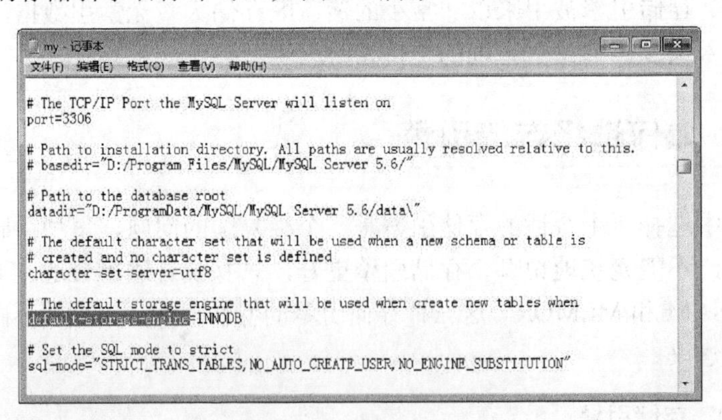

图 2-2 手动修改默认存储引擎

例如，修改为“default-storage-engine=MYISAM”表示将 MyISAM 作为默认存储引擎。修改完成之后保存文件，并重新启动 MySQL 服务即可生效。

2．使用 MySQL Workbench 工具修改默认存储引擎

这种方式要求首先使用 MySQL Workbench 工具登录 MySQL 服务器。然后从左侧 Navigator 窗格的 INSTANCE 功能区域中单击 Options Files 链接。在打开的界面中将以选项卡的形式展示所有配置选项，在默认的 General 选项卡中找到 General 区域，其中有一个 default-storage-engine 复选框。通过修改该复选框的值可以更改当前使用的存储引擎，默认值为 INNODB，如图 2-3 所示。

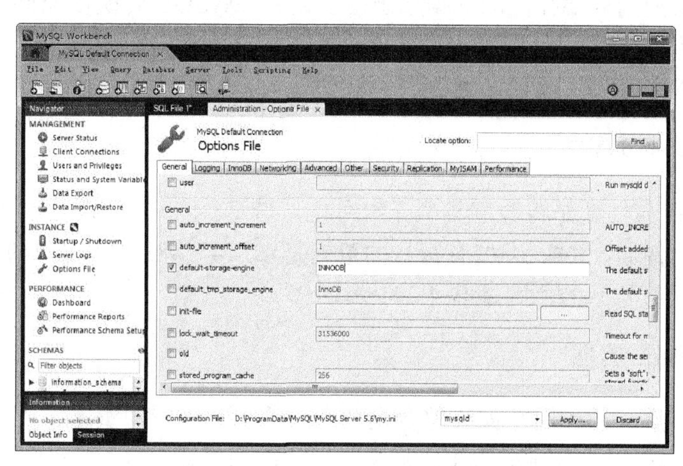

图 2-3　MySQL Workbench 修改默认存储引擎

修改完成之后单击 Apply 按钮，从弹出的确认对话框中再次单击 Apply 按钮应用更改。此时 MySQL 服务会重新启动。

2.5 数据类型

数据类型在数据库中扮演着基础但又非常重要的角色，因为对数据类型的选择将影响与数据库交互的应用程序的性能。通常来说，如果在一个页面中可以存放尽可能多的行，那么数据库的性能就越好，因此选择一个正确的数据类型至关重要。

另一方面，如果在数据库中创建表时选择了错误的数据类型，那么后期维护成本可能非常大。用户需要花大量时间来进行 ALTER TABLE 操作。对于一张大型表，可能需要等待更长的时间。因此，设计表时了解各个数据类型及其适用范围是非常必要的。

2.5.1 整数类型

MySQL 中的整数类型主要有 5 个，分别是 TINYINT，SMALLINT，MEDIUMINT，INT 和 BIGINT。它们在很大程度上是相同的，只有存储值的大小是不相同的，详细说明如表 2-1 所示。

表 2-1 整数类型说明

类型	大小	范围（有符号）	范围（无符号）	用途
TINYINT	1 字节	(–128，127)	(0，255)	小整数值
SMALLINT	2 字节	(–32 768，32 767)	(0，65 535)	大整数值
MEDIUMINT	3 字节	(–8 388 608，8 388 607)	(0，16 777 215)	大整数值
INT 或 INTEGER	4 字节	(–2 147 483 648，2 147 483 647)	(0，4 294 967 295)	大整数值
BIGINT	8 字节	(–9 233 372 036 854 775 808，9 223 372 036 854 775 807)	(0，18 446 744 073 709 551 615)	极大整数值

如果整数类型的列要存储的数据超出范围之外，MySQL 会根据允许范围最接近它的一端截短后再进行存储。另外，MySQL 会在不合规定的值插入表前，将其自动修改为 0。

整数类型的列有如下两种属性。

1．UNSIGNED 属性

UNSIGNED 属性就是将数字类型无符号化，与 C、C++等程序语言中 unsigned 关键字的作用相同。例如，INT 类型有符号的范围是–2 147 483 648~2 147 483 647，INT UNSIGNED（无符号）的范围是 0~4 294 967 295。

2．ZEROFILL 属性

ZEROFILL 属性的作用是如果整数类型列的值小于设置的宽度，则在前面自动填充 0。例如，INT(4)类型的列在插入 1 之后显示为“0001”。

ZEROFILL 属性只是一种格式化的输出形式，而不会真正影响数字在内部的存储。

2.5.2 浮点类型

MySQL 支持三个浮点类型，分别是：FLOAT、DOUBLE 和 DECIMAL 类型。其数值大小及范围说明如表 2-2 所示。

表 2-2 浮点类型说明

类型	大小	范围（有符号）	范围（无符号）	用途
FLOAT	4 字节	(-3.402 823 466 E+38，1.175 494 351 E-38)，0，(1.175 494 351 E-38，3.402 823 466 351 E+38)	0，(1.175 494 351 E-38，3.402 823 466 E+38)	单精度浮点数值
DOUBLE	8 字节	(1.797 693 134 862 315 7 E+308，2.225 073 858 507 201 4 E-308)，0，(2.225 073 858 507 201 4 E-308，1.797 693 134 862 315 7 E+308)	0，(2.225 073 858 507 201 4 E-308，1.797 693 134 862 315 7 E+308)	双精度浮点数值
DECIMAL		对 DECIMAL(M,D)，如果 M>D，为 M+2 否则为 D+2	依赖于 M 和 D 的值	小数值

浮点类型通常都有两个参数，表示显示宽度和小数点位数。例如，FLOAT(5,2)规定显示的值不会超过 5 位数字，小数点后面带有两位数字。对于小数点后面的位数超过允许范围的值，MySQL 会自动将它四舍五入为最接近它的值，再插入它。

DECIMAL 数据类型用于精度要求非常高的计算中，这种类型允许指定数值的精度和计数方法作为选择参数。精度在这里指为这个值保存的有效数字的总个数，而计数方法表示小数点后数字的位数。例如，语句 DECIMAL(5,2)规定了存储的值不会超过 5 位数字，并且小数点后不超过两位。

忽略 DECIMAL 数据类型的精度和计数方法修饰符将会使 MySQL 数据库把所有标识为这个数据类型的字段精度设置为 10，计算方法设置为 0。

提示

UNSIGNE 和 ZEROFILL 属性也可以被 FLOAT、DOUBLE 和 DECIMAL 数据类型使用，并且效果与 INT 数据类型相同。

2.5.3 字符串类型

字符串类型是最常用的数据类型，MySQL 提供了 10 个基本的字符串类型，可以存储的字符串范围从简单的一个字符到巨大的文本块或二进制字符串数据。如表 2-3 所示列出了这 10 个字符串类型及其说明。

表 2-3 字符串类型说明

类型	大小	用途
CHAR	0~255 字节	固定长度字符串
VARCHAR	0~255 字节	可变长度字符串
TINYBLOB	0~255 字节	不超过 255 个字符的二进制字符串
TINYTEXT	0~255 字节	短文本字符串
BLOB	0~65 535 字节	二进制形式的长文本数据
TEXT	0~65 535 字节	长文本数据
MEDIUMBLOB	0~16 777 215 字节	二进制形式的中等长度文本数据
MEDIUMTEXT	0~16 777 215 字节	中等长度文本数据
LOGNGBLOB	0~4 294 967 295 字节	二进制形式的极大文本数据
LONGTEXT	0~4 294 967 295 字节	极大文本数据

表 2-3 简单列举了字符串类型的用途，其各个类型的使用方法和注意事项如下所示。

1. CHAR 和 VARCHAR 类型

CHAR 类型用于固定字符串，并且必须在圆括号内用一个修饰符来定义其大小。这个大小修饰符的范围从 0 到 255。比指定长度大的值将被截断，而比指定长度小的值将会用空格作填补。

CHAR 类型可以使用 BINARY 修饰符。当用于比较运算时，这个修饰符使 CHAR 以二进制方式参与运算，而不是以传统的区分大小写的方式。

CHAR 类型的一个变体是 VARCHAR 类型。它是一种可变长度的字符串类型，并且也必须带有一个范围在 0~255 之间的修饰符。

CHAR 和 VARCHAR 的不同之处在于 MySQL 数据库处理这个修饰符的方式，如下所示。

（1）CHAR 把这个大小视为值的大小，长度不足的情况下就用空格补足。

（2）VARCHAR 类型把它视为最大值并且只使用存储字符串实际需要的长度（增加一个额外字节来存储字符串本身的长度）来存储值。

所以 VARCHAR 类型中，短于修饰符长度的 VARCHAR 类型不会被空格填补，但长于修饰符的值仍然会被截断。

因为 VARCHAR 类型可以根据实际内容动态改变存储值的长度，所以在不能确定字段需要多少字符时，使用 VARCHAR 类型可以大大地节约磁盘空间、提高存储效率。

VARCHAR 类型在使用 BINARY 修饰符时与 CHAR 类型完全相同。

2．TEXT 和 BLOB 类型

对于字段长度要求超过 255 个的情况下，MySQL 提供了 TEXT 和 BLOB 两种类型。根据存储数据的大小，它们都有不同的子类型。这些大型的数据用于存储文本块或图像、声音文件等二进制数据类型。

TEXT 和 BLOB 类型在分类和比较上存在区别。BLOB 类型区分大小写，而 TEXT 不区分大小写。大小写修饰符不用于各种 BLOB 和 TEXT 子类型。比指定类型支持的最大范围大的值将被自动截断。

2.5.4 时间日期

时间和日期数据被广泛使用，如新闻发布时间、商场活动的持续时间和职员的出生日期等。

在处理日期和时间类型的值时，MySQL 带有 5 个不同的数据类型可供选择。它们可以被分成简单的日期、时间类型和混合日期、时间类型，如表 2-4 所示。

表 2-4 时间日期类型说明

类型	大小	范围	格式	用途
DATE	3	1000-01-01/9999-12-31	YYYY-MM-DD	日期值
TIME	3	'-838:59:59'/'838:59:59'	HH:MM:SS	时间值或持续时间
YEAR	1	1901/2155	YYYY	年份值
DATETIME	8	1000-01-01 00:00:00/9999-12-31 23:59:59	YYYY-MM-DD HH:MM:SS	混合日期和时间值
TIMESTAMP	4	1970-01-01 00:00:00/2037 年某时	YYYYMMDD HHMMSS	混合日期和时间值，时间戳

表 2-4 中的类型有着不同的格式和用途，但 MySQL 带有内置功能可以把多样化的输入格式变为一个标准格式。其具体的用法如下所示。

1. DATE、TIME 和 YEAR

MySQL 用 DATE 和 YEAR 类型存储简单的日期值，使用 TIME 类型存储时间值。这些类型可以描述为字符串或不带分隔符的整数序列。

如果描述为字符串，DATE 类型的值应该使用连字号作为分隔符分开，而 TIME 类型的值应该使用冒号作为分隔符分开。没有冒号分隔符的 TIME 类型值，将会被 MySQL 理解为持续的时间，而不是时间戳。

在 MySQL 中，YEAR 类型的值必须用 4 个数字存储，但部分用户习惯使用两个数字来表示年份，如使用 89 来表示 1989 年，而使用 02 来表示 2002 年。

对输入数据中 YEAR 类型的或 SQL 语句的 YEAR 类型，MySQL 能够将输入的两个数字进行最大限度的通译。把在 00~69 范围内的值转换到 2000—2069 范围内。把 70~99 范围内的值转换到 1970—1979 之内。

> **注 意**
> MySQL 并不能够确保自动转换后的值符合用户的需要，因此最好输入 4 个数字表示年份。

2. DATETIME 和 TIMESTAMP 类型

除了日期和时间数据类型，MySQL 还支持 DATETIME 和 TIMESTAMP 这两种混合类型。它们可以把日期和时间作为单个的值进行存储。这两种类型通常用于自动存储包含当前日期和时间的时间戳，并可在需要执行大量数据库事务和需要建立一个调试和审查用途的审计跟踪的应用程序中发挥良好作用。

如果对 TIMESTAMP 类型的字段没有明确赋值，或是被赋予了 null 值，MySQL 会自动使用系统当前的日期和时间来填充它。

2.5.5 集合类型

MySQL 支持两种集合类数据类型 ENUM 和 SET。一个 ENUM 类型只允许从一个集合中取得一个值；而 SET 类型允许从一个集合中取得任意多个值。

1. ENUM 类型

ENUM 类型只允许在集合中取得一个值，其作用类似于单选项，常用于处理相互排斥的数据，例如人的性别。

ENUM 类型字段可以从集合中取得一个值或使用 NULL 值，除此之外的输入将会使 MySQL 在这个字段中插入一个空字符串。另外，如果插入值的大小写与集合中值的大小写不匹配，MySQL 会自动使用插入值的大小写转换成与集合中大小写一致的值。

ENUM 类型在系统内部可以存储为数字，并且从 1 开始用数字作索引。一个 ENUM 类型最多可以包含 65 536 个元素，其中一个元素被 MySQL 保留，用来存储错误信息，这个错误值用索引 0 或者一个空字符串表示。

提示

通过搜索包含空字符串或对应数字索引为 0 的行就可以很容易地找到错误记录的位置。

【范例 3】

假设，在 t 表中有一个 sex 列，该列的值只能是 male 或者 female。下面通过 ENUM 类型实现 CHECK 约束，即检查 sex 列中值的有效性。

首先创建一个包含两列的数据表 t，语句如下：

```
mysql> CREATE TABLE t(
    -> user varchar(20),
    -> sex ENUM('male','female')
    -> );
```

上述语句使用 CREATE TABLE 语句来创建表，在第 3 章中将详细介绍该语句的语法。这里为 t 表分配了两列，第一列 user 是 varchar 类型，最大长度为 20；第二列为 ENUM 类型，其值的范围在括号内指定，多个值之间用逗号分隔，这里指定只能是 male 或者 female。

为了测试 ENUM 类型是否有效，需要使用 SQL_MODE 选项设置为 STRICT_TRANS_TABLES 模式，语句如下：

```
mysql> SET SQL_MODE='STRICT_TRANS_TABLES';
```

接下来，向 t 表中插入两行数据，语句如下：

```
mysql> INSERT INTO t VALUES('leeon','male');
Query OK, 1 row affected (0.14 sec)
mysql> INSERT INTO t VALUES('join','female');
Query OK, 1 row affected (0.10 sec)
```

上述两个语句都可以执行成功，因为都是使用 ENUM 类型允许的值。有关 INSERT 语句插入数据的更多内容将在第 6 章中详细介绍。

下面插入一个不在 ENUM 类型范围内的值，语句如下：

```
mysql> INSERT INTO t VALUES('mary','girl');
ERROR 1265 (01000): Data truncated for column 'sex' at row 1
```

在上述语句中，尝试为 t 数据表的 sex 列插入值 girl，由于该值没有在 ENUM 类型中进行定义，所以会报出警告信息。

2. SET 类型

SET 类型与 ENUM 类型相似但不相同。SET 类型可以从预定义的集合中取得任意数量的值，其作用类似于复选框。

与 ENUM 类型相同的是，任何试图在 SET 类型字段中插入非预定义的值都会使

MySQL 插入一个空字符串。如果插入一个既有合法的元素又有非法的元素的记录，MySQL 将会保留合法的元素，忽略非法的元素。

一个 SET 类型最多可以包含 64 项元素。在 SET 元素中值被存储为一个分离的“位”序列，这些“位”表示与它相对应的元素。“位”是创建有序元素集合的一种简单而有效的方式。并且它还去除了重复的元素，所以 SET 类型中不可能包含两个相同的元素。

查找包含空字符串或二进制值为 0 的行，可以找出 SET 类型字段中的非法记录。

【范例 4】

例如，指定为 SET('one', 'two')类型的列有 4 个可选值，分别是''、'one'、'two'和'one,two'。下面通过一个范例介绍 SET 类型的具体应用。

（1）创建一个仅包含一列的 myset 数据表，该列指定为 SET('a','b','c','d')，语句如下。

```
mysql> CREATE TABLE myset (
    -> col SET('a', 'b', 'c', 'd')
    -> );
```

（2）分别使用不同的组合形式向 myset 表中插入数据，语句如下。

```
mysql> INSERT INTO myset (col) VALUES
    -> ('a,d'), ('d,a'), ('a,d,a'), ('a,d,d'), ('d,a,d');
```

（3）上述语句执行之后，myset 表中将增加 5 条数据。查询这些数据，语句如下。

```
mysql> SELECT col FROM myset;
+-------+
| col   |
+-------+
| a,d   |
| a,d   |
| a,d   |
| a,d   |
| a,d   |
+-------+
```

（4）再次插入一行数据，这次为 SET 列设置一个不支持的值，语句如下。

```
mysql> INSERT INTO myset (col) VALUES ('a,d,d,s');
ERROR 1265 (01000): Data truncated for column 'col' at row 1
```

此时执行后将会提示警告信息，说明插入失败。

思考与练习

一、填空题

1. 与表相关的元数据（meta）信息都存放在__________文件中。

2. __________日志中记录的是执行时间较长的查询。

3. __________模块主要负责整个系统级别的逻辑层的日志的记录，包括错误日志、二进制日志和慢查询日志等。

4．最新版本中 MySQL 数据库默认的存储引擎是__________。

5．查看 MySQL 支持存储引擎的语句是__________。

6．整数类型有 TINYINT、__________、MEDIUMINT、INT 和 BIGINT。

7．在整数类型中使用__________属性可能以将数字类型无符号化。

8．DATETIME 类型的大小是__________。

二、选择题

1．关于常见的存储引擎，下面说法错误的是__________。

A．InnoDB 存储引擎不支持事务处理应用程序，但是支持外键，同时还支持崩溃修复能力和并发控制

B．MEMORY 存储引擎的所有数据都存储在内存中，数据的处理速度快但安全性不高

C．MyISAM 存储引擎提供了高速的存储与检索和全文搜索能力，它并不支持事务处理应用程序

D．MRG_MYISAM 也是 MySQL 数据库的存储引擎

2．下列不属于 MySQL 日志文件的是__________。

A．登录日志

B．错误日志

C．二进制日志

D．更新日志

3．下列不属于 MySQL 中 SQL Layer 模块的是__________。

A．初始化模块

B．网络交互模块

C．用户模块

D．数据模块

4．假设使用 InnoDB 作为存储引擎，数据文件的扩展名是__________。

A．.ibd

B．.frm

C．.arc

D．.csv

5．下列的__________存储引擎会将数据丢失。

A．BLACKHOLE

B．MRG_MYISAM

C．ARCHIVE

D．PERFORMANCE_SCHEMA

6．下列不属于时间日期类型的是__________。

A．DATE

B．TIME

C．YEAR

D．MONTH

7．__________类型可以使用 BINARY 修饰符，并以二进制方式参与运算。

A．VARCHAR

B．CHAR

C．TINYTEXT

D．TEXT

三、简答题

1．罗列三种以上 MySQL 的数据文件，并说明其作用。

2．罗列 5 种以上 MySQL 的日志文件，并说明其作用。

3．简述 MySQL 架构中各模块之间交互的流程。

4．罗列三种以上 MySQL 的数据引擎，并说明其作用。

5．简述选择存储引擎的方法，以及如何查看当前的存储引擎。

6．罗列三种以上 MySQL 的整数类型、浮点类型和字符串类型。

7．简述 ENUM 和 SET 类型的概念。

第 3 章　操作数据库和表

数据库的功能是管理数据，这些数据必须被存放在数据库中才能够对它们进行管理。而表是存储数据的数据库对象。数据库中有很多种类型的对象，如表、视图、存储过程、触发器等。

数据库和表是数据管理的基础，本章介绍数据库和表的相关操作，包括数据库和表的概念、创建和对数据库和表的管理等。

本章学习要点：

- ❑ 理解数据库和数据表的概念
- ❑ 掌握数据库的两种创建方式
- ❑ 掌握表的两种创建方式
- ❑ 熟悉数据库相关查询
- ❑ 掌握数据库的修改和删除
- ❑ 掌握数据表相关查询
- ❑ 掌握数据表的删除
- ❑ 掌握字段的添加
- ❑ 掌握字段的修改
- ❑ 掌握字段的删除

3.1 数据库和表概述

首先要了解什么是数据库和表。虽然通过本书的前两章，读者对数据库有了一些了解，本章将补充介绍数据库和表的概念。

3.1.1 数据库概述

本书前两章已经介绍了数据库系统。而 MySQL 数据库有着一套字符集和字符校对规则，不同的字符集用于处理不同的数据。

一个数据库服务器可以有多个数据库，不同的是可以具有不同的字符集和校对规则。因此在创建数据库时，需要为数据库选择字符集和校对规则。

字符集是一套符号和编码，校对规则是在字符集内用于比较字符的一套规则。MySQL 能够支持多种字符集，可以通过执行如下语句查看可用的字符集：

```
SHOW CHARACTER SET;
```

上述代码的执行效果如图 3-1 所示。

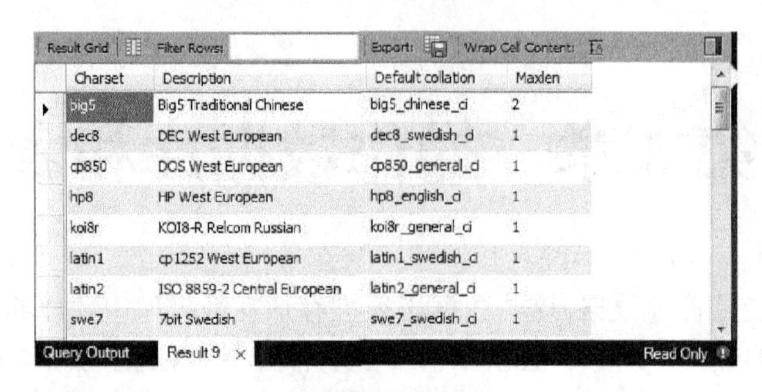

Charset	Description	Default collation	Maxlen
big5	Big5 Traditional Chinese	big5_chinese_ci	2
dec8	DEC West European	dec8_swedish_ci	1
cp850	DOS West European	cp850_general_ci	1
hp8	HP West European	hp8_english_ci	1
koi8r	KOI8-R Relcom Russian	koi8r_general_ci	1
latin1	cp1252 West European	latin1_swedish_ci	1
latin2	ISO 8859-2 Central European	latin2_general_ci	1
swe7	7bit Swedish	swe7_swedish_ci	1

图 3-1　当前可用的字符集

在图 3-1 中，Charset 表示字符集，Description 表示描述内容，Default collation 表示默认的校对规则。任何一个给定的字符集至少有一个校对规则，它还可能有几个校对规则。可以使用以下语句查看校对规则，语句如下：

```
SHOW COLLATION [LIKE 'pattern'];
```

直接使用上述语句 SHOW COLLATION 时查看校对规则列表，如果想要查看 latin1（西欧 ISO-8859-1）字符集的校对规则，可以在 SHOW COLLATION 后添加 LIKE 查询。查看校对规则列表的效果如图 3-2 所示。

Collation	Charset	Id	Default	Compiled	Sortlen
big5_chine...	big5	1	Yes	Yes	1
big5_bin	big5	84		Yes	1
dec8_swe...	dec8	3	Yes	Yes	1
dec8_bin	dec8	69		Yes	1
cp850_gen...	cp850	4	Yes	Yes	1
cp850_bin	cp850	80		Yes	1
hp8_englis...	hp8	6	Yes	Yes	1
hp8_bin	hp8	72		Yes	1

图 3-2　校对规则列表

校对规则不同，它所代表的含义也有所不同。所有的校对规则都有一些共同的特征，如下所示。

（1）两个不同的字符集不能有相同的校对规则。

（2）每个字符集有一个默认校对规则。

存在校对规则命名约定，它们以其相关的字符集名开始，通常包括一个语言名，并且以_ci（大小写不敏感）、_cs（大小写敏感）或_bin（二元）结束。

3.1.2　表概述

表是数据库最基本的组成对象，是数据库的实体，用来组织和存储数据。生活中人们接触到的有各种表，如面试时填写的基本信息表，在考勤时候有考勤表，在发工资时有工资表等。

数据库中的表与生活中的表是一样的，有着表头和数据。不过数据库中的表，表头被定义为字段，是表的列；每一行存储一条记录。如学生信息表如表 3-1 所示。

表 3-1　学生信息表

姓名	性别	年龄	籍贯
段林	男	12	河南郑州
王淼	女	12	河南开封

如表 3-1 所示，这是生活中常见的表，有着表头和数据。而将其定义为数据库中的表，那么表头的姓名、性别、年龄和籍贯将用作表的列（字段）；两个学生的信息是表的行，该表中有两条数据。

列也叫作表的字段，每个字段都有着指定的数据类型。在对数据进行操作时，数据库系统将根据字段的数据类型对数据进行操作。数据类型在本书的第 2 章中已介绍过。

MySQL 数据库在安装后有着系统自带的表，如查询系统数据库 sakila 中 actor 表的数据，其效果如图 3-3 所示。

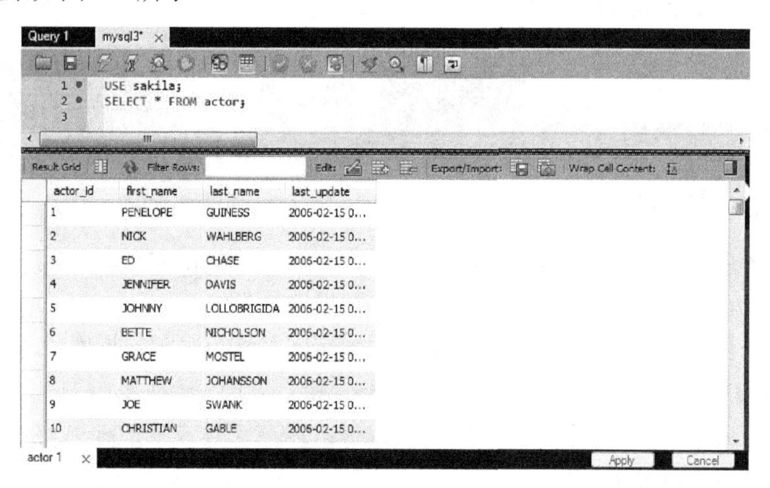

图 3-3　**sakila 数据库中的 actor 表**

3.2 创建数据库

对数据库的使用是从数据库和表的创建开始的。本节介绍数据库的创建，有三种方式：使用 MySQL Workbench 创建数据库；新建查询窗口使用 SQL 语句创建数据库；在控制台使用 SQL 语句创建数据库。本节介绍如何使用 MySQL Workbench 和 SQL 语句创建数据库。

3.2.1 MySQL Workbench 创建数据库

MySQL 5.6.19 版本下，MySQL 的操作可以直接在 MySQL Workbench 中进行。首先登录数据库进入如图 3-4 所示的界面。

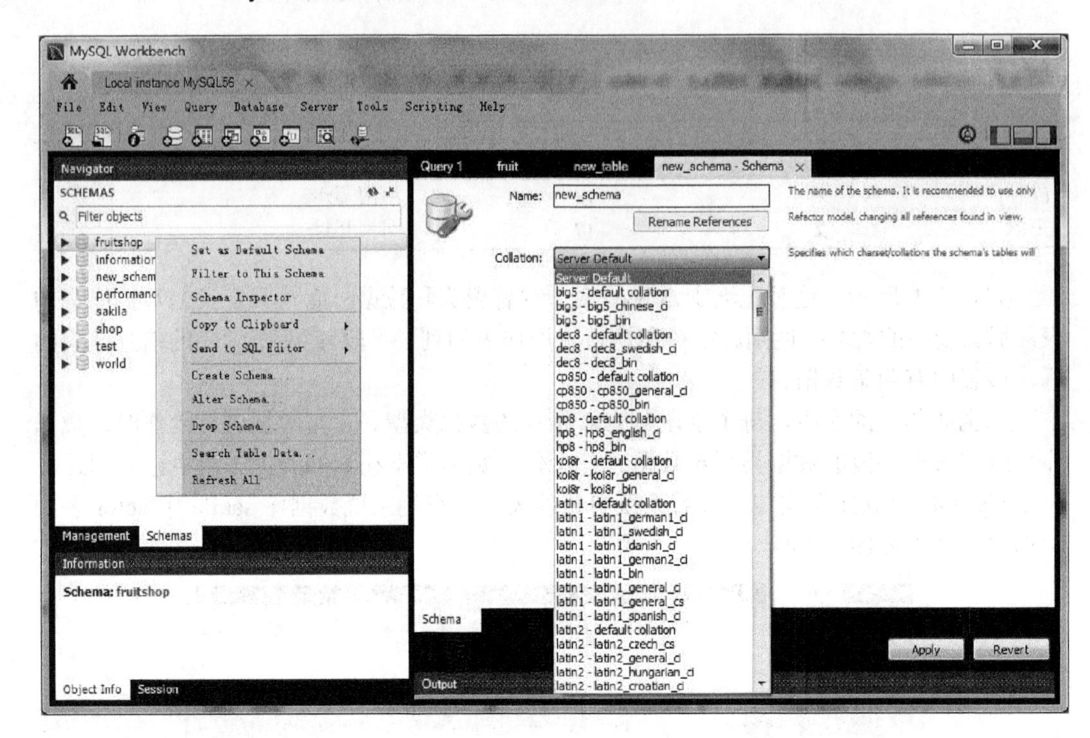

图 3-4　创建数据库

如图 3-4 所示，在右侧数据库列表中，右击任意一个数据库名称，弹出菜单如图 3-4 所示。选择 Create Schema 选项即可打开创建数据库的界面。

图 3-4 右侧有创建数据库相关数据，包括数据库名称填写和数据库校对规则的选择。设置好数据后单击 Apply 按钮即可打开执行对话框，如图 3-5 所示。

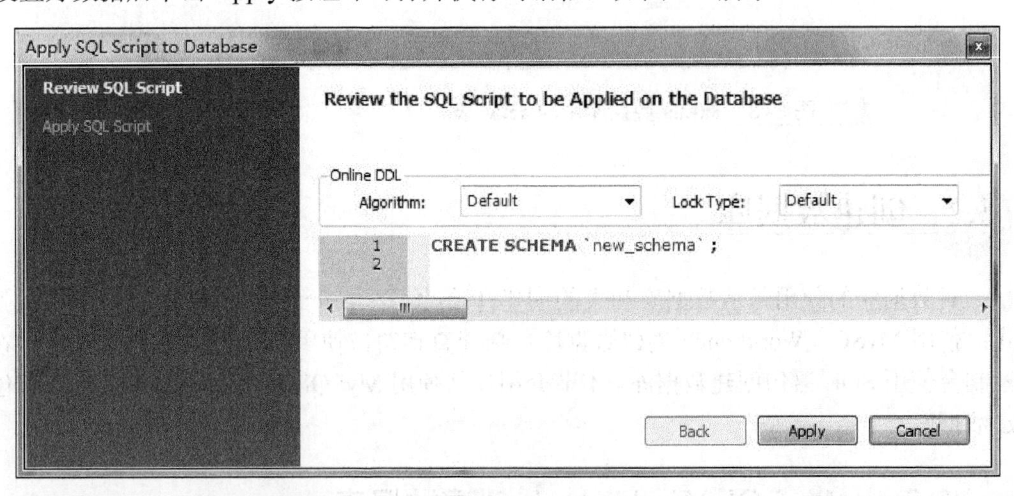

图 3-5　执行数据库创建

如图 3-5 所示，该对话框中列出了在图 3-4 界面中设置的数据供用户确认。其中带有行号的代码是执行数据库操作所使用的 SQL 语句。单击 Apply 按钮后，系统尝试执行数据库的创建，弹出如图 3-6 所示的对话框来显示执行状态。

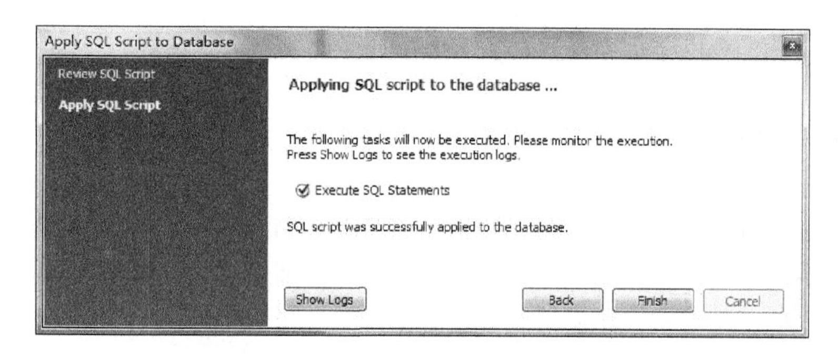

图 3-6 操作执行状态

如图 3-6 所示。确认数据库创建已顺利执行后，在对话框中单击 Finish 按钮关闭对话框，即可完成数据库的创建。

> **技巧**
> 本节介绍了 MySQL Workbench 创建数据库的步骤，在 MySQL 的 MySQL Workbench 操作中，几乎所有操作的执行步骤都与创建数据库步骤相似。

3.2.2 SQL 语句创建数据库

本节介绍在查询窗口中使用 SQL 语句创建数据库。由图 3-5 可以看出：在 MySQL Workbench 工具下创建数据库时，默认生成的语句是 CREATE SCHEMA。因此，也可以直接在控制台中通过执行该语句进行创建。

CREATE SCHEMA 语句可以看作是创建架构，数据库的创建可以使用 CREATE DATABASE 语句。但 MySQL 数据库中 CREATE SCHEMA 语句和 CREATE DATABASE 语句的作用是一致的。

数据库在创建时需要设置数据库名称和字符集、校对规则。其语法格式如下：

```
CREATE DATABASE db_name
    [[DEFAULT] CHARACTER SET charset_name]
    [[DEFAULT] COLLATE collation_name]
```

上述语法中，数据库字符集和校对规则的设置，与数据集和校对规则的分配方式如下所示。

（1）如果指定了 CHARACTER SET charset_name 和 COLLATE collation_name，那么采用字符集 charset_name 和校对规则 collation_name。

（2）如果指定了 CHARACTER SET charset_name 而没有指定 COLLATE collation_name，那么采用 CHARACTER SET charset_name 和 CHARACTER SET collation_name 的默认校对规则。

（3）如果 CHARACTER SET charset_name 和 COLLATE collation_name 都没有指定，则采用服务器字符集和服务器校对规则。

数据库的创建语句可参考图 3-5，这里不再举例。一个 MySQL 服务器上能够有多个数据库，而这些数据库的字符集和校对规则可以不同。

3.3 管理数据库

数据库的管理包括数据库查看、数据库的修改和删除。而数据库的查看又可分为查看当前服务器中的数据库列表和查看指定数据库的详细信息。本节根据查看数据库、修改数据库和删除数据库来介绍数据库的管理。

3.3.1 查看数据库

数据库的查看主要通过 SQL 语句来执行。用户也可以直接在 MySQL Workbench 左侧看到数据库的列表，如图 3-4 所示。接下来分别介绍使用 SQL 语句查看当前服务器中的数据库列表和查看指定数据库的详细信息。

1. 查看当前服务器中的数据库列表

查看当前服务器中已经存在的数据库，使用 SHOW DATABASES 语句。该语句将列举出来多个系统数据库和用户自定义数据库，其执行效果如下所示。

```
+ ----------------------- +
| Database              |
+ ----------------------- +
| information_schema |
| mysql               |
| new_schema          |
| performance_schema |
| sakila               |
| test                |
| world               |
+ ----------------------- +
7 rows
```

上述执行效果的最后一行，说明当前服务器中一共有 7 行数据库数据，即有 7 个数据库。

试一试

若要查看当前的数据库，可使用 SELECT DATABASE()语句。系统将根据当前的操作确定当前使用的数据库。

2. 查看数据库详细信息

同样是 SHOW DATABASES 语句，添加 CREATE 关键字和数据库名称即可查询指定数据库的详细信息，语法如下：

```
SHOW CREATE DATABASE 数据库名称;
```

如查询 sakila 数据库的详细信息，代码如下。

```
SHOW CREATE DATABASE sakila;
```

上述代码的执行效果如下所示。

```
+ -------------- + ------------------------------------------- +
| Database       | Create Database                             |
+ ---------------- + ----------------------------------------- +
| sakila         | CREATE DATABASE `sakila` /*!40100 DEFAULT CHARACTER SET
utf8 */ |
+ ----------------- + ----------------------------------------- +
1 rows
```

3.3.2 修改数据库

数据库的修改包括修改数据库的名称和字符集。InnoDB 存储引擎的数据库是无法修改数据库名称的，而 MyISAM 存储引擎的数据库只要修改 DATA 目录下的库名文件夹就可以改变数据库名称。各种存储引擎的数据库都可以修改其字符集的校对规则，有两种方式：MySQL Workbench 工具和通过 SQL 语句。

1. 使用 MySQL Workbench 工具修改数据库

使用 MySQL Workbench 工具修改数据库信息，步骤如下。

（1）在需要修改的数据库名称处右击，选择 Alter Schema 选项，可进入数据库修改界面。数据库修改界面与数据库添加的界面一样，只是当存储引擎是 InnoDB 时，数据库名称是不可编辑状态。

（2）为数据库选择新的校对规则类型，单击 Apply 按钮后，系统弹出对话框显示数据库的修改信息；单击 Apply 按钮执行数据库修改；在弹出的对话框中单击 Finish 按钮完成数据库的修改。

2. 使用 SQL 语句修改数据库

使用 ALTER SCHEMA 语句可以修改数据库信息，修改后的数据使用 SET 关键字设置，语法如下：

```
ALTER SCHEMA '数据库名称' DEFAULT CHARACTER SET 修改后的校对规则 ;
```

上述代码中，如果数据库所需要修改的校对规则是一个系列的非默认规则，那么将使用下面的语句进行修改。

```
ALTER SCHEMA '数据库名称' DEFAULT CHARACTER SET 校对规则系列 DEFAULT COLLATE
校对规则 ;
```

上述两句代码中，数据库名称两端不是单引号，而是反单引号，通常用来引用数据库名称、表的名称和字段名称。该符号在使用时可以去掉，不影响执行效果。

如将数据库 new_schema 修改为 utf16 default collatio 校对规则，代码如下。

```
ALTER SCHEMA 'new_schema' DEFAULT CHARACTER SET utf16 ;
```

而将 new_schema 数据库修改为 utf16_bin 校对规则，代码如下。

```
ALTER SCHEMA 'new_schema'  DEFAULT CHARACTER SET utf16 DEFAULT COLLATE
utf16_bin;
```

3.3.3 删除数据库

删除数据库是指删除数据库系统中已经存在的数据库，删除数据库成功后，原来分配的空间将被收回。数据库的删除可以在 MySQL Workbench 中进行，也可以使用 SQL 语句进行。

1. 使用 MySQL Workbench 工具删除数据库

数据库的删除与创建在 MySQL Workbench 工具下的操作略有不同。从图 3-4 可以看出，右击数据库名称，弹出菜单中有 Drop Schema 选项。选择该选项即可进入如图 3-7 所示的对话框，可选择查看 SQL 语句或选择直接删除。

若选择 Drop Now 则直接删除该数据库，没有任何的提示。若选择 Review SQL 则显示删除语句，如图 3-8 所示，单击 Execute 按钮即可执行数据库的删除，没有任何的提示。

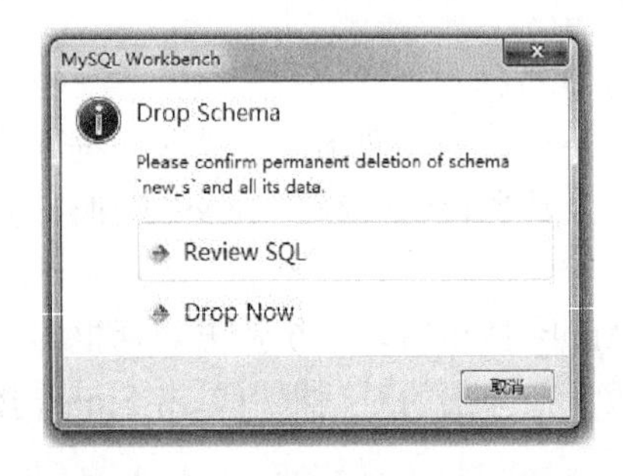

图 3-7 删除选项

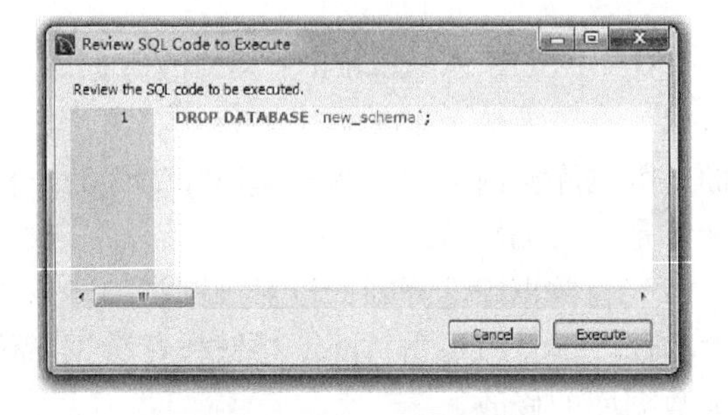

图 3-8 查看 SQL 删除语句

2. 使用 SQL 语句删除数据库

DROP DATABASE 语句可以删除指定的数据库，在该语句后添加数据库名称的参数。语法如下：

```
DROP DATABASE 数据库名称;
```

如图 3-8 所示，界面中的 SQL 语句是删除 new_schema 数据库的语句。

注意

开发者在删除数据库时会删除该数据库中所有的表和所有数据，因此，删除数据库时需要慎重考虑。如果确定要删除某一个数据库，可以先将该数据库备份，然后再进行删除。

3.4 创建数据表

数据表是存储数据的，数据有多种类型，而一个数据库表可以存储多种不同类型的数据，因此其创建方式将比数据库复杂。本节介绍数据表的创建，分别使用 MySQL Workbench 和 SQL 语句。

3.4.1 MySQL Workbench 创建数据表

数据表是在数据库的基础上创建的，因此在创建时需要指出数据表所在的数据库。在 MySQL Workbench 中创建表，步骤如下。

（1）展开该表所在的数据库，在 Tables 节点处右击，选择 Create Table 命令，如图 3-9 所示。

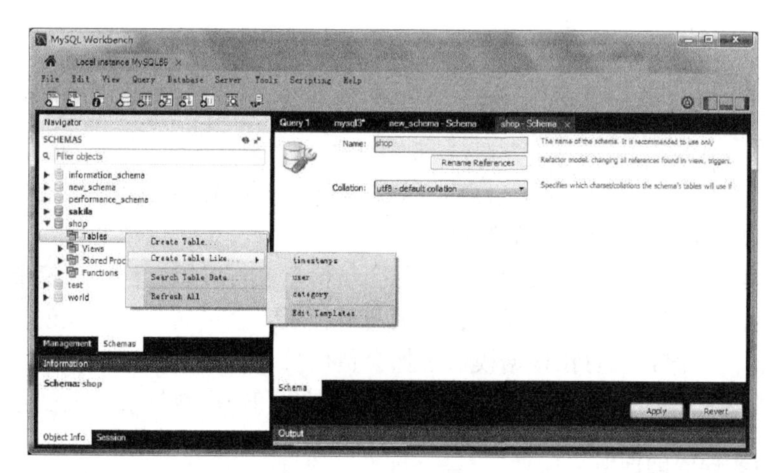

图 3-9 创建数据表

（2）在选择了 Create Table 命令后可打开表的创建界面，如图 3-10 所示。

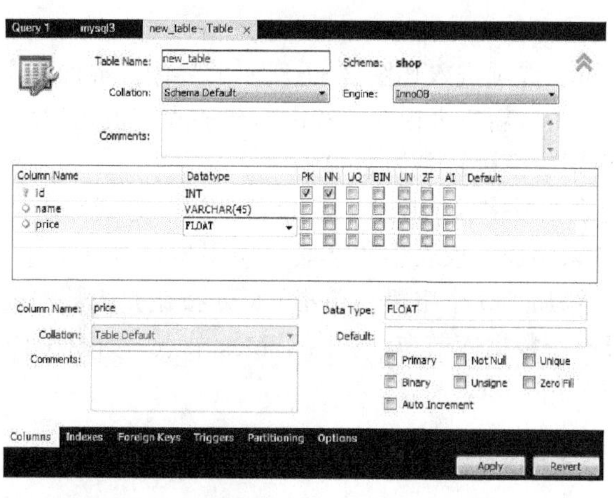

图 3-10 创建表

如图 3-10 中向表添加了三个列（字段），对其说明如下。

① 如图 3-10 所示，上部是表的基本信息，有表的名称、所属数据库、数据库类型、存储引擎和表的说明这几个信息，除了所属数据库以外都是可编辑状态。若此时修改数据库信息，如数据库的校对规则，那么在执行数据表创建的同时，将修改数据库信息。

② 中间的表格是数据表的列，向表中添加新的列，并为其设置数据类型和约束（将在第 4 章中详细介绍）。

③ 图 3-10 中为表添加了三个字段，分别是有着主键约束和非空约束的 id 列，该列是整型数据；长度可变的字符串类型的、没有任何约束的 name 列；浮点类型、没有任何约束的 price 列。

④ 下面部分是对应列的具体属性，如图 3-10 中是现实的 price 列的属性，包括列的名称、数据类型、校对规则、默认值、说明和约束信息。

（3）如图 3-10 所示，在设置好表的字段信息之后，单击 Apply 按钮执行数据表创建；接着在弹出对话框中单击 Apply 按钮确认执行 SQL 语句；最后在弹出的对话框中单击 Finish 按钮完成数据表的创建。

3.4.2 使用数据表模板

由图 3-9 可以看出，Create Table Like 选项下有 MySQL 中定义好的数据表模板，可直接在需要的数据库中添加类似的数据表。

数据表模板定义了常用的表的字段，如会员信息表可以用在商场、超市、KTV、各个品牌服装店等。那么若实现定义好会员信息表模板，之后这些地方在创建数据库并需要创建会员信息表时，可直接根据模板添加会员信息表。

本节需要介绍的有两点知识：数据表模板的创建和使用数据表模板创建数据表。

1. 数据表模板的创建

如图 3-9 所示，Create Table Like 选项下有三个系统模板和一个 Edit Templates 选项，选择 Edit Templates 选项即可创建数据表模板，如范例 1 所示。

【范例 1】

选择 Edit Templates 选项进入如图 3-11 所示的界面。界面右上角有 New Templates 按钮，单击在左侧列表中可新建表模板。双击新建的表模板名称，可对模板进行重命名，如图 3-11 所示是将新建的模板命名为 student。

界面的下方是对表模板字段的定义，其字段的添加方式与创建表时字段的添加方式一样，可参考图 3-10 来添加模板表中的字段，如图 3-11 所示。

图 3-11 中向表中添加了 5 个字段，单击 Close 按钮完成数据表模板的创建。接着回到主页面，随意展开一个数据库节点，右击 Tables 节点，如图 3-12 所示，可以看到刚才新建的模板已经可以使用。

2. 数据表模板的使用

范例 1 创建了学生信息表的模板，这里在数据库 shop 中创建该模板的表，步骤如下。

（1）首先展开 shop 数据库节点，选择 Create Table Like|student 命令进入如图 3-13 所示的界面。

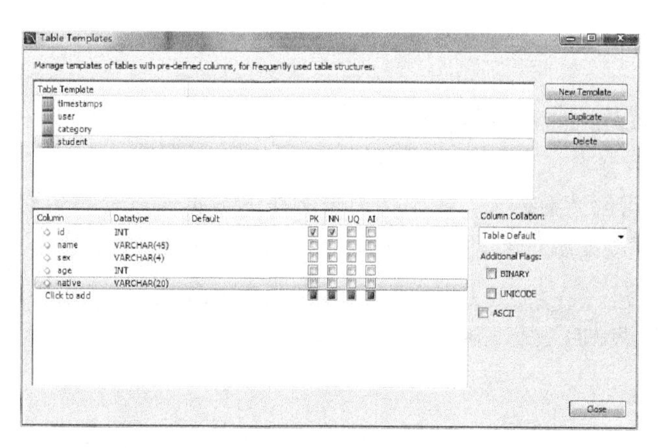

图 3-11 创建数据表模板

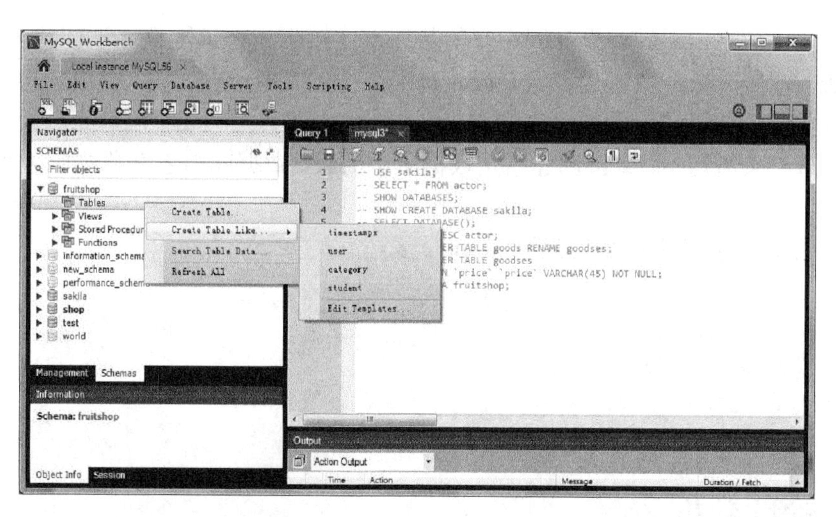

图 3-12 找出新建模板

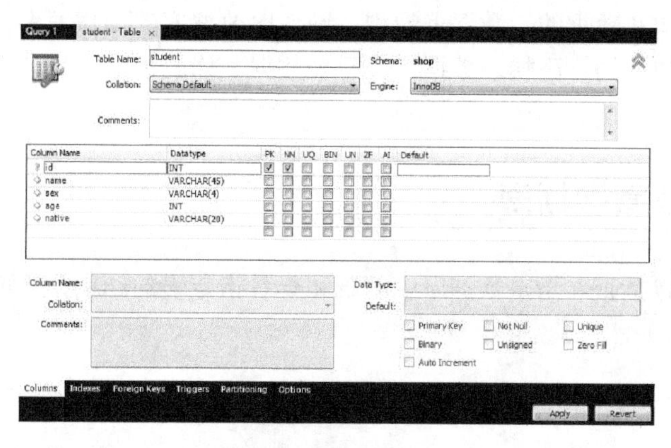

图 3-13 使用学生信息表模板

（2）如图 3-13 所示，范例 1 创建的学生信息表模板中的字段，都在图 3-13 中被列举出来，省去了不少的步骤。接下来对表的定义与创建表时的步骤一样，可参考 3.4.1 节，这里不再详细说明。

3.4.3 SQL 语句创建数据表

使用 SQL 语句创建数据表，需要指出表所在的数据库、表的名称，列举出表中每个字段的字段名、字段的数据类型、是否为空、字段约束等，语法如下：

```
USE 数据库名称; CREATE TABLE 表的名称(字段 1 的名称 字段 1 的类型 字段 1 的约束,字段 2 的名称 字段 2 的类型 字段 2 的约束…);
```

或

```
CREATE TABLE 数据库名称.表的名称(字段 1 的名称 字段 1 的类型 字段 1 的约束,字段 2 的名称 字段 2 的类型 字段 2 的约束…);
```

上述第一条语句中，首先打开指定的数据库，接下来在该数据库下创建表。表的名称后面是小括号，括号内定义表的字段。每个字段的名称、类型和约束之间使用空格隔开，而两个字段之间使用逗号（,）隔开。

上述第二条语句中，直接创建指定数据库下的表，数据库与表名称之间使用圆点（.）隔开。

如上述在 shop 数据库中创建 new_table 表，代码如下。

```
CREATE TABLE 'shop'.'new_table' (
  'id' INT NOT NULL,
  'name' VARCHAR(45) NULL,
  'price' FLOAT NULL,
  PRIMARY KEY ('id'));
```

3.5 管理数据表

表是有着结构和数据的，数据表的相关操作比数据库的操作要多，包括查看数据库中的表、查看表的结构、添加表数据、查看表数据、修改表的定义、删除表等。本节介绍数据表的管理。

3.5.1 查看数据表

查看数据库包括查看指定数据库中的表和查看指定表的结构，下面从这两个方面详细介绍表的查看。

1. 查看数据库中的表

查看数据库中的表，使用 SHOW TABLES 命令。该命令可查看指定数据库中的所有表，如查看 sakila 数据库下的表，代码如下。

```
USE sakila;SHOW TABLES;
```

执行上述代码，其效果如图 3-14 所示。

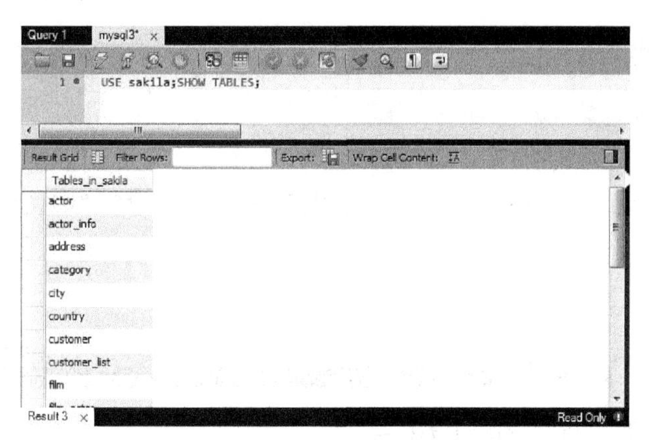

图 3-14 sakila 中的表

2. 查看表结构

在控制台可以查看表的结构，即表的字段信息，其中包括：字段名、字段数据类型、是否为主键、是否有默认值等。

查看表的结构可以使用简单查询和详细查询，分别使用 DESCRIBE/DESC 语句和 SHOW CREATE TABLE 语句。

使用 DESCRIBE/DESC 语句，语法如下：

```
DESCRIBE 表名;
```

或者简写为：

```
DESC 表名;
```

如查看 sakila 数据库中的 actor 表的结构，代码如下。

```
USE sakila;DESC actor;
```

上述代码的执行效果如图 3-15 所示。

3.5.2 添加表数据

数据表是用来存储数据的，在字段创建之后即可向表中添加数据。向表中添加一条数据相当于为表中对应的字段添加一个值，由于字段是有着数据类型和约束的，因此数据的添加不能违背字段的数据类型和约束。

如一个整型字段不能添加一个字符型的数据；一个非空的字段不能够省略数据的添加；一个允许为空的字段可以省略数据的添加；一个不能够重复的字段不能够添加重复

的值等。相关字段约束的内容将在第 4 章中介绍。

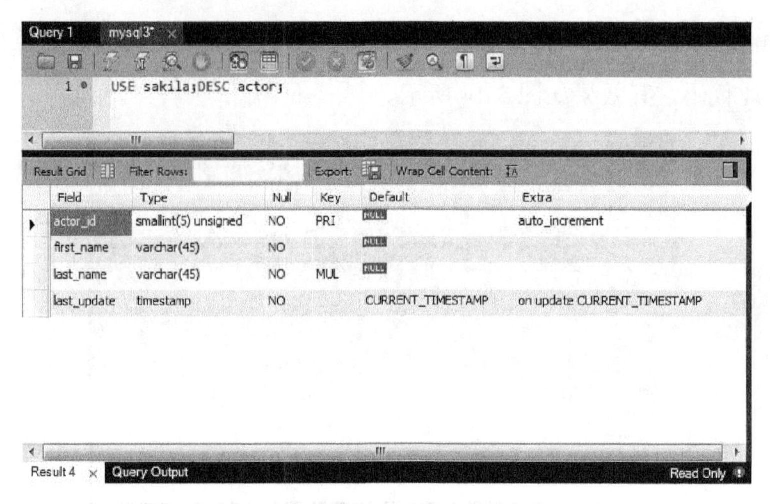

图 3-15　actor 表的结构

数据添加可以在 MySQL Workbench 中进行，也可以使用 SQL 语句。

1．MySQL Workbench 中添加表数据

在 MySQL Workbench 中添加数据首先要找到需要添加数据的表，在表的名称处右击，如图 3-16 所示。

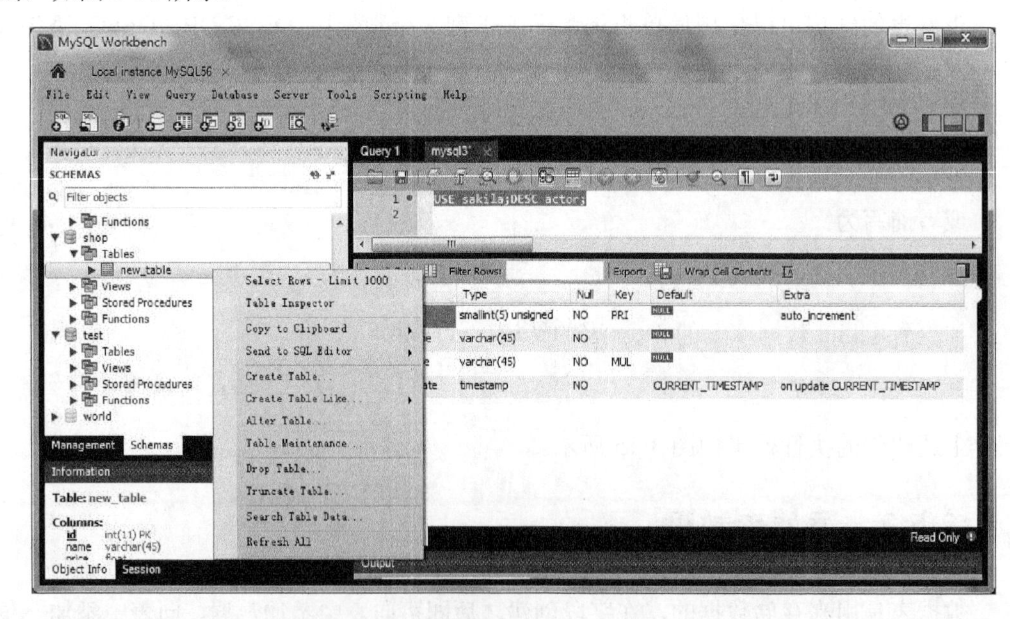

图 3-16　MySQL Workbench 中表的操作

如图 3-16 所示，右击表的名称后有弹出的对话框，显示可在 MySQL Workbench 中执行的表的操作，包括表的查询、复制、创建、修改、删除、刷新等操作。选择第一项 Select Rows 选项可查看当前表中的数据，如图 3-17 所示。

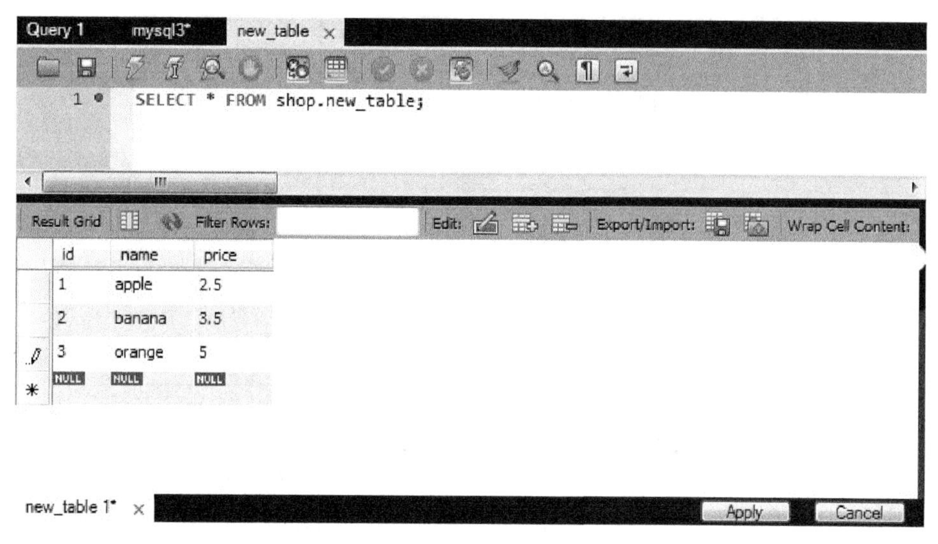

图 3-17　查询表数据

如图 3-17 所示，查询结果是处于可编辑状态的，直接在字段名称的下面填写相应的数据，即可实现数据的添加。图 3-17 中向表 shop.new_table 添加了三条数据。

数据编辑之后单击 Apply 按钮，即可打开执行对话框，单击 Apply 按钮执行数据的添加，接着在执行状态对话框中单击 Finish 按钮完成数据的添加和保存。

2. SQL 语句添加表数据

向表中添加数据需要指出需要使用的表和添加的数据：使用 INSERT INTO 语句指出需要添加数据的表；使用 VALUES 语句指出需要添加的数据。

添加数据的语法将在第 6 章中详细介绍，这里只提供添加语句的例子。如同样是向表 shop.new_table 添加了三条数据，代码如下。

```
INSERT INTO 'shop'.'new_table' ('id', 'name', 'price') VALUES ('1',
'apple', '2.5');
INSERT INTO 'shop'. 'new_table' ('id', 'name', 'price') VALUES ('2',
'banana', '3.5');
INSERT INTO 'shop'. 'new_table' ('id', 'name', 'price') VALUES ('3',
'orange', '5');
```

3.5.3　修改表

表的名称是可以修改的，对表指定一个有意义的名称是很有利于数据操作的。修改表的名称也有两种方式，如下所示。

1. MySQL Workbench 中修改表信息

找到需要修改的表，在其名称处右击，如图 3-16 所示。选择 Alter Table 选项可打开表的修改界面，如图 3-18 所示。

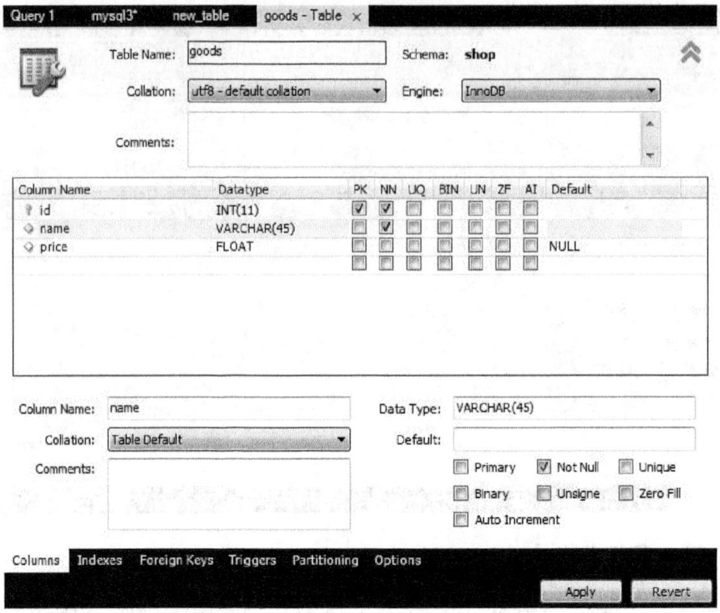

图 3-18 修改表 goods

如图 3-18 所示，界面中显示了该表的所有信息，每一项都处于可编辑状态，可直接在界面中进行修改。如表的名称、数据库类型、校对规则、字段信息等，除了所属数据库以外都是可编辑状态。若此时修改数据库信息，如数据库的校对规则，那么在执行数据表修改的同时，将修改数据库信息。

修改之后单击 Apply 按钮，即可打开执行对话框，单击 Apply 按钮执行表的修改，接着在执行状态对话框中单击 Finish 按钮完成修改。

2．SQL 语句添加表名称

表的修改涉及很多，包括表定义的修改（所属数据库、表的名称、字段信息）和表数据的修改。表数据的修改将在第 6 章中介绍；字段的修改将在 3.6.2 节中介绍，这里介绍使用 SQL 语句修改表的名称，语法如下：

```
ALTER TABLE <旧表名> RENAME [TO] <新表名>;
```

如将 shop 数据库中的 goods 表的名称修改为 goodses，代码如下。

```
USE shop;ALTER TABLE goods RENAME goodses;
```

3.5.4 删除表

表的删除可以直接在 MySQL Workbench 中如图 3-16 所示的界面选择 Drop Table 选项，即可打开提示对话框，如图 3-19 所示。

若选择 Drop Now 则直接删除该数据表，没有任何的提示。若选择 Review SQL 则显示删除语句如图 3-20 所示，单击 Execute 按钮即可执行数据表的删除，没有任何的提示。

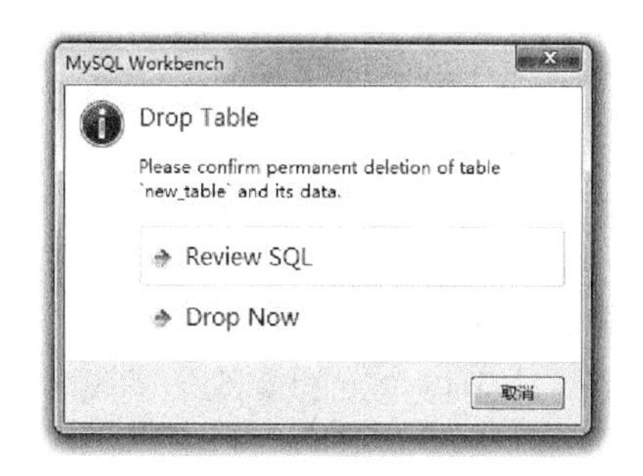

图 3-19 删除选项

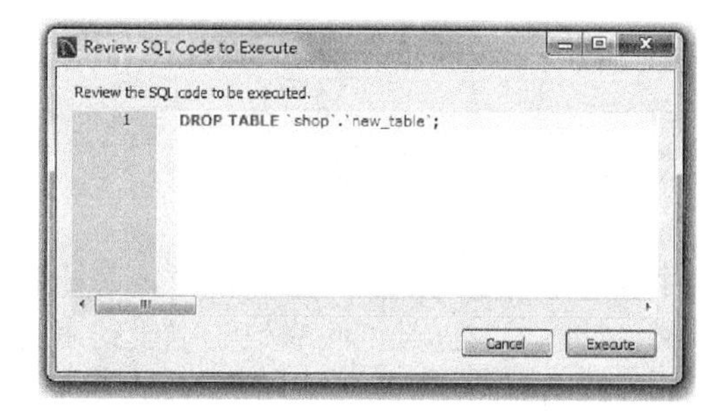

图 3-20 显示 SQL 语句

除此之外还可以使用查询窗口，编写 SQL 语句来删除。删除表使用 DROP TABLE 命令，在该语句后添加表的名称即可。语法格式如下所示：

```
DROP TABLE tableName;
```

如删除 school 数据库中 student 表，执行代码及其执行结果如下所示。

```
USE school;DROP TABLE student;
```

3.6 字段操作

字段的操作包括字段的添加（在已经存在的表中添加字段）、字段信息的修改和删除字段。本节详细介绍字段的操作。

3.6.1 添加字段

字段的添加可以使用 MySQL Workbench 或 SQL 语句。在 MySQL Workbench 工具下添加字段，相当于对表的信息进行修改，可直接在如图 3-18 所示的界面中添加即可，其操作与表的修改操作一样。

而使用 SQL 语句修改字段信息相对比较麻烦，需要有字段名、数据类型、完整性约束等信息。使用 ADD 关键字添加字段的语法如下：

```
ALTER TABLE <表名> ADD <新字段名> <数据类型>
[约束条件] [FIRST | AFTER 已存在字段名];
```

新字段名为需要添加的字段的名称；FIRST 为可选参数，其作用是将新添加的字段设置为表的第一个字段；AFTER 为可选参数，其作用是将新添加的字段添加到指定的“已存在字段名”的后面。

【范例 2】

向 shop 数据库的 goodses 表中添加字段，名为 manager、数据类型为长度可变的字符串，可以为空，放在 price 字段的后面，代码如下。

```
ALTER TABLE 'shop'. 'goodses' ADD COLUMN 'manager' VARCHAR(45) NULL AFTER
'price';
```

上述代码中，若没有使用 AFTER 'price'语句，将默认在最后面添加新的字段。

3.6.2 字段修改

字段的修改包括字段位置的修改、字段名称的修改和字段信息的修改。字段信息的修改又包括字段数据类型的修改、字段约束的修改等。本节以位置的修改、字段名称的修改和字段信息的修改来介绍字段的修改。

1. 字段位置修改

字段位置的修改可使用 MySQL Workbench 或 SQL 语句。在 MySQL Workbench 下可进行的字段操作有很多，首先打开表修改界面，在需要修改的字段所在行右击可打开弹出菜单，如图 3-21 所示。

弹出菜单有字段的上移、下移、删除等操作，可直接单击需要进行的选项进行字段的操作。但是这样的操作并没有保存在数据库中，操作后的效果将直接在界面中显示，在用户单击 Apply 按钮后打开执行对话框，接着单击 Apply 按钮执行字段的修改，最后在执行状态对话框中单击 Finish 按钮才能完成修改。

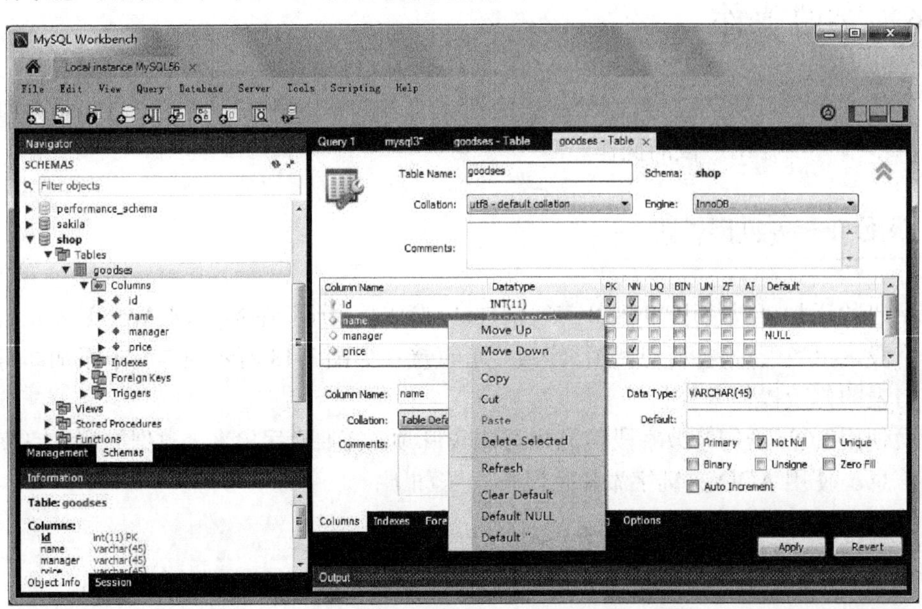

图 3-21 字段操作

除了上述操作以外，还可以通过 ALTER TABLE 来改变表中字段的相对位置，语法格式如下：

```
ALTER TABLE <表名> MODIFY <字段 1> <数据类型> FIRST|AFTER <字段 2>;
```

“字段 1”指要修改位置的字段，“数据类型”指“字段 1”的数据类型，“FIRST”为可选参数，指将“字段 1”修改为表的第一个字段，“AFTER 字段 2”指将“字段 1”插入到“字段 2”后面。

【范例 3】

将 shop 数据库 goodses 表的 manager 字段放在 name 字段之后，代码如下。

```
ALTER TABLE 'shop'.'goodses' MODIFY 'manager' VARCHAR(45) AFTER 'name';
```

2. 字段名称修改

字段名称的修改使用 MySQL Workbench 或 SQL 语句。在 MySQL Workbench 中的操作与表的修改操作一样；使用 SQL 语句需要用到 CHANGE COLUMN，语法如下：

```
ALTER TABLE 数据表 CHANGE COLUMN '原字段名' '新字段名' 字段的数据类型 字段约束 ;
```

【范例 4】

将 shop 数据库 goodses 表的 manager 字段重命名为 principal，代码如下。

```
ALTER TABLE 'shop'. 'goodses' CHANGE COLUMN 'manager' 'principal'
VARCHAR(45) NULL DEFAULT NULL ;
```

3. 字段类型修改

字段类型和约束的修改使用 MySQL Workbench 或 SQL 语句。在 MySQL Workbench 中的操作与表的修改操作一样；使用 SQL 语句同样需要用到 CHANGE COLUMN，语法如下：

```
ALTER TABLE 数据表 CHANGE COLUMN '字段名' '字段名' 字段的数据类型 字段约束 ;
```

【范例 5】

将 shop 数据库 goodses 表的 price 字段的数据类型修改为长度可变的字符串，代码如下。

```
USE shop;ALTER TABLE goodses CHANGE COLUMN 'price' 'price' VARCHAR(45) NOT
NULL;
```

3.6.3 删除字段

字段的删除使用 MySQL Workbench 或 SQL 语句。在 MySQL Workbench 中的操作与表的修改操作一样；使用 SQL 语句语法如下：

```
ALTER TABLE <表名> DROP <字段名>;
```

【范例 6】

删除 shop 数据库 goodses 表的 principal 字段，代码如下。

```
ALTER TABLE 'shop'.'goodses' DROP principal
```

3.7 实验指导——水果数据库管理

本章详细介绍了数据库和表的相关操作，包括数据库和表的概念、创建和对数据库和表的管理等。本节综合本章内容，创建数据库和表，实现水果数据库的管理。要求具体实现下列操作。

（1）创建水果数据库名称为 fruitshop。

（2）创建水果表 fruit，有字段 fid、fname、fprice、ftime。

（3）添加负责人字段 fmanager。

（4）修改 fmanager 字段名为 principal。

（5）添加表数据。

（6）查看表的结构和数据。

（7）修改水果信息表的名字为 fruits。

实现上述操作，步骤如下。

（1）创建水果数据库名称为 fruitshop，代码如下。

```
CREATE SCHEMA fruitshop;
```

（2）在 fruitshop 中创建水果表 fruit，有字段 fid、fname、fprice、ftime，代码如下。

```
CREATE TABLE 'fruitshop'.'fruit' (
  'fid' INT NOT NULL,
  'fname' VARCHAR(45) NULL,
  'fprice' VARCHAR(45) NULL,
  'ftime' VARCHAR(45) NULL,
  PRIMARY KEY ('fid'));
```


（3）向 fruit 表中添加负责人字段，代码如下。

```
ALTER TABLE 'fruitshop'. 'fruit' ADD COLUMN 'fmanager' VARCHAR(45) NULL
AFTER 'ftime';
```

（4）修改 fmanager 字段名为 principal，代码如下。

```
ALTER TABLE 'fruitshop'. 'fruit' CHANGE COLUMN 'fmanager' 'fprincipal'
VARCHAR(45) NULL DEFAULT NULL ;
```

（5）向 fruit 表中添加 4 条数据，代码如下。

```
INSERT INTO 'fruitshop'.'fruit'('fid','fname','fprice','ftime',
'fprincipal') VALUES ('1','orange','5','6.15','zhang');
INSERT INTO 'fruitshop'. 'fruit' ('fid', 'fname', 'fprice', 'ftime',
'fprincipal') VALUES ('2', 'apple', '2.5', '6.15', 'duan');
INSERT INTO 'fruitshop'. 'fruit' ('fid', 'fname', 'fprice', 'ftime',
'fprincipal') VALUES ('3', 'banana', '3.5', '6.18', 'he');
INSERT INTO 'fruitshop'. 'fruit' ('fid', 'fname', 'fprice', 'ftime',
'fprincipal') VALUES ('4', 'watermelon', '0.7', '6.15', 'meng');
```

（6）查看表的结构，代码如下。

```
USE fruitshop;DESC fruit;
```

上述代码的执行效果如下所示。

```
+ -------- + -------- + -------- + -------- + -------- + -------- +
| Field      | Type      | Null      | Key      | Default       | Extra      |
+ -------- + -------- + -------- + -------- + -------- + -------- +
| fid         | int(11)    | NO        | PRI        |            |          |
| fname      | varchar(45)  | YES      |            |            |          |
| fprice      | varchar(45)  | YES      |            |            |          |
| ftime       | varchar(45)  | YES      |            |            |          |
| fprincipal   | varchar(45)  | YES      |            |            |          |
+ -------- + -------- + -------- + -------- + -------- + -------- +
5 rows
```

（7）查看表中的数据，代码如下。

```
USE fruitshop;SELECT *FROM fruit;
```

上述代码的执行结果如下所示。

```
+ -------- + -------- + -------- + -------- + -------- + -------- +
| fid       | fname       | fprice        | ftime        | fprincipal       |
+ -------- + -------- + -------- + -------- + -------- + -------- +
| 1        | orange      | 5            | 6.15        | zhang          |
| 2        | apple       | 2.5          | 6.15        | duan           |
| 3        | banana      | 3.5          | 6.18        | he             |
| 4        | watermelon  | 0.7          | 6.15        | meng           |
+ -------- + -------- + -------- + -------- + -------- + -------- +
4 rows
```

（8）修改水果信息表的名字为 fruits，代码如下。

```
ALTER TABLE 'fruitshop'.'fruit' RENAME TO  'fruitshop'.'fruits' ;
```

思考与练习

一、填空题

1．存储引擎为__________的数据库无法修改默认数据库名称。

2．创建表使用__________语句。

3．查看表结构，可以使用 DESCRIBE 或__________。

4．添加字段时，可将字段放在第一位或指定字段的__________。

二、选择题

1．查看某一个数据库的详细信息，使用如下关键字__________。

A．CHECK

B．SELECT

C．SHOW

D．CHOICE

2．查看表结构时，所显示的是__________。

A．表的属性

B．表的所有字段名称

C．表的完整数据

D．所有字段的名称和类型等

3．关于添加表数据，下列说法错误的是__________。

A．使用 SQL 语句添加表数据，允许某些字段的数据不添加

B．使用 SQL 语句添加表数据，必须根据字段顺序列举出来所有的字段

C．对于小数点后面的位数超过允许范

围的值，MySQL 会自动将它四舍五入为最接近它的值，再插入它

D．若某个字段需要存储的数据在其许可范围之外，MySQL 会根据允许范围最接近它的一端截断后再进行存储

4．查看数据库中的表，使用__________。

A．SHOW TABLES

B．SELECT TABLES

C．DESC TABLES

D．GET TABLES

5．修改字段位置时，不能够修改为______。

A．第一个字段

B．最后一个字段

C．指定字段的前面

D．指定字段的后面

6．下列说法正确的是__________。

A．修改字段的名称和修改表的名称都使用 RENAME

B．修改字段的名称使用 RENAME；修改表的名称使用 RENAME TO

C．修改字段的名称使用 RENAME TO；修改表的名称使用 RENAME

D．修改字段的名称和修改字段的数据类型都使用 CHANGE COLUMN

三、简答题

1. 总结可以在 MySQL Workbench 中进行的数据库操作，并详细说明。

2. 总结可以在 MySQL Workbench 中进行的字段操作，并详细说明。

3．简单介绍如何将最后一个字段放在第二个字段的位置。

4．总结 SHOW 关键字可进行的操作。

第 4 章　数据完整性

MySQL 中的数据支持不同的数据类型来处理不同的操作。实际生活中字段的取值通常有一个范围，如年龄不小于 0、性别只能是男或女等。如果这些字段被插入不合法的数据，将给系统带来麻烦。

除此之外，表与表之间有一些需要相互联系的字段，如学校的学生信息表与教师信息表，通过两个表之间相联系的字段可以找出某一个教师所负责的学生。每一个学生都应该有对应的老师负责，但是学生信息表和教师信息表是不同的表，这就要求两个表的字段和数据要保持一致性和完整性。

人为对数据的插入和删除难免都能够符合数据的实际要求，不合要求的操作极可能破坏数据的完整性，对数据库的可靠性和运行能力造成威胁。

为此 MySQL 系统提供了一系列的方法来维护数据完整性，限制数据表和字段。本章将详细介绍在 MySQL 中如何维护数据的完整性。

本章学习要点：

- ❑ 了解维护数据完整性的意义
- ❑ 了解字段约束的分类
- ❑ 掌握主键的使用
- ❑ 掌握外键的使用
- ❑ 理解非空约束的使用
- ❑ 掌握默认值的使用
- ❑ 熟悉时间默认值的使用
- ❑ 理解唯一性约束的使用
- ❑ 掌握自增约束的使用

4.1 数据完整性概述

维护数据完整性归根到底就是要确保数据的准确性和一致性，表内的数据不相矛盾，表之间的数据不相矛盾，关联性不被破坏。

数据的完整性总体来说可分为三类，如下所示。

（1）实体完整性。实体的完整性强制表的标识符列或主键的完整性（通过唯一约束、主键约束和标识列）。

（2）域完整性。限制类型（数据类型），可能值范围（外键约束、默认值约束和非空约束）。

（3）引用完整性。在删除和输入记录时，引用完整性保持表之间已定义的关系，引用完整性确保键值在所有表中一致。这样的一致性要求不能引用不存在的值。如果一个键值更改了，那么在整个数据库中，对该键值的引用要进行一致的更改。

具体来说，约束分为对字段的约束、对数据的约束和对表的约束，如下所示。

（1）对字段的控制，即主键约束、唯一性约束和标识列。

（2）对数据的控制，有数据非空约束和默认值约束。

（3）对表之间列之间关系的控制，外键约束、触发器和存储过程。

本章详细介绍 MySQL 中的约束，包括主键约束、外键约束、非空约束、默认值约束、唯一约束和标识列约束。

4.2 主键约束

一个表中可以有多个列，一个列中的数据有可能会重复。如学生信息表中，若有两个学生重名，那么姓名列的数据将出现重复现象。那么在为学生统计分数的时候，如何才能更精确地找出一个学生，而不是与他重名的学生呢？这就需要为学生信息表设置一个主键。

主键是不允许有重复数据的列，能够唯一地确认记录，与该记录的其他字段有没有重复无关。如学生信息表，即使重名的学生姓名、性别、年龄等信息都相同，只要不是一个人，就可以为他们定义不同的主键值来确定不同学生。

本节介绍主键的概述和使用，包括主键的创建、修改和删除等。

4.2.1 主键约束概述

主键是表的标识列，在 MySQL 中支持主键组的使用，即将多个字段作为一个主键来使用。这一组字段中的每个字段，作为主键的构成缺一不可。对主键的操作即对这一组字段的操作。

若表中具有实际意义的字段无法作为主键，那么可以为表添加一个字段作为主键。在日常应用中，主键往往是没有实际意义的列，这样能够有效避免字段因实际情况对数据产生影响。如有些网站为用户设置不同的用户名来作为主键，那么用户注册或修改用户名将变得很麻烦。此时只需要另外添加一个字段作为主键，由系统分配一个唯一的数据作为主键的值即可。

关系数据库依赖于主键，它是数据库物理模式的基石。主键在物理层面上只有两个用途，如下所示。

（1）唯一地标识一行记录。

（2）作为一个可以被外键引用的有效对象。

基于以上这两个用途，在设计物理层面的主键时需要遵循以下原则。

（1）MySQL 主键通常是单列的，以便提高连接和筛选操作的效率。但 MySQL 支持复合主键的使用。

（2）主键通常不需要更换，能够唯一地标识一行数据。

（3）MySQL 主键通常是对用户没有意义的。

（4）MySQL 主键最好不要包含动态变化的数据，如时间戳、创建时间列、修改时间列等。

（5）MySQL 主键通常由计算机自动生成，如对主键添加自增约束。

4.2.2 创建主键约束

主键是表中最重要的约束，一个表可以没有其他约束，但一定要有主键。在 MySQL 中，没有主键的表，将不允许在 MySQL Workbench 工具下对表中的数据进行添加、修改和删除，只能够查询到表中已有的数据。因为没有主键的表是违反了数据安全性管理的。本节介绍主键的创建，可以使用 MySQL Workbench 或使用 SQL 语句实现主键的创建。

1. MySQL Workbench 创建主键

在 MySQL Workbench 工具下，创建表的时候可以直接创建主键，如图 4-1 所示。其操作可参考 3.4.1 节。

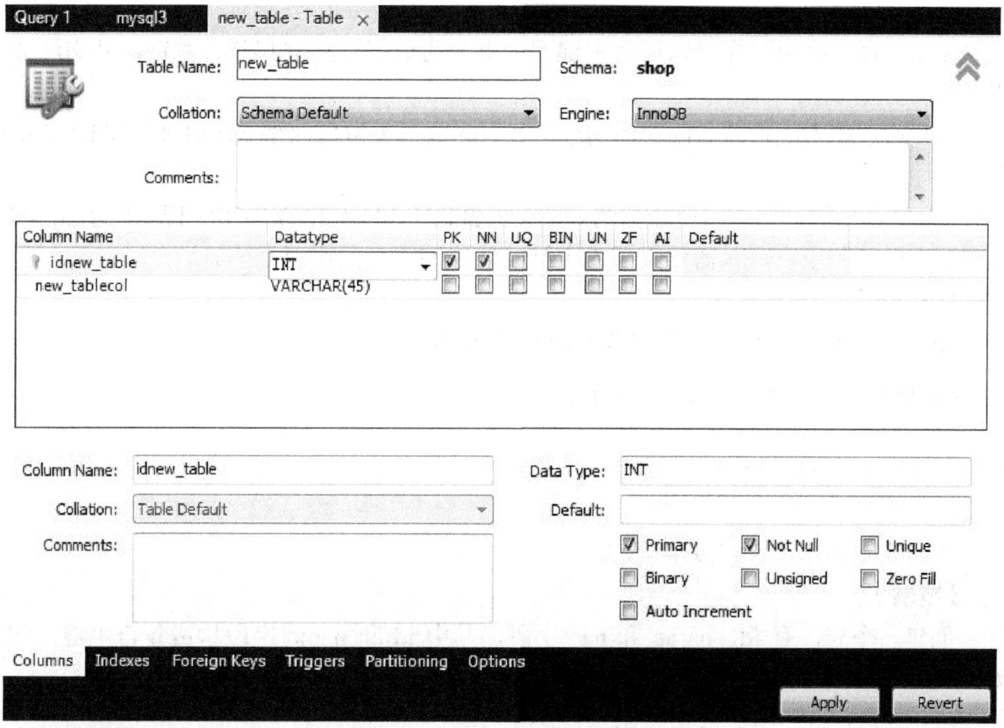

图 4-1 创建约束

如图 4-1 所示，在新建表的时候，第一个列默认是主键约束列，被勾选了 PK 和 NN 两个复选框。选中该列时，界面下方将显示该列详细的属性。

图 4-1 中选中的是第一列，勾选了 PK 和 NN 两个复选框，下方的 Primary 和 Not Null 复选框也处于选中状态。PK 复选框与 Primary 复选框是相对应的；NN 与 Not Null 是一个意思。

所有约束的创建都是在如图 4-1 所示的界面中进行，对图中约束的复选框介绍如下。

（1）PK：与 Primary 一样，表示主键约束。

（2）NN：与 Not Null 一样，表示不能为空，是非空约束。

（3）UQ：与 Unique 一样，表示数据不重复，是唯一约束。

（4）BIN：与 Binary 一样，表示二进制存储。

（5）UN：与 Unsigned 一样，表示整数。

（6）ZF：与 Zero Fill 一样，表示数值中空白区域以 0 填补。

（7）AI：与 Auto Increment 一样，是自增约束。

（8）Default：默认值约束。

由于主键是列的唯一标识，因此主键不能为空，在设置主键时将默认添加主键约束和非空约束。另外，主键即使不添加唯一约束，也是不能有重复数据的。选中需要为列添加的约束，即可单击 Apply 按钮执行数据表创建；接着在弹出对话框中单击 Apply 按钮确认执行 SQL 语句；最后在弹出的对话框中单击 Finish 按钮完成数据表的创建。

2. SQL 语句创建主键

使用 SQL 语句同样可以创建主键。主键分为单字段主键和复合主键，其用法如下所示。

（1）单字段主键只需在创建语句中，字段的数据类型后面添加 PRIMARY KEY 语句即可。

（2）复合主键需要在字段创建语句后，添加 PRIMARY KEY(字段列表)语句，在 KEY 关键字后的括号中，写入需要设置为主键的字段列表，只用逗号隔开。

【范例 1】

创建一个表，有主键 id 和字段 name，代码如下。

```
CREATE TABLE 'shop'.'newtable' (
  'id' INT NOT NULL,
  'name' VARCHAR(45) NULL,
  PRIMARY KEY ('id'));
```

上述代码创建了单字段主键 id。

【范例 2】

创建一个表，有 id、name 和 pas 字段，其中 id 和 name 字段构成复合主键，代码如下。

```
CREATE TABLE 'shop'.'table' (
  'id' INT NOT NULL,
  'name' VARCHAR(45) NOT NULL,
  'pas' VARCHAR(45) NULL,
  PRIMARY KEY ('id', 'name'));
```

4.2.3 修改主键约束

修改主键包括两种，一种是在没有主键的表中设置主键，一种是有主键的表中将主键换到其他的字段。主键的修改可以在 MySQL Workbench 中进行，也可以使用 SQL 语句执行。

1. MySQL Workbench 修改主键

在 MySQL Workbench 中修改主键与修改字段属性的方式一样，首先打开表修改界面，如图 4-2 所示。

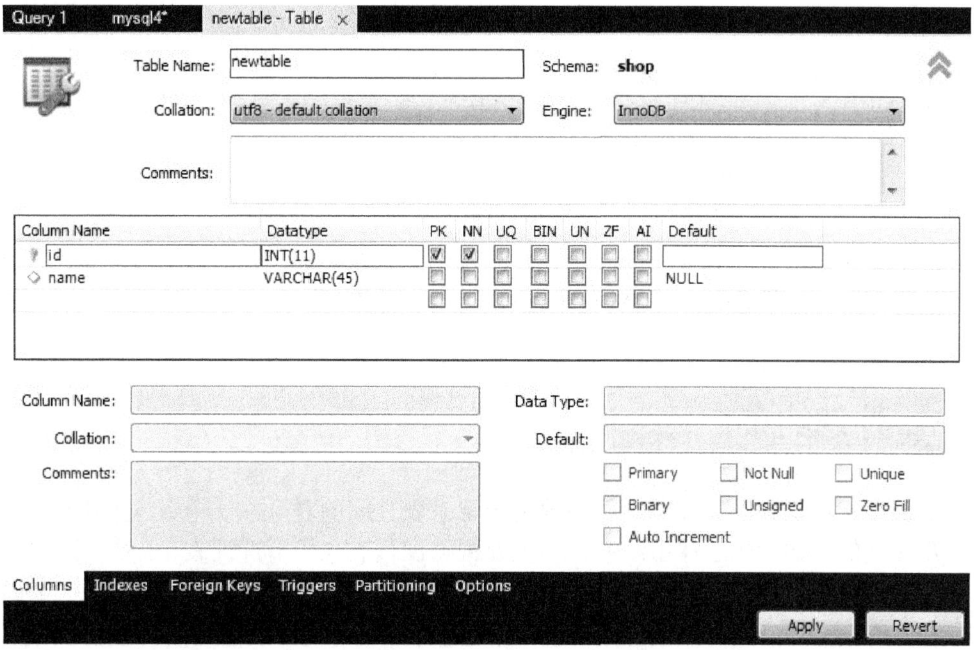

图 4-2 修改约束

如图 4-2 所示，该图虽然和图 4-1 很相似，但图 4-1 是创建表的界面，而图 4-2 是表修改的界面。在界面中可以设置、取消或修改主键，也可以修改其他的约束，在设置完成后单击 Apply 按钮执行约束的修改；接着在弹出对话框中单击 Apply 按钮确认执行 SQL 语句；最后在弹出的对话框中单击 Finish 按钮完成约束的修改。这里所说的修改包括约束的添加、删除和替换；而且可以是对任意约束进行的，不仅是主键约束的修改。

2. SQL 语句修改主键

使用 SQL 语句修改主键没有 MySQL Workbench 工具那么轻松，需要区分两种方式：一种是在没有主键的表中设置主键，一种是有主键的表中将主键换到其他的字段。

表中没有主键，通过修改指定字段的类型来设置其主键，与修改字段的类型方式一样，如范例 3 所示。

【范例 3】

为 shop.newtable 表的 id 列设置主键，代码如下。

```
ALTER TABLE 'shop'.'newtable'
CHANGE COLUMN 'id' 'id' INT(11) NOT NULL ,
```

```
ADD PRIMARY KEY ('id');
```

上述代码中，由于字段是在 id 列，因此只需要修改 id 列的数据类型，并使用 ADD PRIMARY KEY()添加新的主键。

表中已经有主键的，在修改主键时分为两个步骤：删除原有主键；添加新的主键。因此在创建之前首先要删除原有主键，如范例 4 所示。

【范例 4】

删除 shop.newtable 表的 id 列的主键，将主键转移到 name 列，代码如下。

```
ALTER TABLE 'shop'.'newtable'
CHANGE COLUMN 'id' 'id' INT(11) NULL ,
CHANGE COLUMN 'name' 'name' VARCHAR(45) NOT NULL ,
DROP PRIMARY KEY,
ADD PRIMARY KEY ('name');
```

由于将主键由 id 列转移到 name 列，涉及两个列的换行，因此需要修改这两个列的数据类型。同时使用 DROP PRIMARY KEY 语句删除主键；使用 ADD PRIMARY KEY()添加新的主键。

4.3 外键约束

主键用于标识表中的数据，而外键用于记录表之间的联系。一个数据库中的表通常是相互关联的，如学生选课系统中，学生要根据课程表来填写选课表，而选课表根据学生表中的学生编号和课程表中的课程编号来确定每个同学所选的课程。选课表中的学生编号和课程编号即为选课表的外键，引用学生表和课程表中的数据。本节介绍外键约束的概念和使用。

4.3.1 外键约束概述

外键记录了表与表之间字段的联系。以学生选课系统来说，学生选课表中，需要记录选课学生的信息，所选的科目，该科目的学分，该学生考试成绩等。

学生信息所涉及的内容有很多，包括学生姓名、所在班级等信息，而同一个班的学生也有着重名的情况，若将学生的信息放在课程表中，课程表将变得复杂、难以理解，而且并不能够确定每个学生所选的科目究竟是怎样的。

因此需要根据学生表中的主键 sid 字段，来确定唯一的学生，并放在选课表中作为一个字段。此时，选课表根据该字段的值，可在学生信息表中进行查询，以确定该条记录所属的学生信息，而不需要将学生的详细信息放在选课表中。

同样的道理，选课表中需要有课程信息，包括该课程的名称，所属院系，讲课教师信息等，但在选课表中放这些信息，只能使选课表变得复杂难以理解。因此使用课程表中的课程主键 cid 来确定课程信息。

总体来说，外键有着以下两个作用。

（1）让数据库自己通过外键来保证数据的完整性和一致性。

（2）能够增加数据库表关系的可读性。

上述第一条作用，通过外键来确保数据的完整性和一致性。以上述选课表为例，该表引用学生表的主键 sid 字段，在该表中需要有一个字段（假设命名为 csid），存储学生 sid 信息，以便根据学生 sid 信息查询学生信息。那么，csid 字段中的值必须在学生表的 sid 字段中有记录，而且学生表在删除学生信息时，需要确保选课表中没有该学生的记录。

同样，选课表中关于课程表的信息，在课程表中必须有记录，而且课程表若需要删除时，需要确保选课表中没有该课程，否则将出错。

外键的使用将不同表的字段关联起来，这些数据在修改、删除时有着关联。外键除了关联着表之间的联系，还将在数据操作时维护数据完整性。

外键的定义需要服从下列几种情况。

（1）所有 tables 必须是 InnoDB 型，它们不能是临时表。因为在 MySQL 中只有 InnoDB 类型的表才支持外键。

（2）所有要建立外键的字段必须建立约束。

（3）对于非 InnoDB 表，FOREIGN KEY 子句会被忽略掉。

对外键的操作包括，添加外键、删除外键、修改外键等，在后面的小节中介绍。

4.3.2 创建外键约束

外键可以在 MySQL Workbench 中进行创建，也可以使用 SQL 语句进行创建。外键约束的添加不同于主键约束，因为外键是作用在多个表的基础上。

1. MySQL Workbench 添加外键

外键是设计在两个表之间的，一个表的外键大多是另一个表的主键。如水果信息表中有水果负责人编号字段，该字段对应职员信息表中的职员编号（主键）字段。那么对水果信息表设置主键时，除了将水果负责人字段添加外键约束，同时还需要指出该字段所对应的外表字段和字段所在的外表。

【范例 5】

向水果信息表 fruits 中添加外键约束，其中 fwid 对应 work 表中的 wid 字段，步骤如下。

（1）在表 fruits 名称处右击，选择 Alter Table 选项打开表的修改界面。在表修改界面的下方，单击 Foreign Keys 选项，如图 4-3 所示。

（2）如图 4-3 所示，该窗体分为多个区域，在左下方为需要引用的外键名称和需要引用的表，而下部中间位置，是 fruits 表中的字段和需要引用的字段。在左下方区域中是一个表格，第一列是水果信息表中的外键约束的名称，第二列是该外键所需要引用的表。

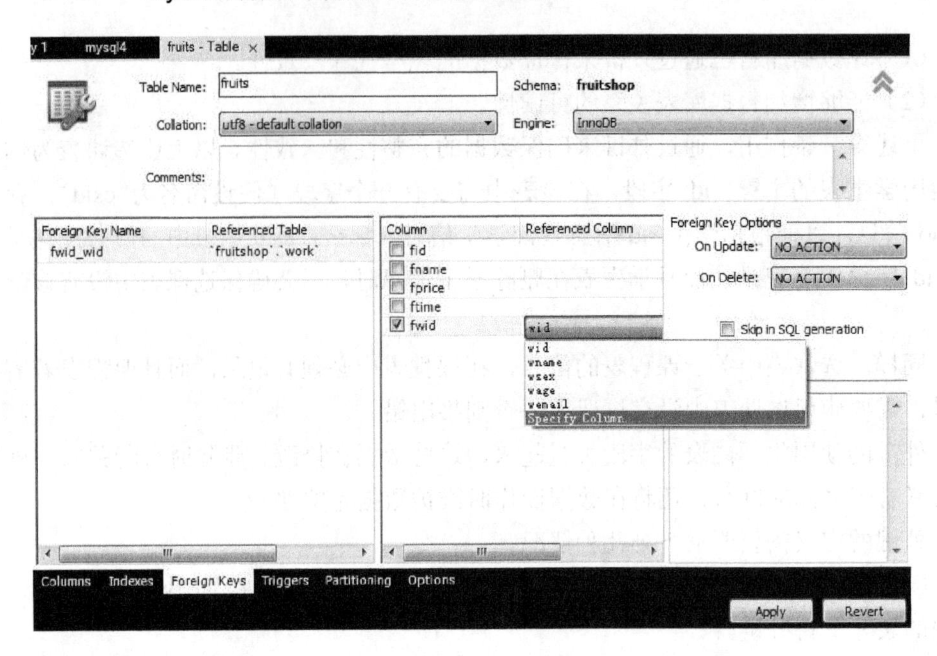

图 4-3 设置外键

外键约束的名称可以自由定义，如 fwid 字段对应 work 表中的 wid 字段，那么外键名称可以定义为 fwid_wid。而外键所引用的表必须在该数据库中选择，第二列是以下拉框的形式列出了当前数据库中所有的表。

（3）在界面下部的中间区域中也是一个表格，第一列是水果信息表中的所有字段；第二列以下拉框的形式列出外表中的字段。

如图 4-3 左侧设置了约束名称是 fwid_wid，对应的外表是 work 表，那么在中间区域第二列的下拉框中将列举 work 表的字段列表。在第一列选中 fruits 表的 fwid 字段；在第二列中选中对应的 wid 字段即可。

（4）如图 4-3 所示，在该窗体的右下方区域，需要选择外键约束选项，在控制台中若不声明该选项，则默认是采用 RESTRICT 方式。对于外键，最好是采用 ON UPDATE CASCADE 和 ON DELETE RESTRICT 的方式。

外键约束选项用于表数据修改和删除时，各个关键表中关联数据的处理。其各选项的作用如下所示。

① CASCADE：外键表中外键字段值会跟随父表被更新，或所在的列会被删除。

② NO ACTION：不进行任何关联操作。

③ RESTRICT：RESTRICT 相当于 NO ACTION，即不进行任何操作。拒绝父表修改外键关联列，删除记录。

④ SET NULL：在父表的外键关联字段被修改和删除时，外键表的外键列被设置为空（NULL）。

而对于数据的添加，子表的外键列输入的值，只能是父表外键关联列已有的值，否则出错。

（5）单击 Apply 按钮打开执行对话框；接着单击 Apply 按钮确认执行 SQL 语句；最

后在弹出的对话框中单击 Finish 按钮完成数据表的修改。

> **技巧**
> 在添加外键约束时，将默认为外键添加一个排序索引，索引的名称默认是外键约束的名称后添加“_idx”。若外键本身就有该类型的索引，则省略此步骤。

范例 5 是在现有的表中添加外键约束，对于新建的表创建外键约束，只需要添加好字段，接着选择界面下方的 Foreign Keys 选项设置外键，外键的设置步骤与范例 5 的步骤一样。

2. SQL 语句添加外键

添加外键有两种方式，一种是在创建表的时候添加外键；一种是在现有的表中添加外键约束。其语法如下所示：

```
INDEX '索引名' ('外键字段' ASC),
CONSTRAINT '外键约束名'
  FOREIGN KEY ('外键字段')
  REFERENCES '外表名称' ('外表对应字段')
  约束选项;
```

上述代码是创建表的时候，在创建语句之后添加的语句。可以放在字段列表和主键约束定义之后。

【范例 6】

创建 ftype 表，有 tid、fid、title 和 type 字段。为 fid 字段设置外键约束名称为 fruit，对应外表 fruits 表中的 fid 字段，代码如下。

```
CREATE TABLE 'fruitshop'.'ftype' (
  'tid' INT NOT NULL,
  'fid' INT NULL,
  'title' VARCHAR(45) NULL,
  'type' VARCHAR(45) NULL,
  PRIMARY KEY ('tid'),
  INDEX 'fruit_idx' ('fid' ASC),
  CONSTRAINT 'fruit'
    FOREIGN KEY ('fid')
    REFERENCES 'fruitshop'.'fruits' ('fid')
    ON DELETE NO ACTION
    ON UPDATE NO ACTION);
```

范例 6 是一个在创建表时设置外键的例子。若是对现有的表添加外键约束，需要在 CONSTRAINT 关键字前添加 ADD 关键字。

【范例 7】

对现有的 fruits 表进行修改，为 fwid 字段添加外键约束，对应 work 表中的 wid 字段，代码如下。

```
ALTER TABLE 'fruitshop'.'fruits'
ADD CONSTRAINT 'fwid_wid'
  FOREIGN KEY ('fwid')
  REFERENCES 'fruitshop'.'work' ('wid')
  ON DELETE NO ACTION
  ON UPDATE NO ACTION;
```

上述代码是在 fwid 字段有索引的情况下执行的，若 fwid 字段没有索引，需要首先为其添加索引，代码如下。

```
ADD INDEX ' fwid_wid_idx' ('fwid' ASC),
```

其中，ASC 表示数据按照从小到大的顺序排序，是定义索引时需要定义的排序方式，另有 DESC 表示数据按照从大到小的顺序排序。

MySQL 对创建外键要求比较严格，精确到字段的类型和长度，在创建时需要注意以下几点。

（1）字段名及其对应的数据表名称不能有误。

（2）字段类型必须对应。

（3）字段的数据值必须对应。这里要求，外键字段的值在外表所对应的字段中必须存在，否则将创建失败。如范例 7 中，fruits 表 fwid 字段的值，在 work 表中的 wid 字段中必须有相同数据值来对应。

（4）检查字段的约束，除了主键约束和外键约束以外，其他约束必须一致。

（5）检查字符集，为了迁移和使用的方便，尽量使用 utf8 字符集。

4.3.3 修改外键约束

修改外键约束包括多种情况，如修改当前外键约束的字段所对应的字段、修改当前表的外键字段等。外键约束的修改可以在 MySQL Workbench 中进行，也可以使用 SQL 语句进行。使用 MySQL Workbench 进行修改的方法与表修改的方法一样，对外键的设置可参考创建外键时的设置。

在修改外键之前可使用 SHOW CREATE TABLE 语句查看表中已有的外键设置，如查看 fruitshop.fruits 表的外键设置，代码如下。

```
SHOW CREATE TABLE 'fruitshop'.'fruits' ;
```

上述代码的执行效果如下所示。

```
+ ------------ + ------------------------ +
| Table        | Create Table             |
+ ------------ + ------------------------ +
| fruits       | CREATE TABLE 'fruits' (
  'fid' int(11) NOT NULL,
  'fname' varchar(45) DEFAULT NULL,
  'fprice' varchar(45) DEFAULT NULL,
  'ftime' varchar(45) DEFAULT NULL,
```

```
  'fwid' int(11) DEFAULT NULL,
  PRIMARY KEY ('fid'),
  KEY 'wid_idx' ('fwid'),
  CONSTRAINT 'fwid_wid' FOREIGN KEY ('fwid') REFERENCES 'work' ('wid') ON
  DELETE NO ACTION ON UPDATE NO ACTION
) ENGINE=InnoDB DEFAULT CHARSET=utf8 |
+ ------------- + -------------------- +
1 rows
```

使用 SQL 语句对外键约束进行修改，需要首先删除表中已有的外键，再添加新的外键约束来代替。

【范例 8】

修改 fruits 表的外键设置，使 fwid 字段的外键约束对应 workers 表中的 id 字段，代码如下。

```
ALTER TABLE 'fruitshop'.'fruits'
DROP FOREIGN KEY 'fwid_wid';
ALTER TABLE 'fruitshop'.'fruits'
ADD CONSTRAINT 'fwid_wid'
  FOREIGN KEY ('fwid')
  REFERENCES 'fruitshop'.'workers' ('id')
  ON DELETE RESTRICT
  ON UPDATE RESTRICT;
```


上述代码可分为两部分，前两条语句是删除了当前的外键；后面的语句是添加新的外键，语法与范例 7 中添加外键的语法一样。

4.4 非空约束

非空约束是最简单的约束，用来限制数据填写的完整性。被设置了非空约束的字段，在添加数据时必须要有数据，不能够省略。

非空约束使用 NOT NULL 语句，而允许为空的字段可以使用 NULL 关键字。本节介绍非空约束的使用。

4.4.1 创建非空约束

非空约束限制该字段中的内容不能为空，但可以是空白字符串或 0。非空约束与其他约束都用来限制数据，但其作用和使用方式大不相同。一个表只能够设置一个主键（或主键组），但非空约束不受限制，而且每个字段的非空约束之间互不影响。

对于字段来说，要么允许添加数据为空；要么不允许添加数据为空。因此对于字段是否非空只有两种可能。

与其他约束不同的是，无论字段是否为空，都需要在创建时指出。若允许为空则使用 NULL；否则使用 NOT NULL 来定义。如范例 6 创建 ftype 表时，第一个字段使用 NOT

NULL 来定义，剩下的字段使用 NULL 来定义。

非空约束的创建、修改都可以使用 MySQL Workbench 来完成，其操作方法和表的创建和修改的方法一样，这里不再详细介绍。

而使用 SQL 语句创建非空约束，只是在字段的数据类型之后添加 NOT NULL；否则使用 NULL 来定义允许为空的字段。这里不再详细介绍。

4.4.2 修改非空约束

非空约束是没有删除操作的，若字段不再需要进行非空约束，只需要将其设置为允许为空即可。而非空约束的修改只是将字段在 NOT NULL 和 NULL 这两种状态之间进行切换。

对非空约束的修改与对字段类型的修改方法一样，如修改 fruitshop.fruits 表的 fname 字段为非空约束字段，代码如下。

```
ALTER TABLE 'fruitshop'.'fruits'
CHANGE COLUMN 'fname' 'fname' VARCHAR(45) NOT NULL ;
```

而修改 fruitshop.fruits 表的 fname 字段为允许为空的字段，代码如下。


```
ALTER TABLE 'fruitshop'.'fruits'
CHANGE COLUMN 'fname' 'fname' VARCHAR(45) NULL ;
```

4.5 默认值约束

默认值的使用减轻了数据添加的负担。有着默认值约束的字段，在添加时省略该字段数据，MySQL 会自动添加该字段的默认值。本节介绍默认值的使用。

4.5.1 创建默认值约束

创建默认值约束可参考图 4-1。其他约束是直接选中复选框，而默认值约束是为字段设置一个默认的取值，因此是文本框的形式，将字段的默认取值写入 Default 文本框。

默认值在 MySQL Workbench 工具下的设置可参考表的创建步骤，只是添加了 Default 文本框设置。

默认值可以设置为固定值，也可以设置为通过计算获得的数据。系统在添加字段默认值设置时，将根据字段的数据类型提供几个常用的默认值。如图 4-4～图 4-6 所示分别是 INT 型字段、VARCHAR 型字段和 TIMESTAMP 型字段的默认值设置。

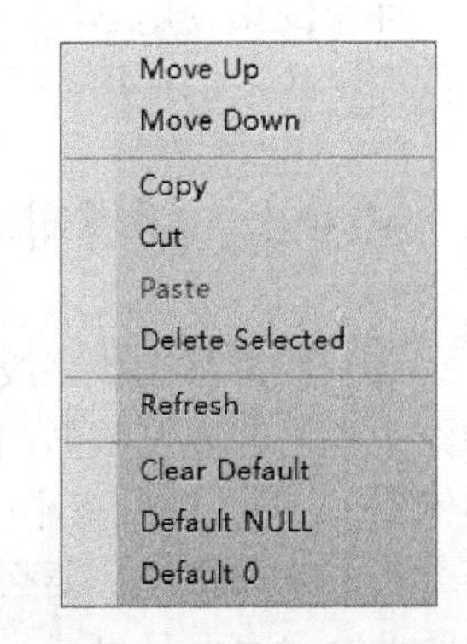

图 4-4 INT 型字段

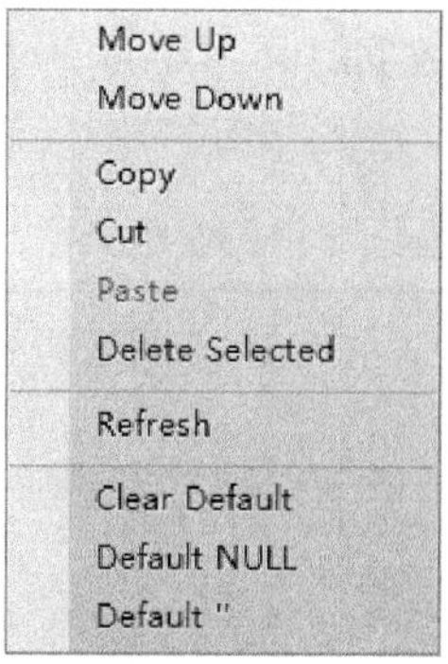

Move Up
Move Down
Copy
Cut
Paste
Delete Selected
Refresh
Clear Default
Default NULL
Default ''

图 4-5 VARCHAR 型字段

Move Up
Move Down
Copy
Cut
Paste
Delete Selected
Refresh
Clear Default
Default NULL
Default 0
Default CURRENT_TIMESTAMP
Default NULL ON UPDATE CURRENT_TIMESTAMP
Default CURRENT_TIMESTAMP ON UPDATE CURRENT_TIMESTAMP

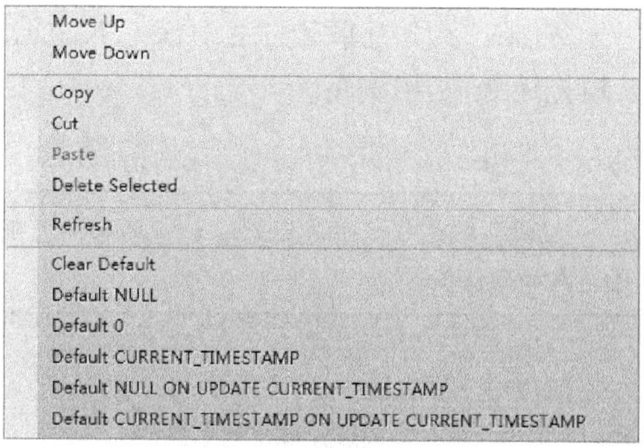

图 4-6 TIMESTAMP 型字段

在表的创建界面或表的修改界面，都可以对字段进行右击操作，弹出对话框如图4-4～图 4-6 所示。

比较三个图可以看出，不同数据类型的字段，系统提供的默认值设置不同。INT 型字段和 VARCHAR 型字段的默认值操作比较简单，可选择 Clear Default 清除默认值、选择 Default Null 设置默认值为空，选择 Dfault 0（或 Dfault ''）设置默认值为 0（或空字符串）。而 TIMESTAMP 型字段的选项比较丰富，除了与 INT 型字段一样的设置以外，还可以使用以下几个选项。

1. Default CURRENT_TIMESTAMP

添加记录时设置字段值为当前时间；更新这条记录的时候，这条记录的这个字段不会改变。

2. Default NULL ON UPDATE CURRENT_TIMESTAMP

若字段为空，更新记录时更新这个字段为当前时间。

3. Default CURRENT_TIMESTAMP ON UPDATE CURRENT_TIMESTAMP

更新这条记录的时候，无论是否涉及该字段，这条记录的这个字段将会改变。

如将新闻发布的时间是新闻记录添加的时间，可设置为 Default CURRENT_TIMESTAMP。而信息的最后修改时间是需要在更新信息时跟着变化的，可设置为 Default CURRENT_TIMESTAMP ON UPDATE CURRENT_TIMESTAMP。

【范例 9】

创建学生信息表，设置学生性别字段默认值为男，代码如下。

```
CREATE TABLE 'fruitshop'.'student' (
  'id' INT NOT NULL,
  'name' VARCHAR(45) NULL,
  'sex' VARCHAR(4) NOT NULL DEFAULT '男',
  'age' INT NULL,
  'native' VARCHAR(20) NULL,
  PRIMARY KEY ('id'));
```

若上述 sex 字段的非空约束设置为 NULL，那么在添加数据时，系统将无法确定以 NULL 填充还是以'男'填充。

注意

被设置默认值的字段最好有非空约束，否则系统将无法确定该字段在添加时添加 NULL 还是添加默认值。

4.5.2 修改默认值约束

修改默认值约束包括对没有默认值的字段添加默认值和修改字段的默认值数据。这两种修改方式的语法一样，与表字段的类型修改语法相似。

【范例 10】

为 fruitshop.workers 表的 sex 字段添加默认值约束，设置其默认值为男，代码如下。

```
ALTER TABLE 'fruitshop'.'workers'
CHANGE COLUMN 'sex' 'sex' VARCHAR(45) NULL DEFAULT '男' ;
```

【范例 11】

修改 fruitshop.workers 表的 sex 字段的默认值为女，代码如下。

```
ALTER TABLE 'fruitshop'.'workers'
CHANGE COLUMN 'sex' 'sex' VARCHAR(45) NULL DEFAULT '女' ;
```

4.5.3 删除默认值约束

默认值的删除相当于清除默认值或将默认值设置为 NULL，因此可在如图 4-4～图 4-6 所示的弹出对话框中选择 Clear Default 选项清除默认值或选择 Default Null 选项设置默认值为空。若使用 SQL 语句删除默认值，如删除 fruitshop.workers 表的 sex 字段的默认值，代码如下。

```
ALTER TABLE 'fruitshop'.'workers'
CHANGE COLUMN 'sex' 'sex' VARCHAR(45) NULL ;
```

上述代码与修改字段数据类型的代码一样，修改字段的默认值相当于修改字段的属性。

4.6 唯一约束

唯一性约束（Unique Constraint）要求添加该约束的列字段的值唯一，允许为空，但只能出现一个空值。唯一约束可以确保一列或者几列不出现重复值。本节介绍唯一约束的使用。

4.6.1 创建唯一约束

唯一约束要求字段中的数据不能有重复。由于同时存在两个空值（NULL）也相当于是重复，因此唯一约束字段通常同时定义非空约束。

唯一约束没有修改的操作，一个字段只能有着唯一或不唯一这两种可能，因此对唯一性约束的操作，只有唯一约束的添加和删除。

唯一约束与非空约束的操作步骤一样，因此在 MySQL Workbench 工具下进行的唯一约束操作（创建、添加、删除）可参考非空约束的操作步骤，这里不再详细说明。

通过 SQL 语句创建表的时候可以直接创建唯一约束，有两种方式：在字段的数据类型后面使用 UNIQUE 关键字；在所有字段定义之后，使用如下语句：

```
[CONSTRAINT <约束名>] UNIQUE(<字段名>)
```

【范例 12】

创建 fruitshop.student 表，定义其 name 字段为唯一约束字段，代码如下。

```
CREATE TABLE 'fruitshop'.'student' (
  'id' INT NOT NULL,
  'name' VARCHAR(45) NULL,
  'sex' VARCHAR(4) NULL,
  'age' INT NULL,
  PRIMARY KEY ('id'),
  UNIQUE INDEX 'name_UNIQUE' ('name' ASC));
```

上述代码中，最后一行代码创建了一个唯一约束的索引，名称是 name_UNIQUE。对于外键约束和唯一约束来说，创建约束的同时将默认创建相关字段的索引，索引的相关知识将在第 7 章中介绍。

4.6.2 修改唯一约束

唯一约束的修改包括对没有唯一约束的字段添加约束和取消字段的唯一约束。添加唯一约束需要为约束定义一个索引名称，并在取消约束时根据该名称删除该索引。设置和取消唯一约束的语法如下。

设置唯一约束语法如下：

```
ADD UNIQUE INDEX 约束名（字段名 ASC)
```

取消唯一约束语法如下：

```
DROP INDEX 约束名
```

【范例 13】

为 fruitshop.student 表的 id 字段添加唯一约束，名称为 id_UNIQUE，代码如下。

```
ALTER TABLE 'fruitshop'.'student'
```

```
ADD UNIQUE INDEX 'id_UNIQUE' ('id' ASC);
```

【范例 14】

取消 fruitshop.student 表的 name 字段的唯一约束，由范例 12 可以看出该约束的名称是 name_UNIQUE，取消约束代码如下。

```
ALTER TABLE 'fruitshop'.'student'
DROP INDEX 'name_UNIQUE' ;
```

4.7 自增约束

自增约束是一种由系统自动增加并填入字段数值的约束。如将商品信息表中的商品编号字段设置为自增约束字段，那么系统默认对添加的第一条商品信息中，设置商品编号字段值为 1；第二条记录的商品编号字段值为 2，以此类推。

自增约束字段由系统自动填入数据，在节省用户工作量和时间的同时，避免因疏忽而加入错误数据。本节介绍自增约束的使用。

4.7.1 自增约束概述

自增约束使用 AUTO_INCREMENT 修饰符，只适用于 INT 类型的字段，使该字段的数值每次增加相同的量，通常每次增加 1。如该字段的值可以是 1、2、3，可以是 2001、2002、2003，而不能是 b1、b2、b3。在使用 AUTO_INCREMENT 时，应注意以下几点。

（1）AUTO_INCREMENT 是数据列的一种属性，只适用于整数类型数据列。

（2）设置 AUTO_INCREMENT 属性的数据列应该是一个正数序列，所以应该把该数据列声明为 UNSIGNED，这样序列的编号个数可增加一倍。

（3）AUTO_INCREMENT 数据列必须有唯一约束，以避免序号重复。

（4）MySQL 表中只能有一个 AUTO_INCREMENT 字段。

（5）自增字段必须创建索引，如主键索引、唯一索引等。

（6）有着外键约束的字段不能够设置为自增字段。

（7）AUTO_INCREMENT 数据列必须具备 NOT NULL 属性。

（8）AUTO_INCREMENT 数据列序号的最大值受该列的数据类型约束，如 TINYINT 数据列的最大编号是 127，如加上 UNSIGNED，则最大为 255。一旦达到上限，AUTO_INCREMENT 就会失效。

（9）当进行全表数据删除时，AUTO_INCREMENT 会从 1 重新开始编号。全表数据删除指删除表中的所有数据，保留表的结构及其字段定义。

（10）进行全表数据操作时，MySQL 实际是做了这样的优化操作：先把数据表里的所有数据和约束删除，然后重建数据表。

（11）被 DELETE 语句删除的自增约束字段值，除非 SQL 语句中将该字段值重新插入，否则前面空余的字段值不会复用。

（12）要重新排列现有的序列编号，最简单的方法是先删除该列，再重建该列，MySQL

会重新生成连续的编号序列。

MySQL 支持多种数据表，每种数据表的自增属性都有所不同。对于 MyISAM 表，如果用 UPDATE 语句更新自增列，如果列值与已有的值重复，则会出错。如果大于已有值，则下一个编号从该值开始递增。但是对于 InnoDB 表，UPDATEAUTO_INCREMENT 字段会导致发生报错。以下列举几种常用的表及其自增约束的使用。

1. ISAM 表

对于 ISAM 表，如果把一个 NULL 插入到一个 AUTO_INCREMENT 数据列里去，MySQL 将自动生成下一个序列编号。编号从 1 开始，并以 1 为基数递增。在该表中使用自增约束，有以下两种情况。

当插入记录时，没有为 AUTO_INCREMENT 明确指定值，则等同插入 NULL 值。

当插入记录时，如果为 AUTO_INCREMENT 字段明确指定了一个数值，则会出现两种情况。

（1）如果插入的值与已有的编号重复，则会出现出错信息，因为 AUTO_INCREMENT 数据列的值必须是唯一的。

（2）如果插入的值大于已编号的值，则会把该值插入到数据列中，并使下一个编号从这个新值开始递增。也就是说，可以跳过一些编号。

对有着标识列的表数据进行操作，有以下几种情况。

（1）如果自增序列的最大值被删除了，则在插入新记录时，该值被重用。

（2）如果用 UPDATE 语句更新自增列，如果列值与已有的值重复，则会出错。如果大于已有值，则下一个编号从该值开始递增。

（3）如果用 REPLACE 语句修改数据表里的现有记录相应的 AUTO_INCREMENT 值将不会发生变化。

last_insert_id()函数可获得自增列自动生成的最后一个编号。但该函数只与服务器的本次会话过程中生成的值有关。如果在与服务器的本次会话中尚未生成 AUTO_INCREMENT 值，则该函数返回 0。其他数据表的自动编号机制都以 ISAM 表中的机制为基础。

2. MyISAM 数据表

在 MyISAM 数据表中，其自动编号机制有以下几个特点。

（1）删除最大编号的记录后，该编号不可重用。

（2）可在建表时用“AUTO_INCREMENT=n”选项来指定一个自增的初始值。

（3）可用 ALTER TABLE table_name AUTO_INCREMENT=n 命令来重设自增的起始值。

（4）可使用复合约束在同一个数据表里创建多个相互独立的自增序列。

使用复合约束，在同一个表中创建多个自增字段，首先需要为数据表创建一个由多个数据列组成的 PRIMARY KEY OR UNIQUE 约束，接着把 AUTO_INCREMENT 数据列包括在这个约束里作为它的最后一个数据列。

这样，这个复合约束里，前面的那些数据列每构成一种独一无二的组合，最末尾的

AUTO_INCREMENT 数据列就会生成一个与该组合相对应的序列编号。

3．HEAP 数据表

在 HEAP 数据表中，其自动编号机制有以下几个特点。

（1）自增值可通过 CREATE TABLE 语句的 AUTO_INCREMENT=n 选项来设置。

（2）可通过 ALTER TABLE 语句的 AUTO_INCREMENT=n 选项来修改自增始初值。

（3）编号不可重用。

（4）HEAP 数据表不支持在一个数据表中使用复合约束来生成多个互不干扰的序列编号。

4．BDB 数据表

在 BDB 数据表中，其自动编号机制有以下几个特点。

（1）BDB 数据表不能通过 CREATE TABLE OR ALTER TABLE 的 AUTO_INCREMENT=n 选项来改变自增初始值。

（2）可重用编号。

（3）支持在一个数据表里使用复合约束来生成多个互不干扰的序列编号。

5．InnoDB 数据表

在 InnoDB 数据表中，其自动编号机制有以下几个特点。

（1）不可通过 CREATE TABLE OR ALTER TABLE 的 AUTO_INCREMENT=n 选项来改变自增初始值。

（2）不可重用编号。

（3）不支持在一个数据表里使用复合约束来生成多个互不干扰的序列编号。

4.7.2　初始值和偏移量

在 MySQL Workbench 工具下，只能够创建初始值和递增偏移量均为 1 的自增约束，不过使用 SQL 语句可以设置自增约束的相关属性和变量，修改字段初始值和递增偏移量。这几个属性和变量及其含义如下所示。

（1）AUTO_INCREMENT：自增初始值。

（2）auto_increment_increment：自增值的自增量。

（3）auto_increment_offset：自增值的偏移量。

自增量和偏移量均可以设置为全局或局部变量，并且在字段的数据类型和约束允许的情况下，每个值都可以为 1～65 535 之间的整数值。如果将变量设置为 0 会使该变量的值为 1；如果试图将这些变量设置为大于 65 535 或小于 0 的值，则会将该值设置为 65 535；如果将 auto_increment_increment 或 auto_increment_offset 设置为非整数值，则会给出错误，并且变量的实际值在这种情况下保持不变。

自增约束字段的数据值并不是必须从一开始就严格按照指定初始值和偏移量来编号

的，如一个字段原有数据1，2，1，2，那么同样可以在此基础上为字段添加自增约束并设置初始值为大于2的整数。

并且若数据表中自增字段的数据已经从1排到了10，也可以在此基础上修改自增约束的初始值和偏移量，使10以后的数据根据新的自增规则进行编号。如在自增字段有着1～10这10个数据的表中修改自增约束的递增规则（修改初始值和偏移量两个变量的值）为从15开始每次偏移5，那么第11条数据的字段值为15、第12条数据的字段值为20。

如果修改的初始值比当前的数据值小，执行的SQL不会报错，但是不会生效！MyISAM和InnoDB均是如此。

如果同时设置了auto_increment_offset和auto_increment_increment，那么这两个变量的值最好相同。如果auto_increment_offset的值大于auto_increment_increment的值，auto_increment_offset的值将被忽略。

4.7.3 创建自增约束

创建自增约束可以在表创建或表修改界面（如图4-1所示）中选中AI（或Auto Increment）复选框。

在MySQL Workbench工具下创建的自增约束不需要提供字段的初始值和递增偏移量，默认从1开始每次增加1。

使用SQL语句创建表的时候设置自增约束，代码如下。

```
CREATE TABLE 表名 (字段名 数据类型 非空约束类型 AUTO_INCREMENT);
```

上述代码创建了有着默认自增约束的字段，也可在创建语句后为该自增约束添加自增初始值，代码如下。

```
CREATE TABLE 表名 (字段名 数据类型 非空约束类型 AUTO_INCREMENT)
AUTO_INCREMENT=初始值;
```

【范例15】

创建表fruitshop.worker，为主键id添加默认自增约束，代码如下。

```
CREATE TABLE 'fruitshop'.'worker' (
  'id' INT NOT NULL AUTO_INCREMENT,
  'name' VARCHAR(45) NULL,
  'sex' VARCHAR(4) NULL,
  'age' INT NULL,
  PRIMARY KEY ('id'));
```

【范例16】

创建表fruitshop.worker，为主键id添加自增约束初始值为8，代码如下。

```
CREATE TABLE 'fruitshop'.'worker' (
  'id' INT NOT NULL AUTO_INCREMENT,
  'name' VARCHAR(45) NULL,
```

```
  'sex' VARCHAR(4) NULL,
  'age' INT NULL,
  PRIMARY KEY ('id')
)
AUTO_INCREMENT=8;
```

4.7.4 修改自增约束

修改自增约束包括多种操作：为字段添加自增约束；修改自增约束的初始值；修改自增约束的偏移量。

1. 为字段添加自增约束

使用修改表字段类型的方法，通过 MODIFY 关键字来添加，语法如下。

```
ALTER TABLE 表名 MODIFY COLUMN 字段名 数据类新 非空约束 AUTO_INCREMENT;
```

【范例 17】

为 fruitshop.fruits 表的主键 fid 字段添加自增约束，代码如下。

```
ALTER TABLE 'fruitshop'.'fruits' MODIFY COLUMN fid INT NOT NULL AUTO_
INCREMENT;
```

2. 修改自增约束的初始值

修改自增初始值使用 ATLER 关键字，针对一个表中的自增约束进行修改。

【范例 18】

修改 fruitshop.fruits 表 fid 字段的自增约束初始值为 7，代码如下。

```
ALTER TABLE 'fruitshop'.'fruits' AUTO_INCREMENT=7;
```

查看 fruitshop.fruits 表的定义，代码如下。

```
SHOW CREATE TABLE 'fruitshop'.'fruits'
```

上述代码的执行效果如下所示。

```
+ --------- + --------------------------+
| Table     | Create Table              |
+ --------- + --------------------------+
| fruits     | CREATE TABLE 'fruits' (
  'fid' int(11) NOT NULL AUTO_INCREMENT,
  'fname' varchar(45) NOT NULL,
  'fprice' varchar(45) DEFAULT NULL,
  'ftime' varchar(45) DEFAULT NULL,
  'fwid' int(11) DEFAULT NULL,
  PRIMARY KEY ('fid'),
  KEY 'wid_idx' ('fwid'),
```

```
  CONSTRAINT 'fwid_wid' FOREIGN KEY ('fwid') REFERENCES 'workers' ('id')
ON DELETE NO ACTION ON UPDATE NO ACTION
) ENGINE=InnoDB AUTO_INCREMENT=7 DEFAULT CHARSET=utf8 |
+ --------- + --------------------------+
1 rows
```

由上述执行结果可以看到 AUTO_INCREMENT=7 语句，可见自增约束的初始值已经被修改为 7。由于 fruitshop.fruits 表已经有数据了，因此在添加自增约束时，其初始值并不为 1，而是比已有数据大的整数。

向 fruitshop.fruits 表中添加一条数据，仅添加 fname 字段和 fprice 字段的数据，代码如下。

```
INSERT INTO 'fruitshop'.'fruits' ('fname', 'fprice') VALUES ('mango',
'15.4');
```

上述代码执行后查看 fruitshop.fruits 表中的数据，如下所示。

```
+ ------- + ----------- + ---------- + --------- + -------- +
| fid     | fname       | fprice     | ftime     | fwid     |
+ ------- + ----------- + ---------- + --------- + -------- +
| 1       | orange      | 5          | 6.15      | 1        |
| 2       | apple       | 2.5        | 6.15      | 2        |
| 3       | banana      | 3.5        | 6.18      | 1        |
| 4       | watermelon  | 0.7        | 6.15      | 2        |
| 7       | mango       | 15.4       |           |          |
+ ------ + ----------- + ---------- + --------- + --------- +

5 rows
```

从上述执行效果可以看出，新增的数据自增约束列被添加了数据 7，该字段将以 7 开始由系统自动添加数据。

3. 修改自增约束的偏移量

字段的自增偏移量和自增值可以使用 SHOW VARIABLES 语句来查看，如查看服务器的自增约束代码如下。

```
SHOW VARIABLES LIKE '%auto_increment%';
```

上述代码的执行结果如下所示。

```
+ ------------------------------ + ---------- +
| Variable_name                  | Value     |
+ ------------------------------ + ---------- +
| auto_increment_increment | 1     |
| auto_increment_offset    | 1     |
+ ------------------------------ + ---------- +
2 rows
```

修改服务器 auto_increment_offset 和 auto_increment_increment 变量的值，可使用 SET 关键字，语法如下：

```
SET [SESSION]/[GLOBAL] auto_increment_increment=变量的值;
SET [SESSION]/[GLOBAL] auto_increment_ offset=变量的值;
```

使用 GLOBAL 关键字修改变量的值，如果不退出 session，重新连接，则不能生效，而且只能使用如下代码查询。

```
SHOW GLOBAL VARIABLES like '%auto_increment%';
```

不使用 SESSION 或 GLOBAL 也可以修改变量的值，但需要重启 MySQL 才能生效。使用 SESSION 修改的数据将直接生效，可使用 SHOW VARIABLES 语句查看。

【范例 19】

fruitshop.work 表中有 4 条数据，先为该表添加自增约束，再设置其自增初始值为 10，自增量和自增偏移量为 2，为表添加两条数据查看效果，步骤如下。

（1）为 fruitshop.work 表添加自增约束代码省略。设置其自增初始值为 10，自增量和自增偏移量为 2，代码如下。

```
ALTER TABLE 'fruitshop'.'work' AUTO_INCREMENT=10;
SET SESSION auto_increment_increment=2;
SET SESSION auto_increment_offset=2;
```


（2）为表添加两条数据，代码如下。

```
INSERT INTO 'fruitshop'.'work' ('wname', 'wsex') VALUES ('张明', '男');
INSERT INTO 'fruitshop'.'work' ('wname', 'wsex') VALUES ('王丽', '女');
```

（3）查看 fruitshop.work 表中的数据，代码省略，其效果如下所示。

```
+ ------- + ------- + -------- + -------- + ----------- +
| wid     | wname   | wsex     | wage     | wemail      |
+ ------- + ------- + -------- + -------- + ----------- +
| 1       | 梁思    | 女       | 22       | li@126.com  |
| 2       | 何健    | 男       | 21       | jk@126.com  |
| 3       | 赵龙    | 男       | 26       | zl@126.com  |
| 4       | 李虎    | 男       | 25       | lh@126.com  |
| 10      | 张明    | 男       |          |             |
| 12      | 王丽    | 女       |          |             |
+ ------- + ------- + -------- + -------- + ---------- +
6 rows
```

由上述执行效果可以看出，系统自动为新添加的两条语句填写了 wid 字段的值，从 10 开始依次增加 2。

4.7.5 删除自增约束

删除自增约束可以使用 MySQL Workbench 工具或使用 SQL 语句。在 MySQL

Workbench 工具下的操作可参考唯一约束的删除操作，这里不再详细介绍。

使用 SQL 语句删除自增约束通过 CHANGE COLUMN 语句来进行。如删除 fruitshop.work 表中的自增约束，其删除语句及其执行结果如下所示。

```
ALTER TABLE 'fruitshop'.'work' CHANGE COLUMN 'wid' 'wid' INT(11) NOT NULL ;
```

4.8 实验指导——冰箱信息维护

本章详细介绍了通过约束来实现数据完整性的维护，结合本章内容，创建冰箱信息表和冰箱主人信息表并对其字段进行完整性分析，约束的创建和修改，要求如下。

创建冰箱信息表 refrigerator，有字段 rid、brand、model 和 owner。对其各个字段分析如下。

（1）rid 字段数据类型为 INT，有主键约束、非空约束和自增约束。

（2）brand 字段数据类型为 VARCHAR，有非空约束和默认值“海尔”。

（3）model 字段数据类型为 VARCHAR。

（4）owner 字段数据类型为 INT，有非空约束。

创建冰箱主人信息表 owners，有字段 oid、name、sex、age 和 phone，数据类型分别为 INT、VARCHAR、VARCHAR、INT 和 VARCHAR。对其各个字段分析如下。

（1）oid 字段有主键约束和非空约束。

（2）name 字段有非空约束。

（3）sex 字段有默认值“男”。

（4）age 字段值为整数。

（5）phone 字段有非空约束。

由于 refrigerator 表中的每一条冰箱记录都对应 owners 表中的一个冰箱拥有者，因此表 refrigerator 表中的 owner 字段需要与 owners 表中的 oid 对应。因此需要为 refrigerator 表设置外键约束。

实现上述操作，步骤如下。

（1）创建冰箱信息表 refrigerator，有字段 rid、brand、model 和 owner，并设置它们的约束，代码如下。

```
CREATE TABLE 'fruitshop'.'refrigerator' (
  'rid' INT NOT NULL AUTO_INCREMENT,
  'brand' VARCHAR(45) NOT NULL DEFAULT '海尔',
  'model' VARCHAR(45) NULL,
  'owner' INT NULL,
  PRIMARY KEY ('rid'));
```

（2）创建冰箱主人信息表 owners，有字段 oid、name、sex、age 和 phone，并设置它们的约束，代码如下。

```
CREATE TABLE 'fruitshop'.'owners' (
  'oid' INT NOT NULL,
  'name' VARCHAR(45) NOT NULL,
  'sex' VARCHAR(45) NULL DEFAULT '男',
  'age' INT UNSIGNED NULL,
  'phone' VARCHAR(45) NOT NULL,
  PRIMARY KEY ('oid'));
```

（3）为 refrigerator 表设置外键约束，使 owner 字段对应 owners 表中的 oid 字段，代码如下。

```
ALTER TABLE 'fruitshop'.'refrigerator'
ADD INDEX 'owner_idx' ('owner' ASC);
ALTER TABLE 'fruitshop'.'refrigerator'
ADD CONSTRAINT 'owner'
  FOREIGN KEY ('owner')
  REFERENCES 'fruitshop'.'owners' ('oid')
  ON DELETE NO ACTION
  ON UPDATE NO ACTION;
```


思考与练习

一、填空题

1．创建表时，表示主键约束的复选框是 PK 和__________。

2．唯一约束使用 UQ 复选框或__________复选框。

3．一个表中可以有__________个主键。

4．有着__________约束的字段不能够设置为自增字段。

二、选择题

1．关于主键的说法，错误的是__________。

A．一个表中只能有一个字段设置主键

B．主键字段不能为空

C．主键字段数值必须是唯一的

D．主键的删除只是删除了指定的主键约束，并不能够删除字段

2．设置默认值约束时，该字段最好同时有__________约束。

A．主键约束

B．外键约束

C．非空约束

D．唯一约束

3．关于约束，下列说法正确的是__________。

A．非空约束限制该字段中的内容不能为空，但可以是空白字符串或 0

B．没有设置非空的唯一一性约束字段，可以有 0 个或多个 NULL 数据

C．默认值约束字段，其默认值只能是固定不变的数据值

D．一个表中可以有多个自增约束

4．若一个表中 id 字段已经有数据 1、2、3，那么为该字段设置默认的自增约束后，其默认的自增初始值为__________。

A．1

B．2

C．3

D．4

5．下列关于自增约束的说法正确的是

________。

A．AUTO_INCREMENT 表示自增约束的增量

B．auto_increment_offset 表示自增约束的偏移量

C．increment_increment 表示自增约束的增量

D．默认的自增约束初始值为 0，增量为 1

三、简答题

1．总结 MySQL 中有哪些约束，分别用来做什么。

2．简述外键约束的创建步骤。

3．总结自增约束的注意事项。

4．简述如何修改自增约束的初始值和自增偏移量。

第5章 数据查询

对数据表中数据的操作主要有两种，一种是修改操作，一种是查询操作。修改操作是使用INSERT、UPDATE和DELETE语句实现对数据的插入、修改和删除功能。查询通常也称为检索，MySQL数据库只提供了一个查询语句：SELECT语句。SELECT语句是SQL开发者需要使用的最有力的语句之一，而且它很容易掌握。本章着重介绍如何使用SELECT语句实现数据的简单查询和多表查询。

本章学习要点：

- ❑ 熟悉SELECT语句的完整语法
- ❑ 掌握如何获取所有列和指定列
- ❑ 掌握如何使用DISTINCT和LIMIT
- ❑ 掌握WHERE子句查询
- ❑ 掌握GROUP BY、HAVING和ORDER BY的使用
- ❑ 熟悉交叉连接和自连接
- ❑ 掌握内连接和外连接
- ❑ 掌握UNION如何实现联合查询
- ❑ 了解子查询和正则表达式查询

5.1 SELECT语句的语法

查询数据是数据库操作中常用的操作，通过对数据库的查询，用户可以从数据库中获取需要的数据。数据库中可能包含多个表，表中可能包含多条记录。MySQL中使用SELECT语句来查询数据，既可以用来判断表达式，也可以从一个或多个表中查询数据。

SELECT语句从表中查询数据的基本语法如下：

```
SELECT [ALL | DISTINCT] select_list
FROM table_or_view_name
[WHERE <search_condition>]
[GROUP BY <group_by_expression>]
[HAVING <search_condition>]
[ORDER BY <order_expression> [ASC | DESC]]
```

上述语法的说明如下。

（1）SELECT子句：用来指定查询返回的列。

（2）ALL|DISTINCT：用来标识在查询结果集中对相同行的处理方式。关键字ALL表示返回查询结果集的所有行，其中包括重复行；关键字DISTINCT表示如果结果集中有重复行，那么只显示一行，默认值为ALL。

（3）select_list：表示需要查询的字段列名。如果返回多列，各列名之间用“,”隔开；如果需要返回所有列的数据信息，则可以用“*”表示。

（4）FROM 子句：用来指定要查询的表名或者视图名。

（5）WHERE 子句：用来指定限定返回行的搜索条件。

（6）GROUP BY 子句：用来指定查询结果的分组条件。

（7）HAVING 子句：与 GROUP BY 子句组合使用，用来对分组的结果进一步限定搜索条件。

（8）ORDER BY 子句：用来指定结果集的排序方式。

（9）ASC|DESC：指定排序方式。ASC 表示升序排列，默认值；DESC 表示降序排列。

在 SELECT 语句的语法中，中括号（[]）的内容是可选的。如果有 WHERE 子句，就会按照指定的条件进行查询，否则就查询所有记录。如果有 GROUP BY 子句，就会按照指定的字段进行分组。如果 GROUP BY 子句后带着 HAVING 关键字，那么只有满足指定的条件才能输出。如果有 ORDER BY 子句，就会按照指定的字段进行排序，排序方式由 ASC 和 DESC 指定。

注意

在 SELECT 语句中 FROM、WHERE、GROUP BY 和 ORDER BY 子句必须按照语法中列出的次序依次执行。例如，如果把 GROUP BY 子句放在 ORDER BY 子句之后，就会出现语法错误。

5.2 简单查询

在了解 SELECT 语法之后，本节将使用 SELECT 语句查询表中的简单数据，如获取所有列、获取指定列，为表和列取名以及获取不重复的数据等。

5.2.1 获取所有列

获取所有列相当于获取表中所有字段列的数据。把表中所有的列和列数据展示出来时可以使用“*”符号，它表示所有的。使用“*”代替字段列表就包含所有字段。语法如下：

```
SELECT *FROM table_name;
```

【范例 1】

在 sakila 数据库中存在名称为 store 的存储表，它列出了系统中的所有商店。查询 store 表中的所有列，代码如下。

```
USE sakila;
SELECT * FROM store;
```

执行结果如下。

```
+----------+------------------+------------+---------------------+
| store_id | manager_staff_id | address_id | last_update         |
+----------+------------------+------------+---------------------+
|    1     |        1         |     1      | 2006-02-15 04:57:12 |
|    2     |        2         |     2      | 2006-02-15 04:57:12 |
+----------+------------------+------------+---------------------+
```

在上述结果中，store_id 为主键，它是唯一标识商店的列；manager_staff_id 列使用外键来标识这家商店的经理；address_id 使用外键来确定这家店的地址；last_update 表示已创建或最近更新的时间。

如果数据表中的列较少，也可以通过列出所有列名的方式获取数据，代码如下。

```
SELECT store_id,manager_staff_id,address_id,last_update FROM store;
```

5.2.2 获取指定列

当数据库表中的列过多时，有时候并不需要获取这些全部的列，只需要获取部分指定列的数据即可。如果要获取指定列，需要将“*”换成所需要列的列名。

将 5.2.1 节 SELECT 语法中的“*”换成所需字段的字段列表就可以查询指定列数据，若将表中所有的列都放在这个列表中，将查询整张表的数据。语法如下：

```
SELECT 列名列表 FROM table_name;
```

在上述语法中，如果将表中的所有列都放在列表中，那么将查询整张表的数据。

【范例 2】

查询 sakila 数据库中 address 表的 address_id 列、address 列、district 列和 last_update 列的数据，代码如下。

```
SELECT address_id,address,district,last_update FROM address;
```

address 表中包含多条数据，执行结果如图 5-1 所示。

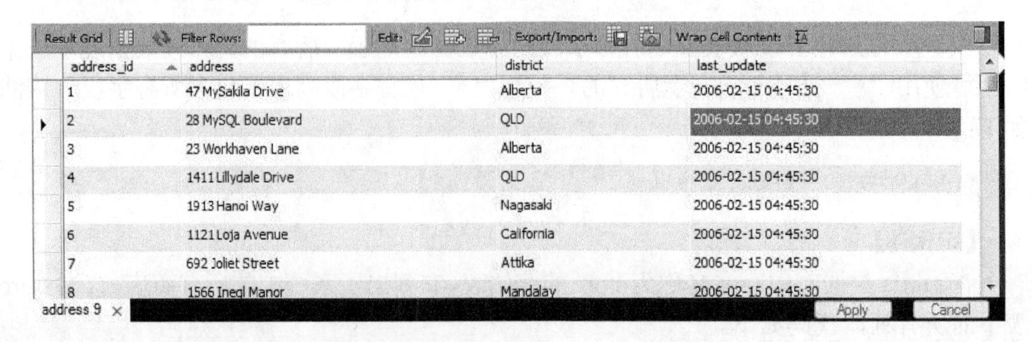

address_id	address	district	last_update
1	47 MySakila Drive	Alberta	2006-02-15 04:45:30
2	28 MySQL Boulevard	QLD	2006-02-15 04:45:30
3	23 Workhaven Lane	Alberta	2006-02-15 04:45:30
4	1411 Lillydale Drive	QLD	2006-02-15 04:45:30
5	1913 Hanoi Way	Nagasaki	2006-02-15 04:45:30
6	1121 Loja Avenue	California	2006-02-15 04:45:30
7	692 Joliet Street	Attika	2006-02-15 04:45:30
8	1566 Inegl Manor	Mandalay	2006-02-15 04:45:30

图 5-1 获取 address 表的指定列

5.2.3 为列指定别名

当表或者列名的名称比较长时，使用别名很有用。在 SELECT 语句查询中，可以使用以下任意一种方式为列指定别名。

1. 采用符合 ANSI 规则的方法指定别名

采用符合 ANSI 规则的标准方法是指在列表达式中给出列名。

【范例 3】

例如，同样是查询 address 表中 address_id 列、address 列、district 列和 last_update 列的数据。但是，这里要求采用 ANSI 规则的标准方法为列指定别名，代码如下。

```
SELECT address_id '地址 ID',address '地址',district '所属地区',last_update
'已创建或最近更新时间' FROM address;
```

执行结果如图 5-2 所示。

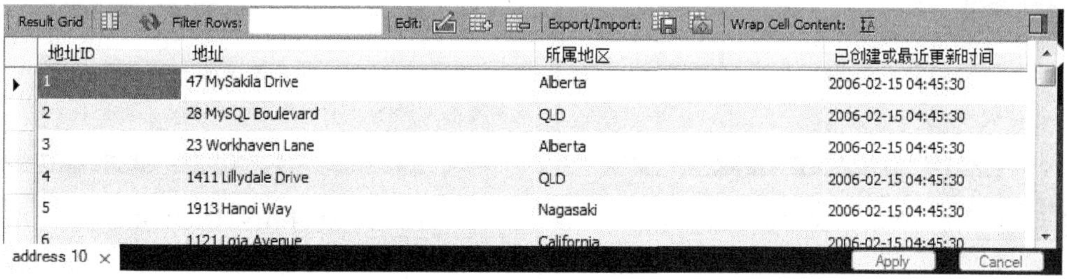

地址ID	地址	所属地区	已创建或最近更新时间
1	47 MySakila Drive	Alberta	2006-02-15 04:45:30
2	28 MySQL Boulevard	QLD	2006-02-15 04:45:30
3	23 Workhaven Lane	Alberta	2006-02-15 04:45:30
4	1411 Lillydale Drive	QLD	2006-02-15 04:45:30
5	1913 Hanoi Way	Nagasaki	2006-02-15 04:45:30
6	1121 Loja Avenue	California	2006-02-15 04:45:30

图 5-2 采用 ANSI 规则指定列的别名

2. 使用 AS 关键字指定别名

使用 AS 关键字指定别名是最常用的一种方法，它连接表达式和别名。如下代码等价于范例 3 的代码。

```
SELECT address_id AS '地址 ID',address AS '地址',district AS '所属地区',
last_update AS '已创建或最近更新时间' FROM address;
```

为列指定别名操作时，必须注意以下几点。

（1）当引用中文别名时，可以不加引号，但是不能使用全角引号，否则查询会出错。

（2）当引用英文的别名超过两个单词时，则必须用引号将其引起来。

（3）可以同时使用以上两种方法，会返回同样的结果集。

5.2.4 获取不重复的数据

如果没有为数据库表中的列添加唯一性约束或者主键约束时，这些列很可能存在着重复的值。使用 DISTINCT 关键字筛选结果集，对于重复行只保留并显示一行。这里的重复行是指，结果集数据行的每个字段数据值都一样。

使用 DISTINCT 关键字的语法格式如下所示：

```
SELECT DISTINCT column 1[,column 2 ,…, column n] FROM table_name
```

【范例 4】

查询 sakila 数据库中 city 表的 country_id 列的所有数据，代码如下。

```
SELECT country_id FROM city;
```

查询结果如图 5-3 所示，可以看到有很多重复的值。下面在 SELECT 语句中添加 DISTINCT 关键字筛选重复的值，语句如下。

```
SELECT DISTINCT(country_id) FROM city;
```

使用 DISTINCT 关键字后的结果如图 5-4 所示，可以看到结果中仅保留了不重复的值。

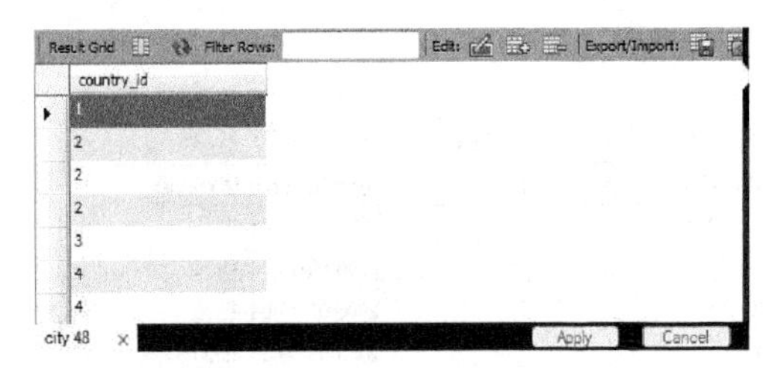

图 5-3 使用 DISTINCT 关键字前

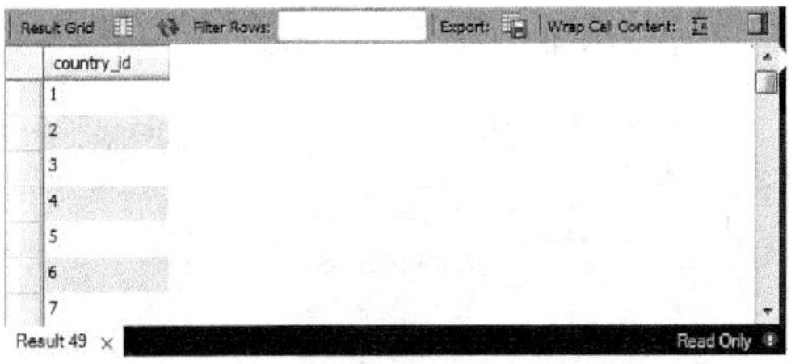

图 5-4 使用 DISTINCT 关键字后

提示

在使用 DISTINCT 关键字时，如果表中存在多个为 NULL 的行，它们将作为相等处理。

5.2.5 限制查询结果

如果执行 SELECT 语句查询的数据过多时，还可以使用 LIMIT 关键字限制 SELECT 查询返回的记录的总数。使用 LIMIT 时有两种方式，一种是指定初始位置，另一种是不指定初始位置。

1. LIMIT 指定初始位置

当使用 LIMIT 关键字指定初始位置时，可以指定从哪条记录开始显示，并且可以指定显示多少条记录。基本语法如下：

```
LIMIT 初始位置，查询记录数量
```

在上述语法中，“初始位置”指定从哪条记录开始显示，第一条记录的位置是 0，第二条记录的位置是 1，第三条记录的位置是 2，后面的记录以此类推。“查询记录数量”

表示显示记录的条数。

【范例 5】

查询 sakila 数据库中 address 表的 10 条记录，指定从第 7 条记录开始显示，代码如下。

```
SELECT * FROM address LIMIT 6,10;
```

执行结果如图 5-5 所示。

address_id	address	address2	district	city_id	postal_code	phone	last_update
7	692 Joliet Street		Attika	38	83579	448477190408	2006-02-15 04:45:30
8	1566 Inegl Manor		Mandalay	349	53561	705814003527	2006-02-15 04:45:30
9	53 Idfu Parkway		Nantou	361	42399	10655648674	2006-02-15 04:45:30
10	1795 Santiago de Compostela Way		Texas	295	18743	860452626434	2006-02-15 04:45:30
11	900 Santiago de Compostela Parkway		Central Serbia	280	93896	716571220373	2006-02-15 04:45:30
12	478 Joliet Way		Hamilton	200	77948	657282285970	2006-02-15 04:45:30
13	613 Korolev Drive		Masqat	329	45844	380657522649	2006-02-15 04:45:30
14	1531 Sal Drive		Esfahan	162	53628	648856936185	2006-02-15 04:45:30
15	1542 Tarlac Parkway		Kanagawa	440	1027	635297277345	2006-02-15 04:45:30
16	808 Bhopal Manor		Haryana	582	10672	465887807014	2006-02-15 04:45:30
NULL	NULL	NULL	NULL	NULL	NULL	NULL	NULL

图 5-5 LIMIT 指定初始位置

2．LIMIT 不指定初始位置

LIMIT 关键字不指定初始位置时记录从第一条开始显示，显示记录的条数需要使用 LIMIT 指定。基本语法如下：

```
LIMIT 显示记录数;
```

在上述语法中，如果“显示记录数”小于或者等于查询结果的总数量，那么将会从第一条记录开始，显示指定条数的记录。如果“显示记录数”大于查询结果的总数量，数据库会直接显示查询出来的所有记录。

【范例 6】

查询 sakila 数据库中 address 表的前 5 条记录，代码如下。

```
SELECT * FROM address LIMIT 5;
```

执行结果如图 5-6 所示。

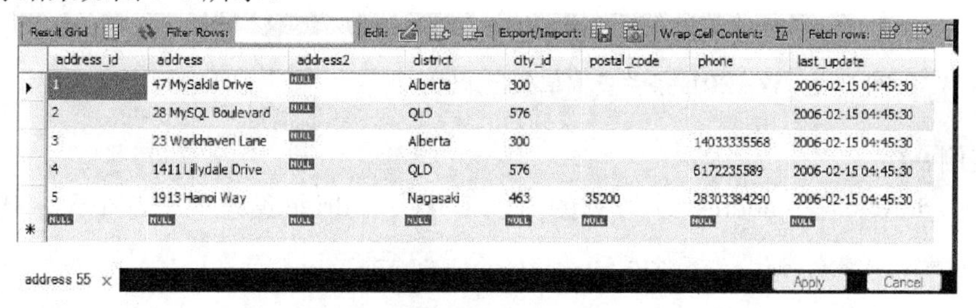

address_id	address	address2	district	city_id	postal_code	phone	last_update
1	47 MySakila Drive	NULL	Alberta	300			2006-02-15 04:45:30
2	28 MySQL Boulevard	NULL	QLD	576			2006-02-15 04:45:30
3	23 Workhaven Lane	NULL	Alberta	300		14033335568	2006-02-15 04:45:30
4	1411 Lillydale Drive	NULL	QLD	576		6172235589	2006-02-15 04:45:30
5	1913 Hanoi Way		Nagasaki	463	35200	28303384290	2006-02-15 04:45:30
NULL	NULL	NULL	NULL	NULL	NULL	NULL	NULL

图 5-6 查询记录数小于查询结果的总数量

【范例 7】

查询 sakila 数据库中 store 表的前 10 条记录，代码如下。

```
SELECT * FROM store LIMIT 10;
```

执行结果如图 5-7 所示。由于 store 表中只存在两条记录，不到 10 条，因此只显示这两条记录。

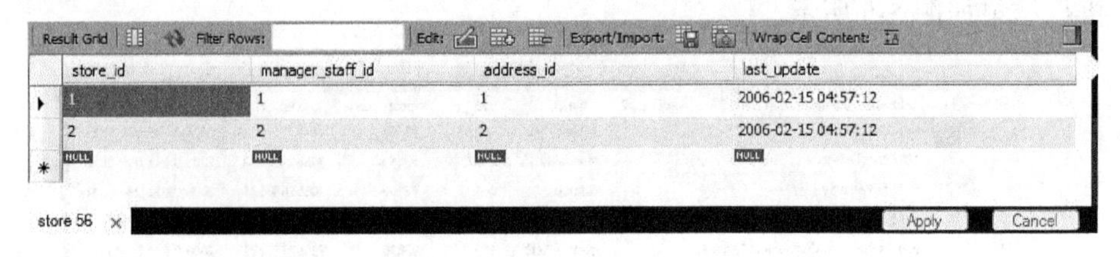

store_id	manager_staff_id	address_id	last_update
1	1	1	2006-02-15 04:57:12
2	2	2	2006-02-15 04:57:12
NULL	NULL	NULL	NULL

图 5-7 查询记录数大于查询结果的总数量

5.2.6 WHERE 条件查询

大多数时候，仅依靠前面介绍的 SELECT 语句查询数据并不能满足用户的需求。例如查询上市日期在2014年1月到2014年6月之间的全部商品，或者查询编号为 No200212 的学生信息。MySQL 中指定使用 WHERE 关键字设置查询条件，数据库系统会根据条件查询数据。

WHERE 设置查询条件时，WHERE 子句可以使用算术运算符（如+、-、*、/、%）、比较运算符（如>=、<=、BETWEEN AND 和 LIKE）和逻辑运算符（如 AND、OR、NOT）等多种运算符。

【范例 8】

查询 address 表中 address_id 列的值等于 100 的记录，代码如下。

```
SELECT * FROM address WHERE address_id=100;
```

执行结果如图 5-8 所示。

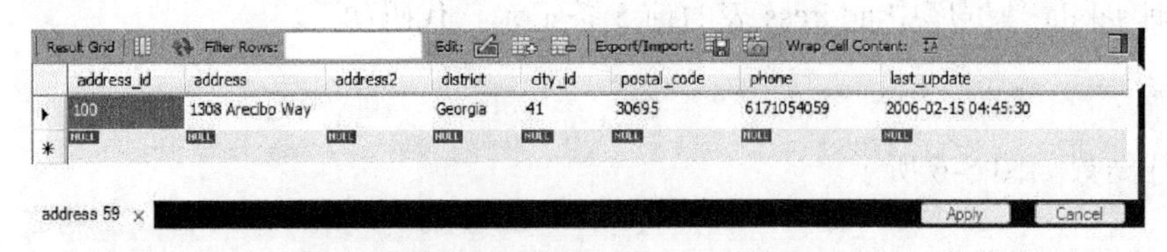

address_id	address	address2	district	city_id	postal_code	phone	last_update
100	1308 Arecibo Way		Georgia	41	30695	6171054059	2006-02-15 04:45:30
NULL	NULL	NULL	NULL	NULL	NULL	NULL	NULL

图 5-8 WHERE 条件查询单条记录

【范例 9】

查询 address 表中 address 字段列的值以 1 开头以 drive 结尾的全部记录，代码如下。

```
SELECT * FROM address WHERE address LIKE '1%drive';
```

执行结果如图 5-9 所示。

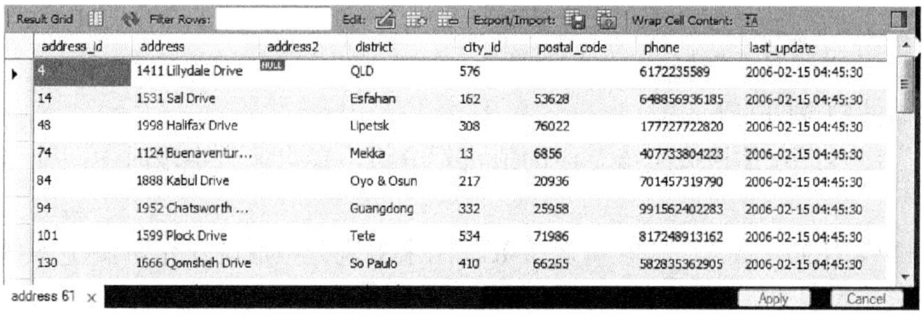

Result Grid | Filter Rows: | Edit: | Export/Import: | Wrap Cell Content:

	address_id	address	address2	district	city_id	postal_code	phone	last_update
▸	4	1411 Lillydale Drive	NULL	QLD	576		6172235589	2006-02-15 04:45:30
	14	1531 Sal Drive		Esfahan	162	53628	648856936185	2006-02-15 04:45:30
	48	1998 Halifax Drive		Lipetsk	308	76022	177727722820	2006-02-15 04:45:30
	74	1124 Buenaventur...		Mekka	13	6856	407733804223	2006-02-15 04:45:30
	84	1888 Kabul Drive		Oyo & Osun	217	20936	701457319790	2006-02-15 04:45:30
	94	1952 Chatsworth ...		Guangdong	332	25958	991562402283	2006-02-15 04:45:30
	101	1599 Plock Drive		Tete	534	71986	817248913162	2006-02-15 04:45:30
	130	1666 Qomsheh Drive		So Paulo	410	66255	582835362905	2006-02-15 04:45:30

address 61 × Apply Cancel

图 5-9 WHERE 条件查询多条记录

【范例 10】

WHERE 关键字之后可以跟多个条件，设置的条件越多，查询出来的记录就会越少。这是因为查询语句的限制就会越多，能够满足所有条件的记录就会减少。

例如，查询 address 表中 address 字段列的值以 1 开头以 drive 结尾的全部记录，并且满足 address_id 列的值小于 100，代码如下。

```
SELECT * FROM address WHERE address LIKE '1%drive' AND address_id<100;
```

在上述代码中，LIKE 匹配指定的表达式，“%”表示可以代表任意长度的字符串。LIKE 子句除了使用“%”符号外，还会使用到“_”符号。“_”只能代表单字符，如“a_n”表示以字母 a 开头，以字母 n 结尾的三个字符。

执行结果如图 5-10 所示。

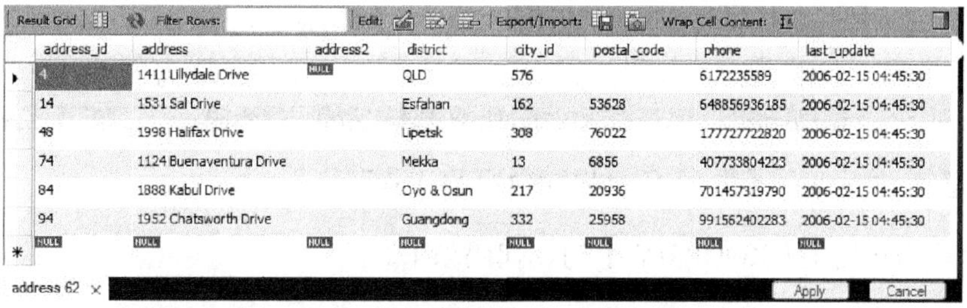

Result Grid | Filter Rows: | Edit: | Export/Import: | Wrap Cell Content:

	address_id	address	address2	district	city_id	postal_code	phone	last_update
▸	4	1411 Lillydale Drive	NULL	QLD	576		6172235589	2006-02-15 04:45:30
	14	1531 Sal Drive		Esfahan	162	53628	648856936185	2006-02-15 04:45:30
	48	1998 Halifax Drive		Lipetsk	308	76022	177727722820	2006-02-15 04:45:30
	74	1124 Buenaventura Drive		Mekka	13	6856	407733804223	2006-02-15 04:45:30
	84	1888 Kabul Drive		Oyo & Osun	217	20936	701457319790	2006-02-15 04:45:30
	94	1952 Chatsworth Drive		Guangdong	332	25958	991562402283	2006-02-15 04:45:30
*	NULL	NULL	NULL	NULL	NULL	NULL	NULL	NULL

address 62 × Apply Cancel

图 5-10 WHERE 后跟多个查询条件

注意

为了使查询出来的记录正是自己想要的记录，可以在 WHERE 语句中将查询条件设置得更加具体。关于 WHERE 的运算符（包括比较关键字 IN、LIKE、IS NULL 以及 EXISTS 等）会在第 8 章中进行介绍，这里只演示其使用。

5.2.7 对查询结果分组

使用 SELECT 语句查询数据时，可以对查询的结果进行排序、分组和统计。一旦为查询结果集进行了排序、分组或统计，就可以方便用户查询数据。对结果进行分组时需要使用 GROUP BY 子句，它专门用于分组。基本语法如下：

```
GROUP BY 字段名 [HAVING 条件表达式] [WITH ROLLUP]
```

上述语法的说明如下。

（1）字段名：它是指按照该字段的值进行分组，指定多个字段时中间使用逗号（,）进行分隔。

（2）HAVING 条件表达式：可选参数，用来限制分组后的显示，满足条件表达式的结果将会被显示出来。

（3）WITH ROLLUP：可选参数。将会在所有记录的最后加上一条，该记录是上面所有记录的总和。

GROUP BY 可以单独使用，单独使用时查询结果就是字段取值的分组情况，字段中取值相同的记录为一组，但是只显示该组的第一条记录。

【范例 11】

查询 sakila 数据库中 customer 表的全部记录，并且对该表的 active 列（该列表示是否为活跃客户）进行分组查询。首先执行不带 GROUP BY 关键字的 SELECT 语句：

```
SELECT * FROM customer;
```

执行结果如图 5-11 所示。

Result Grid | Filter Rows: | Edit: | Export/Import: | Wrap Cell Content:

customer_id	store_id	first_name	last_name	email	address_id	active	create_date	last_update
13	2	KAREN	JACKSON	KAREN.JA...	17	1	2006-02-14 22:04:36	2006-02-15 04:57:20
14	2	BETTY	WHITE	BETTY.WH...	18	1	2006-02-14 22:04:36	2006-02-15 04:57:20
15	1	HELEN	HARRIS	HELEN.HA...	19	1	2006-02-14 22:04:36	2006-02-15 04:57:20
16	2	SANDRA	MARTIN	SANDRA.M...	20	0	2006-02-14 22:04:36	2006-02-15 04:57:20
17	1	DONNA	THOMPSON	DONNA.TH...	21	1	2006-02-14 22:04:36	2006-02-15 04:57:20
18	2	CAROL	GARCIA	CAROL.GA...	22	1	2006-02-14 22:04:36	2006-02-15 04:57:20

customer 65 × | Apply | Cancel

图 5-11　不带 GROUP BY 的 SELECT 语句

为上述语句指定 GROUP BY 子句，代码如下。

```
SELECT * FROM customer GROUP BY active;
```

执行结果如图 5-12 所示。

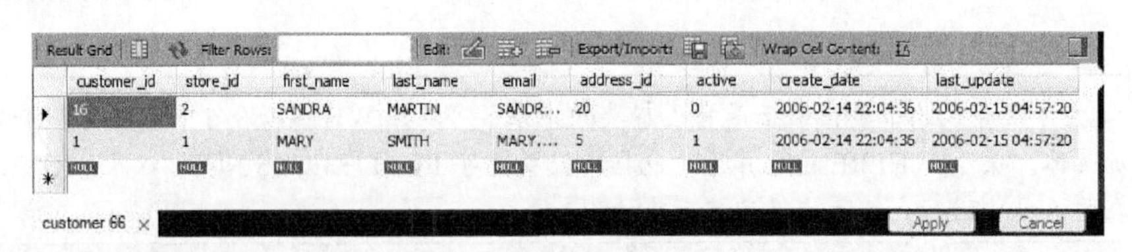

Result Grid | Filter Rows: | Edit: | Export/Import: | Wrap Cell Content:

customer_id	store_id	first_name	last_name	email	address_id	active	create_date	last_update
16	2	SANDRA	MARTIN	SANDR...	20	0	2006-02-14 22:04:36	2006-02-15 04:57:20
1	1	MARY	SMITH	MARY....	5	1	2006-02-14 22:04:36	2006-02-15 04:57:20
NULL	NULL	NULL	NULL	NULL	NULL	NULL	NULL	NULL

customer 66 × | Apply | Cancel

图 5-12　带 GROUP BY 的 SELECT 语句

比较图 5-12 和图 5-11 发现，使用 GROUP BY 子句时只显示两条记录，这两条记录的 active 字段的值分别为 0 和 1。这说明，GROUP BY 单独使用时，只能查询出每个分组的一条记录，这样使用的意义一般不大。因此，一般在使用聚合函数（如 SUM()、COUNT()和 AVG()等）时才会使用到 GROUP BY 子句，聚合函数会在第 9 章中进行详细介绍。

【范例 12】

对 customer 表中的 active 列进行分组查询，active 列取值相同的为一组。然后对每一组使用 COUNT()聚合函数进行计算，求出每一组的记录数，代码如下。

```
SELECT active,COUNT(active) FROM customer GROUP BY active;
```

执行结果如下。

```
+--------+--------------------+
| active | COUNT(active)      |
+--------+--------------------+
|   0    |         15         |
|   1    |        584         |
+--------+--------------------+
```

> **提示**
>
> GROUP BY 子句后可跟多个分组字段列，多个列之间通过逗号进行分隔即可。另外，MySQL 提供了一个 GROUP_CONCAT()函数，该函数会把每个分组中指定的字段值都显示出来。感兴趣的读者可以亲自动手试一试，这里不再详细解释。

GROUP BY 之后可以跟 HAVING 子句，它实现对结果集的筛选。使用 HAVING 语句查询和 WHERE 关键字相似，在关键字后面插入条件表达式来规范查询结果。HAVING 和 WHERE 的不同点表现在以下三个方面。

（1）HAVING 针对结果组；WHERE 针对的是列的数据。

（2）HAVING 可以与聚合函数一起使用；但是 WHERE 不能。

（3）HAVING 语句只过滤分组后的数据；WHERE 在分组前对数据进行过滤。

【范例 13】

查询 sakila 数据库中 film 表中的 film_id 列、title 列、description 列、rental_rate 列、replacement_cost 列以及 rating 列的值。对 film 表中的 rating 列分组查询，并使用 HAVING 筛选 film_id 列的值大于 5 的记录，代码如下。

```
SELECT film_id,title,description,rental_rate,replacement_cost,rating FROM
film GROUP BY rating HAVING film_id>5;
```

执行结果如图 5-13 所示。

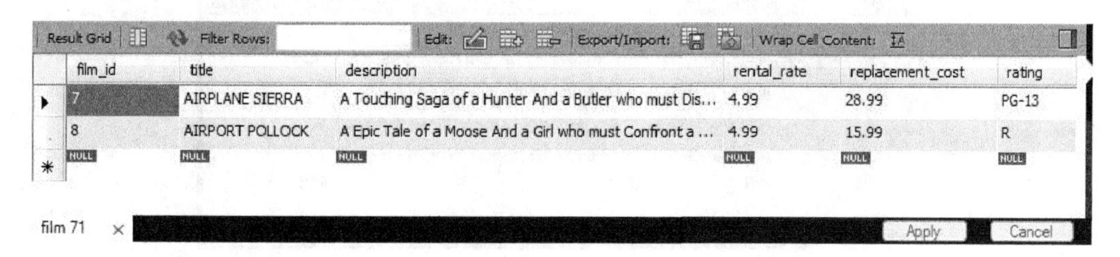

film_id	title	description	rental_rate	replacement_cost	rating
7	AIRPLANE SIERRA	A Touching Saga of a Hunter And a Butler who must Dis...	4.99	28.99	PG-13
8	AIRPORT POLLOCK	A Epic Tale of a Moose And a Girl who must Confront a ...	4.99	15.99	R
NULL	NULL	NULL	NULL	NULL	NULL

图 5-13 GROUP BY 和 HAVING 的使用

【范例 14】

为了演示 HAVING 和 WHERE 的区别，可以将 HAVING 的条件表达式放在 WHERE 子句中，代码如下。

```
SELECT film_id,title,description,rental_rate,replacement_cost,rating FROM
film WHERE film_id>5 GROUP BY rating;
```

执行结果如图 5-14 所示。观察图 5-13 和图 5-14 发现，使用 HAVING 时先分组，然后对分组后的结果集进行筛选；使用 WHERE 条件时筛选记录，然后对查询出来的数据进行分组。

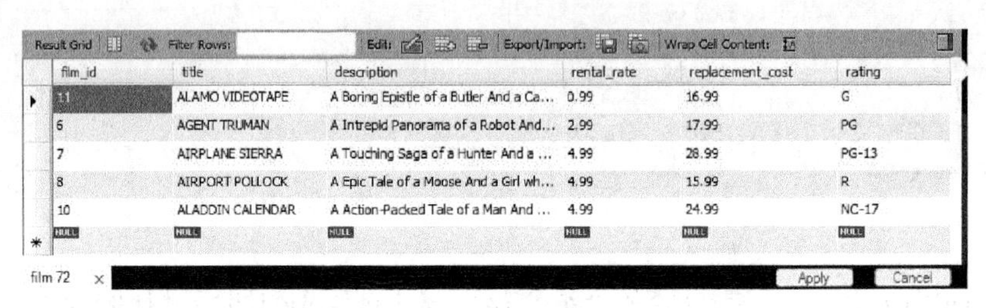

film_id	title	description	rental_rate	replacement_cost	rating
11	ALAMO VIDEOTAPE	A Boring Epistle of a Butler And a Ca...	0.99	16.99	G
6	AGENT TRUMAN	A Intrepid Panorama of a Robot And...	2.99	17.99	PG
7	AIRPLANE SIERRA	A Touching Saga of a Hunter And a ...	4.99	28.99	PG-13
8	AIRPORT POLLOCK	A Epic Tale of a Moose And a Girl wh...	4.99	15.99	R
10	ALADDIN CALENDAR	A Action-Packed Tale of a Man And ...	4.99	24.99	NC-17
NULL	NULL	NULL	NULL	NULL	NULL

图 5-14 WHERE 和 GROUP BY 的使用

5.2.8 对查询结果排序

使用 ORDER BY 子句可以对查询结果集的相应列进行排序。ASC 关键字表示升序，DESC 关键字表示降序，默认情况下为 ASC。GROUP BY 的基本语法如下：

```
ORDER BY order_expression [ASC|DESC]
```

在语法格式中，order_expression 指明了排序列或列的别名和表达式。当有多个排序列时，每个排序列之间用逗号隔开，而且列后都可以跟一个排序要求。

【范例 15】

查询 film 表中 film_id 列的值在 10～13 之间的。不使用 ORDER BY 时的语句代码如下。

```
SELECT film_id,title,description,rating FROM film WHERE film_id BETWEEN
10 AND 13;
```

执行效果如图 5-15 所示。

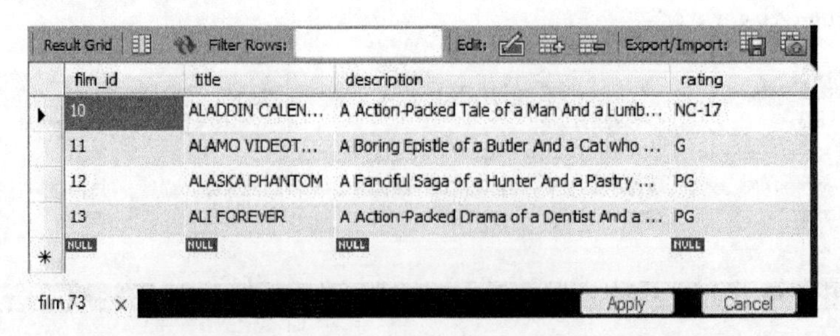

film_id	title	description	rating
10	ALADDIN CALEN...	A Action-Packed Tale of a Man And a Lumb...	NC-17
11	ALAMO VIDEOT...	A Boring Epistle of a Butler And a Cat who ...	G
12	ALASKA PHANTOM	A Fanciful Saga of a Hunter And a Pastry ...	PG
13	ALI FOREVER	A Action-Packed Drama of a Dentist And a ...	PG
NULL	NULL	NULL	NULL

图 5-15 ORDER BY 排序前

在 WHERE 条件后跟 ORDER BY 子句，根据 rating 列的值进行降序排列，代码如下。

```
SELECT film_id,title,description,rating FROM film WHERE film_id BETWEEN
10 AND 13 ORDER BY rating DESC;
```

执行效果如图 5-16 所示。

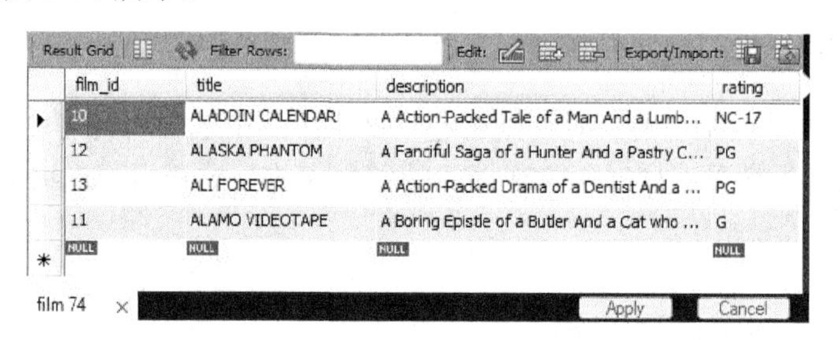

film_id	title	description	rating
10	ALADDIN CALENDAR	A Action-Packed Tale of a Man And a Lumb...	NC-17
12	ALASKA PHANTOM	A Fanciful Saga of a Hunter And a Pastry C...	PG
13	ALI FOREVER	A Action-Packed Drama of a Dentist And a ...	PG
11	ALAMO VIDEOTAPE	A Boring Epistle of a Butler And a Cat who ...	G
NULL	NULL	NULL	NULL

图 5-16 ORDER BY 排序后

5.3 连接查询

在本节之前介绍的查询都是一次处理一个单独的表，但是在现实生活中并不全是这样的情况。有些要求经常需要对多个表的数据进行分割，而在多个表中创建关系可以更高效地检索数据。

连接查询是把两个或两个以上的表按某个条件连接起来，从中选取需要的数据。连接查询是同时查询两个或两个以上的表时使用的。当不同的表中存在表示相同意义的列时，可以通过该字段来连接这几个表。

MySQL 中支持不同的连接类型，下面简单介绍一下交叉连接、内连接、外连接和自连接查询。

5.3.1 交叉连接查询

交叉连接是连接最简单的类型，它不带 WHERE 子句，返回被连接的两个或多个表所有数据行的笛卡儿积，返回结果集合中的数据行数等于第一个表中符合查询条件的数据行数乘以第二个表中符合查询条件的数据行数。

【范例 16】

例如，store 表中包含两条记录（查询结果见范例 1），在查询的结果中 manager_staff_id 列和 address_id 列分别对应 staff 表和 address 表。staff 表中包含两条记录，使用交叉连接查询 store 和 staff 表，代码如下。

```
SELECT * FROM store,staff;
```

执行效果如图 5-17 所示。

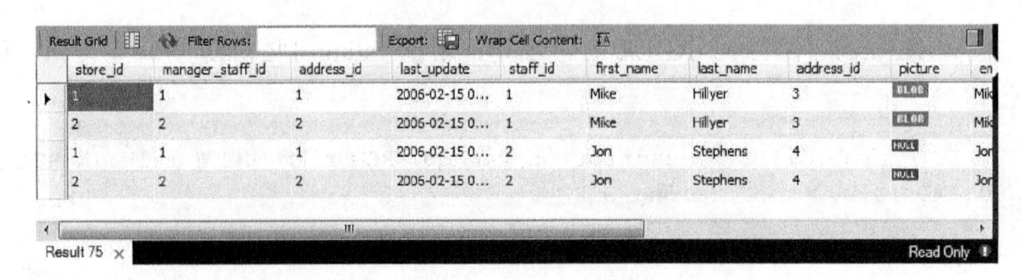

store_id	manager_staff_id	address_id	last_update	staff_id	first_name	last_name	address_id	picture	en
1	1	1	2006-02-15 0...	1	Mike	Hillyer	3	BLOB	Mik
2	2	2	2006-02-15 0...	1	Mike	Hillyer	3	BLOB	Mik
1	1	1	2006-02-15 0...	2	Jon	Stephens	4	NULL	Jor
2	2	2	2006-02-15 0...	2	Jon	Stephens	4	NULL	Jor

图 5-17　交叉连接查询

在范例 16 中，两个表的所有列结合起来产生了一个包含所有可能组合的结果集。这种类型的连接称为交叉连接，而且连接后的结果表的行数和用于连接的每个表的行数乘积相同。

5.3.2　内连接查询

内连接是最普通的连接类型，而且是最匀称的，因为它们要求构成连接的每一部分与每个表的匹配，不匹配的行将被排除在最后的结果集之外。内连接的最常见的例子是相等连接，也就是连接后的表中的某个列与每个表中的都相同。

在交叉连接的基础上添加 WHERE 子句可以实现内连接。基本语法如下：

```
SELECT 列名列表 FROM 表 1, 表 2 WHERE 表 1.列名 1=表 2.列名 2
```

【范例 17】

查询 store 和 staff 表中的记录，但是必须满足 store 表中 manager_staff_id 列的值等于 staff 表中 staff_id 列的值，代码如下。

```
SELECT sto.*,sta.first_name,sta.last_name,sta.email FROM store sto,staff
sta WHERE sto.manager_staff_id = sta.staff_id;
```

执行结果如图 5-18 所示。

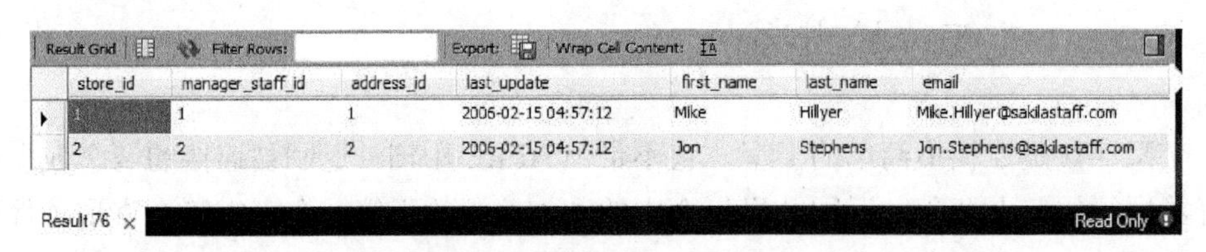

store_id	manager_staff_id	address_id	last_update	first_name	last_name	email
1	1	1	2006-02-15 04:57:12	Mike	Hillyer	Mike.Hillyer@sakilastaff.com
2	2	2	2006-02-15 04:57:12	Jon	Stephens	Jon.Stephens@sakilastaff.com

图 5-18　内连接查询结果

为了清晰，MySQL 还允许在操作中使用 INNER JOIN…ON 和 CROSS JOIN...ON 关键字而不是使用逗号。基本语法如下：

```
SELECT 列名列表 FROM 表名 1 INNER JOIN 表名 2 ON 表名 1.列名 1=表名 2.列名 2;
SELECT 列名列表 FROM 表名 1 CROSS JOIN 表名 2 ON 表名 1.列名 1=表名 2.列名 2;
```

当表的名称过长或者两个或多个表的列名相同时，可以重新为表指定名称。然后使用“表别名.列名”读取列的数据。

【范例18】

以下分别演示INNER JOIN…ON和CROSS JOIN…ON的使用。INNER JOIN…ON的使用代码如下。

```
SELECT sto.*,sta.first_name,sta.last_name,sta.email FROM store sto INNER
JOIN staff sta ON sto.manager_staff_id =sta.staff_id;
```

CROSS JOIN…ON的使用代码如下。

```
SELECT sto.*,sta.first_name,sta.last_name,sta.email FROM store sto CROSS
JOIN staff sta ON sto.manager_staff_id =sta.staff_id;
```

5.3.3 外连接查询

外连接查询可以查询两个或两个以上的表。外连接查询也需要通过指定字段列来进行连接。当该字段取值相等时，可以查询出该记录。而且，该字段列取值不相等的记录也可以查询出来。

可以将外连接查询分为左外连接查询和右外连接查询。基本语法如下：

```
SELECT 列名列表 FROM 表名1 LEFT | RIGHT JOIN 表名2 ON 表名1.列名1=表名2.列
名2;
```


上述语法的说明如下。

（1）列名列表：它表示要查询的字段的名称，这些字段可以来自不同的表。

（2）表名1和表名2：表示进行外连接的两个表。

（3）LEFT|RIGHT：LEFT表示进行左连接查询；RIGHT表示右连接查询。

（4）ON：它的后面跟连接条件。

（5）列名1和列名2：列名1是表名1的一个字段；列名2是表名2的一个字段。

1. 左外连接查询

进行左外连接查询时，可以查询出“表名1”所指的表中的所有记录，而“表名2”所指的表中，只能查询出匹配的记录。

【范例19】

使用左外连接查询store表和address表，两表之间通过address_id字段列进行连接，代码如下。

```
SELECT sto.*,a.address,a.district,a.city_id,a.last_update FROM store sto
LEFT JOIN address a ON sto.address_id = a.address_id;
```

执行结果如图5-19所示。在图5-19中显示了两条记录，这两条记录的数据是从store和address表中取出来的。因为这两个表中都包含address_id值为1和2的记录，所有这些记录都能查询出来。

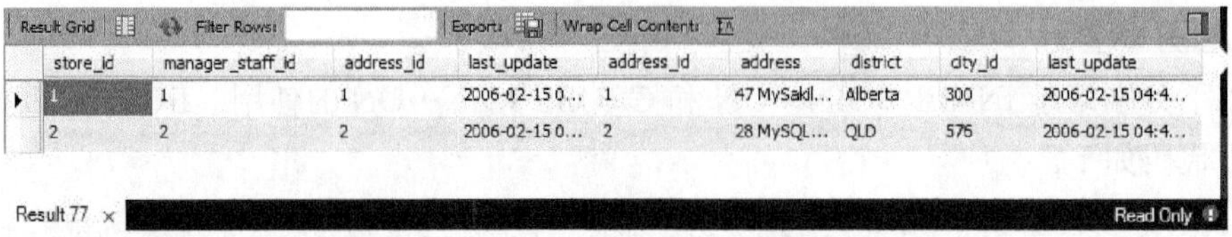

store_id	manager_staff_id	address_id	last_update	address_id	address	district	city_id	last_update
1	1	1	2006-02-15 0...	1	47 MySakil...	Alberta	300	2006-02-15 04:4...
2	2	2	2006-02-15 0...	2	28 MySQL...	QLD	576	2006-02-15 04:4...

Result 77　Read Only

图 5-19　左外连接查询

2．右外连接查询

进行右外连接查询时，可以查询出“表名 2”所指的表中的所有记录，而“表名 1”所指的表中，只能查询出匹配的记录。

【范例 20】

更改范例 19 中的代码，使用右外连接查询的方式查询 store 和 address 表。将范例 19 中的 LEFT 更改为 RIGHT，代码如下。

```
SELECT  sto.*,a.address_id,  a.address,  a.district,a.city_id,a.last_
update FROM store sto RIGHT JOIN address a ON sto.address_id = a.address_id;
```

执行结果如图 5-20 所示。在图 5-20 中查询出来多条记录，由于两个表中都存在 address_id 列等于 1 和 2 的情况，所有 store 表相关的记录都会被读取出来。但是，由于 store 表中不存在 address_id 列等于 3、4、5、6 的值，因此从 store 表中取的值都是空值（NULL）。

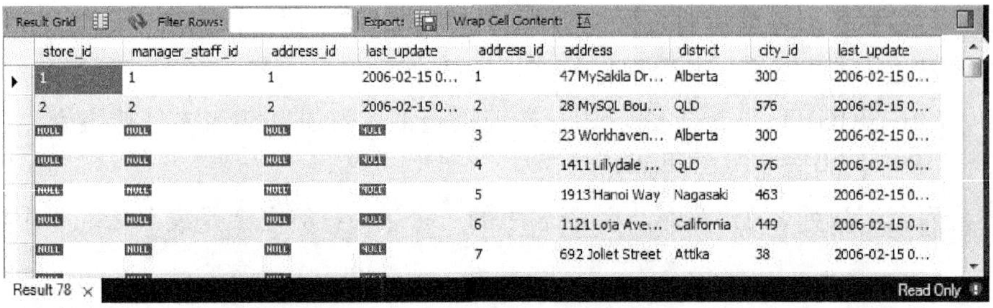

store_id	manager_staff_id	address_id	last_update	address_id	address	district	city_id	last_update
1	1	1	2006-02-15 0...	1	47 MySakila Dr...	Alberta	300	2006-02-15 0...
2	2	2	2006-02-15 0...	2	28 MySQL Bou...	QLD	576	2006-02-15 0...
NULL	NULL	NULL	NULL	3	23 Workhaven...	Alberta	300	2006-02-15 0...
NULL	NULL	NULL	NULL	4	1411 Lillydale ...	QLD	576	2006-02-15 0...
NULL	NULL	NULL	NULL	5	1913 Hanoi Way	Nagasaki	463	2006-02-15 0...
NULL	NULL	NULL	NULL	6	1121 Loja Ave...	California	449	2006-02-15 0...
NULL	NULL	NULL	NULL	7	692 Joliet Street	Attika	38	2006-02-15 0...

Result 78　Read Only

图 5-20　右外连接查询

5.3.4　自连接查询

除了交叉连接、内连接和外连接，MySQL 还支持第 4 种类型的连接，也就是自连接。这种类型的连接把一个表与它自身进行连接，它通常用来取出表中彼此包含内连接的记录。

自连接的连接操作可以利用别名的方法实现一个表自身的连接。实际上，这种自身连接方法与两个表的连接操作完全相似。只是在每次列出这个表时便为它命名一个别名。

【范例 21】

在 test 数据库中存在名称为 producttype 的表，该表包含 type_id 列（分类 ID，主键）、

type_name 列（分类名称）、type_parent_id 列（父级分类 ID）、type_remark 列（备注）以及 last_update 列（创建或最近更新时间）。作为顶级商品分类的名称，将 type_parent_id 列的值设置为 0 时表示没有父级 ID。

使用自连接查询获取 producttype 表中除顶级分类以外，其他商品分类的 ID、分类名称、父级分类 ID 以及父级分类名称，代码如下。

```
USE test;
SELECT a.type_Id '分类 ID',a.type_name '分类名称',b.type_id '父级分类
ID',b.type_name '父级分类名称'
FROM producttype a INNER JOIN producttype b ON a.type_parent_id = b.type_id
WHERE a.type_Id<>0;
```

执行结果如图 5-21 所示。为了方便比较，图 5-22 为执行“SELECT * FROM producttype;”语句时的查询结果。

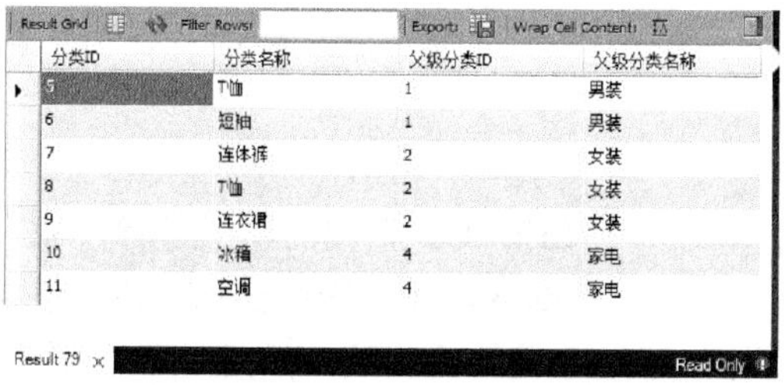

分类ID	分类名称	父级分类ID	父级分类名称
5	T恤	1	男装
6	短袖	1	男装
7	连体裤	2	女装
8	T恤	2	女装
9	连衣裙	2	女装
10	冰箱	4	家电
11	空调	4	家电

图 5-21 使用自连接时的查询结果

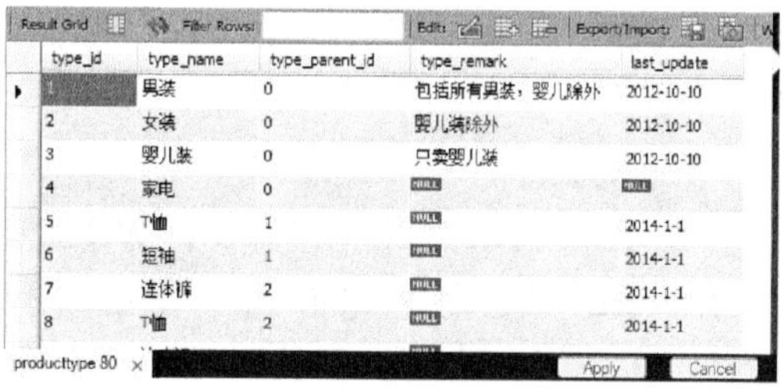

type_id	type_name	type_parent_id	type_remark	last_update
1	男装	0	包括所有男装，婴儿除外	2012-10-10
2	女装	0	婴儿装除外	2012-10-10
3	婴儿装	0	只卖婴儿装	2012-10-10
4	家电	0	NULL	NULL
5	T恤	1	NULL	2014-1-1
6	短袖	1	NULL	2014-1-1
7	连体裤	2	NULL	2014-1-1
8	T恤	2	NULL	2014-1-1

图 5-22 producttype 表的原始记录

5.4 联合查询

除了连接，MySQL 4.0 以及更高的版本还支持 UNION 运算符。UNION 用来把两个或两个以上的 SELECT 语句的查询结果输出连接成一个单独的结果集。大多数情况下，这个运算符用来把查询产生的结果集添加到不同的表，同时创建包括所有结果的一个单独表。

使用 UNION 关键字时，数据库系统会将所有的查询结果合并到一起，然后去除相同的记录。而 UNION ALL 关键字只是简单地合并到一起。基本语法如下：

```
SELECT 语句1
UNION | UNION ALL
SELECT 语句2
UNION | UNION ALL
SELECT 语句n
[ORDER BY order_expression]
```

在执行联合查询时，查询结果的列标题为第一个查询语句的列标题。因此，要定义列标题必须在第一个查询语句中定义。要对联合查询结果排序时，也必须使用第一个查询语句中的列标题。

【范例 22】

下面的代码将三个 SELECT 语句联合在一起。

```
SELECT REPLACE('I Love You','o','O') AS '替换或合并结果'
UNION
SELECT INSERT('I Love You',3,4,'ReplacE')
UNION
SELECT CONCAT_WS('_','I','Love','You');
```

执行结果如下。

```
+--------------------+
| 替换或合并结果       |
+--------------------+
| I LOve YOu         |
| I ReplacE You      |
| I_Love_You         |
+--------------------+
```

【范例 23】

UNION 可以使用一个或多个 WHERE 子句对每个 SELECT 查询的结果进行过滤。每个 SELECT 查询返回的列的个数必须相同。例如，查询 product 表中 proNo 列的值在('No1001','No1002')中的记录，以及 proUnit 列的值等于“袋”的记录，然后使用 UNION 将查询结果联合起来，代码如下。

```
SELECT * FROM product WHERE proNo IN ('No1001','No1002')
UNION
SELECT * FROM product WHERE proUnit='袋'
```

执行效果如图 5-23 所示。

proNo	proName	proOldPrice	proDisPrice	proPubDate	proExpMonth	proUnit	proPlace
No1001	农夫山泉150ml	2	1.8	2014-06-15 00:00:00	12	瓶	浙江
No1002	统一绿茶	3	2.5	2014-06-16 00:00:00	12	瓶	
No1005	好想你红枣500g	128	65	2014-02-27 00:00:00	3	袋	NULL
No1006	好想你野酸味枣280g*5袋	150	125	2014-07-01 00:00:00	3	袋	
NULL	NULL	NULL	NULL	NULL	NULL	NULL	NULL

图 5-23　范例 23 的效果

可以在 UNION 操作中查询的结尾添加 ORDER BY 子句对返回的结果集进行排序。为了查询的直观、方便，可以将每个 SELECT 查询用括号括起来，这样 MySQL 就可以知道 ORDER BY 子句是针对最后的结果集进行的，而不是对结果集的最后一个 SELECT。

【范例 24】

在范例 23 的基础上添加代码，针对执行的结果使用 ORDER BY 排序，proNo 列的值降序排列，代码如下。

```
(SELECT * FROM product WHERE proNo IN ('No1001','No1002'))
UNION
(SELECT * FROM product WHERE proUnit='袋') ORDER BY proNo DESC;
```

执行效果如图 5-24 所示。从图 5-24 中可以看出，使用 ORDER BY 起到了作用。

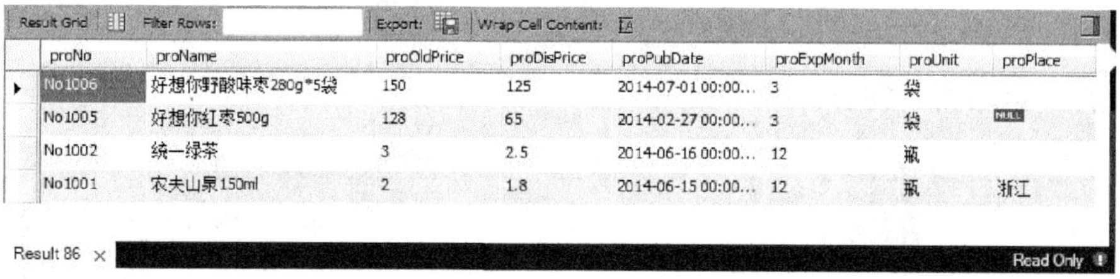

proNo	proName	proOldPrice	proDisPrice	proPubDate	proExpMonth	proUnit	proPlace
No1006	好想你野酸味枣280g*5袋	150	125	2014-07-01 00:00...	3	袋	
No1005	好想你红枣500g	128	65	2014-02-27 00:00...	3	袋	NULL
No1002	统一绿茶	3	2.5	2014-06-16 00:00...	12	瓶	
No1001	农夫山泉150ml	2	1.8	2014-06-15 00:00...	12	瓶	浙江

图 5-24　范例 24 的效果

5.5 子查询

一般情况下，可通过添加 WHERE 或者 HAVING 子句对查询结果进行限制，这些子句包含一个或多个条件表达式，用来从结果集中过滤掉不相关的记录。大多数情况下，这些条件检测使用固定的常数。但是，当条件检测的查询使用的是另一个查询生成的值时，经常会产生新的情况，这时需要用到子查询。

子查询就是一个 SELECT 查询是另一个查询的附属。简单来说，就是将一个查询语句嵌套在另一个查询语句中。内层查询语句的查询结果，可以为外层查询语句提供查询条件。因为在特定环境下，一个查询语句的条件需要另一个查询语句来获取。

【范例 25】

在 sakila 数据库中包含名称为 payment 的付款表，该表记录每个客户的付款，如支付的金额和租金的资料。首先执行 SELECT 语句查询 payment 表的全部记录，代码如下。

```
SELECT * FROM payment;
```

执行效果如图 5-25 所示。

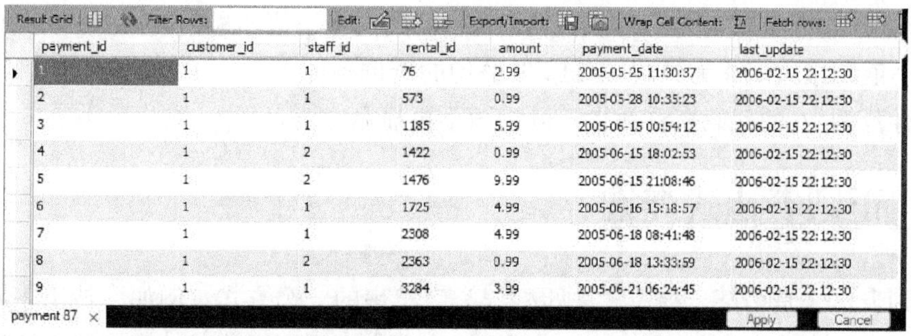

payment_id	customer_id	staff_id	rental_id	amount	payment_date	last_update
1	1	1	76	2.99	2005-05-25 11:30:37	2006-02-15 22:12:30
2	1	1	573	0.99	2005-05-28 10:35:23	2006-02-15 22:12:30
3	1	1	1185	5.99	2005-06-15 00:54:12	2006-02-15 22:12:30
4	1	2	1422	0.99	2005-06-15 18:02:53	2006-02-15 22:12:30
5	1	2	1476	9.99	2005-06-15 21:08:46	2006-02-15 22:12:30
6	1	1	1725	4.99	2005-06-16 15:18:57	2006-02-15 22:12:30
7	1	1	2308	4.99	2005-06-18 08:41:48	2006-02-15 22:12:30
8	1	2	2363	0.99	2005-06-18 13:33:59	2006-02-15 22:12:30
9	1	1	3284	3.99	2005-06-21 06:24:45	2006-02-15 22:12:30

图 5-25　payment 表的全部记录

在图 5-25 中包含多个字段列，其中 customer_id、staff_id 和 rental_id 分别指向 customer、staff 和 rental 表的主键。

重新更改上述代码，查询 customer 表中 first_name 列的值为 BARBARA，并且 last_name 列的值为 JONES 的 customer_id 列的值。将 customer_id 列的值作为子查询条件从 payment 表中查询记录，代码如下。

```
SELECT * FROM payment WHERE customer_id = (SELECT customer_id FROM customer
WHERE first_name='BARBARA' AND last_name='JONES');
```

执行效果如图 5-26 所示。

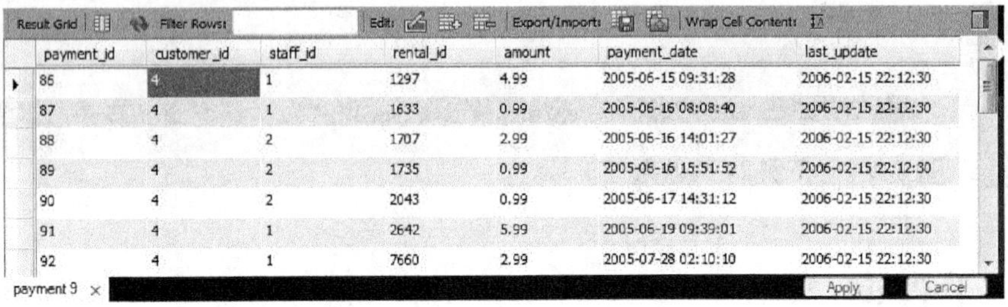

payment_id	customer_id	staff_id	rental_id	amount	payment_date	last_update
86	4	1	1297	4.99	2005-06-15 09:31:28	2006-02-15 22:12:30
87	4	1	1633	0.99	2005-06-16 08:08:40	2006-02-15 22:12:30
88	4	2	1707	2.99	2005-06-16 14:01:27	2006-02-15 22:12:30
89	4	2	1735	0.99	2005-06-16 15:51:52	2006-02-15 22:12:30
90	4	2	2043	0.99	2005-06-17 14:31:12	2006-02-15 22:12:30
91	4	1	2642	5.99	2005-06-19 09:39:01	2006-02-15 22:12:30
92	4	1	7660	2.99	2005-07-28 02:10:10	2006-02-15 22:12:30

图 5-26 使用子查询

子查询有多种使用方法，可以在一个 WHERE 或者 HAVING 子句中使用；可以与逻辑运算符和比较运算符使用；可以与连接一起使用；也可以与 UPDATE 或 DELETE 语句一起使用。

【范例 26】

一个 SELECT 查询的条件可能落在另一个 SELECT 语句的查询结果中。执行查询时可以通过 IN 比较关键字判断某列的取值是否为指定值中的一个。IN 的作用就是将两条 SELECT 语句的结果取并集，用来查找多表相同字段的记录。如下代码演示了子查询的另一个范例。

```
SELECT * FROM payment WHERE customer_id IN ((SELECT MAX(customer_id) FROM
customer WHERE first_name LIKE 'ANN%'),(SELECT MIN(customer_id) FROM
customer WHERE first_name LIKE 'ANN%'));
```

在内层查询的两个 SELECT 语句中，通过 LIKE 语句进行模糊查询选出所有 first_name 列的值是以 ANN 开头的 customer_id 列的最小值和最大值，然后将 customer_id 列的最小值和最大值作为外层 SELECT 语句的查询条件。

执行范例 26 的代码查看效果，效果图不再显示。

5.6 正则表达式查询

正则表达式是用某一种模式去匹配一类字符串的一个方式。例如，使用正则表达式可以查询出包含 A、B 和 C 其中任一字母的字符串。正则表达式的查询能力比通配字符的查询能力更强，而且更加灵活。

正则表达式可应用于非常复杂的查询，熟悉编程的开发者对正则表达式并不会陌生，ASP.NET、PHP、JavaScript 以及 Java 中都可以使用正则表达式验证内容。当然，MySQL

中也可以通过正则表达式验证内容，使用 REGEXP 关键字来匹配查询正则表达式。基本语法如下：

```
列名 REGEXP '匹配方式'
```

在上述语法中，“列名”表示需要查询的字段的名称；“匹配方式”表示以哪种方式进行匹配查询。在“匹配方式”中有许多模式匹配的字符，它们分别代表不同的含义，如表 5-1 所示。

表 5-1 正则表达式的模式字符

模式字符	说明
^	匹配字符串开始的部分
$	匹配字符串结束的部分
.	代表字符串中的任意一个字符，包括回车和换行
[字符集合]	匹配“字符集合”中的任何一个字符
[^字符集合]	匹配除了“字符集合”以外的任何一个字符
S1 | S2 | S3	匹配 S1、S2 和 S3 中的任意一个字符串
*	代表多个该符号之前的字符，包括 0 个和 1 个
+	代表多个该符号之前的字符，包括 1 个
字符串{N}	字符串出现 N 次
字符串{M,N}	字符串出现至少 M 次，最多 N 次

5.7 实验指导——通过正则表达式查询数据

在 5.6 节只是简单了解了正则表达式的概念以及常用的模式字符，本节通过详细的步骤演示如何通过正则表达式查询数据。

本节实验指导主要针对 world 数据库中的 country 表进行操作，country 表中的部分数据如图 5-27 所示。

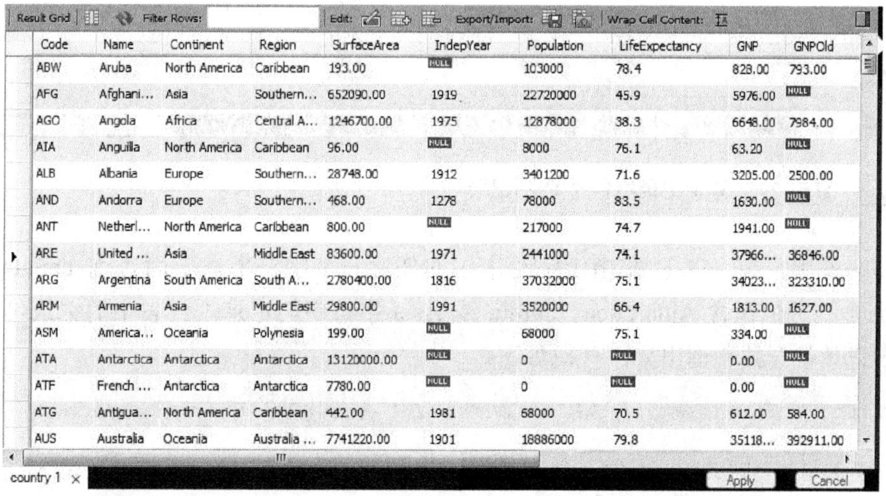

Code	Name	Continent	Region	SurfaceArea	IndepYear	Population	LifeExpectancy	GNP	GNPOld
ABW	Aruba	North America	Caribbean	193.00	NULL	103000	78.4	828.00	793.00
AFG	Afghani...	Asia	Southern...	652090.00	1919	22720000	45.9	5976.00	NULL
AGO	Angola	Africa	Central A...	1246700.00	1975	12878000	38.3	6648.00	7984.00
AIA	Anguilla	North America	Caribbean	96.00	NULL	8000	76.1	63.20	NULL
ALB	Albania	Europe	Southern...	28748.00	1912	3401200	71.6	3205.00	2500.00
AND	Andorra	Europe	Southern...	468.00	1278	78000	83.5	1630.00	NULL
ANT	Netherl...	North America	Caribbean	800.00	NULL	217000	74.7	1941.00	NULL
ARE	United ...	Asia	Middle East	83600.00	1971	2441000	74.1	37966...	36846.00
ARG	Argentina	South America	South A...	2780400.00	1816	37032000	75.1	34023...	323310.00
ARM	Armenia	Asia	Middle East	29800.00	1991	3520000	66.4	1813.00	1627.00
ASM	America...	Oceania	Polynesia	199.00	NULL	68000	75.1	334.00	NULL
ATA	Antarctica	Antarctica	Antarctica	13120000.00	NULL	0	NULL	0.00	NULL
ATF	French ...	Antarctica	Antarctica	7780.00	NULL	0	NULL	0.00	NULL
ATG	Antigua...	North America	Caribbean	442.00	1981	68000	70.5	612.00	584.00
AUS	Australia	Oceania	Australia ...	7741220.00	1901	18886000	79.8	35118...	392911.00

图 5-27 country 表中的部分数据

通过正则表达式操作 country 表的数据，步骤如下所示。

（1）通过 USE 关键字指定使用 world 数据库。然后查询 country 表中 Name 列的值是以大写字母 N 开头、以小写字母 a 结尾的记录，代码如下。

```
USE world;
SELECT * FROM country WHERE Name REGEXP '^N' AND Name REGEXP 'a$';
```

（2）执行上述步骤的语句，如图 5-28 所示。

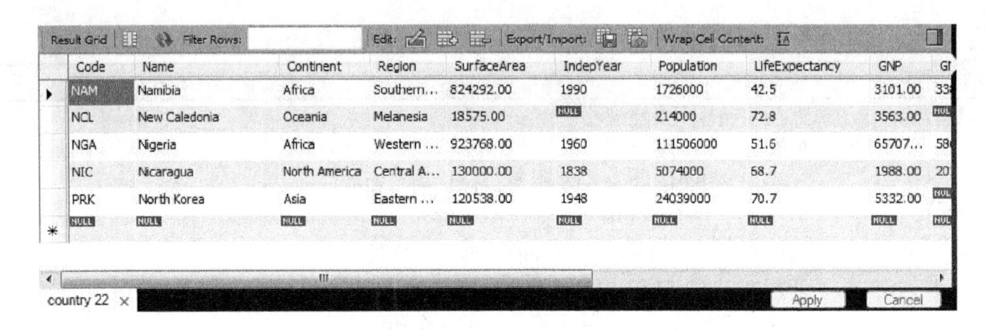

Code	Name	Continent	Region	SurfaceArea	IndepYear	Population	LifeExpectancy	GNP	GI
NAM	Namibia	Africa	Southern...	824292.00	1990	1726000	42.5	3101.00	33
NCL	New Caledonia	Oceania	Melanesia	18575.00	NULL	214000	72.8	3563.00	NUL
NGA	Nigeria	Africa	Western ...	923768.00	1960	111506000	51.6	65707...	58
NIC	Nicaragua	North America	Central A...	130000.00	1838	5074000	68.7	1988.00	20
PRK	North Korea	Asia	Eastern ...	120538.00	1948	24039000	70.7	5332.00	NUL
NULL	NULL	NULL	NULL	NULL	NULL	NULL	NULL	NULL	NUL

图 5-28 查询以指定字母开头和结尾的记录

（3）使用方括号（[]）可以将需要查询的字符组成一个字符集。只要 Code 列的值或 Name 列的值中包含字母 Q，那么记录就会被查询出来，代码如下。

```
SELECT * FROM country WHERE Code REGEXP '[Q]' AND Name REGEXP '[Q]';
```

（4）执行上述步骤的语句，如图 5-29 所示。

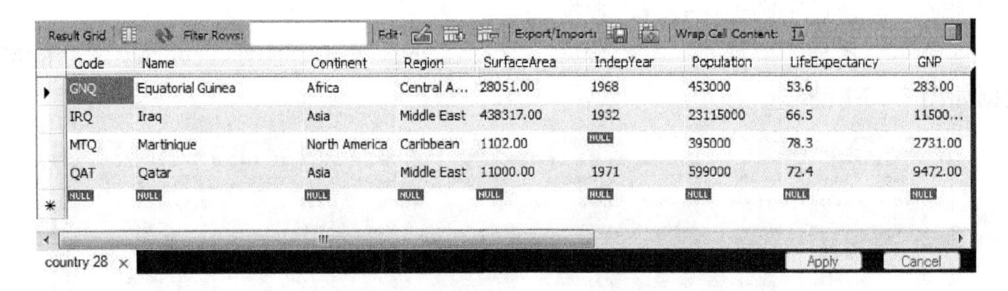

Code	Name	Continent	Region	SurfaceArea	IndepYear	Population	LifeExpectancy	GNP
GNQ	Equatorial Guinea	Africa	Central A...	28051.00	1968	453000	53.6	283.00
IRQ	Iraq	Asia	Middle East	438317.00	1932	23115000	66.5	11500...
MTQ	Martinique	North America	Caribbean	1102.00	NULL	395000	78.3	2731.00
QAT	Qatar	Asia	Middle East	11000.00	1971	599000	72.4	9472.00
NULL	NULL	NULL	NULL	NULL	NULL	NULL	NULL	NULL

图 5-29 查询记录中包含 Q 的记录

（5）使用直竖（|）匹配指定字符串中的任意一个字符串。下面查询 country 表中 Continent 列的值包含 Antarctica、admin 或 Asia 字符串的记录。当表中的记录包含字符串时，记录就会被查询出来，代码如下。

```
SELECT * FROM country WHERE Continent REGEXP 'Antarctica|admin|Asia';
```

（6）执行上述步骤的语句，如图 5-30 所示。由于 Continent 列的值中不存在 admin，因此只会查询该列的值为 Antarctica 和 Asia 的记录。

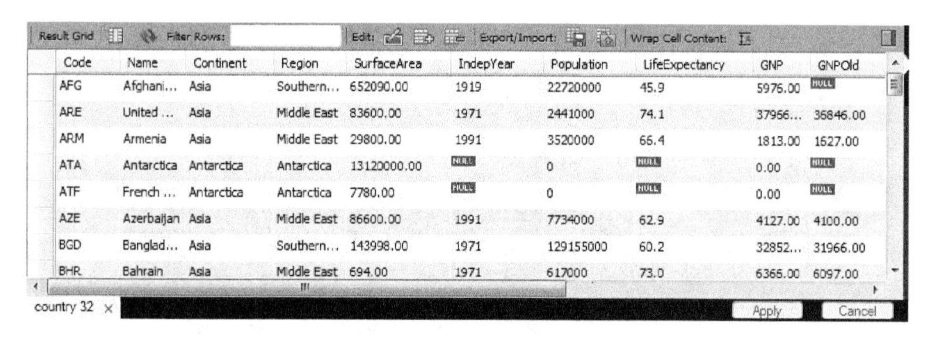

Code	Name	Continent	Region	SurfaceArea	IndepYear	Population	LifeExpectancy	GNP	GNPOld
AFG	Afghani...	Asia	Southern...	652090.00	1919	22720000	45.9	5976.00	NULL
ARE	United ...	Asia	Middle East	83600.00	1971	2441000	74.1	37966...	36846.00
ARM	Armenia	Asia	Middle East	29800.00	1991	3520000	66.4	1813.00	1627.00
ATA	Antarctica	Antarctica	Antarctica	13120000.00	NULL	0	NULL	0.00	NULL
ATF	French ...	Antarctica	Antarctica	7780.00	NULL	0	NULL	0.00	NULL
AZE	Azerbaijan	Asia	Middle East	86600.00	1991	7734000	62.9	4127.00	4100.00
BGD	Banglad...	Asia	Southern...	143998.00	1971	129155000	60.2	32852...	31966.00
BHR	Bahrain	Asia	Middle East	694.00	1971	617000	73.0	6366.00	6097.00

图 5-30　查询指定的字符串

（7）通过使用点（.）可以代替字符串中的任意一个字符。下面查询 country 表中 Continent 列的值中包含“A..a”的记录。其中，“A..a”中，两个字母 a 之间必须有两个字符，代码如下。

```
SELECT * FROM country WHERE Continent REGEXP 'A..a';
```

（8）执行上述步骤的语句，如图 5-31 所示。由于没有指定以 a（不区分大小写）开头且结尾，因此，只要 Continent 列的值中两个 a 之间有两个字符，那么记录就会被显示。

Code	Name	Continent	Region	SurfaceArea	IndepYear	Population	LifeExpectancy	GNP
AFG	Afghanistan	Asia	Southern...	652090.00	1919	22720000	45.9	5976
ARE	United Arab Emirates	Asia	Middle East	83600.00	1971	2441000	74.1	3796
ARM	Armenia	Asia	Middle East	29800.00	1991	3520000	66.4	1813
ASM	American Samoa	Oceania	Polynesia	199.00	NULL	68000	75.1	334.(
ATA	Antarctica	Antarctica	Antarctica	13120000.00	NULL	0	NULL	0.00
ATF	French Southern territories	Antarctica	Antarctica	7780.00	NULL	0	NULL	0.00

图 5-31　查询使用点来代替字符串的记录

（9）正则表达式可以匹配字符串的连续出现次数。下面查询 country 表中 Name 列的值中包含 men 至少 1 次，最多 4 次的记录，代码如下。

```
SELECT * FROM country WHERE Name REGEXP 'men{1,4}';
```

（10）执行上述步骤的语句，如图 5-32 所示。

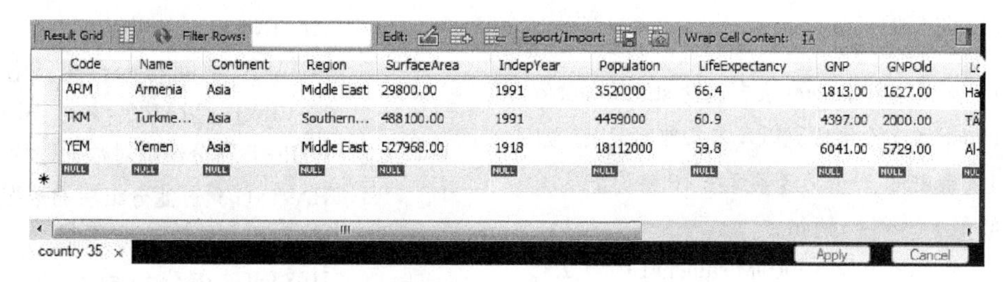

Code	Name	Continent	Region	SurfaceArea	IndepYear	Population	LifeExpectancy	GNP	GNPOld	Lc
ARM	Armenia	Asia	Middle East	29800.00	1991	3520000	66.4	1813.00	1627.00	Ha
TKM	Turkme...	Asia	Southern...	488100.00	1991	4459000	60.9	4397.00	2000.00	TÃ
YEM	Yemen	Asia	Middle East	527968.00	1918	18112000	59.8	6041.00	5729.00	Al-
NULL	NULL	NULL	NULL	NULL	NULL	NULL	NULL	NULL	NULL	NUL

图 5-32　查询匹配指定字符串次数的记录

（11）正则表达式中提供了一个“+”符号，“+”用于匹配多个该符号之前至少包含一个指定字符。下面查询 Name 列值中字母 b 之前出现过的字母 a 的记录。

```
SELECT * FROM country WHERE Name REGEXP 'a+b';
```

（12）执行上述步骤的语句，如图 5-33 所示。

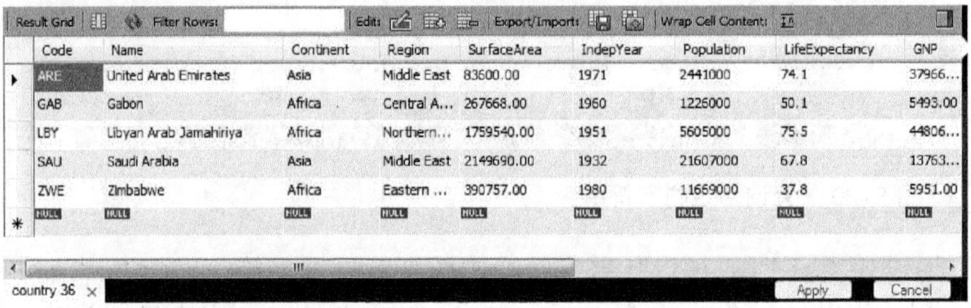

Code	Name	Continent	Region	SurfaceArea	IndepYear	Population	LifeExpectancy	GNP
ARE	United Arab Emirates	Asia	Middle East	83600.00	1971	2441000	74.1	37966...
GAB	Gabon	Africa	Central A...	267668.00	1960	1226000	50.1	5493.00
LBY	Libyan Arab Jamahiriya	Africa	Northern...	1759540.00	1951	5605000	75.5	44806...
SAU	Saudi Arabia	Asia	Middle East	2149690.00	1932	21607000	67.8	13763...
ZWE	Zimbabwe	Africa	Eastern ...	390757.00	1980	11669000	37.8	5951.00
NULL	NULL	NULL	NULL	NULL	NULL	NULL	NULL	NULL

country 36

图 5-33 使用“+”符号匹配记录

提示

正则表达式的功能非常强大，使用正则表达式可以灵活地设置字符串匹配的条件，而且 Java、PHP 和 JavaScript 中都使用正则表达式。本节实验指导只对正则表达式进行简单介绍，读者可以查阅资料，进一步了解。

思考与练习

一、填空题

1. ________关键字在避免重复查询数据记录时使用。

2. 在获取所有列的数据时，通过________符号获取是常用的一种方式。

3. ORDER BY 子句对结果进行排序时，默认的排序方式是________。

4. ________是指将一个 SELECT 语句嵌套在另一个 SELECT 语句中。

二、选择题

1. 假设当前 student 表中包含 stuId、stuNo 和 stuPhone 等多个字段列以及多条数据记录，如果要查询 student 表中第 3 条到第 10 条的记录，可以执行________语句。

A. SELECT * FROM student LIMIT 2,8;

B. SELECT * FROM student LIMIT 2,7;

C. SELECT * FROM student LIMIT 3,8;

D. SELECT * FROM student LIMIT 3,7;

2. ________子句用于对查询的结果进行分组。

A. ORDERY BY

B. GROUP BY

C. HAVING

D. WHERE

3. WHERE 子句和 HAVING 子句的区别不包括________。

A. WHERE 针对的是列的数据，HAVING 针对结果组

B. WHERE 不能与聚合函数使用，HAVING 可以和聚合函数使用

C. WHERE 在分组前对数据进行过滤，HAVING 只过滤分组后的数据

D. WHERE 只过滤分组后的数据，HAVING 在分组前对数据进行过滤。

4. ________查询是把一个表与它自身进

行连接，它通常用来取出表中彼此包含内连接的记录。

A. 交叉连接

B. 自连接

C. 内连接

D. 外连接

5. 联合查询需要使用__________关键字。

A. JOIN

B. GROUP

C. UNION

D. CONCAT

6. 在下面关于正则表达式的查询中，__________选项是不正确的。

A. 符号“^”匹配以特定字符或字符串开头的字符，符号“$”匹配以特定字符或字符串结尾的字符

B. 方括号（[]）将需要查询的字符组成一个字符集，只要记录中包含方括号中的任意字符，那么记录就会被查询出来

C. 通过使用“.”可以代替字符串中的任意一个字符

D. 使用正则表达式匹配多个字符串时，需要用符号“,”进行隔开，并且只匹配这些字符串中的任意一个

三、简答题

1. MySQL 中获取不重复的数据、限制查询结果时需要使用哪些关键字？

2. 简单描述 GROUP BY、ORDER BY 和 HAVING 的作用。

3. MySQL 中如何实现内连接和外连接？

4. 正则表达式的模式字符有哪些？它们分别是用来做什么的？

第6章　数据维护

表是数据库中最基本、最重要的组成元素，在表中包含多个数据，对数据表中的操作是必不可少的一部分，数据操作主要包含两部分：一种是查询操作，即使用 SELECT 语句，这在第 5 章中已学习；另一种是更新操作。

本章重点介绍数据表中数据的更新操作，包括对数据的插入、修改和删除。插入是向数据表中添加不存在的记录；修改是对已存在的数据进行更新；删除是删除数据表中已存在的记录。

本章学习要点：

- ❑ 熟悉 INSERT 语句的语法
- ❑ 掌握 INSERT 语句插入单行和多行数据的用法
- ❑ 熟悉 UPDATE 语句的语法
- ❑ 掌握 UPDATE 语句更新单行、多行和部分数据的用法
- ❑ 熟悉 DELETE 语句的语法
- ❑ 掌握 DELETE 语句删除数据的用法
- ❑ 熟悉 TRUNCATE 语句的语法

6.1 插入数据

插入数据是指向数据库表中添加新记录。MySQL 中通过 INSERT 语句实现向表中插入数据，使用该语句可以为表插入一行或者多行数据，下面详细介绍 INSERT 语句的用法。

6.1.1 插入单行数据

INSERT 语句的基本语法如下：

```
INSERT INTO 表名 VALUES(值 1, 值 2, 值 3, …值 n);
```

上述语法中，“表名”是指数据要被添加到的表名称，“值 1”、“值 2”、“值 3”和“值 n”表示要添加的数据，其中“1”、“2”和“n”分别对应表中的列。表中定义了多少个列，INSERT 语句就应该对应几个值，添加数据的顺序与表中列的顺序是一致的。而且，添加的值的类型要与表中对应列的数据类型一致。

【范例 1】

如图 6-1 所示为 sakila 数据库中 address 表的结构图。

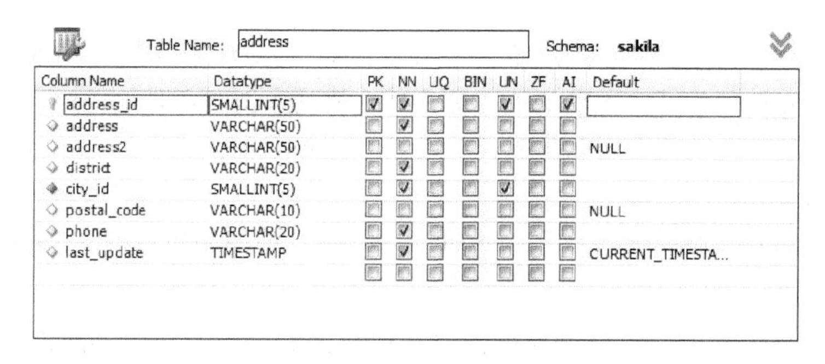

图 6-1 address 表结构

下面使用 INSERT 语句向 address 表中添加一行数据，并且为每列都指定新值，语句如下。

```
INSERT INTO address
VALUES ('606', '2708JingBoDa', 'RenMing', 'JiaHua', '554', '27107',
'66202195', '2014-07-05');
```

上述语句执行后将向 address 表增加一条记录。从图 6-1 中可以看到，address_id 是主键列，并且是自动增长的，因此可以将其设置为 NULL，在插入数据时会自动添加该列的值。另外，address2 和 postal_code 列的值都可以为空，因此添加时还可以直接将其指定为 NULL。

因此，如下几种形式的 INSERT 语句都是正确的。

1. 省略主键

```
INSERT INTO address
VALUES (NULL, '2708JingBoDa', 'RenMing', 'JiaHua', '554', '27107',
'66202195', '2014-07-05');
```

2. 省略 address2 和 postal_code 列

```
INSERT INTO address
VALUES ('606', '2708JingBoDa',NULL, 'JiaHua', '554', NULL, '66202195',
'2014-07-05');
```

3. 省略主键、address2 和 postal_code 列

```
INSERT INTO address
VALUES (NULL, '2708JingBoDa',NULL, 'JiaHua', '554', NULL, '66202195',
'2014-07-05');
```

从图 6-1 可以看出，address 表中除了 address_id、address2 和 postal_code 列外其他列都是必需的。这时，可以不用向表中添加所有的列值，而是只添加必需的值就可以了。使用 INSERT 语句为指定列添加值的语法如下。

```
INSERT INTO 表名(列1, 列2, …, 列n) VALUES(值1, 值2, …, 值n);
```

上述语法中，“表名”表示要将数据添加到的数据表，“列 1”、“列 2”和“列 n”等

指定数据表中列的名称，“值 1”、“值 2”和“值 n”表示与列名称对应的数据。此时，没有指定的列系统会为其插入默认值，这个默认值是在创建表时就已经定义的。如果没有为其设置指定的默认值，那么列的默认值显示为 NULL。

【范例 2】

下面重新向 address 表中添加一条新的记录，添加时省略可以为空的列。INSERT 语句如下。

```
INSERT INTO address (address, district, city_id, phone, last_update)
VALUES ( '2708JingBoDa' , 'JiaHua', '554',  '66202195', '2014-07-05');
```

执行后 address 表中将多出一条记录，可通过如下 SELECT 语句再次确认表中是否已经添加记录。

```
SELECT * FROM address WHERE phone='66202195';
```

执行结果如图 6-2 所示。

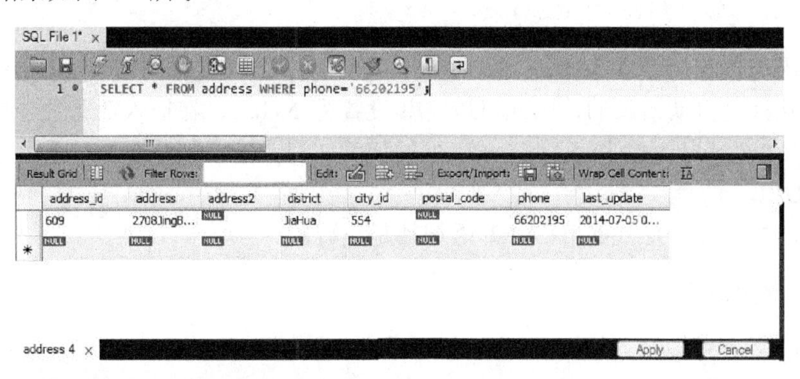

图 6-2 查看插入的数据

从如图 6-2 所示结果可以看到，主键列 address_id 自动分配了 609，adress2 列和 postal_code 列被分配了 NULL 值。

> **提示**
>
> 通过 INSERT 语句指定添加的列名方式添加记录非常灵活，可以随意地设置列的顺序，而不需要按照表定义时的顺序，但是值的顺序也必须跟着列顺序的改变而改变。

6.1.2 插入多行数据

6.1.1 节介绍了一次只插入一行记录的 INSERT 语句，但如何一次插入很多数据呢？在实际应用中，会有很多情况下要求一次插入多行数据。

MySQL 中可以使用 INSERT 语句向数据库表中一次性插入多条记录。基本语法如下：

```
INSERT INTO 表名[(列名列表)] VALUES(取值 1),(取值 2),…,(取值 n);
```

上述语法中，“表名”指定要向哪个表中添加数据；“列名列表”是一个可选参数，指定哪些列插入数据，没有指定列时向所有列插入数据；“取值 1”、“取值 2”和“取值 n”表示要插入的记录，每条记录之间使用逗号（,）分隔。

【范例 3】

向 sakila 数据库 actor 表中通过 INSERT 语句一次性插入 4 条记录。INSERT 语句和执行结果如下。

```
mysql> INSERT INTO actor VALUES
    -> (201,'murphy','somboy','2014-07-20'),
    -> (202,'smith','john','2014-07-20'),
    -> (203,'zhu','hontao','2014-07-20'),
    -> (204,'hou','zhengxia','2014-07-20');
```

执行后 actor 表中将多出 4 条记录，可通过如下 SELECT 语句再次确认表中是否已经添加记录。

```
SELECT * FROM actor WHERE actor_id>200;
```

执行结果如图 6-3 所示。

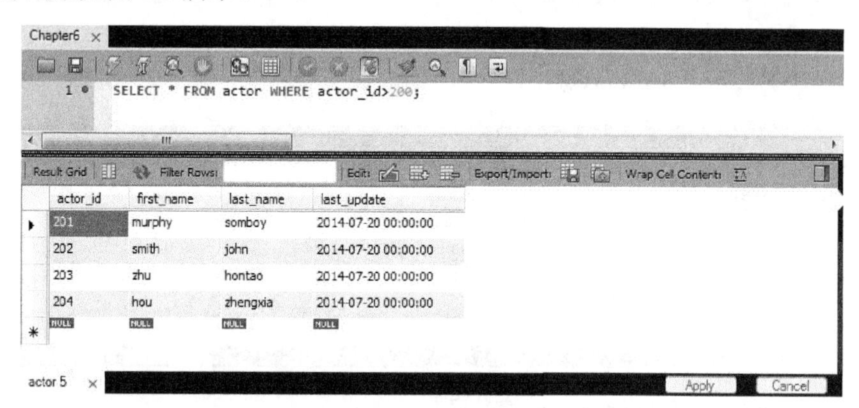

图 6-3 查看插入的数据

6.1.3 基于外部表插入数据

INSERT 语句表示向指定的表中添加新数据，而 INSERT SELECT 语句可以将某一个外部表中的数据插入到另一个新数据表中。基本形式如下：

```
INSERT INTO 表名 1（列名列表 1） SELECT 列名列表 2 FROM 表名 2 WHERE 条件表达式
```

其中，“表名 1”表示将获取到的记录插入到哪个表中；“表名 2”表示从哪个表中查询记录；“列名列表 1”表示为哪些列进行赋值；“列名列表 2”表示从表中查询出哪些列的数据；“条件表达式”参数设置为 SELECT 语句查询的查询条件。

【范例 4】

首先向 sakila 数据库中创建一个 actor 表的备份表 actor_copy。actor_copy 表的创建语句如下。

```
CREATE TABLE actor_copy (
  actor_id smallint(5) unsigned NOT NULL AUTO_INCREMENT,
  first_name varchar(45) NOT NULL,
  last_name varchar(45) NOT NULL,
  last_update timestamp NOT NULL DEFAULT CURRENT_TIMESTAMP ON UPDATE
  CURRENT_TIMESTAMP,
  PRIMARY KEY (actor_id)
);
```

下面使用 INSERT SELECT 语句将 actor 表中 actor_id 列的值大于 200 的记录插入到 actor_copy 表，语句如下。

```
INSERT INTO actor_copy
SELECT * FROM actor WHERE actor_id>200;
```

通过 SELECT 语句查询 actor_copy 表中的数据，如图 6-4 所示。

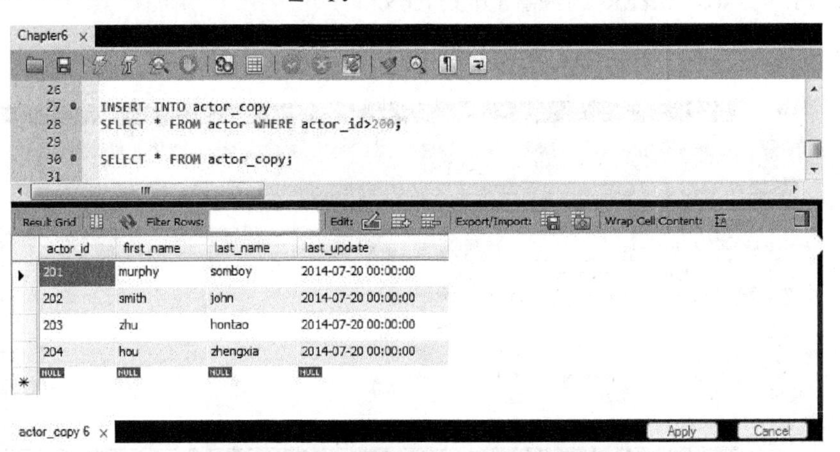

图 6-4 查看 actor_copy 表数据

【范例 5】

在 INSERT SELECT 语句中 INTO 并不是必需的，可以将其省略。例如，要将 actor 表中 actor_id 列的值在 10～20 之间的记录插入到 actor_copy 表，语句如下。

```
INSERT actor_copy
SELECT * FROM actor WHERE actor_id BETWEEN 10 AND 20;
```

用户在使用 INSERT SELECT 语句时，需要注意以下几点。

（1）在最外面的查询表中插入所有满足 SELECT 语句的行。

（2）必须检验插入了新行的表是否在数据库中。

（3）必须保证接受新值的表中列的数据类型与源表中相应列的数据类型一致。

（4）必须明确是否存在默认值，或所有被忽略的列是否允许为空值。如果不允许空值，必须为这些列提供值。

6.2 更新数据

最初在表中添加的数据并不总是正确、无须修改的和不会变化的。当现实需求有改变时，必须在数据库中也有相应的响应，这样才能保证数据的及时性和准确性。

例如，在一个购物系统的数据库中，由于某种原因一种商品的价格下调了20%，这就要求数据库管理员对相应的所有商品价格进行更新。创建表并添加数据之后，更改或更新表中的数据也是日常维护数据库的操作之一。

6.2.1 UPDATE语句简介

更新数据的方法有很多，最常用的是使用DML的UPDATE语句。UPDATE语句的语法如下：

```
UPDATE table_name SET column1=value1[,column2=value2]…WHERE expression;
```

其中各项参数含义如下。

（1）table_name：指定要更新的表。

（2）SET：指定要更新的列以及相应的值。

（3）expression：表示更新条件。

（4）WHERE：指定更新条件，如果没有指定更新条件则会对表中所有的记录进行更新。

注意

使用UPDATE更新表数据的时候，WHERE限定句要谨慎使用，如果不使用WHERE语句限定，则表示修改整个表中的数据。

当使用UPDATE语句更新SQL数据时，应该注意以下事项和规则。

（1）用WHERE子句指定需要更新的行，用SET子句指定新值。

（2）UPDATE无法更新标识列。

（3）如果行的更新违反了约束或规则，比如违反了列NULL设置，或者新值是不兼容的数据类型，则将取消该语句，并返回错误提示，不会更新任何记录。

（4）每次只能修改一个表中的数据。

（5）可以同时把一列或多列、一个变量或多个变量放在一个表达式中。

6.2.2 更新单列

假设要在sakila数据库actor表中更新actor_id列为1的记录，更改该条记录的first_name列的值为“OUBABA”。

【范例 6】

执行更新语句之前，首先通过查询来看一下 actor_id 列为 1。SELECT 语句和执行结果如下。

```
mysql> SELECT * FROM actor WHERE actor_id=1;
+----------+--------------+-----------+---------------------+
| actor_id | first_name   | last_name | last_update         |
+----------+--------------+-----------+---------------------+
|     1    | PENELOPE     | GUINESS   | 2006-02-15 04:34:33 |
+----------+--------------+-----------+---------------------+
```

通过 UPDATE 语句更改上述记录的 first_name，UPDATE 语句和执行结果如下。

```
mysql> UPDATE actor
    -> SET first_name='OUBABA'
    -> WHERE actor_id=1;
```

上述执行结果显示成功找到 1 条记录，并且对其进行了更改。更改完成后重新使用 SELECT 语句进行查询，如下所示。

```
mysql> SELECT * FROM actor WHERE actor_id=1;
+----------+--------------+-----------+---------------------+
| actor_id | first_name   | last_name | last_update         |
+----------+--------------+-----------+---------------------+
|     1    | OUBABA       | GUINESS   | 2014-07-24 14:12:56 |
+----------+--------------+-----------+---------------------+
```

如果省略 WHERE 语句则会对表中所有的记录进行更新。例如，如下语句将 actor 表中 last_update 列全部更新为“2014-07-24”。

```
mysql> UPDATE actor
    -> SET last_update='2014-07-24'
```

6.2.3 更新多列

UPDATE 语句可以更新多个列的值，通过指定 WHERE 条件，可以更新一条数据的单列或多列，也可以更新多条数据的单列或多列。更新多个列的值时，需要将多个列之间通过逗号进行分隔。

【范例 7】

假设要在 sakila 数据库 actor 表中更新 actor_id 列为 1 的记录，更改该条记录的 first_name 列的值为“MENG”、last_name 列的值为“JOE”、last_update 列的值为“2014-08-01”，语句如下。

```
mysql> UPDATE actor
    -> SET first_name='MENG',last_name='JOE',last_update='2014-08-01'
    -> WHERE actor_id=1;
```

更改完成后重新使用 SELECT 语句进行查询，如下所示。

```
mysql> SELECT * FROM actor WHERE actor_id=1;
+-----------+--------------+-----------+---------------------+
| actor_id  | first_name   | last_name |  last_update        |
+-----------+--------------+-----------+---------------------+
|     1     | MENG         | JOE       | 2014-08-01 00:00:00 |
+-----------+--------------+-----------+---------------------+
```

上述 UPDATE 语句更新的是单行的多列，同样也可以更新多行的多列。例如，要更新 actor 表中 actor_id 大于 200 的 first_name 列值为“TEMP”、last_update 列值为“2014-08-01”，语句如下。

```
mysql> UPDATE actor
    -> SET first_name='TEMP',last_update='2014-08-01'
    -> WHERE actor_id>200;
Query OK, 4 rows affected (0.07 sec)
Rows matched: 4  Changed: 4  Warnings: 0
```

从上述结果中可以看出，已经更新 4 条数据。通过 SELECT 语句查询 actor_id 大于 200 的这 4 条数据，输出结果如下。

```
mysql> SELECT * FROM actor WHERE actor_id>200;
+-----------+--------------+-----------+---------------------+
| actor_id  | first_name   | last_name |  last_update        |
+-----------+--------------+-----------+---------------------+
|    201    | TEMP         | somboy    | 2014-08-01 00:00:00 |
|    202    | TEMP         | john      | 2014-08-01 00:00:00 |
|    203    | TEMP         | hontao    | 2014-08-01 00:00:00 |
|    204    | TEMP         | zhengxia  | 2014-08-01 00:00:00 |
+-----------+--------------+-----------+---------------------+
```


6.2.4 基于其他表更新列

无论是 6.2.2 节介绍的基本 UPDATE 更新语句，还是 6.2.3 节介绍的更新多个列的值，它们都是针对一个表进行操作。实际上，通过 UPDATE 语句还能在多个表中进行操作，使用带 FROM 子句的 UPDATE 语句来修改表，该表基于其他表中的值。

【范例 8】

假设要更新参演电影编号为 1 的演员信息，将演员的最近更新时间为“2014-08-01”。在更新之前首先查询一下有哪些演员参演了编号为 1 电影，SELECT 语句如下。

```
mysql> SELECT * FROM film_actor WHERE film_id=1;
+-----------+----------+---------------------------+
| actor_id  | film_id  | last_update               |
+-----------+----------+---------------------------+
|     1     |     1    | 2006-02-15 05:05:03       |
|    10     |     1    | 2006-02-15 05:05:03       |
|    20     |     1    | 2006-02-15 05:05:03       |
|    30     |     1    | 2006-02-15 05:05:03       |
```

```
|     40    |      1    | 2006-02-15 05:05:03      |
|     53    |      1    | 2006-02-15 05:05:03      |
|    108    |      1    | 2006-02-15 05:05:03      |
|    162    |      1    | 2006-02-15 05:05:03      |
|    188    |      1    | 2006-02-15 05:05:03      |
|    198    |      1    | 2006-02-15 05:05:03      |
+-----------+-----------+--------------------------+
10 rows in set (0.00 sec)
```

从结果中可以看到有 10 个演员的编号，再根据这些编号从 actor 表中更新 last_update 列的值。最终 UPDATE 语句如下。

```
mysql>  UPDATE actor
    ->  SET last_update='2014-08-01'
    ->  WHERE actor_id IN
    ->  (
    ->    SELECT actor_id FROM film_actor WHERE film_id=1
    ->  );
Query OK, 9 rows affected (0.11 sec)
Rows matched: 10  Changed: 9  Warnings: 0
```


执行上述代码完成后，可以通过 SELECT 语句查看更新的结果集，如下所示。

```
mysql> SELECT * FROM actor WHERE actor_id IN (
    ->  SELECT actor_id FROM film_actor WHERE film_id=1
    -> );
+----------+-----------+-----------------------------------+
| actor_id | first_name | last_name   |  last_update        |
+----------+-----------+-----------------------------------+

|        1 | MENG       | JOE         | 2014-08-01 00:00:00 |
|       10 | CHRISTIAN  | GABLE       | 2014-08-01 00:00:00 |
|       20 | LUCILLE    | TRACY       | 2014-08-01 00:00:00 |
|       30 | SANDRA     | PECK        | 2014-08-01 00:00:00 |
|       40 | JOHNNY     |CAGE         | 2014-08-01 00:00:00 |
|       53 | MENA       | TEMPLE      | 2014-08-01 00:00:00 |
|      108 | WARREN     | NOLTE       | 2014-08-01 00:00:00 |
|      162 | OPRAH      | KILMER      | 2014-08-01 00:00:00 |
|      188 | ROCK       | DUKAKIS     | 2014-08-01 00:00:00 |
|      198 | MARY       | KEITEL      | 2014-08-01 00:00:00 |
+----------+-----------+-----------------------------------+
```

在范例 8 介绍基于其他表的数据更新时，通常会使用到子查询或连接查询，这需要注意以下几点。

（1）在一个单独的 UPDATE 语句中，MySQL 不会对同一行做两次更新。这是一个内置限制，可以使在更新中写入日志的数量减至最小。

（2）使用 SET 关键字可以引入列的列表或各种要更新的变量名。其中 SET 关键字引用的列必须明确。

（3）如果子查询没有返回值，必须在子查询中引入 IN、EXISTS、ANY 或 ALL 等关键字。

提示

使用 UPDATE 语句在基于其他的表进行更新时，可以考虑在子查询中使用聚合函数。这是因为在单独的 UPDATE 语句中，MySQL 不会对同一行做两次更新。

6.3 删除数据

在使用数据库的过程中，数据表中会有一些已经过期或者是错误的数据，为了保持数据的准确性，在 MySQL 中使用 DELETE 语句进行删除，使用 DELETE 语句进行删除的时候，要注意 DELETE 的用法。

在使用 DELETE 语句进行删除表数据的时候，如果该表中的某个字段有外键关系，需要先删除外键表的数据，然后再删除该表中的数据，否则将会出现删除异常。

本节将详细讲解 DELETE 语句语法以及应用，如删除满足某种限定条件的数据，以及删除整个表中的数据。

6.3.1 DELETE 语句简介

DELETE 语句的基本格式为：

```
DELETE  table_or_view  FROM  table_sources  WHERE  search_condition
```

下面具体说明语句中各参数的具体含义。

（1）table_or_view：是从中删除数据的表或者视图的名称。表或者视图中的所有满足 WHERE 子句的记录都将被删除。

通过使用 DELETE 语句中的 WHERE 子句，SQL 可以删除表或者视图中的单行数据，多行数据以及所有行数据。如果 DELETE 语句中没有 WHERE 子句的限制，表或者视图中的所有记录都将被删除。

（2）FROM：table_sources 子句为需要删除数据的表名称。它使 DELETE 可以先从其他表查询出一个结果集，然后删除 table_sources 中与该查询结果相关的数据。

提示

在 DELETE 语句中没有指定列名，这是由于 DELETE 语句不能从表中删除单个列的值。它只能删除行。如果要删除特定列的值，可以使用 UPDATE 语句把该列值设为 NULL，当然该列必须支持 NULL 值。

DELETE 语句只能从表中删除数据，不能删除表本身，要删除表的定义，可以使用 DROP TABLE 语句。

使用 DELETE 语句时应该注意以下几点。

（1）DELETE 语句不能删除单个列的值，只能删除整行数据。要删除单个列的值，可以采用 UPDATE 语句，将其更新为 NULL。

（2）使用 DELETE 语句仅能删除记录即表中的数据，不能删除表本身。要删除表，需要使用前面介绍的 DROP TABLE 语句。

（3）同 INSERT 和 UPDATE 语句一样，从一个表中删除记录将引起其他表的参照完整性问题。这是一个潜在的问题，需要时刻注意。

6.3.2 DELETE 语句应用

DELETE 语句可以删除数据库表中的单行数据，多行数据以及所有行数据。同时在 WHERE 子句中也可以通过子查询删除数据。

【范例 9】

使用 DELETE 语句删除 actor 表中 actor_id 列为 204 的演员信息，实现语句如下。

```
mysql> DELETE FROM actor WHERE actor_id=204;
Query OK, 1 row affected (0.08 sec)
```


从返回结果中可以看到成功删除 1 条数据。可以使用如下语句验证删除效果。

```
mysql> SELECT * FROM actor WHERE actor_id=204;
Empty set (0.00 sec)
```

由于 actor_id 列为 204 的演员信息已经被删除，所以上述语句返回空结果集。

【范例 10】

DELETE 语句不但可以删除单行数据，而且可以删除多行数据。假设要删除 actor 表中 actor_id 列大于 200 的演员信息，语句如下。

```
mysql> DELETE FROM actor WHERE actor_id>200;
Query OK, 3 rows affected (0.05 sec)
```

执行上述语句多行受影响，可以使用“SELECT * FROM actor WHERE actor_id>200”语句查看删除后的表结果。

【范例 11】

如果 DELETE 语句中没有 WHERE 子句，则表中所有记录将全部被删除。例如，删除 actor 表里的所有信息，语句如下。

```
mysql> DELETE FROM actor ;
```

执行上述语句，然后再查看 actor 表的数据，可见所有记录都已被删除。

DELETE 语句只能删除表中某一行的数据，不能删除表中某一列的数据。

6.3.3 清空表数据

对于表中已经过期或者错误的数据可以使用 TRUNCATE 关键字进行删除，也可以使用 DELETE 语句，本节讲解使用 TRUNCATE 语句。语法如下：

```
TRUNCATE TABLE table_name;
```

对于 InnoDB 表，如果有需要引用表的外键限制，则 TRUNCATE TABLE 被映射到 DELETE 上；否则使用快速删减（取消和重新创建表）。使用 TRUNCATE TABLE 重新设置 AUTO_INCREMENT 计数器，设置时不考虑是否有外键限制。

对于其他存储引擎，在 MySQL 中 TRUNCATE TABLE 与 DELETE FROM 有以下几处不同。

（1）删除操作会取消并重新创建表，这比一行一行地删除行要快很多。

（2）删除操作不能保证事务是安全的；在进行事务处理和表锁定的过程中尝试进行删除，会发生错误。

（3）被删除行的数量没有被返回。

（4）只要表定义文件 tbl_name.frm 是合法的，则可以使用 TRUNCATE TABLE 把表重新创建为一个空表，即使数据或索引文件已经被破坏。

（5）表管理程序不记录最后被使用的 AUTO_INCREMENT 值，但是会从头开始计数。即使对于 MyISAM 和 InnoDB 也是如此。MyISAM 和 InnoDB 通常不再次使用序列值。

（6）当被用于带分区的表时，TRUNCATE TABLE 会保留分区；即数据和索引文件被取消并重新创建，同时分区定义（.par）文件不受影响。

【范例 12】

在使用 TRUNCATE TABLE 语句清空 actor_copy 表前后执行 SELECT 语句查看数据发生的变化，语句如下。

```
mysql> SELECT * FROM actor_copy;
+---------- +------------- +------------------------------+
| actor_id | first_name    | last_name |  last_update         |
+---------- +------------- +------------------------------+
|      10  | CHRISTIAN     | GABLE     | 2006-02-15 04:34:33 |
|      11  | ZERO          | CAGE      | 2006-02-15 04:34:33 |
|      12  | KARL          | BERRY     | 2006-02-15 04:34:33 |
|      13  | UMA           | WOOD      | 2006-02-15 04:34:33 |
|      14  | VIVIEN        | BERGEN    | 2006-02-15 04:34:33 |
|      15  | CUBA          | OLIVIER   | 2006-02-15 04:34:33 |
|      16  | FRED          | COSTNER   | 2006-02-15 04:34:33 |
|      17  | HELEN         | VOIGHT    | 2006-02-15 04:34:33 |
|      18  | DAN           | TORN      | 2006-02-15 04:34:33 |
|      19  | BOB           | FAWCETT   | 2006-02-15 04:34:33 |
```

```
|      20    | LUCILLE        | TRACY      | 2006-02-15 04:34:33 |
+---------- +------------- +--------------------------------+
11 rows in set (0.00 sec)

mysql> TRUNCATE TABLE actor_copy;
Query OK, 11 rows affected (0.55 sec)

mysql> SELECT * FROM actor_copy;
Empty set (0.00 sec)
```

如上述结果所示，TRUNCATE TABLE 语句清空了 actor_copy 表的所有数据。

6.4 实验指导——使用图形界面操作数据表

除了使用标准的 INSERT、UPDATE 和 DELETE 语句进行数据的插入、更新和删除之外，还可以通过 MySQL Workbench 工具提供的图形界面操作数据表中的数据。本次实验指导将介绍如何使用 Workbench 对数据表中的数据进行添加、修改和删除等操作。

（1）使用 Workbench 工具连接到 MySQL，并展开 sakila 数据库。

（2）假设要对 actor 数据表进行操作。可以展开 Tables 节点并右击 actor 选择 Select Rows 命令查看表的所有数据，如图 6-5 所示。

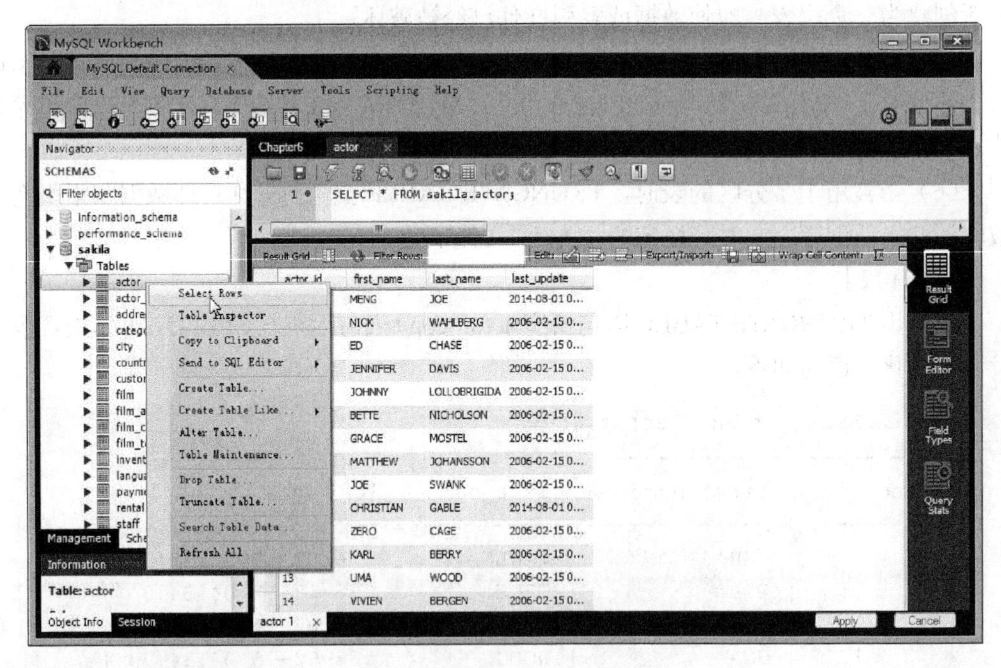

图 6-5 查看表数据

（3）从右侧的结果集上方单击 Insert new row 按钮可以向表中插入一个空白行。然后向空白列的对应列下填充相应的数据即可，如图 6-6 所示为插入三行填充数据时的效果。

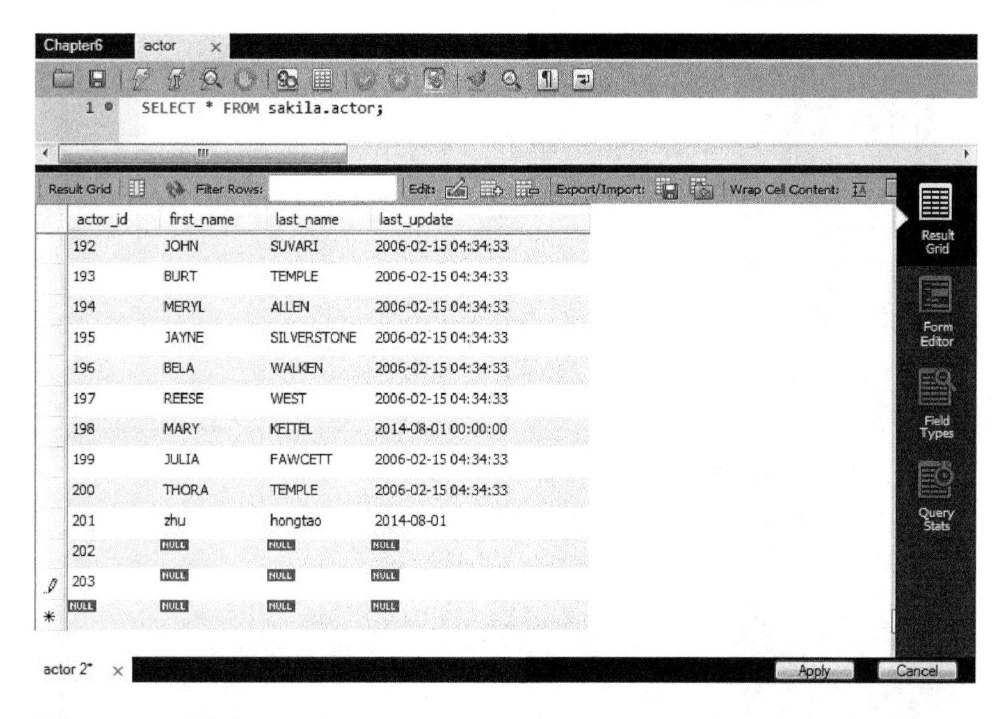

图 6-6 填充数据

（4）待要添加的数据编辑完成之后单击 Apply 按钮保存对表的修改。此时 Workbench 工具会将所做的修改转换为等价的 INSERT 语句，如图 6-7 所示。

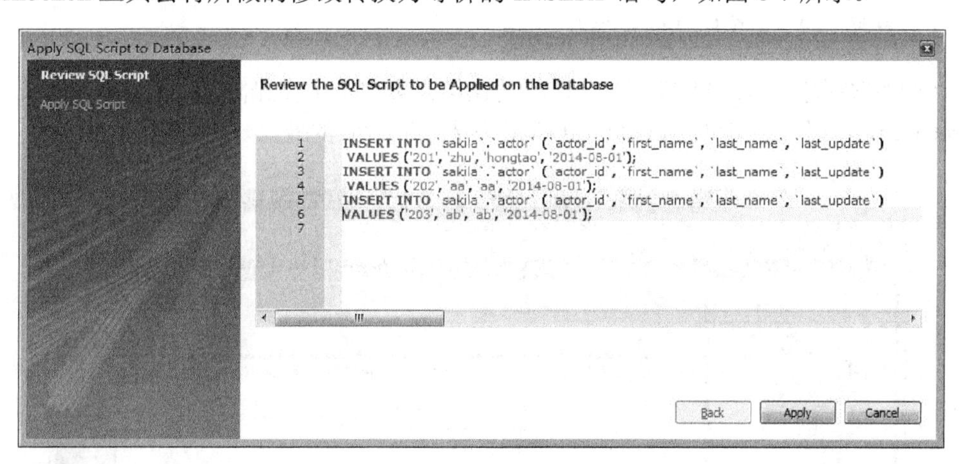

图 6-7 查看 INSERT 语句

（5）直接单击 Apply 按钮将记录保存到数据库表中，成功时的效果如图 6-8 所示。

（6）单击 Finish 按钮完成添加。此时会刷新表，并重新查询表的所有数据。在结果集中如果直接对现有数据进行编辑可以实现更新操作，如图 6-9 所示为保存更新操作时的 UPDATE 语句查看对话框。

（7）单击 Apply 按钮执行 UPDATE 语句保存更新操作。

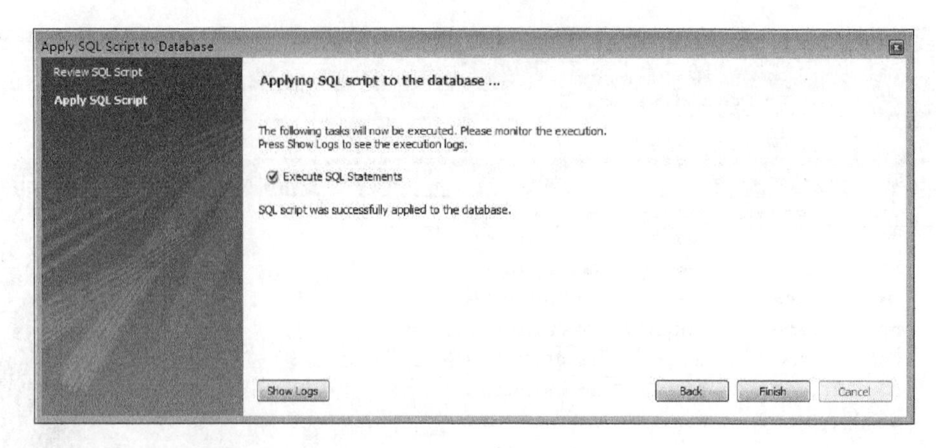

图 6-8 数据库表中添加记录成功

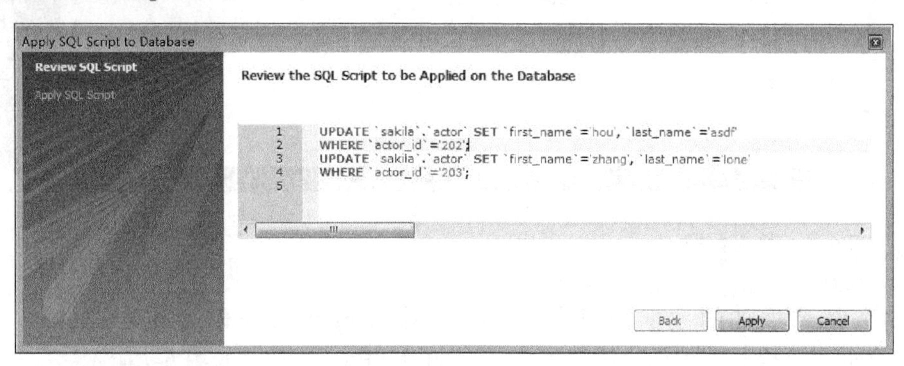

图 6-9 查看 UPDATE 语句

（8）删除数据的方法非常简单，只需要在结果集中选中要删除的行。然后单击 Delete selected rows 按钮即可，如图 6-10 所示为选中二行时的效果。

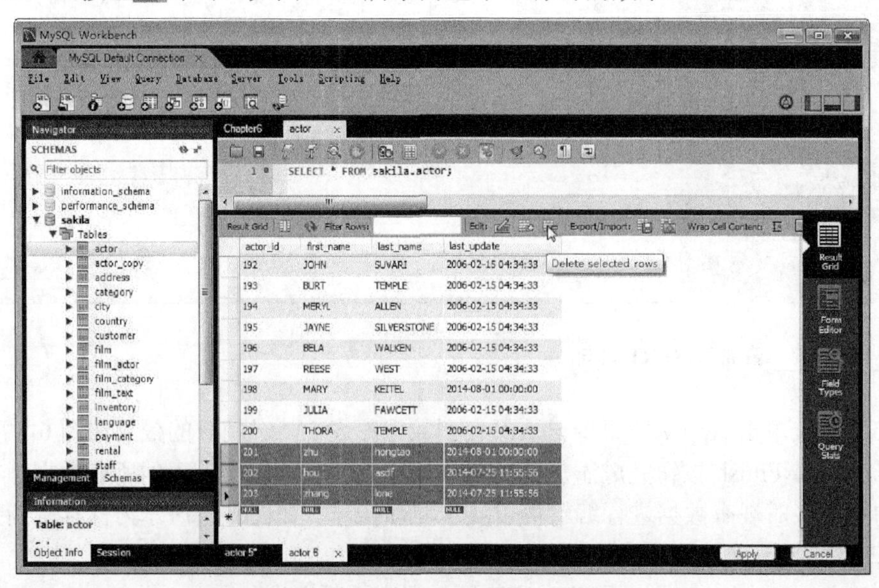

图 6-10 选中要删除的行

（9）同样是单击 Apply 按钮应用修改，此时由于是删除操作所以会转换为 DELETE 语句，如图 6-11 所示。

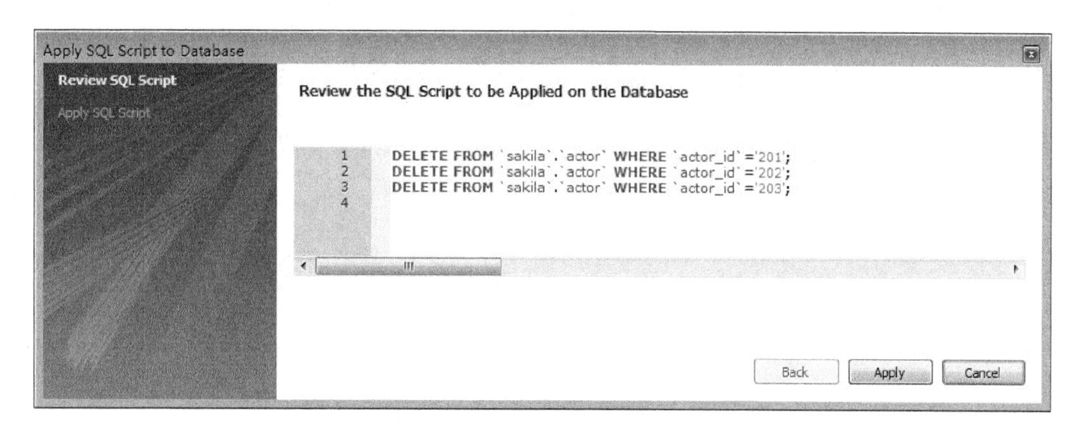

图 6-11 查看 DELETE 语句

（10）单击 Apply 按钮执行 DELETE 语句，再单击 Finish 按钮查看删除后的结果集。

思考与练习

一、填空题

1. 假设 client 表有三列，分别是 ID 列、name 列和 email 列。现在要插入一行 ID 是 1，name 为“ying”，email 为“sql@qq.com”的数据应该使用语句__________。

2. 假设要将 client 表中 name 为 ying 的 email 列修改为“ying@163.com”，应该使用__________语句。

3. 使用__________语句可以将某一个表中的数据插入到另一个新数据表中。

4. 使用 UPDATE 语句进行数据修改时用 WHERE 子句指定需要更新的行，用__________子句指定新值。

5. 要快速删除表中的所有记录，最好使用__________语句。

二、选择题

1. 向数据库表中更新数据时，需要使用__________语句。

A. SELECT

B. INSERT

C. UPDATE

D. DELETE

2. 下面语句中，__________的语法是错误的。

A. INSERT INTO 表名 VALUES(值 1, 值 2, 值 3);

B. UPDATE 表名 SET 字段 1=值 1, 字段 2=值 2 WHERE 条件表达式;

C. DELETE * FROM 表名;

D. SELECT * FROM 表名;

3. 假设 type 表包含 T_ID 列和 T_Name 列，下面可以插入一行数据的是__________。

A. INSERT INTO type VALUES(100, 'FRUIT');

B. SELECT * FROM type WHERE T_ID =100 AND T_NAME='RUIT';

C. UPDATE SET T_ID=100 FROM type WHERE T_Name='FRUIT';

D. DELET * FROM type WHERE T_ID =100 AND T_Name='FRUIT';

三、简答题

1. INSERT 语句的 VALUES 子句中必须指明哪些信息？必须满足哪些要求？

2. INSERT 有几种不同的操作？简述其用法。

3. UPDATE 语句中使用 WHERE 子句有什么作用？

4. 简述在进行 UPDATE 更新操作的时候，应该注意哪些问题。

5. 在进行 DELETE 操作时，带有 WHERE 条件和不带 WHERE 条件有什么区别？

6. 简述删除 SQL 数据表中所有数据信息的方法，并比较各方法的优差。

第 7 章　视图与索引

视图是一种特殊的表，视图将数据以表的形式提交给用户，却并不存储数据。视图使用 SQL 语句提取错综复杂的表数据，以新表的形式展现，在集中数据的同时，简化了表和数据的权限问题。

索引是一种特殊的数据库结构，其作用相当于一本书的目录，可以用来快速查询数据库表中的特定记录。索引是提高数据库性能的重要方式。MySQL 中，所有的数据类型都可以被索引。

本章学习要点：

- ❑ 了解视图的作用
- ❑ 掌握视图的创建
- ❑ 掌握视图数据的操作
- ❑ 掌握视图操作
- ❑ 了解索引的作用
- ❑ 理解索引的分类
- ❑ 理解所有的设计
- ❑ 掌握索引的创建
- ❑ 掌握索引的操作

7.1 视图简介

本书前面的章节中，已经详细介绍了对表数据的查询，其查询结果可能是一个数据值、一行数据或一个表。

视图是一个虚拟的表，其内容由查询语句来构成。将获取数据的 SQL 语句赋予视图，即可创建视图。视图引用了数据表的字段和数据，但其本身并不存储数据，只是存储获取数据的 SQL 语句。

7.1.1 视图概述

视图可以定义为任何能够获取数据的查询语句。对一个数据库来说，查询语句可以涉及多个表，因此一个视图可以包含多个表数据。

视图所引用的表被称作基础表。对于基础表来说，视图的作用相当于数据筛选。从当前数据库的众多表和视图中获取需要的数据，使用户能够通过视图来查看这些数据。通过视图进行数据查询没有任何限制，通过它们进行数据修改时的限制也少。

视图一经定义便存储在数据库中，与其相对应的数据并没有像表那样又在数据库中再存储一份，通过视图看到的数据只是存放在基本表中的数据。

视图被引用的时候才派生出数据，不占用空间。对视图的操作与对表的操作一样，可以对其进行查询、修改、删除。

使用视图有以下几个优点。

（1）集中数据。简化用户的数据查询和处理。有时用户所需要的数据分散在多个表中，定义视图可将它们集中在一起，从而方便用户的数据查询和处理。

（2）简化操作。用户不必了解复杂的数据库中的表结构，并且数据库表的更改不影响用户对数据库的使用。

（3）实现复杂的查询需求。复杂的查询可以进行问题分解，然后将创建多个视图获取数据，最后将视图联合起来得到需要的结果。

（4）简化用户权限的管理。只需授予用户使用视图的权限，而不必指定用户只能使用表的特定列，也增加了安全性。

（5）便于数据共享。各用户不必都定义和存储自己所需的数据，可共享数据库的数据，这样同样的数据只需存储一次。

7.1.2 创建视图

视图的创建可以使用 MySQL Workbench 工具，也可以使用 SQL 语句。展开数据库节点可以看到如下几个节点：Tables、Views、Stored Procedures 和 Functions，分别表示表、视图、存储过程和函数。视图的相关操作将在 Views 节点下进行。

在 MySQL Workbench 工具下创建视图，可展开数据所在的数据库，找到 Views 节点并右击，选择 Create View 选项即可打开视图的创建界面，如图 7-1 所示。

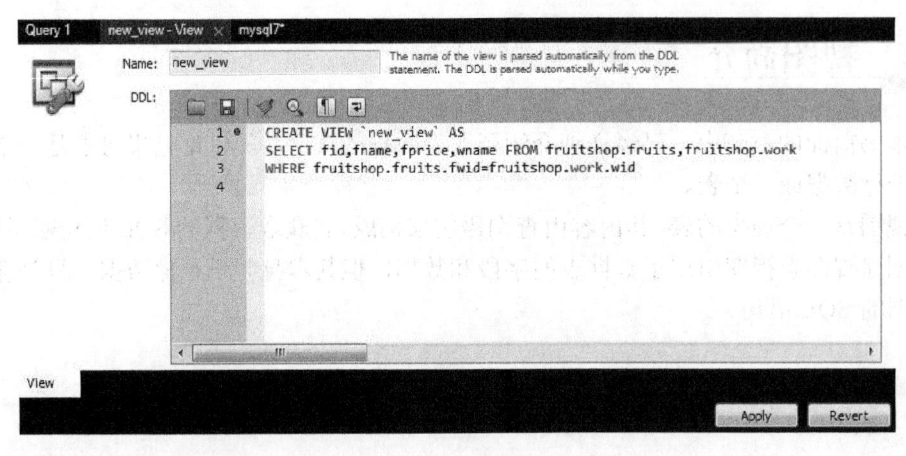

图 7-1 创建视图

如图 7-1 所示，界面中可以设置视图的名称，而且系统默认提供了“CREATE VIEW 'new_view' AS”语句，只需要在该语句之后编写查询语句即可，如图 7-1 中的代码是创建视图的完整代码。设置之后单击 Apply 按钮执行视图创建；接着在弹出对话框中单击 Apply 按钮确认执行 SQL 语句；最后在弹出的对话框中单击 Finish 按钮完成视图的创建。

在查询窗口中执行 SQL 语句也可以实现视图的创建，使用 CREATE VIEW 语句，格式如下。

```
CREATE [OR REPLACE] [ALGORITHM = {UNDEFINED | MERGE | TEMPTABLE}]
    VIEW view_name [(column_list)]
    AS select_statement
    [WITH [CASCADED | LOCAL] CHECK OPTION]
```

上述代码创建新的视图，如果给定了 OR REPLACE 子句，该语句还能替换已有的视图。select_statement 是一种 SELECT 语句，它给出了视图的定义。该语句可从基表或其他视图进行选择。

对于定义中的其他选项或子句，它们将被增加到引用视图的语句的选项或子句中，但效果未定义。例如，如果在视图定义中包含 LIMIT 子句，而且从特定视图进行了选择，而该视图使用了具有自己 LIMIT 子句的语句，那么对使用哪个 LIMIT 未做定义。

相同的原理也适用于其他选项，如跟在 SELECT 关键字后的 ALL、DISTINCT 或 SQL_SMALL_RESULT，适用于其他子句，如 INTO、FOR UPDATE、LOCK IN SHARE MODE 以及 PROCEDURE。

上述代码中，可选的 ALGORITHM 子句是对标准 SQL 的 MySQL 扩展。ALGORITHM 可取三个值：MERGE、TEMPTABLE 或 UNDEFINED。如果没有 ALGORITHM 子句，默认算法是 UNDEFINED（未定义的）。算法会影响 MySQL 处理视图的方式。

（1）对于 MERGE，会将引用视图的语句的文本与视图定义合并起来，使得视图定义的某一部分取代语句的对应部分。

（2）对于 TEMPTABLE，视图的结果将被置于临时表中，然后使用它执行语句。

（3）对于 UNDEFINED，MySQL 将选择所要使用的算法。如果可能，它倾向于 MERGE 而不是 TEMPTABLE，这是因为 MERGE 通常更有效，而且如果使用了临时表，视图是不可更新的。

明确选择 TEMPTABLE 的一个原因在于，创建临时表之后，并在完成语句处理之前，能够释放基表上的锁定。与 MERGE 算法相比，锁定释放的速度更快，这样，使用视图的其他客户端不会被屏蔽过长时间。

视图算法可以是 UNDEFINED，有以下三种方式。

（1）在 CREATE VIEW 语句中没有 ALGORITHM 子句。

（2）CREATE VIEW 语句有一个显式 ALGORITHM = UNDEFINED 子句。

（3）为仅能用临时表处理的视图指定 ALGORITHM = MERGE。在这种情况下，MySQL 将生成警告，并将算法设置为 UNDEFINED。

正如前面所介绍的那样，通过将视图定义中的对应部分合并到引用视图的语句中，对 MERGE 进行处理。

MERGE 算法要求视图中的行和基表中的行具有一对一的关系。如果不具有该关系。必须使用临时表取而代之。如果视图包含下述结构中的任何一种，将失去一对一的关系。

创建视图要求具有针对视图的 CREATE VIEW 权限，以及针对由 SELECT 语句选择的每一列上的某些权限。对于在 SELECT 语句中其他地方使用的列，必须具有 SELECT 权限。如果还有 OR REPLACE 子句，必须在视图上具有 DROP 权限。

视图属于数据库。在默认情况下，将在当前数据库创建新视图。在指定的数据库中创建视图，创建时应在名称前使用数据库名和圆点，如 db_name.view_name。

除了从表中获取字段和数据，视图还可以从其他视图中获取数据。

由于数据库中表和视图共享相同的名称空间，因此，数据库不能包含具有相同名称的表和视图。

视图必须具有唯一的列名，不得有重复，就像基表那样。默认情况下，由 SELECT 语句检索的列名用作视图列名。要想为视图列定义明确的名称，可使用可选的 column_list 子句，列出由逗号隔开的 ID。column_list 中的名称数目必须等于 SELECT 语句检索的列数。

SELECT 语句检索的列可以是对表列的简单引用，也可以是使用函数、常量值、操作符等的表达式。

对于 SELECT 语句中不唯一的表或视图，将根据默认的数据库进行解释。通过用恰当的数据库名称限定表或视图名，视图能够引用表或其他数据库中的视图。

能够使用多种 SELECT 语句创建视图。视图能够引用基表或其他视图。它能使用联合、UNION 和子查询。SELECT 甚至不需引用任何表。创建视图存在如下注意事项。

（1）运行创建视图的语句需要用户具有创建视图（CRATE VIEW）的权限，若加了[OR REPLACE]时，还需要用户具有删除视图（DROP VIEW）的权限。

（2）SELECT 语句不能包含 FROM 子句中的子查询。

（3）SELECT 语句不能引用系统或用户变量。

（4）SELECT 语句不能引用预处理语句参数。

（5）在存储子程序内，定义不能引用子程序参数或局部变量。

（6）在定义中引用的表或视图必须存在。但是，创建了视图后，能够舍弃定义引用的表或视图。要想检查视图定义是否存在这类问题，可使用 CHECK TABLE 语句。

（7）在定义中不能引用 TEMPORARY 表，不能创建 TEMPORARY 视图。

（8）在视图定义中命名的表必须已存在。

（9）不能将触发程序与视图关联在一起。

（10）在视图定义中允许使用 ORDER BY，但是，如果从特定视图进行了选择，而该视图使用了具有自己 ORDER BY 的语句，它将被忽略。

【范例 1】

在 fruitshop 数据库中创建名称为 fruitwork 的视图，引用 fruitshop.fruits 表和 fruitshop.work 表中的数据，获取水果编号、水果名称、价格、负责人姓名字段的数据，创建代码如下。

```
USE 'fruitshop';
CREATE  OR REPLACE VIEW ' fruitwork' AS
SELECT fid,fname,fprice,wname FROM fruitshop.fruits,fruitshop.work
WHERE fruitshop.fruits.fwid=fruitshop.work.wid;
```

上述代码创建了一个名为fruitwork的视图，视图创建之后可使用操作表的方法操作，如获取视图中的数据可使用SELECT语句。

【范例2】

获取fruitwork视图中的数据，代码如下。

```
SELECT * FROM fruitshop.fruitwork
```

上述代码的执行效果如下所示。

```
+ ------- + ----------- + -------- + ------- +
| fid     | fname       | fprice   | wname   |
+ ------- + ---------- + --------- + ------- +
| 1       | orange      | 5        | 梁思     |
| 3       | banana      | 3.5      | 梁思     |
| 2       | apple       | 2.5      | 何健     |
| 4       | watermelon  | 0.7      | 何健     |
+ ------- + ---------- + --------- + ------- +
4 rows
```

7.2 操作视图

视图创建之后，可对视图的定义进行操作。如对视图进行修改、改变其查询内容；查看视图的定义；删除视图等。本节介绍视图的相关操作。

7.2.1 查看视图

查看视图与查看表的方法类似，使用SHOW CREATE VIEW语句，其语法如下：

```
SHOW CREATE VIEW view_name;
```

【范例3】

查看名为fruitwork的视图定义，代码如下。

```
SHOW CREATE VIEW fruitwork;
```

上述代码的执行效果如下所示。

```
+ ------- + ----------- + -------------------- + ------------------- +
| View     | Create View | character_set_client |collation_connection |
+ ------- + ----------- + -------------------- + ------------------- +
| fruitwork | CREATE ALGORITHM=UNDEFINED          | utf8 |utf8_general_ci|
            DEFINER='root'@'localhost' SQL
            SECURITY DEFINER VIEW 'fruitwork'
            AS select 'fruits'.'fid' AS 'fid',
            'fruits'.'fname'AS 'fname',
            'fruits'.'fprice' AS 'fprice',
            'work'.'wname' AS 'wname'
```

```
            from ('fruits' join 'work')
            where ('fruits'.'fwid' = 'work'.'wid')
+ ------- + ----------- + ------------------- + ------------------- +
1 rows
```

上述执行效果可以看出，从表中获取的数据将以原有字段名的方式显示。

7.2.2 修改视图

视图在创建之后可以在 MySQL Workbench 工具下对其名称右击，根据弹出菜单里面的选项来操作视图。

如图 7-2 所示为右击视图名称打开的弹出菜单，在这个菜单中可以查看视图数据、创建新的视图、修改当前视图或删除当前视图。这里通过范例来解释如何在 MySQL Workbench 工具下修改视图。

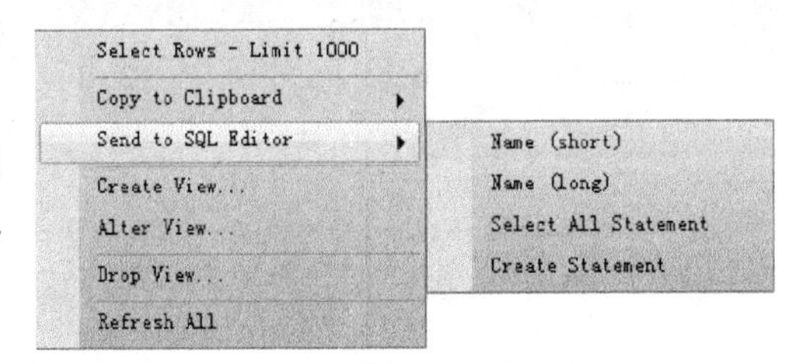

图 7-2 视图操作

【范例 4】

在 MySQL Workbench 工具下修改 fruitwork 视图的字段名为中文名，步骤如下。

（1）首先找到 fruitwork 视图，在其名称处右击，打开弹出菜单如图 7-2 所示。选择 Alter View 选项即可打开视图修改界面，如图 7-3 所示。

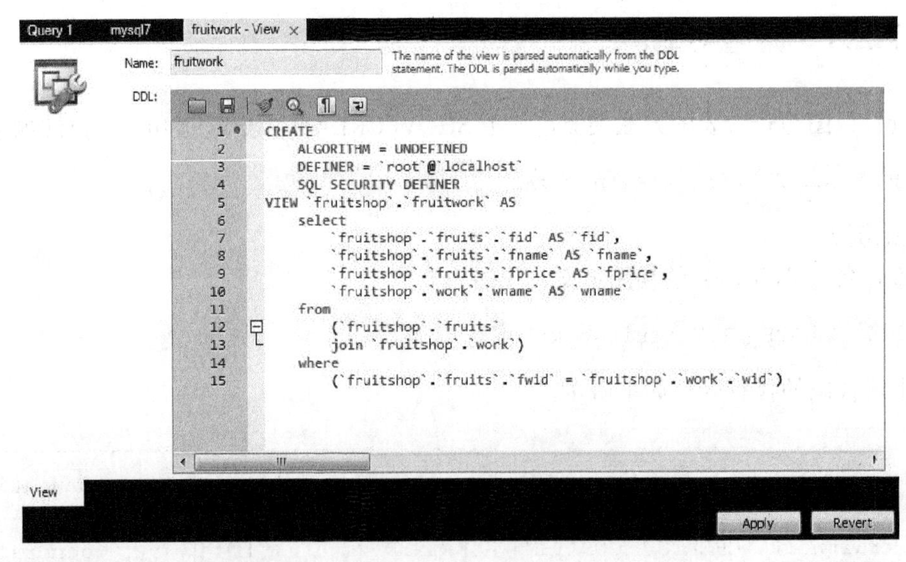

图 7-3 视图修改

（2）从图 7-3 可以看出，系统将视图的定义进行了处理，完善了视图信息。可直接在界面中对视图的定义进行修改，如分别将视图的字段改为水果编号、水果、价格和负责人，如图 7-4 所示。

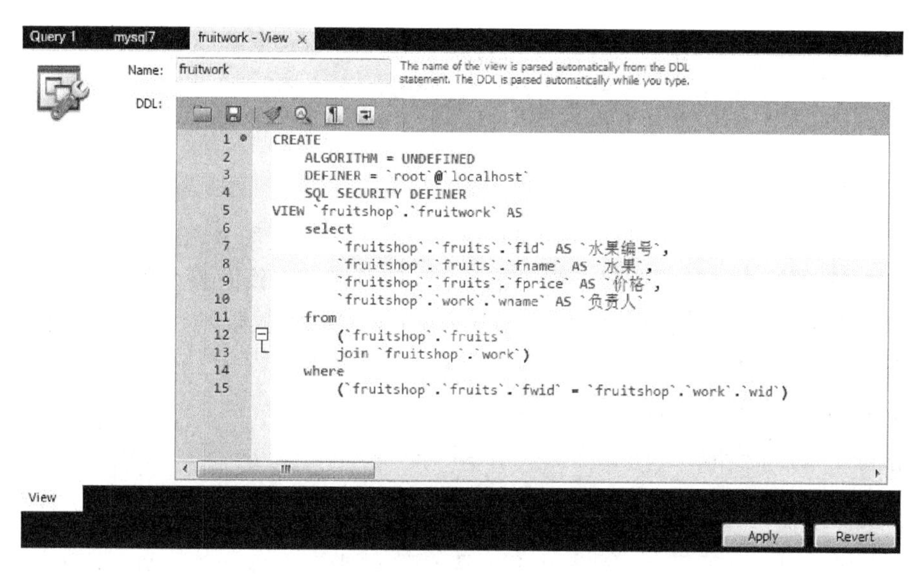

图7-4 修改视图

（3）对视图的定义修改完成后，即可单击 Apply 按钮执行视图修改，打开如图 7-5 所示的对话框。

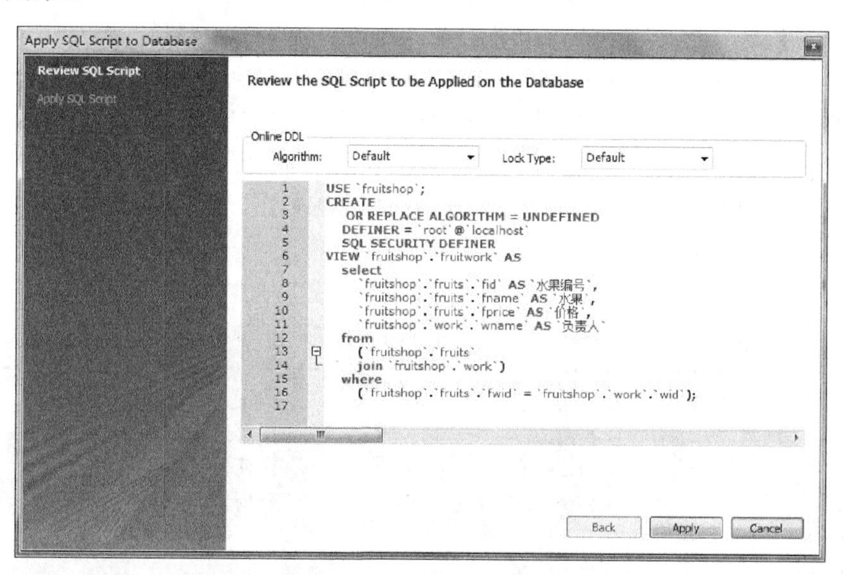

图7-5 执行视图修改

（4）接着在如图 7-5 所示的对话框中单击 Apply 按钮确认执行 SQL 语句；最后在弹出的对话框中单击 Finish 按钮完成视图的创建。

（5）重新使用 SELECT 语句查询视图中的数据，代码省略，其执行效果如下所示。

```
+ -------------- + ------------+ ----------+ -----------+
| 水果编号        | 水果        | 价格      | 负责人      |
+ -------------- + ------------+ ----------+ -----------+
| 1              | orange     | 5         | 梁思        |
```

```
| 3              | banana      | 3.5        | 梁思        |
| 2              | apple       | 2.5        | 何健        |
| 4              | watermelon  | 0.7        | 何健        |
+ -------------- + ------------+ ----------+ -----------+
4 rows
```

上述执行效果与范例 2 的执行效果相比，可以看出字段的名称已经被修改。对视图的修改有多种类型，如添加字段、修改字段名、删除字段、修改表名称等，若使用 SQL 语句来修改，需要具有针对视图的 CREATE VIEW 和 DROP 权限，以及能够针对 SELECT 语句中引用列的具体权限。

使用 SQL 语句修改视图语法如下：

```
ALTER [ALGORITHM = {UNDEFINED | MERGE | TEMPTABLE}]
    VIEW view_name [(column_list)]
    AS select_statement
    [WITH [CASCADED | LOCAL] CHECK OPTION]
```

上述语句用于更改已有视图的定义。其语法与 CREATE VIEW 类似。

【范例 5】

修改 fruitwork 视图，添加水果的负责人性别字段，代码如下。


```
ALTER VIEW 'fruitwork' AS SELECT 'fruits'.'fid' AS '水果编号',
'fruits'.'fname'AS '水果', 'fruits'.'fprice' AS '价格',
'work'.'wname' AS '负责人' , 'work'.'wsex' AS '性别'
FROM ('fruits' join 'work') WHERE ('fruits'.'fwid' = 'work'.'wid')
```

执行上述代码，使用 SELECT 语句查询视图中的数据，代码省略，其执行效果如下所示。

```
+ -------------- + ------------+ ----------+ -----------+---------+
| 水果编号        | 水果        | 价格       | 负责人      | 性别     |
+ -------------- + ------------+ ----------+ -----------+---------+
| 1              | orange      | 5          | 梁思        | 女       |
| 3              | banana      | 3.5        | 梁思        | 女       |
| 2              | apple       | 2.5        | 何健       | 男        |
| 4              | watermelon  | 0.7        | 何健       | 男        |
+ -------------- + ------------+ ----------+ -----------+---------+
4 rows
```

7.2.3 删除视图

删除视图使用 DROP VIEW 语句，可同时删除一个或多个视图，但必须在所需要删除的视图上拥有 DROP 权限。删除视图的语法格式如下所示：

```
DROP VIEW [IF EXISTS]
    view_name [, view_name] ...
    [RESTRICT | CASCADE]
```

可以使用关键字 IF EXISTS 来防止因不存在的视图而出错。给定了该子句时，将为每个不存在的视图生成 NOTE。如果给定了 RESTRICT 和 CASCADE，将解析并忽略它们。如删除 fruitwork 视图代码如下。

```
DROP VIEW fruitshop.fruitwork;
```

7.3 数据操作

视图数据能够像表数据一样被查询、添加、修改和删除，但由于视图可以包含多个基础表的数据，因此其对数据的添加、修改和删除操作有着限制。

本节介绍视图数据中，数据添加、修改和删除操作的执行条件和使用方法。

7.3.1 可操作视图

要通过视图更新基本表数据，必须保证视图是可更新视图，即可以在 INSERT、UPDATE 或 DELETE 等语句当中使用它们。对于可更新的视图，在视图中的行和基表中的行之间必须具有一对一的关系。

还有一些特定的其他结构，这类结构会使得视图不可更新。如果视图包含下述结构中的任何一种，那么它就是不可更新的。

（1）聚合函数。

（2）DISTINCT 关键字。

（3）GROUP BY 子句。

（4）ORDER BY 子句。

（5）HAVING 子句。

（6）UNION 或 UNION ALL 运算符。

（7）位于选择列表中的子查询。

（8）FROM 子句中包含多个表。

（9）SELECT 语句中引用了不可更新视图。

（10）WHERE 子句中的子查询，引用 FROM 子句中的表。

（11）ALGORITHM 选项指定为 TEMPTABLE（使用临时表总会使视图成为不可更新的）。

在某些情况下，能够更新多表视图，假定它能使用 MERGE 算法进行处理。为此，视图必须使用内部联合（而不是外部联合或 UNION）。

更新视图数据时，该数据只能来自单一的表。SET 子句必须仅更新视图中单个表的列。即使从理论上讲也是可更新的，不允许使用 UNION ALL 的视图。可更新表具有以下更新特点。

（1）对于多表可更新视图，如果是将其插入单个表中，可以使用 INSERT 执行添加，但不支持删除操作。

（2）对于可更新视图，可使用 WITH CHECK OPTION 子句来防止插入或更新行，除非作用在行上的 select_statement 中的 WHERE 子句为“真”。

（3）在关于可更新视图的 WITH CHECK OPTION 子句中，当视图是根据另一个视图定义的时，LOCAL 和 CASCADED 关键字决定了检查测试的范围。

LOCAL 关键字可对 CHECK OPTION 进行了限制，使其仅作用在定义的视图上，CASCADED 会对将进行评估的基表进行检查。如果未给定任意一个关键字，默认值为 CASCADED。

视图的可更新性可能会受到系统变量 updatable_views_with_limit 的值的影响。

7.3.2 插入数据

对视图数据进行插入操作，该视图必须要有可插入性。如果视图满足关于视图列的下述要求，那么该视图是可插入的。

（1）不得有重复的视图列名称。

（2）视图必须包含没有默认值的基表中的所有列。

（3）视图列必须是简单的列引用而不是导出列。导出列不是简单的列引用，而是从表达式导出的。

混合了简单列引用和导出列的视图是不可插入的，但是，如果仅更新非导出列，视图是可更新的。

由于视图中只是存储了查询语句，因此向视图中插入数据相当于在基础表中插入数据。而且在 MySQL Workbench 工具下无法直接向视图中插入数据。而向基础表中插入数据，与向视图中插入数据的效果一样。

可以使用 INSERT 语句通过视图向基本表插入数据。INSERT 语句中必须包含 FROM 子句中指定表的所有不能为空的列。

本章范例 1 和范例 5 中所创建的视图，由于涉及两个表的内容，而且两个表之间有着字段间的联系（fruits.fwid=work.wid），因此无法直接添加数据。

【范例 6】

创建视图，获取水果信息表中的水果编号、名称和价格字段，分别命名为水果编号、水果和价格，并添加一条数据，步骤如下。

（1）创建水果视图名称为 fruit，代码如下。

```
USE 'fruitshop';
CREATE  OR REPLACE VIEW 'fruit' AS
SELECT  'fruits'.'fid'  AS  '水果编号','fruits'.'fname'AS  '水果',
'fruits'.'fprice' AS '价格'
FROM 'fruits'
```

（2）由于水果信息表中，fid 字段是自增约束字段，不需要手动添加数据，因此向视图中添加数据只需要添加水果和价格两个字段即可，代码如下。

```
INSERT INTO fruitshop.fruit(水果,价格) VALUES('peach', '3.7');
```

（3）查询 fruit 视图中的数据，代码省略，其执行效果如下所示。

```
+ ------------- + -------- + ------------- +
| 水果编号      | 水果     | 价格    |
+ --------------+ ------------ + --------- +
| 1             | orange       | 5       |
| 2             | apple        | 2.5     |
| 3             | banana       | 3.5     |
| 4             | watermelon   | 0.7     |
| 20            | peach        | 3.7     |
+ --------------+ ------------ + --------- +
5 rows
```

上述执行效果中，由于表中删除过数据，因此被删掉的自增字段的值无法重新使用，自增字段数据将使用 20 作为值。此时查询基础表 fruits 表中的数据，其效果如下所示。

```
+ --------- + ------------- + ------------ + --------- + ------- +
| fid       | fname         | fprice       | ftime     | fwid    |
+ --------- + ------------- + ------------ + --------- + ------- +
| 1         | orange        | 5            | 6.15      | 1       |
| 2         | apple         | 2.5          | 6.15      | 2       |
| 3         | banana        | 3.5          | 6.18      | 1       |
| 4         | watermelon    | 0.7          | 6.15      | 2       |
| 20        | peach         | 3.7          |           |         |
+ --------- + ------------- + ------------ + --------- + ------- +
5 rows
```

上述 fruits 表中，ftime 字段和 fwid 字段都是允许为空的，否则视图添加数据将执行失败。

7.3.3 修改数据

使用 UPDATE 语句可以通过视图修改基本表的数据。其语法与表的数据修改语法一样，但若视图中的数据来自不同的表，在修改数据时需要谨慎，最好直接修改基表数据。

若一个视图依赖于多个基本表，则一次修改该视图只能变动一个基本表的数据，否则出错。

【范例 7】

修改 fruit 视图中，水果编号为 20 的水果的价格为 3.2，代码如下。

```
UPDATE fruitshop.fruit SET 价格=3.2 WHERE 水果编号=20;
```

重新查看 fruit 视图中的数据，效果如下。

```
+ ----------------- + ------------- + -------- +
| 水果编号          | 水果          | 价格     |
+ ----------------- + ------------- + -------- +
```

```
| 1                | orange       | 5        |
| 2                | apple        | 2.5      |
| 3                | banana       | 3.5      |
| 4                | watermelon   | 0.7      |
| 20               | peach        | 3.2      |
+ ---------------- + ------------ + -------- +
5 rows
```

同时，基础表中的数据也跟着编号，这里不再展示基础表数据。

7.3.4 删除数据

使用 DELETE 语句可以通过视图删除基本表的数据，其删除语法与表的数据删除语法一样。对依赖于多个基本表的视图，不能使用 DELETE 语句。

【范例 8】

删除 fruit 视图中，水果编号为 20 的水果信息，代码如下。

```
DELETE FROM fruitshop.fruit WHERE 水果编号=20;
```


7.4 索引简介

索引由数据库表中一列或多列组合而成，其作用是提高对表中数据的查询速度。本节将详细讲解索引的含义、作用、分类和设计索引的原则。

7.4.1 索引概述

索引是创建在数据表上的，是对数据库表中一列或多列的值进行排序的一种结构。

若将数据库比作一本书，那么索引是书的目录，用来提高查询的速度。通过索引，查询数据时可以不必读完记录的所有信息，而只是查询索引列。否则，数据库系统需要读取每条记录的所有信息进行匹配。

表的不同的存储引擎定义了每个表的最大索引数和最大索引长度。所有存储引擎对每个表至少支持 16 个索引，总索引长度至少为 256 字节。有些存储引擎支持更多的索引数和更大的索引长度。

索引有两种存储类型，包括 B 型树（BTREE）索引和哈希（HASH）索引。InnoDB 和 MyISAM 存储引擎支持 BTREE 索引，MEMORY 存储引擎支持 HASH 索引和 BTREE 索引，默认为前者。

索引有其明显的优势，也有其不可避免的缺点。

索引的优点为提高检索数据的速度，主要表现在下面两个方面。

（1）对于有依赖关系的子表和父表之间的联合查询时，可以提高查询速度。

（2）使用分组和排序子句进行数据查询时，同样可以显著节省查询中分组和排序的时间。

了解索引的缺点，可以更有效地查询数据，其缺点如下所示。

（1）创建和维护索引需要耗费时间，耗费时间的数量随着数据量的增加而增加。

（2）索引需要占用物理空间，每一个索引要占一定的物理空间。

（3）增加、删除和修改数据时，要动态地维护索引，造成数据的维护速度降低了。

索引可以提高查询的速度，但是会影响插入记录的速度。因为，向有索引的表中插入记录时，数据库系统会按照索引进行排序。这样就降低了插入记录的速度，插入大量记录时的速度影响更加明显。在这种情况下，最好的办法是先删除表中的索引，然后插入数据。插入完成后，再创建索引。

7.4.2 索引分类

MySQL 的索引包括普通索引、唯一性索引、全文索引、单列索引、多列索引和空间索引等。本节将详细讲解这几种索引的含义和特点。

1. 普通索引

在创建普通索引时，不附加任何限制条件。这类索引可以创建在任何数据类型中，其值是否唯一和非空由字段本身的完整性约束条件决定。

建立索引以后，查询时可以通过索引进行查询。例如，在 student 表的 id 字段上建立一个普通索引。查询记录时，就可以根据该索引进行查询。

2. 唯一性索引

使用 UNIQUE 参数可以设置索引为唯一性索引。在创建唯一性索引时，限制该索引的值必须是唯一的。例如，在 student 表的 name 字段中创建唯一性索引，那么 name 字段的值就必须是唯一的。通过唯一性索引，可以更快速地确定某条记录。主键就是一种特殊唯一性索引。

3. 全文索引

使用 FULLTEXT 参数可以设置索引为全文索引。全文索引只能创建在 CHAR、VARCHAR 或 TEXT 类型的字段上。

全文索引在查询数据量较大的字符串类型的字段时，可提高查询速度。例如，student 表的 information 字段是 TEXT 类型，该字段包含很多的文字信息。在 information 字段上建立全文索引后，可以提高查询 information 字段的速度。

在默认情况下，全文索引的搜索执行方式不区分大小写。但索引的列使用二进制排序后，可以执行区分大小写的全文索引。

4. 单列索引

在表中的单个字段上创建索引。单列索引只根据该字段进行索引。单列索引可以是普通索引，也可以是唯一性索引，还可以是全文索引。只要保证该索引只对应一个字段即可。

5. 多列索引

多列索引是在表的多个字段上创建一个索引。该索引指向创建时对应的多个字段，可以通过这几个字段进行查询。但是，只有查询条件中使用了这些字段中的第一个字段时，索引才会被使用。例如，在表中的 id、name 和 sex 字段上建立一个多列索引，那么，只有查询条件使用了 id 字段时该索引才会被使用。

6. 空间索引

使用 SPATIAL 参数可以设置索引为空间索引。空间索引只能建立在空间数据类型上，这样可以提高系统获取空间数据的效率。MySQL 中的空间数据类型包括 GEOMETRY 和 POINT、LINESTRING 和 POLYGON 等。目前只有 MyISAM 存储引擎支持空间检索，而且索引的字段不能为空值。

7.4.3 索引设计原则

为了使索引的使用效率更高，在创建索引时，必须考虑在哪些字段上创建索引和创建什么类型的索引。本节将介绍一些索引的设计原则。

1. 选择唯一性索引

唯一性索引的值是唯一的，可以更快速地通过该索引来确定某条记录。例如，学生表中的学号是具有唯一性的字段。为该字段建立唯一性索引可以很快地确定某个学生的信息。如果使用姓名，可能存在同名现象，从而降低查询速度。

2. 为经常需要排序、分组和联合操作的字段建立索引

经常需要 ORDER BY、GROUP BY、DISTINCT 和 UNION 等操作的字段，排序操作会浪费很多时间。如果为其建立索引，可以有效地避免排序操作。

3. 为常作为查询条件的字段建立索引

如果某个字段经常用来作查询条件，那么该字段的查询速度会影响整个表的查询速度。因此，为这样的字段建立索引，可以提高整个表的查询速度。

4. 限制索引的数目

索引的数目不是越多越好。每个索引都需要占用磁盘空间，索引越多，需要的磁盘空间就越大。修改表时，对索引的重构和更新很麻烦。越多的索引，会使更新表变得很浪费时间。

5. 尽量使用数据量少的索引

如果索引的值很长，那么查询的速度会受到影响。例如，对一个 CHAR(100)类型的字段进行全文检索需要的时间肯定要比对 CHAR(10)类型的字段需要的时间多。

6. 尽量使用前缀来索引

如果索引字段的值很长，最好使用值的前缀来索引。例如，TEXT 和 BLOG 类型的字段，进行全文检索会很浪费时间。如果只检索字段的前面的若干个字符，这样可以提高检索速度。

7. 删除不再使用或者很少使用的索引

表中的数据被大量更新或者数据的使用方式被改变后，原有的一些索引可能不再需要。数据库管理员应当定期找出这些索引，将它们删除，从而减少索引对更新操作的影响。

选择索引的最终目的是为了使查询的速度变快。上面给出的原则是最基本的准则，但不能拘泥于上面的准则。读者要在以后的学习和工作中进行不断的实践。根据应用的实际情况进行分析和判断，选择最合适的索引方式。

7.5 索引的操作

创建索引是指在某个表的一列或多列上建立一个索引，以便提高对表的访问速度。创建索引有两种方式：创建表的时候创建索引和在已经存在的表上创建索引。本节将详细讲解索引的创建、修改和删除。

7.5.1 创建表时创建索引

创建表时可以直接创建索引，其创建方法与约束的创建类似。创建索引的语法格式如下所示：

```
CREATE TABLE  表名 ( 属性名 数据类型 [完整性约束条件],
属性名 数据类型 [完整性约束条件],
......
属性名 数据类型
[ UNIQUE | FULLTEXT | SPATIAL ]  INDEX | KEY
[ 别名 ]  ( 属性名 1  [(长度)]  [ ASC | DESC] )
);
```

对上述代码解释如下。

（1）UNIQUE 是可选参数，表示索引为唯一性索引。

（2）FULLTEXT 是可选参数，表示索引为全文索引。

（3）SPATIAL 也是可选参数，表示索引为空间索引。

（4）INDEX 和 KEY 参数用来指定字段为索引的，两者选择其中之一就可以了，作用是一样的。

（5）“别名”是可选参数，用来给创建的索引取新名称。

（6）“属性 1”参数指定索引对应的字段的名称，该字段必须为前面定义好的字段。

（7）“长度”是可选参数，指索引的长度，必须是字符串类型才可以使用。

（8）“ASC”和“DESC”都是可选参数，“ASC”参数表示升序排列，“DESC”参数表示降序排列。

1. 创建普通索引

对于只有一个索引字段的表来说，其查询数据默认根据索引字段来排序，无论该索引是哪种类型。默认根据字段数据的升序排序。

创建一个普通索引时，不需要加任何 UNIQUE、FULLTEXT 或者 SPATIAL 参数。由于该索引没有定义索引的类型，因此在数据操作时只能够起到根据索引排序的功能。

【范例 9】

创建 fruitshop.food 表有 fdid、fdname 和 fdtype 字段，设置 fdid 的索引，代码如下。

```
CREATE TABLE fruitshop.food(
fdid INT,fdname VARCHAR(20),fdtype VARCHAR(20),
INDEX(fdid));
```

索引创建之后可以使用 SHOW CREATE TABLE 语句查看表的结构，也可以使用 EXPLAIN 语句查看索引是否被使用。如查询表的结构，效果如下。

```
+ --------- + ------------------------------------- +
| Table     | Create Table                          |
+ --------- + ------------------------------------- +
| food      | CREATE TABLE 'food' (
          'fdid' int(11) DEFAULT NULL,
          'fdname' varchar(20) DEFAULT NULL,
          'fdtype' varchar(20) DEFAULT NULL,
          KEY 'fdid' ('fdid')
          ) ENGINE=InnoDB DEFAULT CHARSET=utf8 |
+ --------- + ------------------------------------- +
1 rows
```

上述执行结果可以看出，fdid 字段被定义为键，但与主键和外键不同的是，这个键只起到索引的作用。

2. 创建唯一性索引

创建唯一性索引时，需要使用 UNIQUE 参数进行约束。在第 4 章中曾介绍了唯一约束的使用，创建唯一约束的同时为字段创建了一个索引。唯一索引的创建方法与唯一约束一样。

【范例 10】

创建表 fruitshop.goods 有 gid、gname、gtype 和 gbrand 字段，设置 gid 字段为唯一索引，代码如下。

```
CREATE TABLE 'fruitshop'.'goods' (
  'gid' INT NOT NULL,
  'gname' VARCHAR(45) NULL,
```

```
  'gtype' VARCHAR(4) NULL,
  'gbrand' INT NULL,
  UNIQUE INDEX 'gid_UNIQUE' ('gid' ASC));
```

3. 创建全文索引

全文索引只能创建在 CHAR、VARCHAR 或 TEXT 类型的字段上。而且，现在只有 MyISAM 存储引擎支持全文索引。

【范例 11】

创建表 fruitshop.goodses 有 gid、gname、gtype 和 gbrand 字段，设置 gname 字段为全文索引，代码如下。

```
CREATE TABLE 'fruitshop'.'goodses' (
  'gid' INT NOT NULL,
  'gname' VARCHAR(45) NULL,
  'gtype' VARCHAR(4) NULL,
  'gbrand' INT NULL,
   FULLTEXT INDEX f_name(gname)
);
```

4. 创建多列索引

创建多列索引是在表的多个字段上创建一个索引。只需使用字段列表来替换索引字段名，各个字段之间使用逗号隔开。

【范例 12】

创建 fruitshop.washer 表，有 wid、wname、wtype 和 wbrand 字段，将 wid 和 wname 字段合并创建一个多列索引，代码如下。

```
CREATE TABLE 'fruitshop'.'washer' (
  'wid' INT NOT NULL,
  'wname' VARCHAR(45) NULL,
  'wtype' VARCHAR(4) NULL,
  'wbrand' INT NULL,
   INDEX id(wid,wname)
);
```

多列索引中，只有查询条件中使用了这些字段中第一个字段时，索引才会被使用。用 EXPLAIN 语句可以查看索引的使用情况。

如果没有使用索引中的第一个字段，那么这个多列索引就不会起作用。因此，在优化查询速度时，可以考虑优化多列索引。

如通过查询 fruitshop.washer 表第一行数据的方式，查询索引的使用情况，代码如下。

```
EXPLAIN SELECT * FROM fruitshop.washer WHERE wid=1
```

上述代码的执行结果如图 7-6 所示。

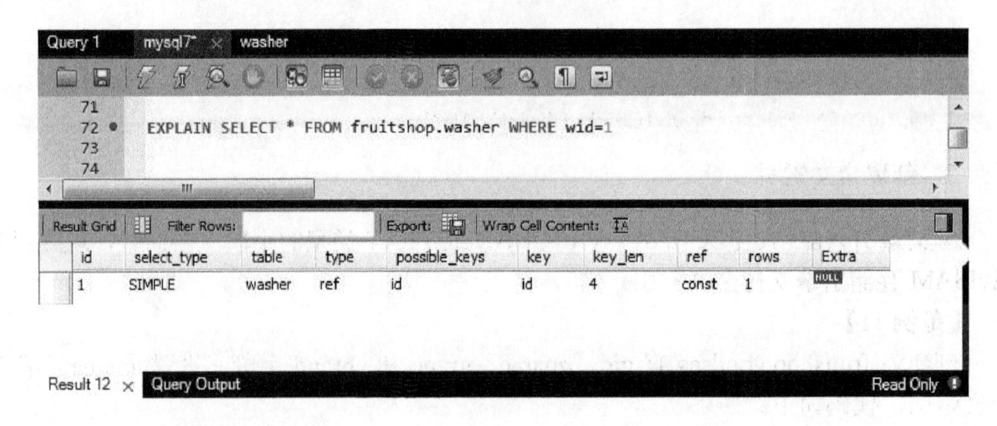

图 7–6 索引使用情况

5. 创建空间索引

创建空间索引时必须使用 SPATIAL 参数来设置。创建空间索引时，索引字段必须是空间类型并有着非空约束，表的存储引擎必须是 MyISAM 类型。

空间类型包括 GEOMETRY、POINT、LINESTRING 和 POLYGON 类型等。这些空间数据类型平时很少用到。

7.5.2 在现有表中创建索引

在已经存在的表中，可以直接为表上的一个或几个字段创建索引。基本形式如下：

```
CREATE  [ UNIQUE | FULLTEXT | SPATIAL ]  INDEX  索引名
 ON  表名 （属性名  [ （长度） ]  [  ASC | DESC] ）;
```

对上述代码解释如下。

（1）UNIQUE 是可选参数，表示索引为唯一性索引。

（2）FULLTEXT 是可选参数，表示索引为全文索引。

（3）SPATIAL 也是可选参数，表示索引为空间索引。

（4）INDEX 参数用来指定字段为索引。

（5）索引名参数是给创建的索引取的新名称。

（6）表名参数是指需要创建索引的表的名称，该表必须是已经存在的，如果不存在，需要先创建。

（7）属性名参数指定索引对应的字段的名称，该字段必须为前面定义好的字段。

（8）长度是可选参数，指索引的长度，必须是字符串类型才可以使用。

（9）ASC 和 DESC 都是可选参数，ASC 参数表示升序排列，DESC 参数表示降序排列。

【范例 13】

范例 9 中的表 fruitshop.food 只有一个 fdid 字段有索引，为其 fdname 字段添加索引，索引名称为 name，代码如下。

```
CREATE INDEX name ON fruitshop.food(fdname);
```

除了创建普通索引，还可创建按唯一索引、全文索引、单列索引、多列索引和空间索引，其创建方法大同小异，如下所示。

1. 创建唯一性索引

创建唯一性索引的格式与创建普通索引格式类似，只是在 INDEX 关键字前添加关键字 UNIQUE，格式如下：

```
CREATE UNIQUE INDEX index_id ON index( course_id ) ;
```

上述代码中，index_id 为索引的名称；UNIQUE 用来设置索引为唯一性索引； index 为表的名称；course_id 字段为添加唯一性索引的字段，该字段可以有唯一性约束，也可以没有唯一性约束。

2. 创建全文索引

创建全文索引，只需将创建唯一索引中的 UNIQUE 关键字换成 FULLTEXT 即可，如下所示：

```
CREATE  FULLTEXT  INDEX  index_info  ON  index( info ) ;
```

上述代码中，FULLTEXT 用来设置索引为全文索引；表 index 的存储引擎必须是 MyISAM 类型；info 字段必须为 CHAR、VARCHAR 和 TEXT 等类型。

3. 创建单列索引

单列索引是与多列索引相对的，只需在表名称后面的括号中，添加字段名称和字段的查询长度即可，格式如下：

```
CREATE  INDEX  index_addr  ON  index( address(4) ) ;
```

上述代码中，查询时可以只查询 address 字段的前 4 个字符，而不需要全部查询。

4. 创建多列索引

多列索引的创建与单列索引格式类似，不需要列出字段的查询长度，而需要添加字段列表，并使用逗号隔开，格式如下：

```
CREATE  INDEX  index_na  ON  index( name, address ) ;
```

上述代码中，该索引创建好了以后，查询条件中必须有 name 字段才能使用索引。

5．创建空间索引

创建空间索引，只需将创建唯一索引中的 UNIQUE 关键字换成 SPATIAL 即可，如下所示：

```
CREATE SPATIAL INDEX index_line ON index( line ) ;
```

在现有的表中创建空间索引，与直接在创建表的时候创建一样，需要确保表的存储引擎是 MyISAM 类型；所创建的字段必须为空间数据类型，而且是非空的。

7.5.3 修改索引

修改索引指的是在已经存在的表中创建索引。而若是需要修改指定的所有索引，则需要删除索引并重新添加。与使用 CREATE 不同的是，这里通过 ALTER TABLE 语句，以修改表的形式为表中字段创建索引。语法如下：

```
ALTER TABLE 表名 ADD  [ UNIQUE | FULLTEXT | SPATIAL ]  INDEX
索引名（属性名 [ （长度） ] [ ASC | DESC]）;
```


创建不同的索引，需要使用不同的关键字。

1．创建唯一性索引

创建唯一索引的格式与创建普通索引格式类似，只是在 INDEX 关键字前添加关键字 UNIQUE，格式如下：

```
ALTER TABLE 表名 ADD UNIQUE INDEX index_id ( course_id ) ;
```

其中，index_id 为索引的名称；UNIQUE 用来设置索引为唯一性索引；表中的 course_id 字段可以有唯一性约束，也可以没有唯一性约束。

2．创建全文索引

全文索引的创建与唯一性索引的创建格式类似，只需使用关键字 FULLTEXT 替换关键字 UNIQUE，如下所示：

```
ALTER TABLE 表名 ADD FULLTEXT INDEX index_info ( info ) ;
```

其中，FULLTEXT 用来设置索引为全文索引；表 index 的存储引擎必须是 MyISAM 类型；info 字段必须为 CHAR、VARCHAR 和 TEXT 等类型。

3．创建单列索引

单列索引可以查询字段的前几个字符，而不需要查询完整字符串，如 address 字段上面的单列所有，定义格式如下：

```
ALTER TABLE 表名 ADD INDEX index_addr( address(4) ) ;
```

这样，查询时可以只查询 address 字段的前 4 个字符，而不需要全部查询。

4．创建多列索引

多列索引的创建，只需用字段列表替换单列索引创建语句中的字段名称，如定义姓名和住址两个字段的多列索引，格式如下所示：

```
ALTER TABLE 表名 ADD INDEX index_na( name, address ) ;
```

该索引创建好了以后，查询条件中必须有 name 字段才能使用索引。

5．创建空间索引

空间索引的创建与唯一性索引的创建类似，只需使用关键字 SPATIAL 替换关键字 UNIQUE，如下所示：

```
ALTER TABLE 表名 ADD SPATIAL INDEX index_line( line ) ;
```

其中，SPATIAL 用来设置索引为空间索引；表 index 的存储引擎必须是 MyISAM 类型；line 字段必须是非空的，而且必须是空间数据类型。

【范例 14】

为 fruitshop.goods 表的 gname 字段添加唯一索引，代码如下。

```
ALTER TABLE 'fruitshop'.'goods' ADD UNIQUE INDEX index_name(gname);
```

7.5.4 删除索引

一些不再使用的索引会降低表的更新速度，影响数据库的性能。表中已经存在的索引可以被删除掉，使用 DROP 语句，格式如下：

```
DROP INDEX 索引名 ON 表名 ;
```

【范例 15】

删除 fruitshop.food 表中名称为 name 的索引，代码如下。

```
DROP INDEX name ON fruitshop.food;
```

7.6 实验指导——职工信息管理

创建 workInfo 表，在 id 字段上创建名为 index_id 的唯一性索引，而且以降序的格式排列。workInfo 表的字段信息如表 7-1 所示。

表 7-1 workInfo 表的内容

字段名	字段描述	数据类型	主键	外键	非空	唯一	自增
id	编号	INT(10)	是	否	是	是	是
name	职位名称	VARCHAR(20)	否	否	是	否	否

续表

字段名	字段描述	数据类型	主键	外键	非空	唯一	自增
type	职位类别	VARCHAR(10)	否	否	否	否	否
address	家庭住址	VARCHAR(50)	否	否	否	否	否
extra	附加信息	TEXT	否	否	否	否	否

执行职工信息表的管理，要求如下。

（1）创建视图获取表中的数据，并将字段名修改为中文。

（2）通过视图向表中添加两条数据。

（3）使用 CREATE INDEX 语句为 name 字段创建名称为 index_name 的索引。

（4）使用 ALTER TABLE 语句在 type 和 address 上创建名为 index_t 的索引。

（5）将 workInfo 表的存储引擎更改为 MyISAM 类型。

（6）使用 ALTER TABLE 语句在 extra 字段上创建名为 index_ext 的全文索引。

（7）查询当前表中的索引。

（8）删除 workInfo 表的唯一性索引 index_id。

实现上述操作，步骤如下。

（1）创建 workInfo 表，在 id 字段上创建名为 index_id 的唯一性索引，而且以降序的格式排列，代码如下。


```
CREATE TABLE 'fruitshop'.'workinfo' (
  'id' INT NOT NULL AUTO_INCREMENT,
  'name' VARCHAR(20) NOT NULL,
  'type' VARCHAR(10) NULL,
  'address' VARCHAR(50) NULL,
  'extra' TEXT NULL,
  PRIMARY KEY ('id'),
  UNIQUE INDEX 'index_id' ('id' DESC));
```

（2）创建视图获取表中的数据，并将字段名修改为中文，代码如下。

```
CREATE VIEW 'fruitshop'.'workIf' AS
SELECT id AS 编号,name AS 职位名称,type AS 职位类别,address AS 家庭住址,extra
AS 附加信息
FROM fruitshop.workInfo
```

（3）通过视图向表中添加两条数据，代码如下。

```
INSERT INTO fruitshop.workIf(职位名称,职位类别,家庭住址,附加信息) VALUES('护
工','护理','人民路','12年取得中级证书');
INSERT INTO fruitshop.workIf(职位名称,职位类别,家庭住址,附加信息) VALUES('护
士','护理','建设路','11年取得护士资格证和护士执业证');
```

（4）使用 CREATE INDEX 语句为 name 字段创建名称为 index_name 的索引，代码如下。

```
CREATE INDEX index_name ON fruitshop.workinfo(name);
```

（5）使用 ALTER TABLE 语句在 type 和 address 上创建名为 index_t 的索引，代码如下。

```
ALTER TABLE fruitshop.workinfo ADD INDEX index_t(type,address);
```

（6）将 workInfo 表的存储引擎更改为 MyISAM 类型，代码如下。

```
ALTER TABLE 'fruitshop'.'workinfo' ENGINE = MyISAM ;
```

（7）使用 ALTER TABLE 语句在 extra 字段上创建名为 index_ext 的全文索引，代码如下。

```
ALTER TABLE fruitshop.workinfo ADD FULLTEXT INDEX index_ext(extra) ;
```

（8）查询当前表中起作用的索引，代码如下。

```
EXPLAIN SELECT * FROM fruitshop.workinfo WHERE id=1;
```

上述代码的执行效果如图 7-7 所示。

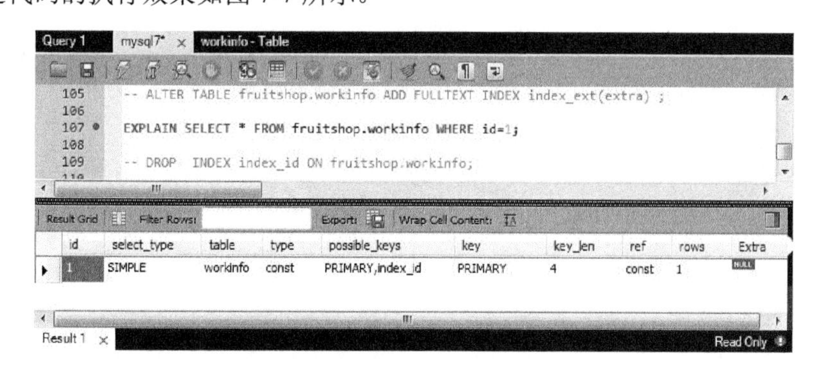

图 7-7　当前表中起作用的索引

（9）删除 workInfo 表的唯一性索引 index_id，代码如下。

```
DROP  INDEX index_id ON fruitshop.workinfo;
```

思考与练习

一、填空题

1．视图的创建使用__________语句。

2．对依赖于多个基本表的视图，不能使用__________语句删除数据。

3．查看名为 school.view 的视图，使用 SHOW __________VIEW school.view。

4．对于空间索引，只有__________存储引擎支持。

二、选择题

1．索引有两种存储类型，包括__________索引和哈希（HASH）索引。

A．A 型树

B．B 型树

C．C 型树

D．D 型树

2．删除视图使用__________关键字。

A．DROP

B．DELETE

C．CREATE

D．UNIQUE

3．下列不属于索引分类的是__________。

A．唯一性索引
B．全文索引
C．ID 索引
D．空间索引

4．创建索引时，ASC 参数表示________。
A．升序排列
B．降序排序
C．单列索引
D．多列索引

5． 下列属于创建索引时使用的语句是________。
A．CREATE VIEW
B．CREATE INDEX
C．CREATE KEY
D．CREATE TABLE

三、简答题

1．简述创建视图的注意事项。
2．简述索引的分类。
3．简单说明索引的设计原理。
4．简单说明创建索引的几种方法。

第 8 章　MySQL 编程

MySQL 是一个关系型数据库管理系统，它将数据保存在不同的表中，而不是将所有的数据放在一个大仓库内，这样可以提高数据的灵活性。MySQL 所使用的 SQL 是用于访问数据库的最常用标准化语言。在前面几章中介绍的与创建数据库、创建数据表、更新数据以及查询数据等有关的语句都是 MySQL 编程的一部分。

本章将介绍一些 MySQL 的基础编程，包括变量、常量、流程控制语句以及自定义函数等内容。MySQL 编程的功能很强大，其他知识会在后续章节中进行介绍。

本章学习要点：

- ❑ 熟悉 MySQL 编程的组成
- ❑ 掌握局部变量的声明
- ❑ 掌握用户变量的定义
- ❑ 了解会话变量和全局变量
- ❑ 了解 MySQL 中的几种常量
- ❑ 掌握 MySQL 中的常用运算符
- ❑ 熟悉表达式的分类
- ❑ 熟悉 MySQL 中的流程控制语句
- ❑ 掌握自定义函数的创建和调用

8.1 MySQL 编程组成

MySQL 和 SQL Server 都使用标准的 SQL 形式，因此，许多用户都会说，MySQL 和 SQL Server 的使用很相似。在 MySQL 编程中，可以将其分为以下 4 类。

1．数据定义语言

数据定义语言（Data Definition Language，DDL）用于执行数据库的任务，对数据库及数据库中的各种对象进行创建（CREATE）、删除（DROP）和修改（ALTER）等操作。数据库对象可以包括表、默认约束、规则、视图、触发器以及存储过程等。不同数据库对象，其执行语句（如 CREATE 和 DROP）的语法形式也不同。

2．数据操作语言

数据操作对象（Data Manipulation Language，DML）用于操纵数据库中的各种对象，检索和修改数据。常用的数据操作语句及其说明如下。

（1）INSERT 语句：用于向已经存在的表或视图中插入新的数据。

（2）SELECT 语句：用于查询表或视图中的数据。

（3）UPDATE 语句：用于更新表或视图中的数据。

（4）DELETE 语句：用于删除表或视图中的数据。

3．数据控制语言

数据控制语言（Data Control Language，DCL）用于安全管理，确定哪些用户可以查看或修改数据库中的数据。数据控制语言包括的主要语句及其说明如下。

（1）GRANT：授予权限，可把语句许可或对象许可的权限授予其他用户和角色。

（2）REVOKE：收回权限，与 GRANT 的功能相反，但不影响该用户或角色从其他角色中作为成员继承许可权限。

4．MySQL 增加的语言元素

MySQL 增加的语言元素并不是 SQL 标准所包含的内容，因此有些资料中可能不会出现该组成。它是为了用户编程的方便所增加的语言元素，这些语言元素包括常量、变量、运算符、函数、流程控制语句和注释等。每个 SQL 语句都以分号（;）结束，并且 SQL 处理器会忽略空格、制表符和回车符。

8.2 变量

根据 MySQL 的使用手册，可以将 MySQL 变量分为系统变量和用户变量两种。其中，系统变量又可以详细分为系统会话变量和系统全局变量。在实际的开发过程中，还可能会使用到局部变量、会话变量等内容。因此，本节分别对局部变量、用户变量、会话变量和系统变量进行介绍。

8.2.1 局部变量

局部变量一般用在 SQL 语句块（如存储过程的 BEGIN 和 END）中。其作用域仅限于该语句块，在该语句块执行完毕后，局部变量就消失了。局部变量一般用 DECLARE 来声明，可以使用 DEFAULT 来说明默认值。

【范例 1】

定义名称为 proc_add 的存储过程，向该存储过程中传入两个 int 类型的参数 a 和 b，代码如下。

```
CREATE PROCEDURE proc_add (in a int,in b int)
   BEGIN
      DECLARE c int DEFAULT 0;
      SET c = a + b;
      SELECT c AS 'Result';
   END;
```

在上述这段代码中，通过 DECLARE 声明的变量 c 就是局部变量。

8.2.2 用户变量

用户变量就是用户定义的变量，这样理解的话，会话变量和全局变量都可以是用户定义的变量，只是它们对当前客户端生效还是对所有客户端生效的区别不同。因此，可以说用户变量包括会话变量和全局变量。用户变量可以被赋值，还可以在后面的其他语句里引用。

用户变量的名称由“@”符号紧随其后的一个标识符组成。用户变量名称可以包含小数点（.）而无须用引号括起来。在 MySQL 5.0 版本之前，用户变量名区分大小写，在 MySQL 5.0 版本之后，用户变量名不再区分大小写。

【范例 2】

用户变量可以在 SET 语句里用“=”或“:=”来赋值，开发者可以在同一条语句里对多个变量进行赋值，代码如下。

```
SET @x=0,@y=2;
SET @color:='red',@size:='small';
SELECT @x,@y,@color,@size;
```

执行上述语句，输出结果如下。

```
+-------+-------+-------+--------+
|   @x  |   @y  | @color| @size  |
+-------+---------+---------+--------+
|   0   |   2   |  red  | small  |
+-------+-------+-------+--------+
```

【范例 3】

用户变量除了可以在 SET 语句里赋值外，还可以在其他语句里用“:=”来赋值。通过 SELECT 语句读取 world 数据库中 city 表的全部记录，通过“:=”将读取的结果赋值给@count 变量，代码如下。

```
SELECT @count:=COUNT(*) FROM city;
```

执行上述语句，输出结果如下。

```
+--------------------------+
|      @count:=COUNT(*)    |
+--------------------------+
|          4079            |
+--------------------------+
```

提示

用户变量可以被赋值为整数、小数、浮点数、字符串或者 NULL 值，还可以通过任意形式的表达式赋值，而表达式里还允许出现其他变量。如果在访问某个用户变量之前没有对它明确赋值，它的值将是 NULL。

用户变量的作用域要比局部变量广。用户变量可以作用于当前整个连接，但是一旦与 MySQL 服务器的连接断开，那么所定义的用户变量将不复存在。

在返回多个数据行的 SELECT 语句里，对变量的赋值操作将依次使用每一个数据行来进行，查询结束时变量值将是来自最后一个结果数据行的值。

【范例 4】

对于字符串类型的用户变量，其字符集和排序方式与赋给它们的字符串相同。首先通过 SET 为变量@s 赋值，然后通过 SELECT 语句查询结果，代码如下。

```
SET @s=CONVERT('abc' USING latin2) COLLATE latin2_czech_cs;
SELECT CHARSET(@s),COLLATION(@s);
```

执行上述语句，输出结果如下。

```
+-------------+-------------------+
| CHARSET(@s) |   COLLATION(@s)   |
+-------------------+-------------+
| latin2      | latin2_czech_cs   |
+-------------+-------------------+
```

用户变量和局部变量有所不同，主要区别如下。

（1）用户变量以“@”符号开头；局部变量没有这个符号。

（2）用户变量使用 SET 语句定义；局部变量使用 DECLARE 语句声明。

（3）用户变量在当前会话中有效；局部变量只在 BEGIN 和 END 语句块之间有效，在该语句块运行完之后，局部变量就消失了。

8.2.3 会话变量

服务器为每个连接的客户端维护一系列会话变量。在客户端连接时，使用相应全局变量的当前值对客户端的会话变量进行初始化。设置会话变量不需要特殊权限，但客户端只能更改自己的会话变量，而不能更改其他客户端的会话变量。会话变量的作用域与用户变量一样，仅限于当前连接。在当前连接断开后，其设置的所有会话变量都会失效。

1. 查看会话变量

用户可以通过以下任意一种方式查看会话变量。

```
SELECT @@var_name;
SELECT @@SESSION.var_name;
SHOW SESSIOIN VARIABLES LIKE '%var%';
```

【范例 5】

下面执行 SHOW SESSION VARIABLES 语句查看所有变量，代码如下。

```
SHOW SESSION VARIABLES;
```

执行上述代码，部分输出结果如下。

```
+----------------------------+-------------------------------+
|        Variable_name       |  Value                        |
+----------------------------+-------------------------------+
|auto_increment_increment    |1                              |
|auto_increment_offset       |1                              |
| autocommit                 |ON                             |
| automatic_sp_privileges    |ON                             |
| back_log                   | 80                            |
....
+----------------------------+-------------------------------+
```

【范例 6】

如果要查看某一个变量的值，那么可以在上述语句后面添加 LIKE 子句，代码如下。

```
SHOW SESSION VARIABLES LIKE 'autocommit';
```

执行上述代码，输出结果如下。

```
+---------------+--------+
| Variable_name | Value  |
+---------------+--------+
| autocommit    | ON     |
+---------------+--------+
```


在范例 6 中，“SHOW SESSION VARIABLES”语句的执行效果等价于以下两种语句的效果。

```
SELECT @@autocommit;
```

或者：

```
SELECT @@SESSION.autocommit;
```

2. 设置会话变量

如果要设置某个会话变量的值时，也可以通过以下任意一种方式。

```
SET SESSION var_name = value;
SET @@SESSION.var_name = value;
SET var_name = value;
```

【范例 7】

首先执行 SET SESSION 语句将 autocommit 变量的值设置为 OFF，然后执行 SELECT @@SESSION 语句查看 autocommit 变量的值，代码如下。

```
SET SESSION autocommit = OFF;
SELECT @@SESSION.autocommit;
```

执行上述代码，输出结果如下。

```
+----------------------+
```

```
| @@SESSION.autocommit |
+----------------------+
|                    0 |
+----------------------+
```

8.2.4 全局变量

全局变量影响服务器整体操作。当服务器启动时，它将所有全局变量初始化为默认值，这些默认值可以在选项文件中或在命令行中指定的选项进行修改。要想更改全局变量，必须具有 SUPER 权限。

全局变量作用于服务器的整个生命周期，但是不能跨重启。即重启后所有设置的全局变量均失效。要想让全局变量重启后继续生效，需要更改相应的配置文件。

1. 查看全局变量

如果要查看系统中的全局变量，可以通过以下任意一种方式。

```
SELECT @@GLOBAL.var_name;
SHOW GLOBAL VARIABLES LIKE '%var%';
```


【范例 8】

下面执行 SHOW GLOBAL VARIABLES 语句查看以 version_开头的全局变量，代码如下。

```
SHOW GLOBAL VARIABLES LIKE 'version_%';
```

执行上述语句，输出结果如下。

```
+-------------------------+------------------------------+
| Variable_name           | Value                        |
+-------------------------+------------------------------+
| version_comment         | MySQL Community Server (GPL)|
| version_compile_machine | x86                          |
| version_compile_os      | Win32                        |
+-------------------------+------------------------------+
```

在上述执行结果中，version_comment 表示在 MySQL 服务器的编译配置阶段利用 configure 的--with—comment 选项给出的一条版本注释。version_compile_machine 表示编译 MySQL 软件时使用的计算机硬件类型，这个值是在 MySQL 的配置阶段确定的。version_compile_os 表示编译 MySQL 软件时使用的操作系统，这个值是在 MySQL 的编译配置阶段确定的。

2. 设置全局变量

如果要更改某一个全局变量的值，也可以使用以下任意一种方式。

```
SET GLOBAL var_name = value;
```

```
SET @@GLOBAL.var_name = value;
```

在上述两行语句中，GLOBAL 都不能省略。根据 MySQL 的学习手册，SET 命令设置变量时若不指定 GLOBAL、SESSION 或 LOCAL，默认使用 SESSION。

> **提示**
> 从 MySQL 5.1.12 版本开始，还可以查看 INFORMATION_SCHEMA 数据库里的 GLOBAL_VARIABLES 和 SESSION_VARIABLES 数据表的办法来获取关于系统变量的信息。如果查看所有的系统变量，可以用 SHOW VARIABLES 语句或通过执行 mysqlamdin variables 命令进行查看。

8.3 常量

常量是指在程序运行过程中，值不可改变的量。一个数字，一个字母，一个字符串等都可以是一个常量。常量相当于数学中的常数，其作用也与数学中的常数类似。常量作为一个不变的数值，参与程序的执行。

MySQL 中提供了多种类型的常量，下面简单介绍一些常用的常量。

8.3.1 字符串常量

字符串是指用单引号或双引号括起来的字符序列，例如，'早上好'和"早上好"都是一个字符串常量。可以将字符串常量分为以下两类。

（1）ASCII 字符串常量是用单引号括起来的，由 ASCII 字符构成的符号串，如'hello'和'How are you! '。

（2）Unicode 字符串常量与 ASCII 字符串常量相似，但它前面有一个 N 标志符（N 代表 SQL-92 标准中的国际语言（National Language））。N 前缀必须为大写。只能用单引号括起字符串，如 N'hello'。

每个 ASCII 字符用一个字节存储，而 Unicode 数据中的每个字符用两个字节存储。

在字符串中不仅可以使用普通的字符，也可使用转义字符。转义字符可以代替特殊的字符，如换行符和退格符。每个转义序列以一个反斜杠（\）开始，指出后面的字符使用转义字符来解释，而不是普通字符。如表 8-1 所示列出了常用的转义字符，并对它们进行说明。

表 8-1 转义字符及其说明

转义字符	说明
\0	ASCII 0（NUL）字符。NUL 与 NULL 不同，NUL 表示一个零值字节，而 NULL 代表没有值
\'	单引号（'）
\"	双引号（"）
\b	退格符

续表

转义字符	说明
\n	换行符
\r	回车符
\t	Tab 字符
\Z	ASCII（26）。在 Windows 中，ASCII 26 代表一个文件的结尾
\\	反斜线（\）字符
\%	%字符。参见表后面的注解
_	一个"_"符。它用于在正文中搜索"_"的文字实例，否则这里"_"将解释为一个通配符

8.3.2 数值常量

数值常量可以分为整数常量和浮点数常量。整数常量即不带小数点的十进制数，例如+1453、20 和–2147483648 等。浮点数常量是使用小数点的数值常量，例如，-5.34、1.5E6 和 0.5E-2 等。

8.3.3 十六进制常量

MySQL 支持十六进制值。一个十六进制值通常指定为一个字符串常量，每对十六进制数字被转换为一个字符，其最前面有一个大写字母 X 或小写字母 x。在引号中只可以使用数字 0～9 及字母 a～f 或 A～F。

十六进制数值不区分大小写，其前缀"X"或"x"可以被"0x"取代而且不用引号。即 X'41'可以替换为 0x41，其中"0x"中 x 一定要小写。

注 意

十六进制值的默认类型是字符串。如果想要确保该值作为数字处理，可以使用 cast()函数。如果要将一个字符串或数字转换为十六进制格式的字符串，可以用 hex()函数。

8.3.4 日期时间常量

用单引号将表示日期时间的字符串括起来就是日期时间常量。例如，'2008-05-12 14:28:24:00'就是一个合法的日期时间常量。

日期型常量包括年、月、日，数据类型为 DATE，表示为'2000-12-12'这样的值。时间型常量包括小时数、分钟数、秒数和微秒数，数据类型为 TIME，表示为'15:25:43.00013'。MySQL 还支持日期/时间的组合，数据类型为 DATETIME，表示为'2000-12-12 15:25:43'。

注 意

MySQL 是按照年-月-日的顺序表示日期的，中间的间隔符"-"也可以使用其他特殊符号（如"%"、"@"或"\"）表示。另外，日期时间常量的值必须符合日期和时间的标准，如"2014-02-31"则是不合法的日期时间常量。

8.3.5 其他常量

除了前面 4 节介绍的常量外，MySQL 中还包含位字段值、布尔值和 NULL 值三种类型的常量。

1. 位字段值常量

位字段值使用字母 b 和由单引号引起来的数值表示，如 b'value'。其中,value 是一个用 0 和 1 写成的二进制值。直接显示 b'value'的值可能是一系列特殊的符号，如 b'0'显示为空白；b'1'显示为一个笑脸图标。

使用 BIN()函数可以将位字段常量显示为二进制格式。使用 OCT()函数可以将位字段常量显示为数值型格式。

【范例 9】

下面分别使用 BIN()函数和 OCT()函数将位字段常量转换为二进制格式和数值型格式。

```
SELECT BIN(b'111101'+0) AS '二进制格式',OCT(b'111101'+0) AS '数值型格式';
```

执行上述语句，输出结果如下。

```
+----------------+---------------+
| 二进制格式       | 数值型格式      |
+----------------+---------------+
| 111101         | 75            |
+----------------+---------------+
1 row in set (0.07 sec)
```

2. 布尔值常量

布尔值只包含 true 和 false 两个取值，其中 true 表示真，数字值为 1；false 表示假，数字值为 0。开发者可以直接执行“SELECT true,false”语句获取 true 和 false 对应的数字值。

3. NULL 值常量

NULL 值可适用于各种列类型，它通常用来表示“没有值”、“无数据”等意义，并且与数字类型的“0”或字符串类型的空字符串不同。

8.4 运算符和表达式

运算符是一种符号，用来指定要在表达式中执行的操作。简单来说，运算符就是参数运算的符号。大体来分，可以将 MySQL 中的运算符分为算术运算符、比较运算符、逻辑运算符和位运算符。

8.4.1 算术运算符

算术运算符在两个表达式上执行数学运算，这两个表达式可以是任何数据类型。算术运算符有+（加）、-（减）、*（乘）、/（除）和%（求模）5 种运算，说明如表 8-2 所示。

表 8-2 算术运算符

算术运算符	说明
+	加法，用于获得一个或多个值的和
-	减法，用于从一个值中减去另一个值
*	乘法，使数字相乘，得到两个或多个值的乘积
/	除法，返回商，用一个值除以另一个值得到商
%	求模，返回余数，用一个值除以另外一个值得到余数

警告

在对数值进行除法和求模运算时，除数不能为 0，如果为 0，那么 MySQL 计算的结果将返回 NULL。

【范例 10】

分别对不同的数值进行加、减、乘、除、求余运算，代码如下。

```
SELECT 3+2 AS '相加',3-20 AS '相减',10*34 AS '正数相乘',-20*-15 AS '负数相乘',100/30 AS '对 30 求商',100/0 AS '对 0 求商',100%3 AS '对 3 求模',30%0 AS '对 0 求模';
```

执行上述代码，输入结果如下。

```
----- + ---- + ------ + ---------+ ------- + ------ + ------ + ----- +
| 相加 | 相减 | 正数相乘 | 负数相乘 | 对30求商 | 对0求商| 对3求模 |对0求模 |
-------+ -----+ -------+ ------- + --------+ ------ + ------ + ----- +
| 5    | -17  | 340    | 300     | 3.3333  | NULL   | 1      | NULL   |
------ + -----+ ------ + ------- + ------- + ------ + ------- + -------+
```

8.4.2 逻辑运算符

逻辑运算符也叫布尔操作符，它们用来测试表达式是否成立（成立为真，不成立为假）。在 MySQL 中，如果逻辑运算符的求值结果为真，则返回 1；如果为假，则返回 0。逻辑运算符把非零、非 NULL 操作数解释为真，把 0 操作数解释为假。

在 MySQL 中，提供了 4 种逻辑运算符，下面分别对它们进行介绍。

1. AND 或“&&”运算符

在 MySQL 中，AND 或“&&”表示逻辑与运算。所有操作数不为 0 且不为空值（NULL）

时，结果返回 1；存在任何一个操作数为 0 时，结果返回 0；存在一个操作数为 NULL 且没有操作数为 0 时，结果返回 NULL。

AND 可以有多个操作数同时进行与运算，其基本形式为“x1ANDx2ANDxn”；“&&”也可以有多个操作符同时进行与运算，其基本形式为“x1&&x2&&...&&xn”。

【范例 11】

下面的代码使用 AND 和“&&”查询结果。

```
SELECT  (2=2)AND(100>900),('a'='a')  AND  ('c'<'d'),  -1&&2&&3,0&&NULL,
3&&NULL;
```

执行上述语句，输出结果如下。

```
+-----------------+--------------------+-------+-------+-------+
| (2=2)AND(100>900)|('a'='a')AND('c'<'d')|-1&&2&&3|0&&NULL|3&&NULL|
+-----------------+--------------------+-------+-------+-------+
|                0  |                    1    |  1     |     0 |   NULL|
+-----------------+--------------------+-------+-------+-------+
```

在上述结果中，(2=2)AND(100>900)中存在操作数 0，所以结果返回 0；('a'='a')AND('c'<'d')中不存在操作数 0 且没有 NULL 值，所以结果返回 1；-1&&2&&3 中既不存在操作数 0，也不存在 NULL 值，所以结果返回 1；0&&NULL 中存在一个操作数 0，所以返回结果 0；3&&NULL 中存在一个操作数为 NULL，且没有操作数 0，所以结果返回 NULL。

2. OR 或||运算符

在 MySQL 中，OR 或“||”表示逻辑或运算。所有操作数中存在任何一个操作数不为非 0 的数字时，结果返回 1；如果操作数中不包含非 0 的数字，但包含 NULL 时，结果返回 NULL；如果操作数中只有 0 时，结果返回 0。

【范例 12】

重新更改范例 11 中的代码，将 AND 替换成 OR，将“&&”替换成“||”，代码如下。

```
SELECT (2=2)OR(100>900),('a'='a')OR('c'<'d'), -1||2||3,0||NULL,3||NULL;
```

执行上述代码，输出结果如下。

```
+---------------+-------------------+---------+----------+--------+
|(2=2)OR(100>900)|('a'='a')OR('c'<'d')|-1||2||3 |0||NULL     |3||NULL|
+---------------+-------------------+---------+----------+--------+
|              1 |                 1     |        1 |     NULL |     1  |
+---------------+-------------------+---------+----------+--------+
```

3. NOT 或“!”运算符

在 MySQL 中，NOT 或“!”表示逻辑非运算符。通过非运算符，将返回与操作数相反的结果。如果操作数是非 0 的数字，结果返回 0；如果操作是 0，结果返回 1；如果操作数是 NULL，结果返回 NULL。

【范例 13】

下面的代码演示 NOT 和“!”的使用。

```
SELECT NOT 100,!200,NOT(100>2),!NULL,!('1'='2'),!-2;
```

执行上述语句，输出结果如下。

```
+ ------- + ------+ ------------+ ------- + -------- + ------ +
| NOT 100 | !200   | NOT(100>2)  | !NULL   | !('1'='2')| !-2    |
+ --------+ -------+ -----------+ ------- + ----------+ ------+
| 0        | 0      | 0           | NULL    | 1          | 0      |
+ --------+ -------+ -----------+ --------+ ----------+ ------+
```

在上述代码中，由于 100 和 200 都是非 0 的数字，所以使用 NOT 和!的结果返回 0；由于 100>2 的结果为真（即 1），所以使用 NOT 时的结果返回 0；由于'1'='2'的结果为假（即 0），所以使用!时的结果返回 1；由于-2 是非 0 的数字，所以使用!时的结果返回 0。

4．XOR 运算符

在 MySQL 中，XOR 表示逻辑异或运算。异或运算符 XOR 的基本形式为“x1 XOR x2”。只要其中任何一个操作数为 NULL 时，结果返回 NULL；如果 x1 和 x2 都是非 0 的数字或者都为 0 时，结果返回 0；如果 x1 和 x2 中一个是非 0，另一个是 0 时，结果返回 1。

【范例 14】

下面的代码演示 XOR 运算符的使用。

```
SELECT NULL XOR 1,NULL XOR 0,3 XOR 1,1 XOR 0,0 XOR 0,3 XOR 2 XOR 0 XOR 1;
```

执行上述语句，输出结果如下。

```
+-----------+-----------+--------+-------+-------+-------------------+
| NULL XOR 1| NULL XOR 0|3 XOR 1 | 1 XOR 0|0 XOR 0|3 XOR 2 XOR 0 XOR 1|
+-----------+-----------+--------+-------+-------+-------------------+
|      NULL |      NULL |       0 |      1 |     0 |                  1 |
+-----------+-----------+--------+-------+-------+-------------------+
```

提示

在 MySQL 中进行异或运算时，所有大于-1 小于 1 的数字都被视为逻辑 0，其他数字被视为逻辑 1。如果两个操作数同为逻辑 0，或者同为逻辑 1 时，结果返回 0；如果两个操作数一个是逻辑 0，另一个是逻辑 1，结果返回 1。简单来说，就是逻辑相同时，返回 0；逻辑不同时，返回 1。

8.4.3 比较运算符

比较运算符是查询数据时常用的一种运算符，SELECT 语句中的条件语句经常要使用比较运算符。通过这些比较运算符，可以判断出表中的哪些记录是符合条件的。一个比较运算的结果总是 1（真）、0（假）或为 NULL（不能确定）。如表 8-3 所示列出了常用的比较运算符，并对它们进行说明。

表 8-3　比较运算符

比较运算符	表达式的形式	说明
=	x1=x2	判断 x1 是否等于 x2
<>或!=	x1<>x2 或 x1!=x2	判断 x1 是否不等于 x2
<=>	x1<=>x2	判断 x1 是否等于 x2。NULL 安全的等于（NULL-safe）
<	x1<x2	判断 x1 是否小于 x2
<=	x1<=x2	判断 x1 是否小于等于 x2
>	x1>x2	判断 x1 是否大于 x2
>=	x1>=x2	判断 x1 是否大于等于 x2
BETWEEN AND	x1 BWTWEEN m AND n	判断 x1 的取值是否落在 m 和 n 之间
IN	x1 IN(值 1,值 2,…,值 n)	判断 x1 的取值是否是值 1 到值 n 中的一个
IS NULL	x1 IS NULL	判断 x1 是否等于 NULL
IS NOT NULL	x1 IS NOT NULL	判断 x1 是否不等于 NULL
LIKE	x1 LIKE 表达式	判断 x1 是否与表达式匹配
REGEXP 或 RLIKE	x1 REGEXP 正则表达式	判断 x1 是否与正则表达式匹配

在表 8-3 中列出了 MySQL 中常用的比较运算符，下面对部分比较运算符进行详细的解释说明。

1. “<>”和“!=”运算符

“<>”和“!=”可以用来判断数字、字符串、表达式等是否不相等。如果不相等，结果返回 1；如果相等，结果返回 0。

【范例 15】

下面的代码演示“<>”和“!=”运算符的使用。

```
USE sakila;
SELECT city_id,city_id<>23,city_id!=23,city_id!=251,city_id!=NULL FROM
city LIMIT 1;
```

执行上述语句，输出结果如下。

```
+ --------+ ----------- + ---------- + ------------ + ------------- +
| city_id | city_id<>23 | city_id!=23 | city_id!=251 | city_id!=NULL |
+ --------+ ------------+ ------------+------------- + --------------+
| 251     | 1           | 1           | 0            |               |
+ --------+ -----------+ -------------+ -------------+ --------------+
```

从上述结果中可以看出，两个操作数不相等时返回 1，两个操作数相等时返回 0。用来判断 NULL 值时，结果返回仍然为 NULL。

2．“<=>”运算符

“<=>”的作用与“=”是一样的，也是用来判断操作数是否相等。不同的是，“<=>”可以用来判断 NULL。

【范例 16】

下面的代码演示“<=>”和“=”的使用。

```
SELECT    city_id,city_id<=>23,city_id<=>NULL,city_id=251,city_id=NULL
FROM city LIMIT 1;
```

执行上述语句，输出结果如下。

```
+ -------+-----------+-------------+----------+------------+
| city_id|city_id<=>23|city_id<=>NULL|city_id=251|city_id=NULL|
+--------+-----------+-------------+----------+------------+
| 251    | 0         | 0           | 1        | NULL       |
+--------+-----------+-------------+----------+------------+
```

从上述结果中可以看出，两个操作数相等时返回 1；两个操作数不等时返回 0。如果用户要判断“NULL<=>NULL”时，结果返回 1，因为两者是相等的。

3．IS NULL 运算符

IS NULL 用来判断操作数是否为空值。如果操作数为 NULL，结果返回 1；操作数不为 NULL 时，结果返回 0。IS NOT NULL 的含义与 IS NULL 相反。

【范例 17】

下面的代码演示 IS NULL 和 IS NOT NULL 的使用。

```
SELECT city_id,city_id IS NULL,city_id IS NOT NULL FROM city LIMIT 1;
```

执行上述语句，输出结果如下。

```
+ ----------+ ----------------+ -------------------+
| city_id   | city_id IS NULL | city_id IS NOT NULL |
+ ----------+ ----------------+ -------------------+
| 251       | 0               | 1                   |
+ ----------+ ----------------+ ------------------- +
```

注意

“=”、“<>”、“!=”、“>”、“>=”、“<”和“<=”等操作都不能用来判断空值。一旦使用，结果将返回 NULL。如果需要判断一个值是否为空值，可以使用“<=>”、IS NULL 和 IS NOT NULL 来判断。NULL 和'NULL'是不一样的，后者表示一个由 4 个字母组成的字符串。

4．BETWEEN AND 运算符

BWTWEEN AND 可以判断操作数是否落在某个取值范围内。在表达式 x1

BWTWEEN m AND n 中，如果 x1 大于等于 m，而且小于等于 n，结果将返回 1；如果不是，结果将返回 0。

【范例 18】

下面的代码演示 BWTWEEN AND 的使用。

```
SELECT city_id,city_id BETWEEN 1 AND 200,city_id BETWEEN 201 AND 400 FROM
city LIMIT 1;
```

执行上述语句，输出结果如下。

```
+ ---------+-------------------------+ ---------------------------+
| city_id  | city_id BETWEEN 1 AND 200  | city_id BETWEEN 201 AND 400 |
+ ---------+-------------------------+---------------------------+
| 251      | 0                        | 1                           |
+ ---------+ -------------------------+ ---------------------------+
```

8.4.4 位运算符

位运算符是在二进制数上进行计算的运算符。位运算会先将操作数变成二进制数，然后进行位运算，最后再将计算结果从二进制数变回十进制数。在 MySQL 中支持 6 种位运算符，如表 8-4 所示。

表 8-4 位运算符

位运算符	说明
&	按位与
|	按位或
~	按位取反
^	按位异或
>>	按位右移
<<	按位左移

下面分别对表中的“&”和“>>”运算符进行讲解。

1. “&”运算符

在 MySQL 中，“&”运算符表示按位与。进行该运算时，数据库系统会先将十进制的数转换为二进制的数。然后对应操作数的每个二进制位上进行与运算。1 和 1 相与得 1，与 0 相与得 0。在运算完成后再将二进制数变回十进制数。

【范例 19】

下面的代码演示了“&”运算符的使用。

```
SELECT 5&6,5&6&7;
```

执行上述语句，输出结果如下。

```
+ ------+ --------+
| 5&6   | 5&6&7  |
+ ------+ --------+
| 4     | 4       |
+ ------+ --------+
```

以“5&6”为例进行介绍，5 的二进制数为 101，6 的二进制数为 110。两个二进制数的对应位上进行与运算，得到的结果为 100。然后将二进制数 100 转换为十进制数，结果即为 4。在“5&6&7”中，先将“5&6”进行计算，得到结果 4，然后再将 4 与 7 进行按位与运算，最后将得到的结果转换为十进制。

2. “>>”运算符

“>>”表示按位右移。“m>>n”表示 m 的二进制数向右移 n 位，左边补上 n 个 0。如二进制数 011 右移 1 位后变成 001，最后一个 1 被直接移出。

【范例 20】

下面是使用“>>”运算符的示例。

```
SELECT 9>>3, 3>>2;
```


执行上述语句，输出结果如下。

```
+ -------+ -------+
| 9>>3    | 3>>2   |
+ -------+ -------+
| 1       | 0      |
+ -------+ ------+
```

在范例 20 中，9 的二进制数为 1001，右移三位后变成 0001（即 1），这个数转换为十进制数为 1。3 的二进制数为 11，右移两位变成 0，这个数转换 0 十进制数为 0。

提示

位运算都是在二进制数上进行的，用户输入的操作数可能是十进制数，数据库系统在进行位运算之前会将其转换为二进制数。等位运算完成后，再将这些数字转换为十进制数。而且，位运算都是对应位上运算，如数 1 的第一位只与数 2 的第一位进行运算，数 1 的第二位只与数 2 的第二位进行运算。

8.4.5 运算符的优先级

当一个复杂的表达式有多个运算符时，MySQL 不一定按照它们出现的次序处理它们，而是有它自己的关于哪个运算符比其他运算符有优先级的规则集。如表 8-5 所示列出了 MySQL 支持的所有运算符的优先级。

表 8-5　运算符的优先级别

<table>
<tr><th>优先级别</th><th>运算符</th></tr>
<tr><td>1</td><td>!</td></tr>
<tr><td>2</td><td>~</td></tr>
<tr><td>3</td><td>^</td></tr>
<tr><td>4</td><td>*、/、DIV、%、MOD</td></tr>
<tr><td>5</td><td>+、-</td></tr>
<tr><td>6</td><td>>>、<<</td></tr>
<tr><td>7</td><td>&</td></tr>
<tr><td>8</td><td>|</td></tr>
<tr><td>9</td><td>=、<=>、<、<=、>、>=、!=、<>、IN、IS NOT、LIKE、REGEXP</td></tr>
<tr><td>10</td><td>BETWEEN AND、CASE、WHEN、THEN、ELSE</td></tr>
<tr><td>11</td><td>NOT</td></tr>
<tr><td>12</td><td>&&、AND</td></tr>
<tr><td>13</td><td>||、OR、XOR</td></tr>
<tr><td>14</td><td>:=</td></tr>
</table>

在表 8-5 中，优先级从上到下依次降低。同一行中的优先级相同，优先级相同时，表达式左边的运算符优先计算。如果在实际操作过程中使用到括号，那么优先计算括号里面的内容。

8.4.6　了解表达式

表达式是常量、变量、列名、运算符以及函数等内容的组合。一个表达式通常可以得到一个值。与常量和变量一样，表达式的值也具有某种数据类型，可能的数据类型有字符类型、数值类型、日期时间类型。因此，根据表达式的值类型，可以将其分为字符型表达式、数值型表达式和日期型表达式。

表达式还可以根据值的复杂性来分类：当表达式的结果只是一个值，如一个数值、一个单词或一个日期时，这种表达式叫作标量表达式。例如，1+2 和'a'>'b'。当表达式的结果是由不同类型数据组成的一行值时，这种表达式叫作行表达式。例如，('20140001', '张小阳', '高级护理')。当表达式的结果为 0 个、1 个或多个行表达式的集合时，那么这种表达式就叫作表表达式。

表达式按照形式还可分为单一表达式和复合表达式。单一表达式就是一个单一的值，如一个常量或列名。复合表达式是由运算符将多个单一表达式连接而成的表达式。例如，1+2+3，a=b+10 和'2008-01-20'+INTERVAL 2 MONTH 等。

8.5　流程控制语句

MySQL 数据库与 SQL Server 数据库一样，都可以使用到流程控制语句。MySQL 中的流程控制语句与 SQL Server 很相似，下面简单进行介绍。

8.5.1 IF 条件语句

条件语句用于选择性地执行某些操作。例如，某小学三年一班的同学计划本周六去郊游，但是如果下雨，那么将取消这次计划，这时就可以用到条件语句。条件语句通常定义一个表达式，根据表达式的结果来执行不同的语句。

1. IF 语句的基本语法

IF 语句相当于一个三目运算符，给出一个条件语句和两个结果，若条件成立，则返回结果 1，否则返回结果 2。基本语法如下：

```
IF(条件, 结果1, 结果2)
```

上述 IF 语句适用于二选一的情况。例如，当指定字段不为空时，则返回字段的值，否则返回错误提示。

【范例 21】

查询 sakila 数据库中 address 表的前 5 条记录，显示 address_id 字段和 postal_code 字段的值。当 postal_code 字段的值为空字符串时，显示字符串“Nothing”，否则显示当前字段的值，代码如下。


```
USE sakila;
SELECT address_id,IF(postal_code='','Nothing',postal_code) FROM address
WHERE address_id LIMIT 5;
```

执行上述语句，输出结果如下。

```
+ ---------------+ ------------------------------------------+
| address_id     | IF(postal_code='','Nothing',postal_code)    |
+ ---------------+ ------------------------------------------+
| 1              | Nothing                                     |
| 2              | Nothing                                     |
| 3              | Nothing                                     |
| 4              | Nothing                                     |
| 5              | 35200                                       |
+ ---------------+ ------------------------------------------+
```

2. 存储过程 IF 语句的语法

IF 语句可以在存储过程中使用，但是它的语法与上述语法有所不同。语法格式如下：

```
IF search_condition THEN statement_list
   [ELSEIF search_condition THEN statement_list] …
   [ELSE statement_list]
END IF
```

其中，search_condition 表示搜索表达式条件，如果值为真，相应的 SQL 语句列表被执行。如果没有 search_condition 匹配，在 ELSE 子句里的语句列表被执行，statement_list 可以包含一个或多个语句。关于存储过程，会在后面章节中进行介绍。

8.5.2 CASE 条件语句

IF 语句适用于二选一的情况，如果提供多个选择时，再使用 IF 语句就不合适了，这时可以使用 CASE 语句。CASE 提供多种结果选择一种的情况，根据字段的值，显示不同的结果。语法如下：

```
CASE 字段名称
    WHEN 值1 THEN 结果1
    WHEN 值2 THEN 结果2
    WHEN 值N THEN 结果N
ELSE 默认结果
END [AS 字段别名]
```

在上述语法中，如果字段名称满足值 1 的情况，那么显示结果 1；如果满足值 2 的情况，那么显示结果 2；如果都不满足，则显示 ELSE 子句后的默认结果。以 END 结束，如果有需要，可以通过 AS 为字段设置别名。

【范例 22】

首先执行以下 SELECT 语句查看 address 表中第 4 条到第 9 条记录。

```
USE sakila;
SELECT address_id,postal_code FROM address WHERE address_id LIMIT 3,5;
```

执行上述语句，输出结果如下。

```
+ -------------+ -------------+
| address_id    | postal_code   |
+ ------------------ + ------+
| 4             | NULL          |
| 5             | 35200         |
| 6             | 17886         |
| 7             | 83579         |
| 8             | 53561         |
+ ------------+ -------------+
```

执行新的 SELECT 语句，通过 CASE 进行判断，当 postal_code 字段的值为空字符串时，结果返回“450000”；当 postal_code 字段的值为“35200”时，结果返回“352**”；当 postal_code 字段的值为“17886”时，结果返回“17886_S”，否则显示“So”，代码如下。

```
SELECT address_id,CASE postal_code
    WHEN '' THEN '450000'
    WHEN '35200' THEN '352**'
    WHEN '17886' THEN '17886_S'
```

```
    ELSE 'So'
    END AS 'CASE判断结果'
FROM address WHERE address_id LIMIT 3,5;
```

执行上述语句，输出结果如下。

```
+ -------------+ -----------------+
| address_id   | CASE判断结果     |
+ -------------+ -----------------+
| 4            | 450000           |
| 5            | 352**            |
| 6            | 17886_S          |
| 7            | So               |
| 8            | So               |
+ -------------+ -----------------+
```

与 IF 条件语句一样，存储过程中也可以使用 CASE 语句，它的语法与上述语法也有所不同。第一种语法如下：

```
CASE case_value
    WHEN when_value THEN statement_list
    [WHEN when_value THEN statement_list] …
    [ELSE statement_list]
END CASE
```


第二种语法如下：

```
CASE
    WHEN search_condition THEN statement_list
    [WHEN search_condition THEN statement_list] …
    [ELSE statement_list]
END CASE
```

8.5.3 循环语句

除了条件语句外，在 MySQL 中还经常会用到循环语句，循环语句可以在函数、存储过程或者触发器等内容中使用。每一种循环都是重复执行的一个语句块，该语句块可包括一条或多条语句。循环语句有多种形式，MySQL 中只有 WHILE、REPEAT 和 LOOP 三种。

1. WHILE 循环语句

WHILE 循环语句以 WHILE 开始，以 END WHILE 语句结束。基本语法如下：

```
[begin_label:] WHILE search_condition DO
    statement_list
END WHILE [end_label]
```

在上述语法中，WHILE 语句内的语句块被重复执行，直至 search_condition 表达式为假。只有 begin_label 语句存在，end_label 语句才能被用；如果两者都存在，它们必须是相互匹配的。

2. REPEAT 循环语句

使用 REPEAT 循环语句时，首先执行其内部的循环语句块，在语句块的一次执行结束时判断表达式是否为真，如果为真则停止循环，执行下面的语句；否则重复执行其内部语句块。REPEAT 在语句块执行的最后提供表达式，判断是否再次执行该语句块，这一点与 WHILE 语句相反。基本语法如下：

```
[begin_label:] REPEAT
    statement_list
UNTIL search_condition
END REPEAT [end_label]
```

3. LOOP 循环语句

LOOP 语句与 WHILE 语句的相似之处在于：它们都不需要初始条件。与 REPEAT 语句相似之处在于：它们都不需要结束条件。LOOP 语句的基本语法如下：

```
[begin_label:] LOOP
    statement_list
END LOOP [end_label]
```


LOOP 语句允许其内部语句块的重复执行，实现一个简单的循环构造。在循环内的语句一直重复执行，直到循环被退出，退出通常伴随着一个 LEAVE 语句。

注意

由于 LOOP 循环没有初始条件和结束条件，因此需要使用 LEAVE 语句来结束循环，否则将不断重复执行下去，引发错误。而 LEAVE 语句通常和条件语句结合，当执行使得条件表达式为真，则结束循环。

【范例 23】

创建名称为 pro 的存储过程，在该存储中使用 LOOP 循环语句，代码如下。

```
DELIMITER $$
CREATE PROCEDURE pro()
BEGIN
    DECLARE num int DEFAULT 1;
    label1: LOOP
        IF num < 6 THEN                        //判断 num 变量的值是否小于 6，如果是
            SELECT num;                        //查询 num 变量的值
            SET num = num+1;                   //设置 num 变量的值
            ITERATE label1;                    //循环迭代 label1 标记的内容
        END IF;
    LEAVE label1;
    END LOOP label1;
```

```
END$$
DELIMITER
```

8.6 自定义函数

自定义列函数就是用户根据自己的需要进行定义的函数。在实际的开发应用中，用户通常需要自定义函数，下面简单介绍一下自定义函数。

8.6.1 自定义函数语法

自定义函数时可以定义一次作用于一行的简单函数，也可以定义作用于多行的组的集合函数。自定义函数需要使用 CREATE FUNCTION 关键字，语法如下：

```
CREATE FUNCTION function_name([func_parameter[,…]])
RETURNS type
BEGIN
    //函数实现的语句
END
```


上述语法说明如下。

（1）function_name：自定义函数的名称。

（2）func_parameter：表示自定义函数的参数列表。这些参数都是输入参数，运算结果通过 RETURN 语句进行返回，并且该语句只能返回一个结果。

（3）RETURNS type：指定返回值的类型，可以是字符串，也可以是整数，还可以是其他类型。

（4）BEGIN 和 END：分别标记 SQL 代码的开始和结束。

【范例 24】

通过 CREATE FUNCTION 定义名称为 SayHello 的函数，向该函数中传入一个 VARCHAR(50)类型的 name 参数，并且该函数返回 VARCHAR(100)类型，代码如下。

```
DELIMITER $$
CREATE FUNCTION SayHello(name VARCHAR(50))
RETURNS VARCHAR(100)
BEGIN
    RETURN CONCAT(name,'说：很高兴认识大家');
END
```

【范例 25】

自定义函数时可以传入一个或多个参数，也可以不传入任何参数。在函数中可以使用条件语句或循环语句，如向自定义函数中添加 WHILE 循环语句，它用于计算 10 以内（包括 10）的所有整数的和，代码如下。

```
DELIMITER $$
CREATE FUNCTION func_result()
```

```
RETURNS INTEGER
BEGIN
    DECLARE num int DEFAULT 1;
    DECLARE sum int DEFAULT 0;
    WHILE num<=10 DO
        SET sum = sum + num;
        SET num = num + 1;
    END WHILE;
RETURN sum;
END
```

8.6.2 调用自定义函数

创建自定义函数就是为了调用，如果只创建不调用，则显得毫无意义。调用自定义函数时通常使用 SELECT 语句，在该 SELECT 之后跟函数即可。

【范例 26】

调用范例 24 创建的 SayHello()函数，并向该函数中传入一个参数，代码如下。

```
SELECT SayHello('徐一龙');
```

执行上述语句，输出结果如下。

```
+ ---------------------+
| SayHello('徐一龙')    |
+ ---------------------+
| 徐一龙说：很高兴认识大家 |
+ ---------------------+
```

【范例 27】

如果自定义函数没有任何参数，那么在调用时也需要带上括号，否则会提示出错。下面的代码调用 func_result()函数。

```
SELECT func_result();
```

执行上述语句可以发现，最终的输出结果为：55。

8.6.3 操作自定义函数

创建自定义函数完成后，开发者可以对其进行修改、查看和删除等操作，下面简单介绍如何查看自定义函数和删除自定义函数。

1．查看自定义函数

开发者可以通过执行相关的语句查看自定义函数的相关信息，也可以查看数据库的所有自定义函数。SHOW CREATE FUNCTION 返回预先指定的存储过程的创建文本。SHOW FUNCTION STATUS 返回一个预先指定的存储函数的特性列表，包括名称、类型、建立者、建立日期，以及更改日期。

【范例 28】

下面的代码通过 SHOW CREATE FUNCION 查看 SayHello()函数的信息。

```
USE sakila;
SHOW CREATE FUNCTION SayHello;
```

执行上述语句，输出结果如图 8-1 所示。

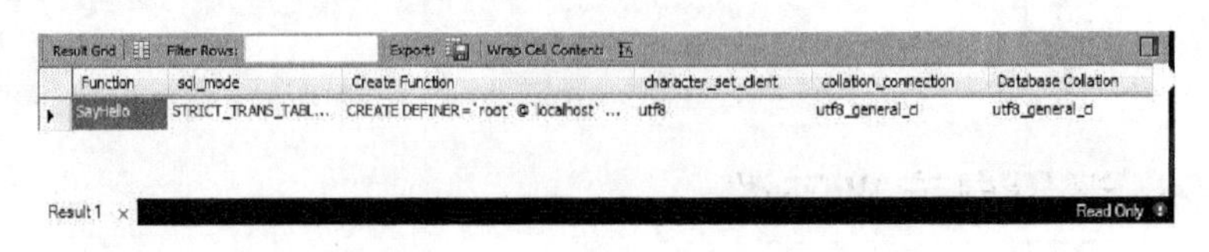

Function	sql_mode	Create Function	character_set_client	collation_connection	Database Collation
SayHello	STRICT_TRANS_TABL...	CREATE DEFINER='root'@'localhost' ...	utf8	utf8_general_ci	utf8_general_ci

图 8-1 执行 SHOW CREATE FUNCTION 语句

【范例 29】

下面的代码通过 SHOW FUNCTION STATUS 返回预先指定的存储函数的特性列表。

```
USE sakila;
SHOW FUNCTION STATUS;
```

执行上述语句，输出结果如图 8-2 所示。

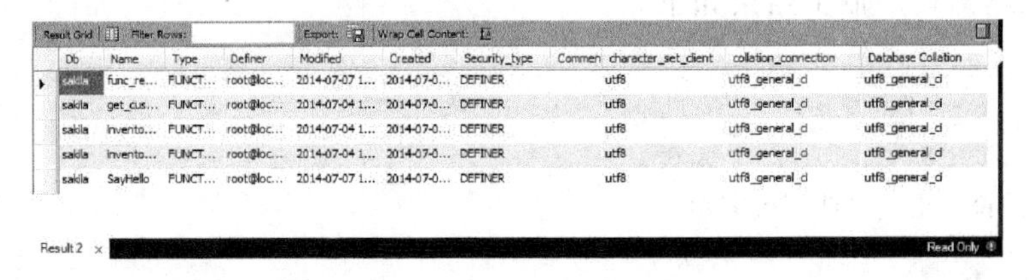

Db	Name	Type	Definer	Modified	Created	Security_type	Commen	character_set_client	collation_connection	Database Collation
sakila	func_re...	FUNCT...	root@loc...	2014-07-07 1...	2014-07-0...	DEFINER		utf8	utf8_general_ci	utf8_general_ci
sakila	get_cus...	FUNCT...	root@loc...	2014-07-04 1...	2014-07-0...	DEFINER		utf8	utf8_general_ci	utf8_general_ci
sakila	invento...	FUNCT...	root@loc...	2014-07-04 1...	2014-07-0...	DEFINER		utf8	utf8_general_ci	utf8_general_ci
sakila	invento...	FUNCT...	root@loc...	2014-07-04 1...	2014-07-0...	DEFINER		utf8	utf8_general_ci	utf8_general_ci
sakila	SayHello	FUNCT...	root@loc...	2014-07-07 1...	2014-07-0...	DEFINER		utf8	utf8_general_ci	utf8_general_ci

图 8-2 执行 SHOW FUNCTION STATUS 语句

如果要查看某一个自定义函数的基本信息，可以在该语句之后添加 LIKE 子句，代码如下。

```
SHOW FUNCTION STATUS LIKE 'inventory%';
```

重新执行上述语句查看效果，具体的效果图不再显示。

2. 删除自定义函数

删除自定义函数时需要使用 DROP FUNCTION 语句，在该语句后面跟自定义函数的名称即可。语法如下：

```
DROP FUNCTION sp_name;
```

【范例 30】

删除前面创建的 SayHello()函数，代码如下。

```
DROP FUNCTION SayHello;
```

提 示

本节介绍的自定义函数的创建、删除和查看都是通过语句的方式完成的。实际上，除了这种方式外，还可以通过图形界面进行创建、修改、查看和删除等多个操作，这里不再详细说明。

8.7 实验指导——操作数据表中的数据

在本节实验指导之前，已经详细介绍了 MySQL 中的变量、常量、运算符、表达式、流程控制语句以及自定义函数等多个知识。本节将前面的知识点结合起来，实现一个比较连贯的操作，步骤如下。

（1）在 test 数据库下创建表示商品信息的 product 数据表，该表包含 proNo（商品编号，主键，不能为空）、proName（商品名称，不能为空）、proOldPrice（原价，不能为空）、proDisPrice（折扣价，不能为空）、proPubDate（上市日期）、proExpMonth（保质期，以月为单位）、proNnit（单位）和 proPlace（产地）等多个字段。

（2）向 product 数据表中添加多条数据，执行 SELECT 语句查询 product 表中的全部数据，如图 8-3 所示。

proNo	proName	proOldPrice	proDisPrice	proPubDate	proExpMonth	proUnit	proPlace
No1001	农夫山泉150ml	2	1.8	2014-06-15 00:00:00	12	瓶	浙江
No1002	统一绿茶	3	2.5	2014-06-16 00:00:00	12	瓶	
No1003	小神童	2	2	2014-07-05 00:00:00	12	块	
No1004	达利园 2.5kg蛋黄派	120	60	2014-04-26 00:00:00	18	盒	NULL
No1005	好想你红枣500g	128	65	2014-02-27 00:00:00	3	袋	NULL
No1006	好想你野酸味枣280g*5袋	150	125	2014-07-01 00:00:00	3	袋	
No1007	乡巴佬鸡蛋	2	1.5	2014-07-01 00:00:00	6	个	
NULL	NULL	NULL	NULL	NULL	NULL	NULL	NULL

图 8-3 product 表中的全部数据

（3）从 product 表中查询出哪些商品的产地不为空值（NULL），代码如下。

```
SELECT * FROM product WHERE proPlace IS NOT NULL;
```

（4）执行步骤（3）的语句，输出结果如图 8-4 所示。

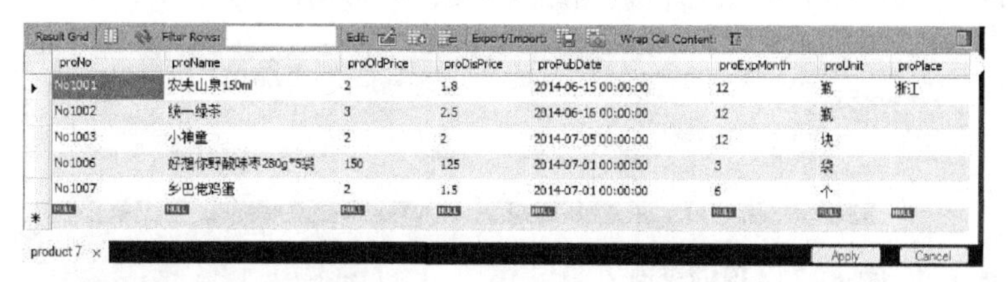

proNo	proName	proOldPrice	proDisPrice	proPubDate	proExpMonth	proUnit	proPlace
No1001	农夫山泉150ml	2	1.8	2014-06-15 00:00:00	12	瓶	浙江
No1002	统一绿茶	3	2.5	2014-06-16 00:00:00	12	瓶	
No1003	小神童	2	2	2014-07-05 00:00:00	12	块	
No1006	好想你野酸味枣280g*5袋	150	125	2014-07-01 00:00:00	3	袋	
No1007	乡巴佬鸡蛋	2	1.5	2014-07-01 00:00:00	6	个	
NULL	NULL	NULL	NULL	NULL	NULL	NULL	NULL

图 8-4 商品的产地不为空值（NULL）

（5）从 product 表中查询出哪些商品的上市日期在“2014-06-15”到“2014-07-15”之间，代码如下。

```
SELECT * FROM product WHERE proPubDate BETWEEN '2014-06-15' AND
'2014-07-15';
```

（6）执行步骤（5）的语句，输出结果如图 8-5 所示。

proNo	proName	proOldPrice	proDisPrice	proPubDate	proExpMonth	proUnit	proPlace
No1001	农夫山泉150ml	2	1.8	2014-06-15 00:00:00	12	瓶	浙江
No1002	统一绿茶	3	2.5	2014-06-16 00:00:00	12	瓶	
No1003	小神童	2	2	2014-07-05 00:00:00	12	块	
No1006	好想你野酸味枣280g*5袋	150	125	2014-07-01 00:00:00	3	袋	
No1007	乡巴佬鸡蛋	2	1.5	2014-07-01 00:00:00	6	个	
NULL	NULL	NULL	NULL	NULL	NULL	NULL	NULL

图 8-5 商品的上市日期在“2014-06-15”到“2014-07-15”之间

（7）计算商品的折扣价格，如果原价和折扣价的差为 0，那么显示“没有打折”，否则显示打折的金额，代码如下。

```
SELECT proNo,proName,proOldPrice,ProDisPrice,
   IF(proOldPrice-ProDisPrice=0,'没有打折',(proOldPrice-ProDisPrice))
    AS '商品折扣信息'
FROM product;
```


（8）执行步骤（7）的语句，输出结果如图 8-6 所示。

proNo	proName	proOldPrice	ProDisPrice	商品折扣信息
No1001	农夫山泉150ml	2	1.8	0.19999999999999996
No1002	统一绿茶	3	2.5	0.5
No1007	乡巴佬鸡蛋	2	1.5	0.5
No1006	好想你野酸味枣280g*5袋	150	125	25
No1004	达利园 2.5kg蛋黄派	120	60	60
No1005	好想你红枣500g	128	65	63
No1003	小神童	2	2	没有打折

图 8-6 使用 IF 条件语句

（9）使用 LIKE 查询商品名称中包含“你”的全部商品，代码如下。

```
SELECT * FROM product WHERE proName LIKE '%你%';
```

（10）执行步骤（9）的语句，输出结果如图 8-7 所示。

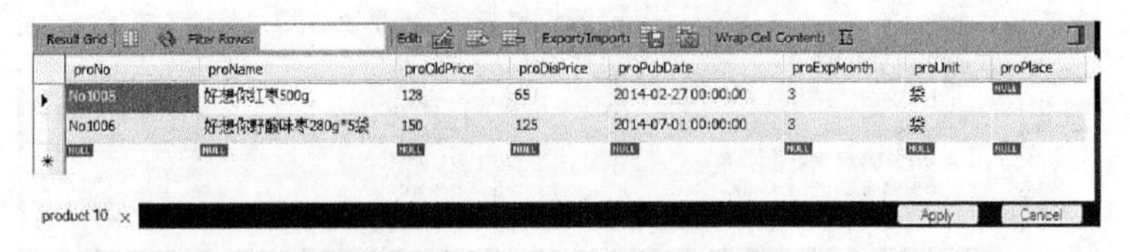

proNo	proName	proOldPrice	proDisPrice	proPubDate	proExpMonth	proUnit	proPlace
No1005	好想你红枣500g	128	65	2014-02-27 00:00:00	3	袋	NULL
No1006	好想你野酸味枣280g*5袋	150	125	2014-07-01 00:00:00	3	袋	
NULL	NULL	NULL	NULL	NULL	NULL	NULL	NULL

图 8-7 模糊查询

（11）创建名称为 func_getpro 的函数，返回 INTEGER 类型，在语句块中查询 product 表中指定价格区间的商品记录，代码如下。

```
DELIMITER $$
```

```
CREATE FUNCTION func_getpro(minprice double,maxprice double)
RETURNS INTEGER
BEGIN
   RETURN (SELECT COUNT(*) FROM product WHERE proDisPrice>= minprice AND
    proDisPRice <= maxprice);
END
```

（12）执行上述创建函数的代码，然后声明@total 用户变量，将该变量的值指定为从 func_getpro()函数中返回的值，代码如下。

```
SET @total:= (SELECT func_getpro(1.0,5.0));
```

（13）判断@total 变量的值是否大于 0，如果大于 0，则结果返回“在指定的价格之间存在商品记录”；否则结果返回“在指定的价格之间没有商品”，代码如下。

```
SELECT IF(@total>0,'在指定的价格之间存在商品记录','在指定的价格之间没有商品')
AS '查询结果';
```

（14）执行第（12）步和第（13）步的代码，输出结果如下。

```
+ ------------------------+
| 查询结果                 |
+ ------------------------+
| 在指定的价格之间存在商品记录 |
+ ------------------------+
```

思考与练习

一、填空题

1．大体来分，可以将 MySQL 变量分为__________和系统变量两种。

2．字符串常量包括 ASCII 字符串常量和__________字符串常量两种。

3．执行下面的语句，返回结果是__________。

```
SELECT  ('HellO'='hello')  &&
(10<20) && NULL;
```

4. 在 MySQL 的比较运算符中，__________运算符判断两个操作数是否相等，并且可以判断值是否为空的情况。

二、选择题

1．DML 是指__________。

A．数据控制语言

B．数据操作语言

C．数据定义语言

D．新增的语言元素

2．关于用户变量和局部变量的说法，下面正确的是__________。

A．用户变量和局部变量在定义时都以“@”符号开头，它们之间只有作用域不同

B. 用户变量使用 DECLARE 语句定义，而局部变量需要使用 SET 语句声明

C．用户变量通过 SET 语句定义，而局部变量需要使用 DECLARE 语句声明

D．局部变量在定义时需要以“@”符号开头，而用户变量不需要使用这

个符号

3. 下面查看会话变量和全局变量的语句中，__________语句是错误的。

A．SELECT @@big_tables;

B．SELECT @@SESSION.big_tables;

C．SELECT @@bind_address FROM GLOBAL;

D．SELECT @@GLOBAL.bind_address;

4．在 MySQL 中，逻辑非运算符是指__________。

A．NOT 或"!"

B．AND 或"&&"

C．OR 或"||"

D．"~"或"^"

5．MySQL 的三种循环语句不包括__________。

A．WHILE

B．REPEAT

C．LOOP

D．ITERATE

6. 自定义函数需要使用__________关键字。

A．CREATE TRIGGER

B．CREATE FUNCTION

C．CREATE PROCEDURE

D．CREATE DATABASE

三、简答题

1．如何声明局部变量和用户变量？它们之间有哪些区别？

2．如何声明查看和设置会话变量与全局变量？

3．MySQL 中的运算符有哪几种？

4．如何自定义函数？自定义函数完成后如何调用？

第9章 系统函数

系统函数即内置函数，与自定义函数不同，它们不需要定义，直接拿来使用即可。MySQL 提供了一百多个系统函数，从简单的聚合函数到复杂的日期和时间操作函数。这些函数使用户能够很容易地对表中的数据进行操作，从而达到减少代码量的目的。

本章将 MySQL 中常用的系统函数进行分类，分别介绍聚合函数、数学函数、字符串函数以及日期和时间函数等多种函数。

本章学习要点：

- ❑ 了解 MySQL 中的聚合函数
- ❑ 掌握常用的聚合函数
- ❑ 熟悉 MySQL 中的数学函数
- ❑ 掌握如何获取字符串长度
- ❑ 掌握如何合并和替换字符串
- ❑ 掌握如何截取和反转字符串
- ❑ 掌握如何实现大小写转换
- ❑ 了解其他常用的字符串函数
- ❑ 掌握获取日期和时间的函数
- ❑ 掌握操作指定日期的函数
- ❑ 了解其他常用的日期和时间函数
- ❑ 了解系统信息函数和加密解密函数

9.1 聚合函数

MySQL 有一组函数是特意为求和或者对表中的数据进行集中概括而设计的。这些函数经常用在包含 GROUP BY 从句的 SELECT 语句查询中。当然，也可以用于无 GROUP BY 的 SELECT 查询。

9.1.1 最值函数

最值是指最大值或最小值。如果求最大值，需要使用 MAX()函数，它返回指定列的最大值。如果求最小值，需要使用 MIN()函数，它返回指定列的最小值。

【范例 1】

查询 test 数据库 product 表中 proOldPrice 列和 proDisPrice 列的最大值和最小值，代码如下。

```
USE test;
SELECT    proNo,MAX(proOldPrice),MIN(proOldPrice),MAX(proDisPrice),MIN
(proDisPrice) FROM product;
```

执行上述语句，输出结果如下。

```
+----+--------------+--------------+-------------+--------------+
|proNo|MAX(proOldPrice)|MIN(proOldPrice)|MAX(proDisPrice)|MIN(proDisPrice)|
+----+--------------+--------------+-------------+--------------+
|No1001| 150          | 2            | 125         | 1.5          |
+ ----+ -------------+--------------+-------------+--------------+
```

9.1.2 求平均值函数

求平均值时需要使用到 AVG()函数，该函数返回指定列的平均值。

【范例 2】

AVG()函数的使用与 MAX()和 MIN()函数一样。例如，下面的代码分别计算 proOldPrice 列和 proDisPrice 列的平均值。

```
SELECT AVG(proOldPrice) AS '原价的平均值',AVG(proDisPrice) AS '折扣价的平
均值' FROM product;
```

执行上述语句，输出结果如下。

```
+ --------------------+ ------------------+
| 原价的平均值          | 折扣价的平均值       |
+ --------------------+ ------------------+
| 58.142857142857146  | 36.828571428571-43|
+ ------------------- + ------------------+
```

9.1.3 求和函数

SUM()函数返回指定列的所有值之和。

【范例 3】

在范例 2 的基础上添加代码，使用 SUM()函数分别计算 proOldPrice 列和 proDisPrice 列的值，代码如下。

```
SELECT SUM(proOldPrice) AS '原件总和',AVG(proOldPrice) AS '原价的平均值',
SUM(proDisPrice) AS '折扣价总和',AVG(proDisPrice) AS '折扣后的平均值' FROM
product;
```

执行上述语句，输出结果如下。

```
+ ---------- + ------------------+ -----------+ -----------------+
| 原价总和     | 原价的平均值         | 折扣价总和   | 折扣价的平均值      |
+ ---------- + ------------------+ -----------+ -----------------+
| 407        | 58.142857142857146 | 257.8      | 36.82857142857143|
```

```
+ --------- + -----------------+ ------------+ -----------------+
```

9.1.4 记录总数函数

细心的读者可以发现，在第 8 章的实验指导中曾使用过 COUNT()函数。COUNT()函数返回指定列中非 NULL 值的个数。如果用户想要知道某一个表中有多少条记录，或者根据查询条件获取到查询出来的记录总数时，使用 COUNT()函数非常有用。

【范例 4】

下面的代码查询出 product 表中的全部记录。

```
SELECT COUNT(*) FROM product;
```

执行上述代码，输出结果如下。

```
+ -------------+
| COUNT(*)     |
+ -------------+
| 7            |
+ -------------+
```

继续添加 SELECT 语句，查询出折扣价格在 100～200 之间的商品总数，代码如下。

```
SELECT COUNT(*) FROM product WHERE proDisPrice BETWEEN 100 AND 200;
```

执行上述代码，这时可以发现，输出结果是 1。

9.1.5 其他聚合函数

除了前面介绍的聚合函数外，MySQL 中还包含以下几个集合函数。

（1）STD()和 STDDEV()函数：返回指定列的所有值的标准偏差。

（2）VARIANCE()函数：返回指定列的所有值的标准方差。

（3）GROUP_CONCAT()函数：返回由属于一组的列值连接组合而成的结果。

【范例 5】

下面的代码演示 VARIANCE()、STD()和 GROUP_CONCAT()函数的使用。

```
SELECT    VARIANCE(proDisPrice),STD(proDisPrice),GROUP_CONCAT(proName)
FROM product;
```

执行上述语句，输出结果如图 9-1 所示。

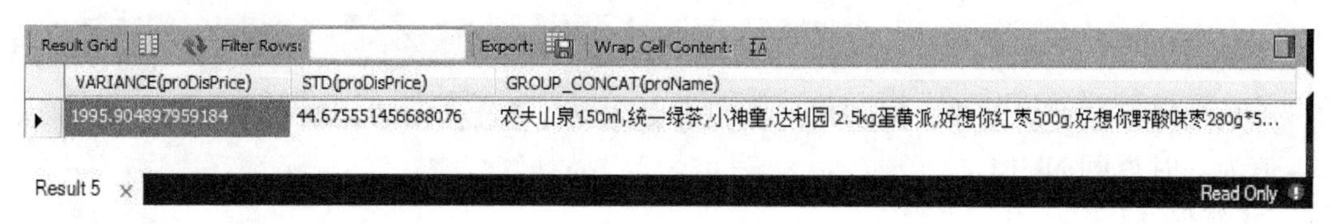

图 9-1 聚合函数的使用

9.2 数学函数

由于 MySQL 包含一系列的算术操作，因此，关系型数据库系统支持很多个数学函数。数学函数用来处理数字，主要接收数字参数并返回数字结果，因此，通常会将数学函数称为数字函数。

在出现错误的情况下，返回 NULL 值。本节介绍常用的数学函数，如求绝对值、平方根、三角函数以及随机数等。

9.2.1 绝对值函数

使用数学函数时，这些函数不能超出指定数字的范围。大多数 MySQL 函数在 BIGINT 范围内工作（无符号为 2^{63}，有符号为 2^{64}），如果超出这个范围，MySQL 通常会返回 NULL 值。求绝对值时需要使用 ABS()函数，该函数返回指定数字的绝对值。

ABS()函数中需要传入一个参数，这个参数可以是一个正值、负值和零，也可以是一个表达式。

【范例 6】

调用 ABS()函数分别计算 10、-10、0、'a'='b'以及 230-299 的绝对值，代码如下。

```
SELECT ABS(10),ABS(-10),ABS(0),ABS('a'='b'),ABS(230-299);
```

执行上述语句，输出结果如下。

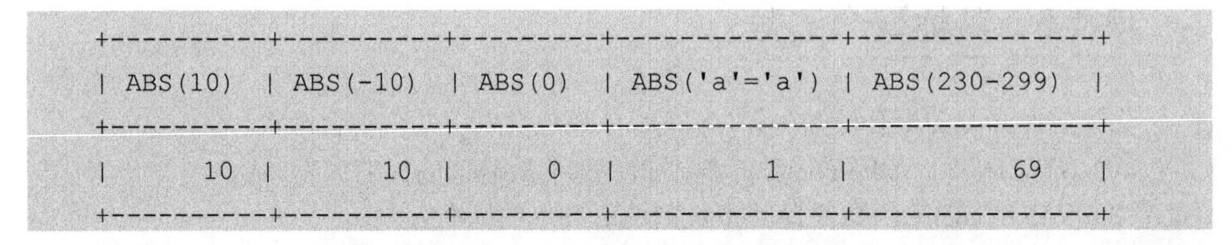

```
+----------+----------+---------+-------------+--------------+
| ABS(10)  | ABS(-10) | ABS(0)  | ABS('a'='a') | ABS(230-299) |
+----------+----------+---------+-------------+--------------+
|       10 |       10 |       0 |           1 |           69 |
+----------+----------+---------+-------------+--------------+
```

在这个范例中，'a'='b'的结果返回 0，它是一个表示假的布尔值，因此，计算其绝对值的结果为 0。

9.2.2 余数函数

MySQL 中提供了一种 MOD()函数，该函数对两个数字求模。基本语法如下：

```
MOD(x, y)
```

从上述语法可以看出，MOD()函数需要传入两个参数，x 表示被除数，y 表示除数，当值为 0 时返回 NULL。

【范例 7】

下面的代码演示 MOD()函数的使用。

```
SELECT MOD(12,4),MOD(10,3),MOD(0,100),MOD(100,0);
```

执行上述代码，输出结果如下。

```
+-----------+-----------+-----------+------------+
| MOD(12,4) | MOD(10,3) | MOD(0,100) | MOD(100,0) |
+-----------+-----------+-----------+------------+
|         0 |         1 |          0 |    NULL    |
+-----------+-----------+-----------+------------+
```

9.2.3 平方根函数

SQRT()返回指定数字的平方根，平方根也叫开方。如 100 的平方根为 10；49 的平方根为 7。

【范例 8】

下面的代码演示 SQRT()函数的使用。

```
SELECT SQRT(0),SQRT(1),SQRT(4),SQRT(20),SQRT(81);
```

执行上述代码，输出结果如下。

```
+---------+---------+---------+-----------------+----------+
| SQRT(0) | SQRT(1) | SQRT(4) | SQRT(20)        | SQRT(81) |
+---------+---------+---------+-----------------+----------+
|       0 |       1 |       2 |4.47213595499958|        9 |
+--------+---------+---------+-----------------+----------+
```


9.2.4 整数值函数

MySQL 中提供了两个与整数值有关的函数：FLOOR()函数和 CEILING()函数。FLOOR()函数和 CEILING()函数都需要传入一个参数，其中 FLOOR()函数返回小于指定数字的最大整数值；CEILING()函数返回大于指定数字的最小整数值。

【范例 9】

下面的代码演示 FLOOR()函数和 CEILING()函数的使用。

```
SELECT FLOOR(12.4),FLOOR(12.8),FLOOR(12),CEILING(12),CEILING(12.4), CEILING
(12.8);
```

执行上述语句，输出结果如下。

```
+----------+----------+--------+----------+-----------+------------+
|FLOOR(12.4)|FLOOR(12.8)|FLOOR(12)|CEILING(12)|CEILING(12.4)|CEILING(12.8)|
+----------+----------+--------+----------+-----------+------------+
|       12  |        12 |      12 |        12 |        13   |          13|
+----------+----------+--------+----------+-----------+------------+
```

9.2.5 随机值函数

RAND()函数返回一个 0～1 之间的随机浮点数。该函数可以不含参数，也可以通过一个参数（种子）使 RAND()随机数生成器生成一个指定的值。

【范例 10】

下面的代码演示 RAND()函数的使用。

```
SELECT RAND(),RAND(0.3),RAND(3),RAND(20141010081523);
```

执行上述语句，输出结果如下。

```
+----------------+----------------+----------------+-------------------+
| RAND()         | RAND(0.3)      | RAND(3)        |RAND(20141010081523)|
+----------------+----------------+----------------+-------------------+
|0.1950196811882962|0.1552204276949357|0.9057697559760601|0.09042298895346279   |
+----------------+----------------+----------------+-------------------+
```

【范例 11】

RAND()可以被用来返回一个随机顺序的结果集。例如，查询 product 表中的第一条记录，在 GROUP BY 语句后跟 RAND()函数，代码如下。


```
SELECT * FROM product ORDER BY RAND() LIMIT 1;
```

多次执行上述语句，查看输出结果。通过观察输出结果可以发现，返回的结果是一条随机生成的数据记录。

9.2.6 三角函数

在 MySQL 的数学函数中，可以使用相关函数求三角函数值。常用的三角函数有正切、正弦、余切和反正弦等，如表 9-1 所示。

表 9-1 常用的三角函数

三角函数	说明
SIN(x)	返回 x（弧度）的正弦值
TAN(x)	返回 x（弧度）的正切值
COS(x)	返回 x（弧度）的余弦值
COT(x)	返回 x（弧度）的余切值
ASIN(x)	返回 x（弧度）的反正弦值
ATAN(x)	返回 x（弧度）的反正切值
ACOS(x)	返回 x（弧度）的反余弦值

在表 9-1 中，SIN()、COS()、TAN()和 COT()函数返回一个角度（指定为弧度）的正弦、余弦、正切和余切值。

【范例 12】

下面的代码演示 SIN()、COS()、TAN()和 COT()函数的使用。

```
SELECT SIN(1.5708),COS(1.5708),TAN(RADIANS(45)),COT(RADIANS(45));
```

执行上述代码，输出结果如下。

```
+-------------+-------------+----------------+-----------------+
| SIN(1.5708) | COS(1.5708)  | TAN(RADIANS(45)) | COT(RADIANS(45)) |
+-------------+-------------+----------------+-----------------+
| 0.9999999999932537| -0.0000036732051033446574 | 0.9999999999999999|
1.0000000000000002 |
+-------------+-------------+----------------+-----------------+
```

如果使用的是角度而不是弧度，可以使用 DEGREES()和 RADIANS()函数进行转化。

9.2.7 四舍五入函数

ROUND()函数可以将数字四舍五入到最接近的整数值。基本语法如下：

```
ROUND(number1 [, number2]);
```

ROUND()函数返回 number1 参数四舍五入到最接近的整数。可以使用 number2 参数来指定小数进行四舍五入（默认值是 0，或没有小数）。

【范例 13】

下面的代码演示 ROUND()函数的使用。

```
SELECT  ROUND(7.49),ROUND(7.51),ROUND(-8.4),ROUND(-8.6),ROUND(7.1,2),
ROUND(7.649,2);
```

执行上述语句，输出结果如下。

```
+----------+---------+----------+----------+----------+------------+
|ROUND(7.49)|ROUND(7.51)|ROUND(-8.4)|ROUND(-8.6)|ROUND(7.1,2)|ROUND(7.649,2)|
+----------+---------+----------+----------+----------+------------+
|        7 |     8   |       -8  |       -9  |     7.10 |     7.65     |
+----------+---------+----------+----------+----------+------------+
```

TRUNCATE()是一种与 ROUND()函数相似的函数，但是它们并不相同。TRUNCATE()必须传入两个参数，表示把一个数字截短成为一个指定小数个数的数字。

【范例 14】

下面的代码演示 TRUNCATE()函数的使用。

```
SELECT TRUNCATE(12.4801356,3),TRUNCATE(3.14159,10);
```

执行上述语句，输出结果如下。

```
+-----------------------+---------------------+
| TRUNCATE(12.4801356,3)  | TRUNCATE(3.14159,10) |
```

```
+---------------------+----------------------+
|           12.480  |        3.1415900000   |
+---------------------+----------------------+
```

9.2.8 其他数字函数

除了前面介绍的函数外，MySQL 中还提供了其他的数学函数，下面对它们进行简单介绍。

1．SIGN()函数

SIGN()函数返回数字的符号，取决于返回的结果是正数（1）、负数（-1）或者零（0）。

【范例 15】

下面的代码演示 SIGN()函数的使用。

```
SELECT SIGN(-12),SIGN(0),SIGN(120);
```

执行上述语句，输出结果如下。

```
+-----------+---------+-----------+
| SIGN(-12) | SIGN(0) | SIGN(120) |
+-----------+---------+-----------+
|    -1     |       0 |     1     |
+---------- +---------+---------- +
```


2．POW()或 POWER()函数

POW()和 POWER()使一个数作为另外一个数的指数，并且返回结果。基本语法如下：

```
POW(x,y)或 POWER(x,y);
```

根据上述语法，POW()和 POWER()函数返回 x 的 y 次幂。如 POW(4,3)或 POWER(4,3)表示 4 的 3 次幂，即 4*4*4。

3．PI()函数

PI()函数返回圆周率的值。例如，执行“SELECT PI();”语句时的输出结果如下。

```
+----------+
| PI()     |
+----------+
| 3.141593 |
+----------+
```

4．GREATEST()函数和 LEAST()函数

GREATEST()函数返回集合中最大的值；LEAST()函数返回集合中最小的值。GREATEST()函数的基本语法如下：

```
GREATEST(x1, x2, x3, x4,…,xn);
```

【范例 16】

下面的代码演示 GREATEST()函数和 LEAST()函数的使用。

```
SELECT GREATEST(100,90,-200,30,1000),LEAST(-100,-200,15.78,231);
```

执行上述语句，输出结果如下。

```
+-----------------------------+----------------------------+
| GREATEST(100,90,-200,30,1000) | LEAST(-100,-200,15.78,231) |
+-----------------------------+----------------------------+
|                    1000     |                -200.00     |
+-----------------------------+----------------------------+
```

5. LN()函数

LN()函数返回指定数字的自然对数。当传入的数字为 0 时，结果返回 NULL；当传入的数字为 1 时，结果返回 0。

6. LOG()函数

LOG()函数可以传入一个或两个参数，当传入一个参数时，与 LN()函数一样，返回指定数字的自然对数。如果传入第二个参数，LOG()函数则返回以第二个参数为底的第一个参数的对数。

【范例 17】

下面的代码演示了 LOG()函数的使用。

```
SELECT LOG(0),LOG(1),LOG(4),LOG(3,3),LOG(20,4),LOG(0,4);
```

执行上述语句，输出结果如下。

```
+--------+--------+----------+---------+---------------+-----------+
| LOG(0) | LOG(1) | LOG(4)     | LOG(3,3) | LOG(20,4)        | LOG(0,4) |
+--------+--------+----------+---------+---------------+-----------+
| NULL   | 0      |1.3862943611198906 |1|0.46275642631951835| NULL   |
+--------+--------+----------+---------+---------------+---------+
```

注意

LOG10()和 LOG2()函数是 LOG()函数的变体，LOG10()返回一个数以 10 为底的对数，而 LOG2()函数返回的是一个数以 2 为底的对数。

7. EXP()函数

EXP()函数与 LOG()函数相反，它返回的是以 e 为底，以指定数为指数的结果。

【范例 18】

下面的代码演示 EXP()函数的使用。

```
SELECT EXP(0),EXP(1),EXP(16),EXP(-16);
```

执行上述语句，输出结果如下。

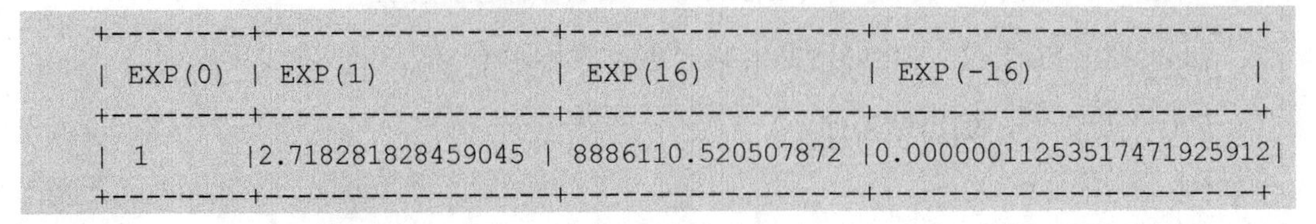

```
+--------+-----------------+-----------------+----------------------+
| EXP(0) | EXP(1)          | EXP(16)         | EXP(-16)             |
+--------+-----------------+-----------------+----------------------+
| 1      |2.718281828459045 | 8886110.520507872 |0.00000011253517471925912|
+--------+-----------------+-----------------+----------------------+
```

9.3 字符串函数

在 MySQL 数据库中不仅包含数值，还包含字符串。因此，MySQL 提供了一系列用于操作字符串的函数，通过使用这些函数不仅可以获取字符串的长度，也可以截取字符串、连接字符串或比较字符串等。

9.3.1 获取字符串长度

MySQL 中提供了多个与字符串长度有关的函数。LENGTH()和 OCTET_LENGTH()函数功能相同，用于获取字节长度。一个汉字占三个字节，一个字母或数字只占一个字节。CHAR_LENGTH()和 CHARACTER_LENGTH()函数功能相同，用于获取字符长度。BIT_LENGTH()函数可以获取比特长度。

【范例 19】

读取 product 表中 proName 列的值，并且分别获取该列的字节长度、字符长度和比特长度，代码如下。

```
SELECT proName,LENGTH(proName) AS '字节长度',CHARACTER_LENGTH(proName) AS
'字符长度',BIT_LENGTH(proName) AS '比特长度' FROM product;
```

执行上述语句，输出结果如图 9-2 所示。

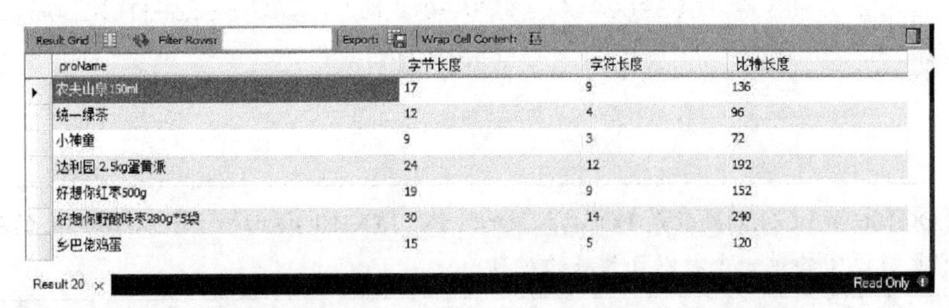

proName	字节长度	字符长度	比特长度
农夫山泉150ml	17	9	136
统一绿茶	12	4	96
小神童	9	3	72
达利园2.5kg蛋黄派	24	12	192
好想你红枣500g	19	9	152
好想你野酸味枣280g*5袋	30	14	240
乡巴佬鸡蛋	15	5	120

图 9-2 获取字符串的长度

9.3.2 合并字符串

在 MySQL 中提供了两个合并字符串的函数，CONCAT()函数将提供的参数连接成一个完整的字符串。如果CONCAT()的参数为NULL，则结果返回NULL。基本语法如下：

```
CONCAT(str1,str2,str3,…);
```

【范例20】

下面的代码通过CONCAT()函数连接指定的字符串。

```
SELECT CONCAT(' 我 ',' 爱 ',' 你 ',NULL),CONCAT('I',' Love ',' YOU'),
CONCAT(proName,'的字符长度：',LENGTH(proName)) FROM product;
```

执行上述语句，输出结果如图9-3所示。

CONCAT('我','爱','你',NULL)	CONCAT('I',' Love ',' YOU')	CONCAT(proName,'的字符长度：',LENGTH(proName))
NULL	I Love YOU	农夫山泉150ml的字符长度：17
NULL	I Love YOU	统一绿茶的字符长度：12
NULL	I Love YOU	小神童的字符长度：9
NULL	I Love YOU	达利园2.5kg蛋黄派的字符长度：24
NULL	I Love YOU	好想你红枣500g的字符长度：19
NULL	I Love YOU	好想你野酸味枣280g*5袋的字符长度：30
NULL	I Love YOU	乡巴佬鸡蛋的字符长度：15

图9-3 CONCAT()函数的使用

CONCAT_WS()函数是CONCAT()函数的特殊形式，它需要传入一个分隔符，这个分隔符的位置放在两个字符串之间。基本语法如下：

```
CONCAT_WS(separator ,str1 ,str2 ,…)
```

【范例21】

下面通过CONCAT_WS()函数连接指定的字符串，指定字符串连接时的分隔符为"_"，代码如下。

```
SELECT CONCAT_WS('_','我','爱','你',NULL),CONCAT_WS('_','I',' Love ','
YOU'),CONCAT_WS('_',proName,'的字符长度：',LENGTH(proName)) FROM product;
```

执行上述语句，输出结果如图9-4所示。

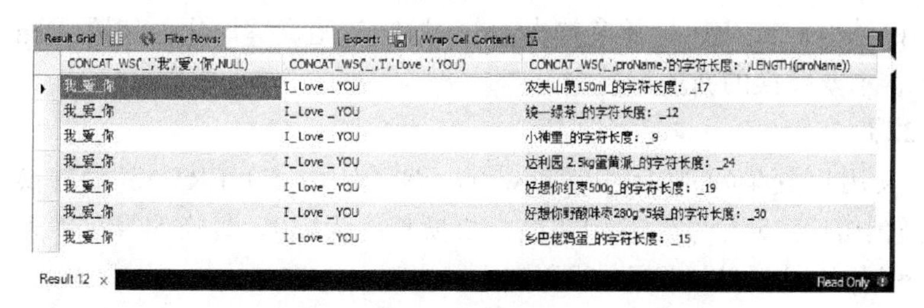

CONCAT_WS('_','我','爱','你',NULL)	CONCAT_WS('_','I',' Love ',' YOU')	CONCAT_WS('_',proName,'的字符长度：',LENGTH(proName))
我_爱_你	I_ Love _YOU	农夫山泉150ml_的字符长度：_17
我_爱_你	I_ Love _YOU	统一绿茶_的字符长度：_12
我_爱_你	I_ Love _YOU	小神童_的字符长度：_9
我_爱_你	I_ Love _YOU	达利园2.5kg蛋黄派_的字符长度：_24
我_爱_你	I_ Love _YOU	好想你红枣500g_的字符长度：_19
我_爱_你	I_ Love _YOU	好想你野酸味枣280g*5袋_的字符长度：_30
我_爱_你	I_ Love _YOU	乡巴佬鸡蛋_的字符长度：_15

图9-4 CONCAT_WS()函数的使用

9.3.3 替换字符串

用户在论坛网站发表评论信息时，如果发表某些敏感字符时，这些敏感字符会自动被其他字符（如*、\或#）所替换。REPLACE()函数可以搜索一个字符串中的指定子串，然后使用另一个子串替换。基本语法如下：

```
REPLACE(str,from_str,to_str);
```

在上述语法中，str 表示原始字符串；from_str 表示要被替换的子串；to_str 表示要替换的子串。

【范例 22】

自定义用户变量@intro，然后使用 REPLACE()函数将用户变量中的字符串“黄色”替换为“??”，代码如下。

```
SET @intro := '黄色是三原色之一，给人轻快，充满希望和活力的感觉。黄色是由波长介于570－585 毫微米的光线所形成的颜色，红、绿色光混合可产生黄光。黄的互补色是蓝。但传统上画师以紫色作为黄的互补色。';
SELECT @intro,REPLACE(@intro,'黄色','??');
```

执行上述语句，输出结果如图 9-5 所示。从图 9-5 中可以发现，已经成功使用“??”替换了“黄色”。

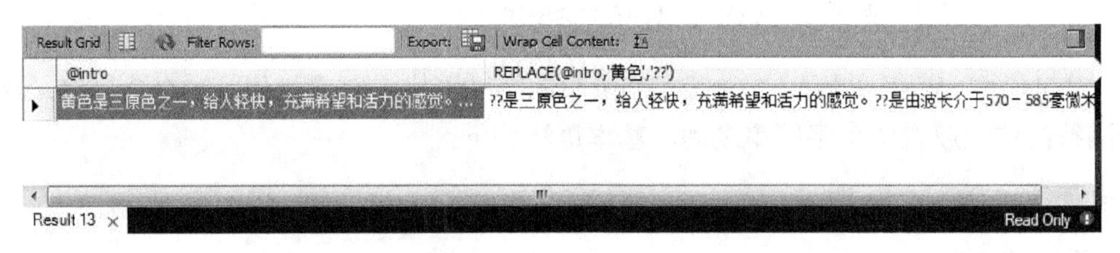

图 9-5　REPLACE()函数的使用

如果要把字符串中的指定部分使用新的值来替换，这时再使用 REPLACE()函数就不行了，但是 INSERT()函数可以。INSERT()函数可以把一个字符串的指定部分（定义了起始位置和长度）替换为一个新值。基本语法如下：

```
INSERT(str, pos, len, newstr);
```

在上述语法中，str 表示原始字符串；pos 指定起始位置，从 1 开始；len 指定字符长度；newstr 表示要替换的新的字符串。

【范例 23】

分别定义用户变量@oldstr 和@newstr，然后使用 INSERT()函数替换字符串。从@oldstr 变量中的第 5 个字符开始替换，替换长度为 30，替换的字符串为“(If winner comes,can spring be far behind?)”，代码如下。

```
SET @oldstr := '黄色是三原色之一，给人轻快，充满希望和活力的感觉。黄色是由波长介于570－585 毫微米的光线所形成的颜色，红、绿色光混合可产生黄光。黄的互补色是蓝。但传统上画师以紫色作为黄的互补色。';
SET @newstr := '(If winner comes,can spring be far behind?)';
SELECT @oldstr,INSERT(@oldstr,5,30,@newstr);
```

执行上述语句，输出结果如图 9-6 所示。

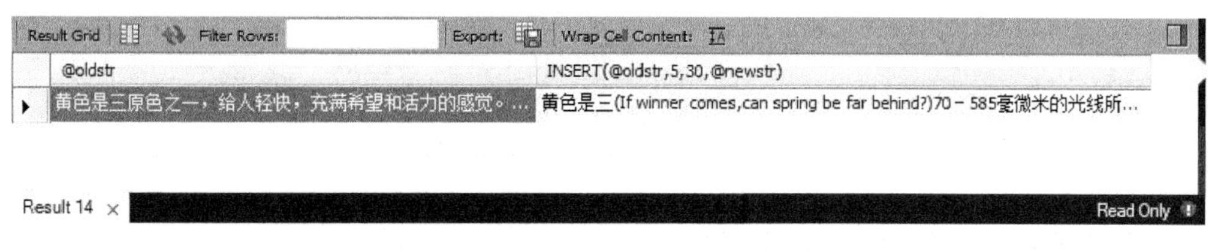

图 9-6 INSERT()函数的使用

9.3.4 截取字符串

用户可以从字符串中截取指定的子字符串，这时需要使用 SUBSTRING()函数或 MID()函数。这两个函数的语法完全一样，以 SUBSTRING()函数为例，语法如下：

```
SUBSTRING(str, pos, len);
```

在上述语法中，str 表示原始字符串；pos 指定截取子字符串时的起始位置，从 1 开始；len 表示截取的长度。

【范例 24】

读取 product 表中前三条记录的 proName 列，从该列的第二个位置开始截取长度为 3 的子字符串，代码如下。

```
SELECT proName,SUBSTRING(proName,2,3) FROM product LIMIT 3;
```

执行上述语句，输出结果如下。

```
+---------------+-----------------------+
| proName        | SUBSTRING(proName,2,3)|
+---------------+-----------------------+
| 农夫山泉 150ml  | 夫山泉                  |
| 统一绿茶        | 一绿茶                  |
| 小神童          | 神童                    |
+---------------+-----------------------+
```

9.3.5 反转字符串

如果用户想要将读取的字符串逆向输出时，可以使用 REVERSE()函数。REVERSE()函数可以颠倒字符串，如“我爱你”逆向输出时变成“你爱我”。

【范例 25】

从 product 数据库中读取 proNo 和 proName 列的值，并将它们逆向输出，代码如下。

```
SELECT proNo,REVERSE(proNO),proName,REVERSE(proName) FROM product LIMIT 2;
```

执行上述语句，输出结果如下。

```
+--------+----------------+-----------------+------------------+
| proNo  | REVERSE(proNO) | proName          | REVERSE(proName)  |
```

```
+--------+--------------+----------------+-----------------+
| No1001 | 1001oN       | 农夫山泉 150ml  | 1m051 泉山夫农   |
| No1002 | 2001oN       | 统一绿茶        | 茶绿一统         |
+--------+--------------+----------------+-----------------+
```

9.3.6 重复生成字符串

REPEAT()函数可以将字符串重复生成指定的次数。基本语法如下：

```
REPEAT(str, count);
```

在上述语法中，str 表示字符串；count 表示重复的次数。如果 str 或 count 为 NULL，那么结果返回 NULL。如果 count 的值小于等于 0，那么结果返回一个空字符串。

【范例 26】

下面的代码演示 REEPAT()函数的使用。

```
SELECT    REPEAT('Hello',NULL),REPEAT(NULL,2),REPEAT('Dream',3),REPEAT
('Dream',-2);
```

执行上述语句，输出结果如下。

```
+-------------------+-------------+----------------+----------------+
|REPEAT('Hello',NULL)|REPEAT(NULL,2)|REPEAT('Dream',3)|REPEAT('Dream',-2)|
+-------------------+-------------+----------------+----------------+
| NULL               | NULL          | DreamDreamDream|                |
+-------------------+-------------+----------------+----------------+
```


9.3.7 比较字符串

STRCMP()函数用来比较两个指定的字符串。因此，需要向 STRCMP()函数中传入两个参数，语法如下：

```
STRCMP(str1, str2);
```

在上述语法中，如果参数 str1 大于参数 str2，结果返回 1；如果参数 str1 等于参数 str2，结果返回 0；如果参数 str1 小于参数 str2，结果返回-1。

> 注意
>
> 在使用 STRCMP()函数比较字符串时不区分大小写，除非指定 BINARY 关键字或者涉及的值是 BLOB 类型。

【范例 27】

使用 STRCMP()函数分别比较字符串 Hello 与 heLLO、banana 与 bananan，以及 bananan 与 banana，代码如下。

```
SELECT STRCMP('Hello', 'heLLO'),STRCMP('banana','bananan'),STRCMP ('ban
```

```
anan','banana');
```

执行上述语句，输出结果如下。

```
+-------------------+---------------------+---------------------+
|STRCMP('Hello','heLLO')|STRCMP('banana','bananan')|STRCMP('bananan','banana')|
+-------------------+---------------------+---------------------+
|                  0 |                  -1 |                  1 |
+-------------------+---------------------+---------------------+
```

9.3.8 字符串大小写转换

利用 MySQL 的相关函数可以将指定的单个或多个字符组成的字符串中的字母转换为大写或小写。转换大小写需要使用 UPPER()或 UCASE()函数；转换小写需要使用 LOWER()或 LCASE()函数。

【范例 28】

分别利用 UCASE()函数和 LCASE()函数将字符串“最喜欢的话是：Love me,Love my dog.”转换为大写和小写，代码如下。

```
SELECT UCASE('最喜欢的话是：Love me,Love my dog.'),LCASE('最喜欢的话是：Love me,Love my dog.');
```


执行上述语句，输出结果如下。

```
+--------------------------------------+----------------------------+
|UCASE('最喜欢的话是：Love me,Love my dog.')| LCASE('最喜欢的话是：Love me,Love my dog.')|
+------------------------------+--------------------------------+
| 最喜欢的话是：LOVE ME,LOVE MY DOG.| 最喜欢的话是：love me,love my dog. |
+------------------------------+--------------------------------+
```

9.3.9 其他字符串函数

除了前面介绍的字符串函数外，MySQL 中还提供了许多种用于处理字符串的函数，如表 9-2 所示。

表 9-2 其他常用的字符串函数

字符串函数	说明
LEFT(str,len)	返回字符串 str 的最左面 len 个字符。如果 str 或 len 的值为 NULL，结果返回 NULL
RIGHT(str,len)	返回字符串 str 的最右面 len 个字符。如果 str 或 len 的值为 NULL，结果返回 NULL
LTRIM(str)	返回删除了其前置空格字符的字符串 str
RTRIM(str)	返回删除了其拖后空格字符的字符串 str
TRIM([[BOTH|LEADING|TRAILING][remstr] FROM str])	返回字符串 str，其所有 remstr 前缀或后缀都被删除了。如果没有指定 BOTH、LEADING 或 TRAILING 修饰，BOTH 是默认值。如果 remstr 没有被指定，空格将被删除

续表

字符串函数	说明
LPAD(str1,len,str2)	用字符串 str2 来填充 str1 的开始处，使字符串长度达到 len
RPAD(str1,len,str2)	用字符串 str2 来填充 str1 的结尾处，使字符串长度达到 len
SPACE(n)	返回一个由 n 间隔符号组成的字符串
ELT(n,str1,str2,str3…)	返回第 n 个字符串，如果 n=2 则返回 str2
MID(str,pos,len)	返回字符串 str 的位置 pos 起 len 个字符
LOCATE(substr,str), POSITION(substr IN str)	返回子串 substr 在字符串 str 中第一个出现的位置，如果 substr 不是在 str 里面，返回 0
LOCATE(substr,str,pos)	返回 substr 在 str 字符串中第一个出现的位置，从 pos 开始。如果 substr 不在 str 里面，返回 0
INSTR(str,substr)	返回 substr 在字符串 str 中的第一个出现的位置。与有两个参数形式的 LOCATE()相同，除了参数被颠倒
FIELD(str, str1, str2, str3, …)	返回第一个与字符串 str 匹配的字符串的位置
FIND_IN_SET(s1, s2)	返回在字符串 s2 中与 s1 匹配的字符串的位置
ASCII(s)	返回字符串 s 的第一个字符的 ASCII 码

【范例 29】

下面的代码演示 LEFT()、RIGHT()、LTRIM()、RTRIM()以及 TRIM()等函数的使用。

```
SELECT LEFT('Someone is',3),RIGHT('Someone is',5),REPLACE(LTRIM(' Jack
'),' ','_'),REPLACE(RTRIM(' Jack '),' ','_'),REPLACE(TRIM(BOTH ' ' FROM
' Jack '),'','_');
```

在上述语句中，LEFT()函数获取字符串“Someone is”中最左面的 3 个字符；RIGHT()函数获取字符串“Someone is”中最右面的 5 个字符；LTRIM()将字符串“ Jack ”中的左边空格删除，然后利用 REPLACE()函数将存在的其他空格替换成“_”；RTRIM()将字符串“ Jack ”中的右边空格删除，然后利用 REPLACE()函数将存在的其他空格替换成“_”；TRIM()删除字符串“ Jack ”的两边空格，为了验证，也需要将字符串中的空格替换成“_”。

执行上述语句，输出结果如图 9-7 所示。

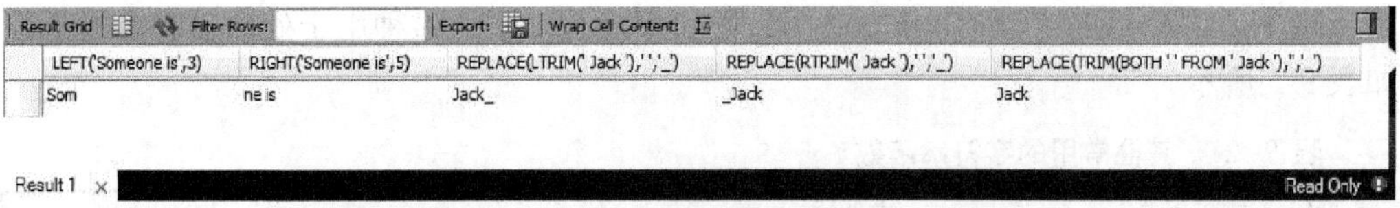

LEFT('Someone is',3)	RIGHT('Someone is',5)	REPLACE(LTRIM(' Jack '),' ','_')	REPLACE(RTRIM(' Jack '),' ','_')	REPLACE(TRIM(BOTH ' ' FROM ' Jack '),'','_')
Som	ne is	Jack_	_Jack	Jack

图 9-7 字符串函数的使用

9.4 日期和时间函数

日期和时间函数也经常会被用到，它们主要用于处理日期和时间。例如，向数据库表中插入商品记录时需要添加商品的上市日期或添加当前日期，在读取数据记录时可以对这些日期进行操作，如只获取当前日期的年和月。

在 MySQL 中提供了数十个与日期和时间有关的函数，本节简单介绍一下这些函数。

9.4.1 获取日期和时间

在 MySQL 中提供了专门用于获取日期的函数，也提供了专门用于获取时间的函数，甚至还提供了同时获取日期和时间的函数。

1. 获取日期的函数

CURDATE()和 CURRENT_DATE()函数返回当前日期。使用代码如下：

```
SELECT CURDATE(),CURRENT_DATE();
```

2. 获取时间的函数

CURTIME()和 CURRENT_TIME()函数返回当前时间。使用代码如下：

```
SELECT CURTIME(),CURRENT_TIME();
```

3. 获取日期和时间的函数

NOW()、CURRENT_TIMESTAMP()、LOCALTIME()、SYSDATE()和 LOCALTIMESTAMP()函数都返回当前日期和时间。

【范例 30】

下面演示 CURDATE()、CURTIME()和 SYSDATE()函数的使用。

```
SELECT CURDATE() AS '日期',CURTIME() AS '时间',SYSDATE() AS '日期和时间';
```

执行上述语句，输出结果如下。

```
+------------+----------+---------------------+
| 日期       | 时间     | 日期和时间          |
+------------+----------+---------------------+
| 2014-07-09 | 11:21:45 | 2014-07-09 11:21:45 |
+------------+----------+---------------------+
```

9.4.2 操作指定日期

用户可以对指定的日期进行操作，如获取日期所对应的年份、月份、星期几、当前日期是本年的第几天等。如表 9-3 所示列出了与日期有关的操作函数，并对这些函数进行说明。

表 9-3 操作日期的函数

日期函数	说明
MONTH(d)	返回日期 d 中的月份值。范围是 1～12
MONTHNAME(d)	返回日期 d 中的月份名称。如 January、February 等
DAYNAME(d)	返回日期 d 是星期几。如 Monday、Tuesday 等

续表

日期函数	说明
DAYOFWEEK(d)	返回日期 d 是星期几。1 表示星期日、2 表示星期一等
WEEKDAY(d)	返回日期 d 是星期几。0 表示星期一、1 表示星期二等
WEEK(d)	计算日期 d 是本年的第几个星期。范围是 0～53
DAYOFYEAR(d)	计算日期 d 是本年的第几天
DAYOFMONTH(d)	计算日期 d 是本月的第几天
YEAR(d)	返回日期 d 中的年份值
QUARTER(d)	返回日期 d 是第几季度。范围是 1～4
TO_DAYS(d)	计算日期 d 到 0000 年 1 月 1 日的天数
DATE_FORMAT(d,f)	按照表达式 f 的要求显示日期 d

【范例 31】

利用表 9-3 列出的函数分别获取当前日期、当前日期星期几、是本月的第几天、本年的第几天、本年的第几个星期以及第几季度，代码如下。

```
SELECT CURDATE() AS '当前日期', DAYOFWEEK(CURDATE()) AS '星期几',
DAYOFMONTH(CURDATE()) AS '本月第几天', DAYOFYEAR(CURDATE()) AS '本年第几天',
WEEK(CURDATE()) AS '本年的第几个星期', QUARTER(CURDATE()) AS '第几季度';
```

执行上述语句，输出结果如下。

```
+----------+--------+-----------+----------+----------------+--------+
| 当前日期  | 星期几  | 本月第几天  | 本年第几天  | 本年的第几个星期  | 第几季度|
+----------+--------+-----------+----------+----------------+--------+
|2014-07-09|     4  |        9  |     190  |           27   |     3  |
+----------+--------+-----------+----------+----------------+--------+
```

DATE_FORMAT()函数是用于处理日期格式化的函数，需要传入两个参数，第一个参数指定日期，第二个参数指定显示的格式。如表 9-4 所示列出了 MySQL 中日期和时间格式。

表 9-4　MySQL 中的日期和时间格式

格式	说明	取值示例
%Y	以 4 位数字表示年份	例如，2012 和 2013
%y	以 2 位数学表示年份	例如，12 和 13
%m	以 2 位数学表示月份	例如，01、02 和 03
%c	以数字表示月份	例如，1，2，3 和 4
%M	月份的英文名称	例如 January
%b	月份的英文缩写	例如 Jan，Feb
%U	星期数，Sunday 是星期的第一天	取值在 00-52 之间
%u	星期数，Monday 是星期的第一天	取值在 00-52 之间
%j	以 3 位数字表示年中的天数	取值在 001-366 之间
%d	以 2 位数字表示月中的几号	取值在 01-31 之间
%e	以数字表示月中的几号	取值在 1-31 之间
%D	以英文后缀表示月中的几号	例如，1st、2nd
%w	以数字的形式表示星期几	例如 0 表示 Sunday

续表

格式	说明	取值示例
%W	星期几的英文名	例如 Monday
%a	星期几的英文缩写	例如 Mon
%%	标识符%	%

【范例 32】

读取 product 表中前两条记录的 proNo 列、proName 列和 proPubDate 列，用与“Jan 1st 2001”一样的形式来显式 proPubDate 列中的值，代码如下。

```
USE test;
SELECT proNo,proName,proPubDate,DATE_FORMAT(proPubDate,'%b %D %Y') FROM
product LIMIT 2;
```

执行上述语句，输出结果如下。

```
+--------+--------+------------+---------------------------------+
| proNo  | proName | proPubDate  | DATE_FORMAT(proPubDate,'%b%D %Y') |
+-------+---------+------------+---------------------------------+
| No1001 | 农夫山泉150ml | 2014-06-15 00:00:00 | Jun 15th 2014      |
| No1002 | 统一绿茶      | 2014-06-16 00:00:00  | Jun 16th 2014      |
+--------+-----------+-------------------- +---------------------+
```


9.4.3 操作指定时间

与操作日期的函数相比，操作时间的函数要少得多，常用的操作时间函数如表 9-5 所示。

表 9-5 操作时间的函数

时间函数	说明
HOUR(t)	返回时间 t 中的小时值
MINUTE(t)	返回时间 t 中的分钟值
SECOND(t)	返回时间 t 中的秒钟值
TIME_TO_SEC(t)	将时间 t 转换为秒
SEC_TO_TIME(s)	将以秒为单位的时间 s 转换为时分秒的格式
TIME_FORMAT(t,f)	按照表达式 f 的要求显示时间 t

【范例 33】

获取指定时间“20:35:59”返回的小时值、分钟值、秒钟值和转换成的秒，代码如下。

```
SELECT HOUR('20:35:59'),MINUTE('20:35:59'),SECOND('20:35:59'), TIME_TO_
SEC('20:35:59');
```

执行上述语句，输出结果如下。

```
+----------------+-----------------+-----------------+-------------+
|HOUR('20:35:59')|MINUTE('20:35:59')|SECOND('20:35:59')|TIME_TO_SEC('2
```

```
0:35:59')|
+--------------+--------------+----------------+-------------------+
|           20 |           35 |             59 |             74159 |
+--------------+--------------+----------------+-------------------+
```

TIME_FORMAT()函数与 DATE_FORMAT()函数一样，都需要传入两个参数，第一个参数表示时间，第二个参数表示格式，如表 9-4 所示。

【范例 34】

下面将指定的时间“20:10:12”用 12 小时制显示，代码如下。

```
SELECT '20:10:12',TIME_FORMAT('20:10:12','%r');
```

执行上述语句，输出结果如下。

```
+-----------+-----------------------------+
| 20:10:12  | TIME_FORMAT('20:10:12','%r') |
+-----------+-----------------------------+
| 20:10:12  | 08:10:12 PM                 |
+-----------+-----------------------------+
```

9.4.4 UNIX 时间戳函数

UNIX 时间戳是从 1970 年 1 月 1 日（UTC/GMT 的午夜）开始所经过的秒数，不考虑闰秒。UNIX 时间戳的 0 按照 ISO 8601 规范为：1970-01-01T00:00:00Z。MySQL 中提供了三个 UNIX 时间戳函数，说明如下。

（1）UNIX_TIMESTAMP()函数：以 UNIX 时间戳的形式返回当前时间。

（2）UNIX_TIMESTAMP(d)函数：将时间 d 以 UNIX 时间戳的形式返回。

（3）FROM_UNIXTIME(d)函数：把 UNIX 时间戳的时间转换为普通格式的时间。与 UNIX_TIMESTAMP(d)互为反函数。

【范例 35】

下面的代码演示上述三个函数的使用。

```
SELECT UNIX_TIMESTAMP(),UNIX_TIMESTAMP(NOW()),FROM_UNIXTIME(NOW());
```

执行上述语句，输出结果如下。

```
+------------------+-----------------------+----------------------+
| UNIX_TIMESTAMP() | UNIX_TIMESTAMP(NOW()) | FROM_UNIXTIME(NOW()) |
+------------------+-----------------------+----------------------+
|       1404889517 |             1404889517| NULL                 |
+------------------+-----------------------+----------------------+
```

提示

如果要获取与 UTC 有关的日期和时间，那么需要使用 UTC_DATE()函数和 UTC_TIME()函数。前者返回 UTC 日期，后者返回 UTC 时间。其中，UTC 是 Universal Coordinated Time 的缩写，即国际协调时间。

9.4.5 日期和时间的高级操作

除了简单的日期和时间操作外，MySQL 中还有其他用于操作日期和时间的函数，如将指定的日期相加或相减，为日期添加或减去指定的天数。

1. TO_DAYS(d)、FROM_DAYS(n)和 DATEDIFF(d1,d2)函数

TO_DAYS(d)函数计算日期 d 与 0000 年 1 月 1 日之间的天数；FROM_DAYS(n)函数计算从 0000 年 1 月 1 日开始 n 天后的日期；DATEDIFF(d1, d2)函数计算日期 d1 与 d2 之间相隔的天数。

【范例 36】

下面的代码演示 TO_DAYS(d)、FROM_DAYS(n)和 DATEDIFF(d1,d2)函数的使用。

```
SELECT NOW(),TO_DAYS(NOW()),FROM_DAYS(12),DATEDIFF(NOW(),'2012-5-17');
```

执行上述语句，输出结果如下。

```
+-----------+----------------+-------------------+---------------+
| NOW()      |  TO_DAYS(NOW())  |  FROM_DAYS(800000)  |  DATEDIFF(NOW(),
'2012-5-17') |
+-----------+----------------+-------------------+---------------+
| 2014-07-09 15:14:29 | 735788 | 2190-04-29          |           783  |
+-----------+----------------+-------------------+---------------+
```

2. ADDDATE(d,n)和 SUBDATE(d,n)函数

ADDDATE(d,n)函数返回起始日期 d 加上 n 天的日期；SUBDATE(d,n)函数返回起始日期 d 减去 n 天的日期。

【范例 37】

下面的代码分别调用 ADDDATE()函数和 SUBDATE()函数将当前日期加上和减去 10 天。

```
SELECT NOW(),ADDDATE(NOW(),10),SUBDATE(NOW(),10);
```

执行上述语句，输出结果如下。

```
+-----------------+-----------------+-------------------+
| NOW()            | ADDDATE(NOW(),10)  | SUBDATE(NOW(),10)   |
+-----------------+-----------------+-------------------+
|2014-07-09 15:35:25|2014-07-19 15:35:25|2014-06-29 15:35:25   |
+-----------------+-----------------+-------------------+
```

3. ADDTIME(t,n)和 SUBTIME(t,n)函数

ADDTIME(t,n)和 SUBTIME(t,n)函数很容易理解，它们针对时间进行操作。ADDTIME(t,n)函数表示将时间 t 加上 n 秒后的时间；SUBTIME(t,n)函数表示将时间 t 减

去 n 秒后的时间。示例代码如下。

```
SELECT CURTIME(),ADDTIME(CURTIME(),30),SUBTIME(CURTIME(),30);
```

9.5 实验指导——计算商品的有效日期

在 product 表中存在 proPubDate 列和 proExpMonth 列，前者表示商品的上市日期，后者表示保质期，以月为单位。根据这两列的值可以计算商品的有效日期，在上市日期的基础上添加指定的月即可。实现上述功能时需要使用到 ADDDATE()函数，它的语法与前面介绍的不同，如下所示：

```
ADDATE(d ,INTERVAL expr type);
```

在上述中，d 表示指定的日期；INTERVAL 是固定的关键字；expr 是表示时间段长的表达式，它与后面的间隔类型 type 相对应。MySQL 中的日期间隔类型如表 9-6 所示。

表 9-6 MySQL 中的日期间隔类型

间隔类型	说明	expr 表达式的形式
YEAR	年	YY
MONTH	月	MM
DAY	日	DD
HOUR	时	hh
MINUTE	分	mm
SECOND	秒	ss
YEAR_MONTH	年和月	YY 和 MM 之间用任意符号隔开
DAY_HOUR	日和小时	DD 和 hh 之间用任意符号隔开
DAY_MINUTE	日和分钟	DD 和 mm 之间用任意符号隔开
DAY_SECOND	日和秒钟	DD 和 ss 之间用任意符号隔开
HOUR_MINUTE	时和分	hh 和 ss 之间用任意符号隔开
HOUR_SECOND	时和秒	mm 和 ss 之间用任意符号隔开
MINUTE_SECOND	分和秒	mm 和 ss 之间用任意符号隔开

根据上述介绍的 ADDDATE()函数的语法计算商品的有效日期，SELECT 语句如下。

```
SELECT proPubDate,proExpMonth,ADDDATE(proPubDate,INTERVAL proExpMonth
YEAR_MONTH) FROM product;
```

执行上述语句，输出结果如图 9-8 所示。

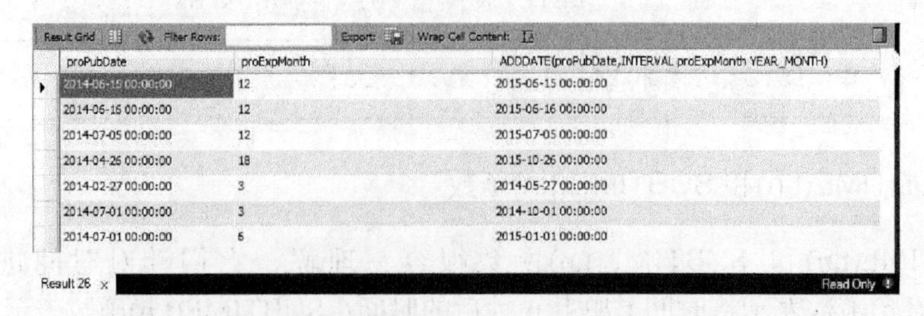

proPubDate	proExpMonth	ADDDATE(proPubDate,INTERVAL proExpMonth YEAR_MONTH)
2014-06-15 00:00:00	12	2015-06-15 00:00:00
2014-06-16 00:00:00	12	2015-06-16 00:00:00
2014-07-05 00:00:00	12	2015-07-05 00:00:00
2014-04-26 00:00:00	18	2015-10-26 00:00:00
2014-02-27 00:00:00	3	2014-05-27 00:00:00
2014-07-01 00:00:00	3	2014-10-01 00:00:00
2014-07-01 00:00:00	6	2015-01-01 00:00:00

图 9-8 计算商品的有效日期

试一试

与上述 ADDDATE()函数语法对应的还有一个 SUBDATE()函数，它返回起始日期减去一个时间段之后的日期。感兴趣的读者可以亲自动手试一试，这里不再对 SUBDATE()函数进行详细介绍。

9.6 其他类型的函数

在 MySQL 提供的函数中，聚合函数、字符串函数、日期和时间函数以及数学函数最经常使用。除了这几种函数外，还提供了其他的函数，下面简单介绍一下这些函数。

9.6.1 系统信息函数

系统信息函数用来查询 MySQL 数据库的系统信息。如查询数据库的版本，查询数据库的当前用户，常用的系统信息函数如表 9-7 所示。

表 9-7 系统信息函数

系统信息函数	说明
VERSION()	返回数据库的版本号
CONNECTION_ID()	返回服务器的连接数
DATABASE()或 SCHEMA()	返回当前数据库名
USER()、SYSTEM_USER()或 SESSION_USER()	返回当前 MySQL 用户名和主机名
CURRENT_USER()、CURRENT_USER	返回当前话路被验证的用户名和主机名组合
CHARSET(str)	返回字符串 str 的字符集
COLLATION(str)	返回字符串 str 的字符排列方式
LAST_INSERT_ID()	返回最近生成的 AUTO_INCREMENT 值

【范例 38】

下面的代码分别演示 VERSION()、CONNECTION_ID()和 DATABASE()函数的使用。

```
SELECT VERSION(),CONNECTION_ID(),DATABASE();
```

执行上述语句，输出结果如下。

```
+-----------+-----------------+------------+
| VERSION() | CONNECTION_ID() | DATABASE() |
+-----------+-----------------+------------+
| 5.6.19    |               4 | test       |
+-----------+-----------------+------------+
```

9.6.2 加密和解密函数

如果数据库中有些很敏感的信息不希望被其他人看到，那么可以通过加密的方式使这些数据变成看似乱码的数据。加密函数是 MySQL 中用来对数据进行加密的函数，

MySQL 中提供了以下三种加密函数。

（1）PASSWORD(str)函数：可以对字符串 str 进行加密。一般情况下，该函数用来给用户的密码加密。

（2）MD5(str)函数：可以对字符串 str 进行加密。该函数主要对普通的数据进行加密。

（3）ENCODE(str,pswd_str)函数：可以使用字符串 pswd_str 来加密字符串 str。加密的结果是一个二进制数，必须使用 BLOB 类型的字段来保存它。

【范例 39】

采用不同的方式对一个字符串进行加密，其加密后的结果也会有所不同。下面分别使用 PASSWORD()函数、MD5()函数和 ENCODE()函数对字符串进行加密，代码如下。

```
SELECT PASSWORD('admin'),MD5('admin'),ENCODE('admin','1234');
```

执行上述语句，输出结果如图 9-9 所示。

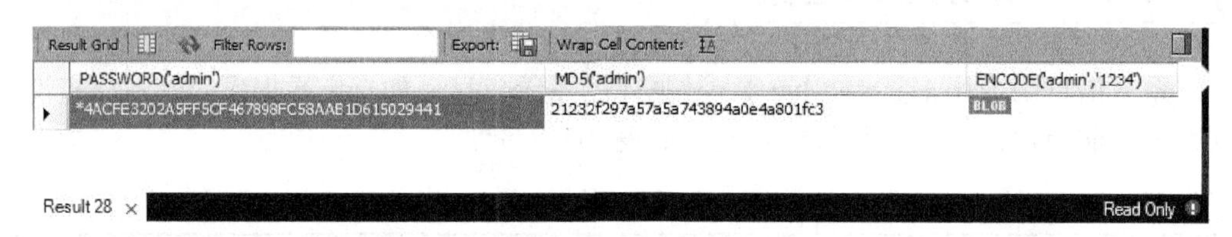

图 9-9 使用加密函数

与加密对应的解密，DECODE(crypt_str,pswd_str)函数可以使用字符串 pswd_str 来为 crypt_str 解密。其中，crypt_str 是通过 ENCODE(str,pswd_str)加密后的二进制数据；字符串 pswd_str 应该与加密时的字符串 pswd_str 是相同的。如下代码使用 DECODE()函数为 ENCODE()加密后的数据解密。

```
SELECT DECODE(ENCODE('admin','12'),'12');
```

9.6.3 其他函数

如表 9-8 所示列出了其他常用的函数。这些函数并没有严格的分类，因此将它们放在这一节进行介绍。

表 9-8 其他函数

其他函数	说明
FORMAT(x,n)	可以将数字 x 进行格式化，将 x 保留到小数点后 n 位。这个过程需要进行四舍五入
BIN(x)	返回 x 的二进制编码
HEX(x)	返回 x 的十六进制编码
OCT(x)	返回 x 的八进制编码
CONV(x,f1,f2)	将 x 从 f1 进制数变成 f2 进制数
INET_ATON(IP)	将 IP 地址转换为数字表示
GET_LOCK(name,time)	定义名称为 name、持续时间长度为 time 秒的锁
IS_FREE_LOCK(name)	判断是否使用名为 name 的锁

续表

其他函数	说明
BENCHMARK(count,expr)	将表达式 expr 重复执行 count 次
CONVERT(s USING cs)	将字符串 s 的字符集变成 cs
CAST(x AS type)或 CONVERT(x,type)	将 x 变成 type 类型

注意

CAST()和 CONVERT()函数只对 BINARY、CHAR、DATE、DATETIME、TIME、SIGNED INTEGER、UNSIGNED INTEGER 这些类型起作用。它们只是改变输出值的数据类型，并没有改变表中字段的类型。

【范例 40】

下面的代码演示 FORMAT()、BIN()、HEX()、OCT()和 CONV()函数的使用。

```
SELECT FORMAT(12.3564,3),BIN(10),HEX(10),OCT(10),CONV(10,10,2);
```

执行上述语句，输出结果如下。

```
+-------------------+---------+---------+---------+---------------+
| FORMAT(12.3564,3) | BIN(10) | HEX(10) | OCT(10) | CONV(10,10,2) |
+-------------------+---------+---------+---------+---------------+
| 12.356            | 1010    | A       | 12      | 1010          |
+-------------------+---------+---------+---------+---------------+
```

思考与练习

一、填空题

1. __________函数返回指定列的平均值。
2. 执行“SELECT FLOOR(19.8);”语句时，结果返回__________。
3. 使用数学函数__________可以获取圆周率的值。
4. 合并两个或多个字符串时可以使用 CONCAT()函数与__________函数。
5. 执行“SELECT STRCMP('HELLO','Hellos');”语句时，结果返回__________。
6. 系统信息函数__________返回数据库的版本号。

二、选择题

1. __________函数可以求数字的平方根。

A. MOD()

B. ABS()

C. RAND()

D. SQRT()

2. __________函数用于获取字符串的字节长度。

A. OCTET_LENGTH()

B. CHAR_LENGTH()

C. CHARACTER_LENGTH()

D. BIT_LENGTH()

3. 执行“SELECT INSERT('love me,love my dog.',3,4,'*');”语句的结果返回__________。

A. love *e,love *y dog.

B. lo*e,love *y dog.

C. lov*ove my dog.

D．lo*e,love my dog.

4．在下列函数中，__________不能同时返回日期和时间。

A．LOCALTIME()

B．NOW()

C．CURDATE()

D．SYSDATE()

5．SEC_TO_TIME()函数表示__________。

A．返回当前时间

B．将以秒为单位的时间转换为时分秒的格式

C．将时间转换为秒

D．指定时间到 12:50:50 的总秒数

6．__________不是 MySQL 提供的加密函数。

A．DECODE()

B．ENCODE()

C．MD5()

D．PASSWORD()函数

三、简答题

1. MySQL 中提供的聚合函数有哪些？请简单说明。

2．合并、替换、截取、反转以及比较字符串操作时需要分别使用哪些函数？

3．与操作日期有关的函数有哪些？请简单说明。

4．ADDDATE()和 SUBDATE()函数分别用来做什么？它们的基本语法是什么？

第 10 章　存储过程和触发器

存储过程是一些由 MySQL 服务器直接存储和执行的定制过程或函数。存储过程的加入把 SQL 扩展成了一种程序设计语言，可以利用存储过程把一个客户/服务器体系的数据库应用软件中的部分逻辑保存起来供日后使用。而触发器是在 INSERT、UPDATE 或 DELETE 命令之前或之后对 SQL 命令或存储过程的自动调用。

本章重点介绍存储过程和触发器两部分内容，包括它们的创建和使用、查看、修改以及删除等内容。

本章学习要点：

- 了解存储过程的优缺点
- 掌握创建存储过程的两种方式
- 掌握如何使用存储过程
- 掌握查看存储过程的三种方式
- 熟悉 ALTER PROCEDURE 语句
- 掌握删除存储过程的两种方式
- 了解触发器的作用
- 掌握触发器的创建和使用
- 熟悉如何查看和删除触发器

10.1 存储过程

创建存储过程和函数是指将经常使用的一组 SQL 语句组合在一起，并将这些 SQL 语句当作一个整体存储在 MySQL 服务器中。在第 8 章中介绍 MySQL 基础编程时已经提到过自定义函数，下面简单介绍存储过程。

10.1.1 存储过程的优缺点

存储过程（Stored Procedure）是在大型数据库系统中，一组为了完成特定功能的 SQL 语句集，经编译后存储在数据库中，用户通过指定存储过程的名字并给出参数（如果该存储过程带有参数）来执行它。根据具体的应用程序，存储过程具有以下优点。

（1）更快的速度。在进行数据库操作时，经常出现必须在 PHP 程序和数据库服务器之间来回传输大量数据的情况：PHP 程序执行一条 SELECT 命令，对查询结果进行某种处理，根据查询结果执行一条 UPDATE 命令，返回 LAST_INSERT_ID 等。如果将上述步骤都纳入存储过程在服务器上执行的话，数据传输方面的许多开销都可以节省下来。

（2）避免代码冗余。把功能相同的代码编写到一个存储过程中，这样不仅可以减少冗余代码，还可以使有关的应用程序变得更加容易维护。这样，在某个数据库的结构被改变时，程序员只需更改存储过程就可以了，不用再去修改每一个会用到这个数据库的应用程序的代码。

（3）提高数据库的安全性。虽然创建和维护大量的存储过程是一件工作量很大的任务，但是对于数据库管理员来说，这么做的好处是可以对每次数据访问进行监控，并在必要时把操作情况记录到一个日志里去。总之，人们可以根据具体情况为不同的数据和数据访问操作设置不同严格程序的安全检查规则。

存储过程并非全是优点，它的最大缺点是很难把它们从一个数据库移植到另一个数据库里去，这是因为每一种数据库系统所使用的存储过程语法或语法扩展是不同的。

10.1.2 创建存储过程

开发者自定义函数（或存储函数）需要使用 CREATE FUNCTION 语句进行创建，而创建存储过程需要使用 CREATE PROCEDURE 语句。在 MySQL 中，创建存储过程的基本语法如下：


```
CREATE PROCEDURE sp_name([proc_parameter[,…]])
[characteristic…] routine_body
```

上述语法的说明如下。

（1）sp_name：存储过程的名称。

（2）proc_parameter：存储过程的参数列表，如果没有参数，那么使用一个空参数列()。多个参数之间通过逗号进行分隔。参数列表中的每个参数都由输入输出类型、参数名称和参数类型三部分组成。语法如下：

```
[IN | OUT | INOUT] param_name type
```

其中 IN 表示输入参数；OUT 表示输出参数；INOUT 表示既可以是输入，也可以是输出；param_name 是存储过程的参数名称；type 指定存储过程的参数类型，该类型可以是 MySQL 数据库的任意数据类型。

（1）routine_body：SQL 代码的内容，可以用 BEGIN…END 来标识 SQL 代码的开始和结束。

（2）characteristic：它指定存储过程的特性，包含多个取值，如表 10-1 所示。

表 10-1　characteristic 的取值列表

取值名称	说明
LANGUAGE SQL	指定代码由 SQL 的语句组成，这也是数据库系统默认的语言
[NOT] DETERMINISTIC	指定存储过程的执行结果是否是确定的。默认情况下，结果是非确定的。DETERMINISTIC 表示结果是确定的，每次执行存储过程时，相同的输入会得到相同的输出。NOT DETERMINISTIC 表示结果是非确定的，相同的输入可能得到不同的输出

续表

取值名称	说明
{CONTAINS SQL|NO SQL| READS SQL DATA| MODIFIES SQL DATA}	指定子程序使用 SQL 语句的限制。CONTAINS SQL 表示子程序包含 SQL 语句，这是系统默认值；READS SQL DATA 表示子程序中包含读取数据的语句；MODIFIES SQL DATA 表示子程序中包含写入数据的语句
SQL SECURITY {DEFINER|INVOKER}	指定谁拥有权限来执行。DEFINER 表示只有定义者自己才能够执行，这是系统默认指定的权限；INVOKER 表示调用者可以执行
COMMENT 'string'	注释信息

提示

创建存储过程时，系统默认指定 CONTAINS SQL，它表示存储过程中使用了 SQL 语句。但是，如果存储过程中没有使用 SQL 语句，最好设置为 NO SQL。而且，存储过程中最好在 COMMENT 部分对存储过程进行简单注释，以后在阅读存储过程的代码时更加方便。

【范例 1】

创建名称是 show_bore_in_year 的存储过程，该存储过程需要传入一个 INT 类型的 p_year 参数，代码如下。

```
DELIMITER $$
CREATE PROCEDURE show_bore_in_year (p_year INT)
BEGIN
SELECT * from product WHERE YEAR(proPubDate) = p_year;
END
```

执行上述语句，完成后的效果不再显示。

创建存储过程有两种方式：一种是通过 SQL 语句，如范例 1；另一种是通过图形界面进行创建，如范例 2。

【范例 2】

通过图形界面创建存储过程的一般步骤如下。

（1）打开 MySQL Workbench 操作界面，找到要添加存储过程的数据库，并展开该数据库下的节点。

（2）右键单击 Stored Procedures 选项，在弹出的快捷菜单中选择 Create Stored Procedure 命令打开存储过程的创建页面，如图 10-1 所示。

（3）在图 10-1 的右侧页面中添加代码，添加完成后单击 Apply 按钮弹出如图 10-2 所示的对话框。

（4）在图 10-2 中，用户可以查看上个步骤中提交的内容，同时也可以进行修改，如果确定创建，单击 Apply 按钮即可，如图 10-3 所示。

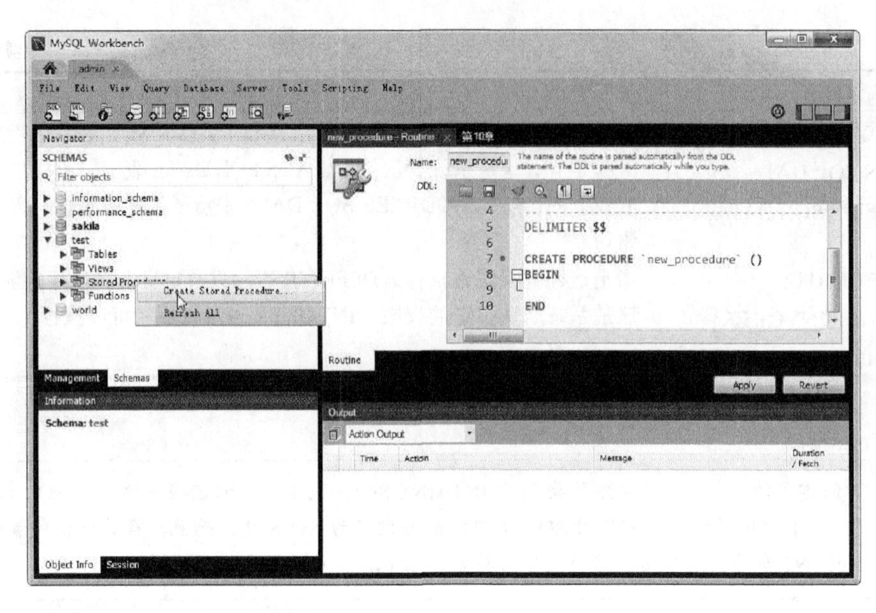

图 10-1　创建存储过程的页面

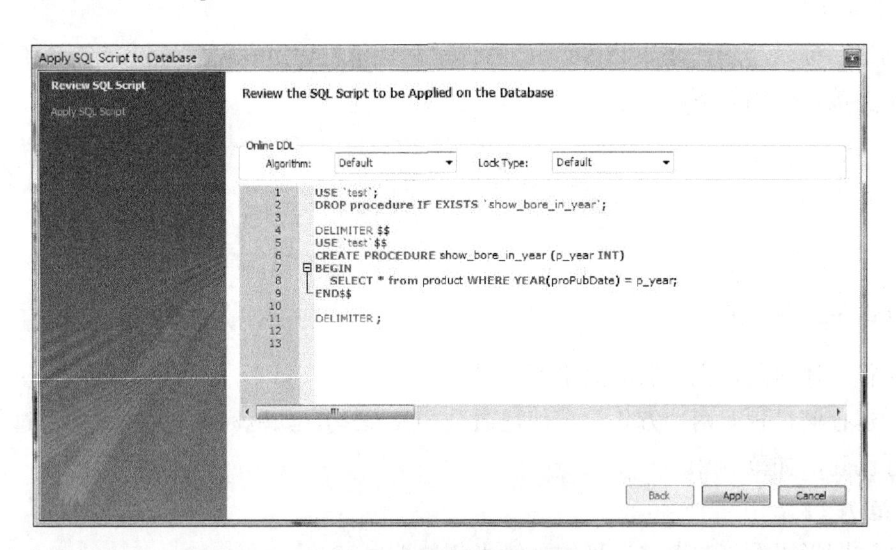

图 10-2　图形界面创建存储过程的 SQL 语句

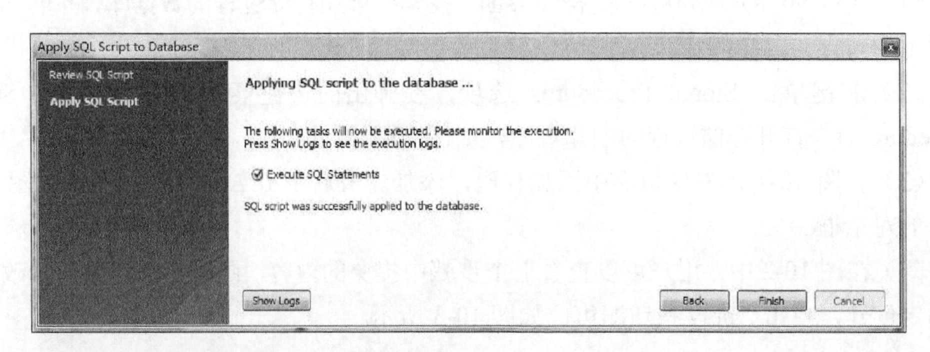

图 10-3　创建存储过程成功时的效果

（5）单击图 10-3 中的 Finish 按钮完成创建，这时会在左侧的 Stores Procedures 节点下显示新创建的存储过程。

注意

MySQL 中默认的语句结束符为分号（;）。存储过程中的 SQL 语句需要分号来结束。为了避免冲突，首先用“DELIMITER &&”将 MySQL 的结束符设置为&&，最后再用“DELIMITER;”来将结束符恢复成分号。这一点与触发器是一样的。

10.1.3 使用存储过程

存储过程需要使用 CALL 语句来调用，是一个独立的操作，不能用在表达式里。使用存储过程的情况主要有两种：只能通过运算来实现某种效果或动作而无须返回一个值；运算会返回多个结果集。

【范例 3】

使用 CALL 语句调用前面范例创建的名称为 show_bore_in_year 的存储过程，并向该过程中传入参数 2014，代码如下。

```
USE test;
CALL show_bore_in_year(2014);
```

执行上述语句，效果如图 10-4 所示。

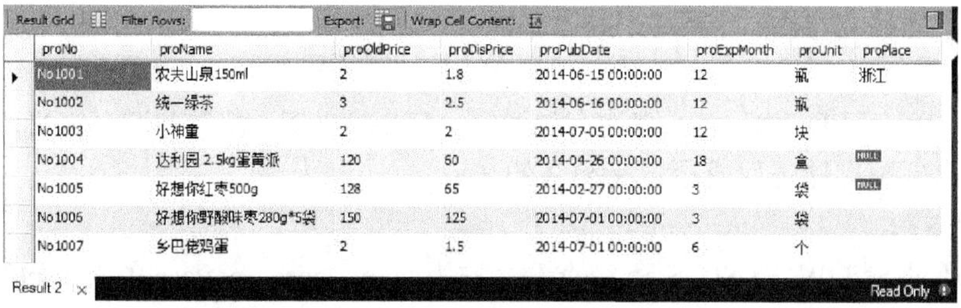

proNo	proName	proOldPrice	proDisPrice	proPubDate	proExpMonth	proUnit	proPlace
No1001	农夫山泉150ml	2	1.8	2014-06-15 00:00:00	12	瓶	浙江
No1002	统一绿茶	3	2.5	2014-06-16 00:00:00	12	瓶	
No1003	小神童	2	2	2014-07-05 00:00:00	12	块	
No1004	达利园 2.5kg蛋黄派	120	60	2014-04-26 00:00:00	18	盒	NULL
No1005	好想你红枣500g	128	65	2014-02-27 00:00:00	3	袋	NULL
No1006	好想你野酸味枣280g*5袋	150	125	2014-07-01 00:00:00	3	袋	
No1007	乡巴佬鸡蛋	2	1.5	2014-07-01 00:00:00	6	个	

图 10-4 通过 CALL 语句调用存储过程

10.1.4 查看存储过程

创建存储过程完成以后，开发者可以查看存储过程的状态和定义。查看这些信息时可以通过图形界面操作，也可以通过 SQL 语句进行操作。下面主要介绍如何通过 SHOW CREATE 和 SHOW STATUS 语句以及 information_schema 数据库下的 ROUTINES 表查看存储过程的信息。

1. SHOW CREATE 语句

SHOW CREATE 语句不仅可以查看存储过程的状态，也可以查看函数的状态。基本语法如下：

```
SHOW CREATE {PROCEDURE | FUNCTION} sp_name;
```

其中，PROCEDURE 表示查询存储过程；FUNCTION 表示查询自定义函数；sp_name 表示存储过程的名称。

【范例 4】

下面查询名为 show_bore_in_year 的存储过程的状态，代码如下。

```
SHOW CREATE PROCEDURE show_bore_in_year;
```

执行结果如图 10-5 所示。从该图的查询结果中可以看出，查询的状态信息包括存储过程的名称、定义和字符集等。

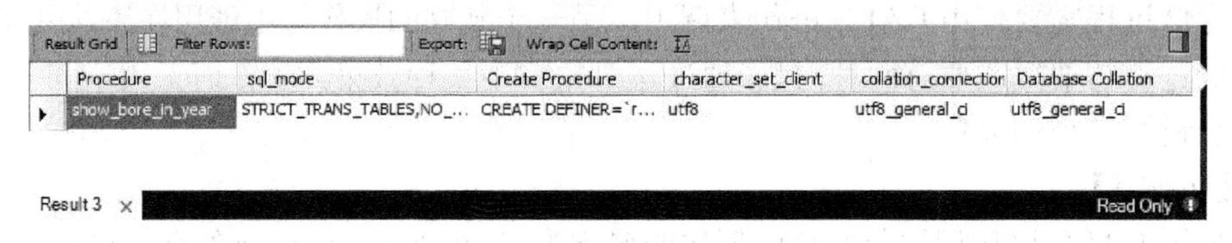

图 10-5　SHOW CREATE 语句的使用

2．SHOW STATUS 语句

SHOW STATUS 语句不仅可以查看存储过程的状态，也可以查看自定义函数的状态。基本语法如下：

```
SHOW {PROCEDURE | FUNCTION} STATUS [LIKE 'pattern'];
```

其中，PROCEDURE 表示查询存储过程；FUNCTION 表示查询自定义函数；LIKE 'pattern'用来匹配存储过程或自定义函数的名称。

【范例 5】

下面通过 SHOW STATUS 语句查看名称为 show_bore_in_year 的存储过程的状态，代码如下。

```
SHOW PROCEDURE STATUS LIKE 'show_bore_in_year';
```

执行语句结果如图 10-6 所示。比较图 10-6 和图 10-5 可以发现：通过 SHOW STATUS 查询的结果要比 SHOW CREATE 语句查询的结果多。

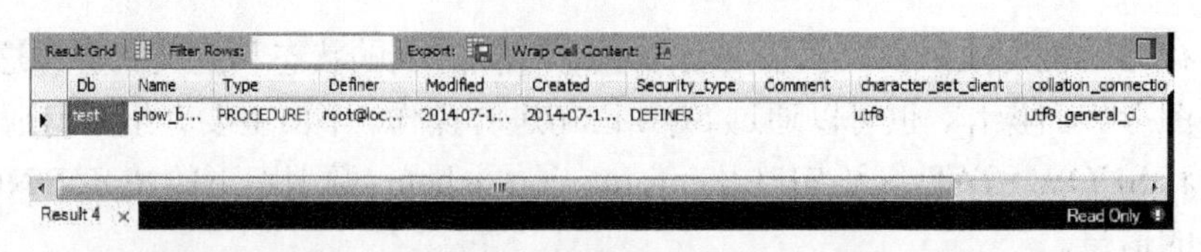

图 10-6　SHOW STATUS 语句的使用

SHOW STATUS 语句只能查看存储过程或自定义函数是操作哪一个数据库、存储过程或函数的名称、类型、谁定义的、创建和修改时间以及字符编码等信息。但是，这个语句不能查询存储过程或函数的具体定义，如果需要查看详细定义，那么需要使用SHOW CREATE 语句。

【范例 6】

SHOW STATUS 语句的 LIKE 子句是可选的，如果不指定 LIKE 子句，那么会查询当前数据库下的所有存储过程或自定义函数，代码如下。

```
SHOW PROCEDURE STATUS;
```

执行结果如图 10-7 所示。

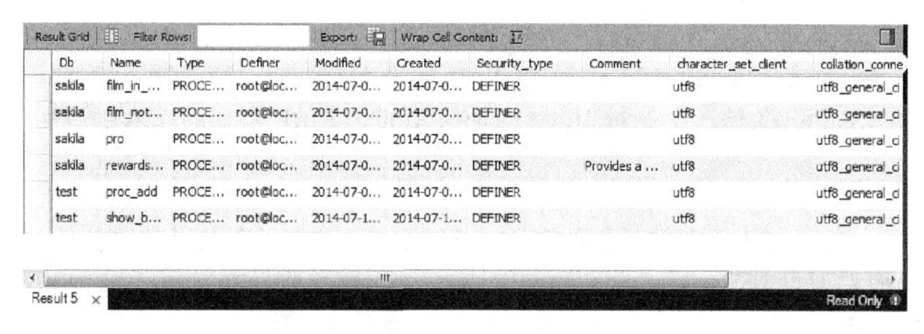

Db	Name	Type	Definer	Modified	Created	Security_type	Comment	character_set_client	collation_conne
sakila	film_in_...	PROCE...	root@loc...	2014-07-0...	2014-07-0...	DEFINER		utf8	utf8_general_ci
sakila	film_not...	PROCE...	root@loc...	2014-07-0...	2014-07-0...	DEFINER		utf8	utf8_general_ci
sakila	pro	PROCE...	root@loc...	2014-07-0...	2014-07-0...	DEFINER		utf8	utf8_general_ci
sakila	rewards...	PROCE...	root@loc...	2014-07-0...	2014-07-0...	DEFINER	Provides a ...	utf8	utf8_general_ci
test	proc_add	PROCE...	root@loc...	2014-07-0...	2014-07-0...	DEFINER		utf8	utf8_general_ci
test	show_b...	PROCE...	root@loc...	2014-07-1...	2014-07-1...	DEFINER		utf8	utf8_general_ci

图 10-7 范例 6 的运行效果

3. ROUTINES 表

在 MySQL 中，information_schema 数据库下的 ROUTINES 表中也保存了存储过程和自定义函数的信息。可以通过查询该表的记录来获取存储过程和自定义函数的信息。基本语法如下：

```
SELECT * FROM information_schema.ROUTINES WHERE ROUTINE_NAME = 'sp_name';
```

其中，ROUTINE_NAME 中存储的是存储过程和自定义函数的名称；sp_name 表示用户输入的存储过程或自定义函数的名称。

【范例 7】

下面从 ROUTINES 表中查询名称为 show_bore_in_year 的存储过程的信息，代码如下。

```
SELECT * FROM information_schema.ROUTINES WHERE ROUTINE_NAME =
'show_bore_in_year';
```

执行效果如图 10-8 所示。

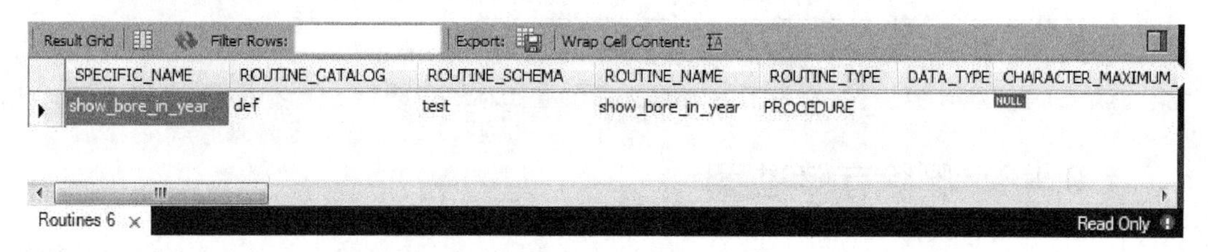

SPECIFIC_NAME	ROUTINE_CATALOG	ROUTINE_SCHEMA	ROUTINE_NAME	ROUTINE_TYPE	DATA_TYPE	CHARACTER_MAXIMUM_
show_bore_in_year	def	test	show_bore_in_year	PROCEDURE		NULL

图 10-8 ROUTINES 表查询存储过程的信息

提示

在 information_schema 数据库下的 ROUTINES 表中，存储着所有存储过程和自定义函数的信息。如果使用 SELECT 语句查询 ROUTINES 表中的存储过程和自定义函数的信息，一定要使用 ROUTINE_NAME 列指定存储过程或函数的名称。否则，将查询出所有的存储过程或函数的定义。

10.1.5 修改存储过程

修改存储过程是指修改已经定义好的存储过程。MySQL 中通过 ALTER PROCEDURE 语句来修改存储过程。ALTER PROCEDURE 语句的基本语法如下：

```
ALTER PROCEDURE sp_name[characteristic…]
```

其中，sp_name 表示存储过程的名称；characteristic 表示存储函数的特性，该参数的取值说明如表 10-1 所示。

【范例 8】

在修改存储过程 show_bore_in_year 的定义之前，首先通过 SELECT 语句查询 ROUTINES 表中相关列的值。代码及执行结果如下。


```
SELECT SPECIFIC_NAME,SQL_DATA_ACCESS,ROUTINE_COMMENT FROM information_
schema.ROUTINES WHERE ROUTINE_NAME='show_bore_in_year';
+ ------------------+-------------------+------------------+
| SPECIFIC_NAME     | SQL_DATA_ACCESS   | ROUTINE_COMMENT  |
+ ------------------+-------------------+------------------+
| show_bore_in_year | CONTAINS SQL      |                  |
+ ------------------+-------------------+------------------+
```

然后通过 ALTER PROCEDURE 更改存储过程的定义，将读写权限更改为 READS SQL DATA，并添加注释信息 FIND NAME，代码如下。

```
ALTER  PROCEDURE show_bore_in_year READS SQL DATA COMMENT 'FIND NAME';
```

执行上述语句完成后，重新通过 SELECT 语句查询 ROUTINES 表中列的值，执行结果如下。

```
+ ---------------+-------------------+------------------+
| SPECIFIC_NAME  | SQL_DATA_ACCESS   | ROUTINE_COMMENT  |
+ ---------------+-------------------+------------------+
|show_bore_in_year| READS SQL DATA    | FIND NAME        |
+ ---------------+-------------------+------------------+
```

10.1.6 删除存储过程

如果要修改存储过程中的具体内容，可以直接删除存储过程，然后再创建存储过程，或者重新创建一个全新的存储过程。MySQL 中删除存储过程通常使用两种方式：一种是通过图形界面进行删除；另一种是通过 SQL 语句进行删除。

1. 通过图形界面删除存储过程

通过图形界面删除存储过程的一般步骤是：打开 MySQL Workbench 图形界面，在左侧的导航菜单中找到某个数据库下的存储过程。右键单击要删除的存储过程，在弹出的快捷菜单中选择 Drop Stored Procedure 命令弹出对话框，如图 10-9 所示。在图 10-9 中，单击对话框中的 Drop Now 命令直接删除存储过程；单击 Review SQL 命令时首先弹出与审查有关的对话框提示，该提示询问用户是否执行删除操作。

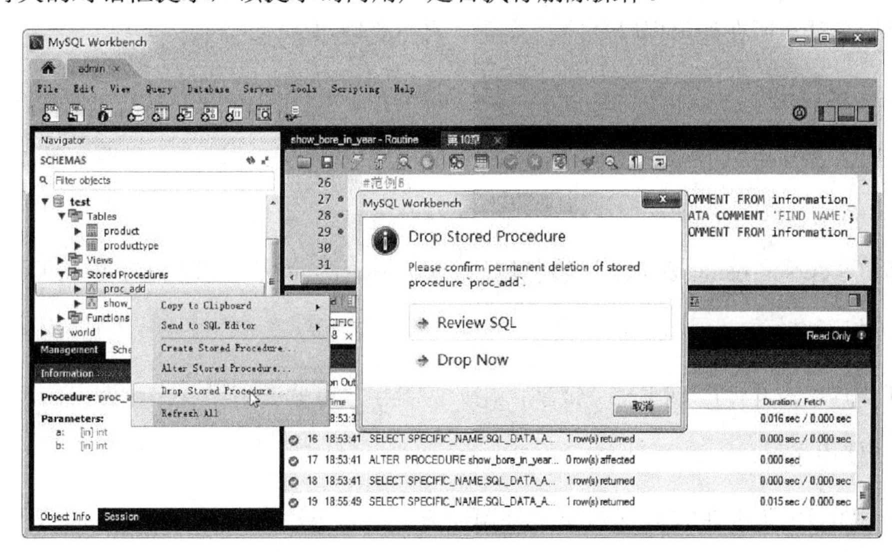

图 10-9 图形界面删除存储过程

2. 通过 SQL 语句删除存储过程

通过 SQL 语句删除存储过程时需要执行 DROP PROCEDURE 语句。基本语法如下：

```
DROP PROCEDURE sp_name;
```

其中，sp_name 表示存储过程的名称。

【范例 9】

下面删除名称为 show_bore_in_year 的存储过程，代码如下。

```
DROP PROCEDURE show_bore_in_year;
```

执行上述语句完成后，可以通过查询 information_schema 数据库下的 ROUTINES 表来确定上面的存储过程是否成功。SELECT 语句代码如下。

```
SELECT * FROM information_schema.ROUTINES WHERE ROUTINE_NAME =
'show_bore_in_year';
```

执行上述语句时，如果没有查询出任何记录，说明存储过程已经被删除。

10.2 实验指导——在存储过程中定义和使用游标

存储过程的功能很强大，在存储过程中可以声明全局变量，也可以使用 IF 语句，还可以使用循环语句。关于全局变量、IF 语句和循环语句，已经在第 8 章中进行过介绍，因此，这里不再详细说明。

除了全局变量、IF 语句和循环语句外，在存储过程中还可以使用游标。查询语句可能查询出多条记录，在存储过程和函数中使用游标来读取查询结果集中的记录，在有些资料中，游标又被称为光标。光标的使用包括声明游标、打开游标、使用游标和关闭游标。游标必须声明在处理程序之前，并且声明在变量和条件之后。

1. 声明游标

声明游标与声明全局变量一样，都需要使用 DECLARE 关键字。声明语法如下：

```
DECLARE cursor_name CURSOR FOR select_statement;
```

其中，cursor_name 表示游标的名称；select_statement 表示 SELECT 语句的内容。

2. 打开游标

打开游标需要使用 OPEN 关键字，在该关键字之后紧跟着游标名称即可。

3. 使用游标

MySQL 中使用 FETCH 关键字来使用游标。基本语法如下：

```
FETCH cur_employee INTO var_name[,var_name…];
```

其中，cursor_name 表示游标的名称；var_name 表示将游标中的 SELECT 语句查询出来的信息存入到该参数中。var_name 参数必须在声明光标之前就已经定义好。

4. 关闭游标

关闭游标需要使用 CLOSE 关键字，在该关键字之后紧跟着游标名称即可。

提 示

如果存储过程或自定义函数中执行 SELECT 语句，并且 SELECT 语句会查询出多条记录，这种情况最好使用游标来逐行读取记录。游标必须在处理程序之前且在变量和条件之后声明，而且游标使用完成一定要关闭。

下面的代码演示了在存储过程中使用游标的完整示例。

```
USE test;
DELIMITER $$
DROP PROCEDURE IF EXISTS proc_test $$
CREATE PROCEDURE proc_test(IN date_day datetime)
```

```
BEGIN
    DECLARE done INT DEFAULT 0;
    DECLARE _prono VARCHAR(10) DEFAULT '';
    DECLARE _proname  VARCHAR(50) DEFAULT '';
    DECLARE mycursor CURSOR FOR SELECT proNo,proName FROM product;
    DECLARE CONTINUE HANDLER FOR NOT FOUND SET done=1;
    IF date_day THEN
        CREATE TABLE result (SELECT concat_ws(',',proNo,proName) FROM
        product where DATEDIFF(proPubDate,date_day)=0);
    ELSE
        OPEN mycursor;
        REPEAT
            FETCH mycursor INTO _prono,_proname;
            IF NOT done THEN
                CREATE TABLE result(SELECT CONCAT_WS('_',result,_ prono,_
                proname));
            END IF;
        UNTIL done END REPEAT;
        CLOSE mycursor;
    END IF;
    SELECT * FROM result;
END $$
DELIMITER ;
```


在上述代码中，首先判断名称为 proc_test 的存储过程是否存在，如果存在则删除，然后创建 proc_test 存储过程。在存储过程中声明 done、_prono 和_proname 变量，声明变量之后定义名称为 mycursor 的光标。其中，done 用来跟踪是否有数据（NOT FOUNT），将值设置为 1 表示找不到数据。这些声明内容不能放到 IF 语句中，否则会报错。

IF 语句根据 date_day 参数把数据取出来，并放到 result 表中。否则打开光标，通过 REPEAT 循环从光标中取出数据，将数据合并起来放到 result 表中，然后关闭光标，最后通过 END IF 闭合标签。在 END IF 闭合标签后，通过 SELECT 语句查询出 result 表中的数据。

注意

将读取到的数据保存到 result 表时，使用到 CREATE TABLE 语句创建 result 表，必须保证 result 表不存在。这类似于 SQL Server 中使用 SELECT INTO 语句，由于 MySQL 中不支持 SELECT INTO 语句，因此使用上述代码实现等价效果。

创建完成后可以使用调用存储过程进行测试，向 proc_test 存储过程中传入参数的值为“2014-07-01”，代码如下。

```
call proc_test('2014-07-01');
```

执行结果如下。

```
+-----------------------------------+
```

```
| concat_ws(',',proNo,proName)      |
+-----------------------------------+
| No1006,好想你野酸味枣 280g*5 袋     |
| No1007,乡巴佬鸡蛋                  |
+-----------------------------------+
```

10.3 创建触发器

触发器在数据库系统开发过程中具有非常重要的作用，例如，可以防止有害数据录入数据库，可以改变或取消 INSERT、UPDATE 和 DELETE 语句的执行及在一个会话中监听数据库中的数据的改变。

10.3.1 触发器的作用

触发器是个特殊的存储过程，它的执行不是由程序调用，也不是手工启动，而是由事件来触发。例如，当相应的数据表被 INSERT、UPDATE 或 DELETE 语句修改时，触发器将自动执行。触发器可以被设置成在这几种语句处理每个数据行之前或之后触发。触发器的定义包括一条将在触发器被触发时执行的语句，如下列出了触发器的优点。

（1）触发器可以检查或修改将被插入或用来更新数据行的新数据值。这意味着开发者可以利用触发器强制实现数据的完整性，例如，检查某个百分比数值是不是落在了 0～100 区间内。触发器还可以用来对输入数据进行必要的过滤。

（2）触发器可以把表达式的结果赋值给数据列作为其默认值。这使开发者可以绕开数据列定义中的默认值必须是常数的限制。

（3）触发器可以在删除或修改数据行之前先检查它的当前内容。这种能力可以用来实现许多功能，如把对现有数据行的修改记载到一个日记里。

由于触发器代码是在数据表里的数据发生变化后自动执行的，因此比较复杂的触发器往往会对数据库的正常使用造成严重的影响。使用触发器的限制如下。

（1）触发器不能调用将数据返回客户端的存储过程，也不能使用采用 CALL 语句的动态 SQL（允许存储过程通过参数将数据返回触发器）。

（2）触发器不能使用以显式或隐式方式开始或结束事务的语句，如 START TRANSACTION、COMMIT 或 ROLLBACK。

10.3.2 创建触发器

创建触发器时需要使用 CREATE TRIGGER 语句，在触发器的定义里需要表明它将由哪种语句触发，是在数据行被修改之前还是之后触发。CREATE TRIGGER 语句的基本语法如下：

```
CREATE TRIGGER trigger_name
{BEFORE | AFTER}
```

```
{INSERT | UPDATE | DELETE}
ON tbl_name
FOR EACH ROW trigger_stmt
```

上述语法的说明如下。

（1）trigger_name：要创建的触发器的名称。

（2）BEFORE|AFTER：触发程序的动作时间，取值为 BEFORE 表示在触发事件之前执行触发语句，取值为 AFTER 表示在触发事件之后执行触发语句。

（3）INSERT|UPDATE|DELETE：激活触发程序的语句类型，即触发条件。取值为 INSERT 表示将新行插入表时激活触发程序，如执行 INSERT、LOAD DATA 和 REPLACE 语句。取值为 UPDATE 表示更改某一行时激活触发程序，如执行 UPDATE 语句。取值为 DELETE 表示从表中删除某一行时激活触发程序，如执行 DELETE 和 REPLACE 语句。

（4）FOR EACH ROW：表示任何一条记录上的操作满足触发事件都会触发该触发器。

（5）trigger_stmt：触发器被触发后执行的语句。

【范例 10】

创建名称为 trigger_typeoper1 的触发器，在对 producttype 表执行 DELETE 语句之后，向 product 表中插入一条记录，代码如下。

```
CREATE TRIGGER trigger_typeoper1 AFTER DELETE
ON producttype FOR EACH ROW
INSERT  INTO  product(proNo,proName,proOldPrice,proDisPrice)  VALUES
('No1008','湿巾',1.0,0.8);
```

注意

在 MySQL 中，一个表在相同触发时间的相同触发事件，只能创建一个触发器。例如在 product 表中，触发事件 INSERT、触发时间为 AFTER 的触发器只能有一个。但是，可以定义触发事件为 BEFORE 的触发器，如果该表中执行 INSERT 语句，那么这个触发器就会自动执行。

在创建触发器时，触发器触发的执行语句可以有多个，执行多条语句时需要使用到 BEGIN 和 END。基本语法如下：

```
CREATE TRIGGER trigger_name {BEFORE | AFTER} {INSERT | UPDATE | DELETE}
ON tbl_name FOR EACH ROW
BEGIN
   trigger_stmt_list
END
```

在上述语法中，BEGIN 和 END 之间的 trigger_stmt_list 表示需要执行的多个语句，不同的执行语句之间使用分号进行分隔。

【范例 11】

创建名称为 trigger_prooper1 的触发器，在对 product 表执行 UPDATE 语句之前，向 producttype 表中插入两条记录，代码如下。

```
DELIMITER $$
CREATE TRIGGER trigger_prooper1 BEFORE UPDATE ON product
```

```
FOR EACH ROW
BEGIN
   INSERT INTO producttype VALUES(12,'彩电',4,'彩色电视机','2014-7-15');
   INSERT INTO producttype VALUES(13,'手机',4,'智能机','2014-7-15');
END$$
DELIMITER ;
```

技 巧

一般情况下，MySQL 默认是以分号“;”作为结束执行语句，这与触发器中需要的分号起冲突。为解决这个问题，可以使用 DELIMITER 更改结束符号。当触发器创建完成后，可以用 DELIMITER ;来将结束符号重新变成分号。

10.3.3 使用触发器

触发程序是与表有关的命名数据库对象，当表上出现特定事件时，将激活该对象。在某些触发程序的用法中，可用于检查插入到表中的值，或对更新涉及的值进行计算。触发程序与表相关，当对表执行 INSERT、DELETE 或 UPDATE 语句时，将激活触发程序。可以将触发程序设置为在执行语句之前或之后激活。

【范例 12】

使用范例 10 创建的 trigger_typeoper1 触发器，相关的步骤如下所示。

（1）执行 SELECT 语句查看 producttype 表中 type_id 列的值为 11 的记录。代码及执行结果如下。

```
SELECT * FROM producttype WHERE type_id = 11;
+---------+---------- +----------------+------------+-------------+
| type_id | type_name | type_parent_id | type_remark | last_update |
+---------+-----------+----------------+------------+-------------+
|    11   | 空调       |          4     | NULL        | 2014-2-2   |
+---------+-----------+----------------+------------+-------------+
```

（2）执行 SELECT 语句查看 product 表中的全部记录，如图 10-10 所示。从图 10-10 中可以发现，proNo 列的值为 No1007 是最新的一条记录。

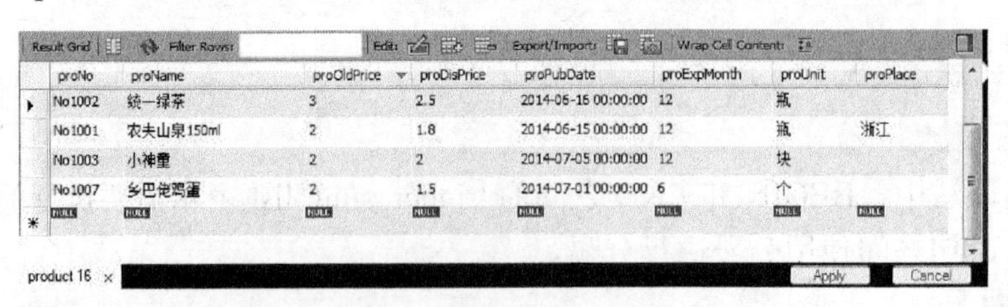

proNo	proName	proOldPrice	proDisPrice	proPubDate	proExpMonth	proUnit	proPlace
No1002	统一绿茶	3	2.5	2014-06-16 00:00:00	12	瓶	
No1001	农夫山泉150ml	2	1.8	2014-06-15 00:00:00	12	瓶	浙江
No1003	小神童	2	2	2014-07-05 00:00:00	12	块	
No1007	乡巴佬鸡蛋	2	1.5	2014-07-01 00:00:00	6	个	
NULL	NULL	NULL	NULL	NULL	NULL	NULL	NULL

图 10-10 product 表的全部记录

（3）执行 DELETE 语句删除 producttype 表中 type_id 列的值为 11 的记录。

（4）重新执行第（1）步中的 SELECT 语句查看 producttype 表中 type_id 列的值为

11 的记录。这时可以发现已经成功删除了该记录，执行结果不再显示。

（5）执行 SELECT 语句查询 product 表中的全部记录，如图 10-11 所示。从图 10-11 可以发现，在对 producttype 表执行删除操作时，已经成功将 proNo 列的值为 No1008 的记录添加到 product 表中。

proNo	proName	proOldPrice	proDisPrice	proPubDate	proExpMonth	proUnit	proPlace
No1005	好想你红枣500g	128	65	2014-02-27 00:00:00	3	袋	NULL
No1006	好想你野酸味枣280g*5袋	150	125	2014-07-01 00:00:00	3	袋	
No1007	乡巴佬鸡蛋	2	1.5	2014-07-01 00:00:00	6	个	
No1008	湿巾	1	0.8	2014-07-07 00:00:00	NULL	NULL	NULL
NULL	NULL	NULL	NULL	NULL	NULL	NULL	NULL

图 10-11 执行删除操作后的数据记录

【范例 13】

在创建触发器时无论执行语句有多少个，它们的使用方式都是一样的，下面通过步骤演示 trigger_prooper1 触发器的使用。

（1）执行 SELECT 语句查看 producttype 表中的全部记录，执行结果如图 10-12 所示。

type_id	type_name	type_parent_id	type_remark	last_update
7	连体裤	2	NULL	2014-1-1
8	T恤	2	NULL	2014-1-1
9	连衣裙	2	NULL	2014-1-1
10	冰箱	4	NULL	2014-2-2
NULL	NULL	NULL	NULL	NULL

图 10-12 producttype 表的全部记录

（2）执行 UPDATE 语句更改 product 表中 proName 列的值，将“乡巴佬鸡蛋”更改为“乡巴佬鸡蛋 30g”，代码如下。

```
UPDATE product SET proName='乡巴佬鸡蛋30g' WHERE proNo='No1007';
```

（3）执行 SELECT 语句查看 producttype 表中的数据，此时效果如图 10-13 所示。这表示已经成功地向 producttype 表中添加两条记录。

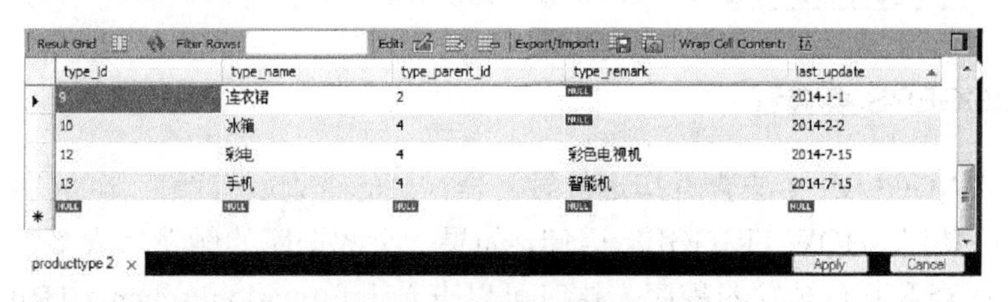

type_id	type_name	type_parent_id	type_remark	last_update
9	连衣裙	2	NULL	2014-1-1
10	冰箱	4	NULL	2014-2-2
12	彩电	4	彩色电视机	2014-7-15
13	手机	4	智能机	2014-7-15
NULL	NULL	NULL	NULL	NULL

图 10-13 向 producttype 表中添加记录

（4）执行 SELECT 语句查看 product 表中的数据是否更改成功，语句和执行结果不再显示。

在触发器的执行过程中，MySQL 处理错误的方式如下。

（1）如果 BEFORE 触发器失败，不执行相应行上的操作。

（2）只有当 BEFORE 触发器（如果有的话）和行操作均已成功执行，才会执行 AFTER 触发器。

（3）如果在 BEFORE 或 AFTER 触发器的执行过程中出现错误，将导致调用触发器的整个语句的失败。

（4）对于事务性表，如果触发器失败（以及由此导致的整个语句的失败），该语句所执行的所有更改将回滚；对于非事务性表，不能执行这类回滚，即使语句失败，失败之前所做的任何更改依然有效。

10.3.4 查看触发器

查看触发器是指查看数据库中已存在的触发器的定义、状态和语法等信息。在 MySQL5.6 中可以通过多种方法查看触发器的信息，下面介绍最常用的两种。

1. SHOW TRIGGERS 语句

SHOW TRIGGERS 语句可以查看触发器的详细信息。在使用之前，需要首先指定数据库。

【范例 14】

下面执行“SHOW TRIGGERS;”语句查看 test 数据库的所有触发器，代码如下。

```
USE test;
SHOW TRIGGERS;
```

执行结果如图 10-14 所示。

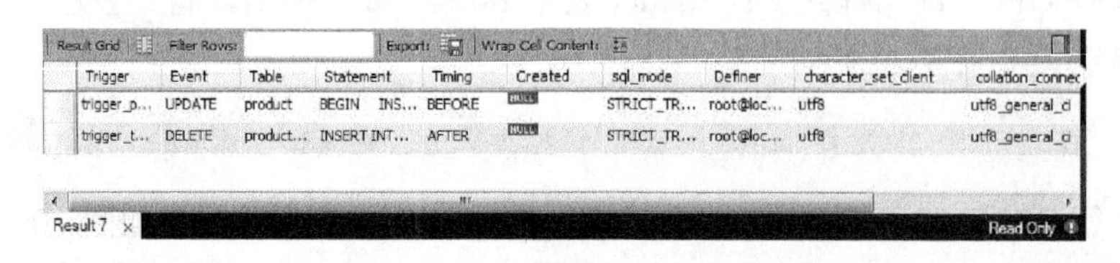

Trigger	Event	Table	Statement	Timing	Created	sql_mode	Definer	character_set_client	collation_connec
trigger_p...	UPDATE	product	BEGIN INS...	BEFORE	NULL	STRICT_TR...	root@loc...	utf8	utf8_general_ci
trigger_t...	DELETE	product...	INSERT INT...	AFTER	NULL	STRICT_TR...	root@loc...	utf8	utf8_general_ci

图 10-14 **SHOW TRIGGER 的使用**

2. TRIGGERS 表查看

SHOW TRIGGERS 无法查看指定的触发器，只能查询所有触发器的信息。在触发器很少时，可以使用 SHOW TRIGGER 语句。如果一个数据库的触发器太多，由于会刷屏，可能没有办法查看所有触发器程序，这时可以查看 information_schema.TRIGGERS 表，该表存储所有数据库中的所有触发器。查询语句如下：

```
SELECT * FROM information_schema.TRIGGERS [WHERE TRIGGER_NAME= 'trigger_
name'];
```

其中，“*”表示查询所有的列的信息；information_schema.TRIGGERS 表示使用

information_schema 数据库下的 TRIGGERS 表；WHERE 条件语句是可选的，如果指定，TRIGGER_NAME 是指 triggers 表中的字段列，trigger_name 表示指定的触发器名称。

提示

如果想查看 TRIGGERS 表中的所有字段列，这时开发者可以通过执行 DESC information_schema.TRIGGERS 语句查看该表的结构。

【范例 15】

下面查看 trigger_typeoper1 触发器的详细信息，代码如下。

```
SELECT * FROM information_schema.TRIGGERS WHERE TRIGGER_NAME='trigger_
typeoper1';
```

执行结果如图 10-15 所示。

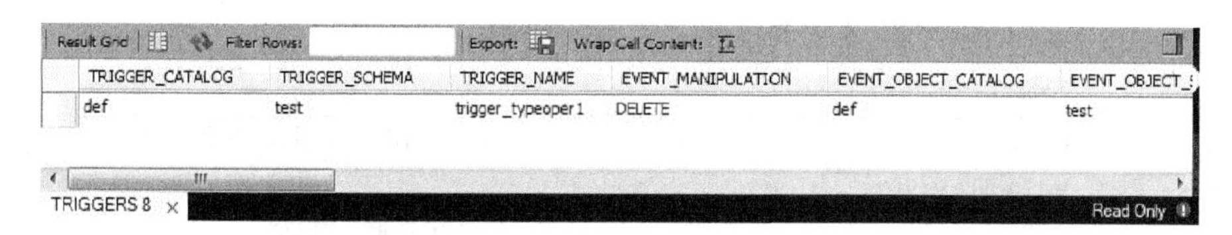

图 10-15　查看 trigger_typeoper1 的信息

技巧

所有触发器的信息都存储在 TRIGGERS 表中，如果数据库中的触发器较多时，通过 SELECT 语句查询 TRIGGERS 表的记录不指定 WHERE 条件，那么查询的结果也会比较多，因此，最好添加 WHERE 条件根据 TRIGGER_NAME 列进行查询。

10.3.5 删除触发器

如果不再需要某个触发器时，一定要将该触发器删除。如果没有将这个触发器删除，那么每次执行触发事件时，都会执行触发器中的执行语句。执行语句会对数据库中的数据进行操作，这样会造成数据的变化。因此，一定要删除不需要的触发器。

删除触发器是指删除数据库中已经存在的触发器。在 MySQL 中，删除触发器时需要执行 DROP TRIGGER 语句，基本语法如下：

```
DROP TRIGGER [schema_name.]trigger_name;
```

【范例 16】

下面的代码删除名称是 trigger_prooper1 的触发器。

```
DROP TRIGGER trigger_prooper1;
```

在删除触发器时可以通过 EXISTS 关键字判断是否存在，如果存在则删除，代码如下。

```
DROP TRIGGER IF EXISTS trigger_prooper1;
```

10.4 实验指导——为同一个表创建多个触发器

MySQL 中触发器的执行顺序是：BEFORE 触发器、表操作（INSERT、UPDATE 和 DELETE）和 AFTER 触发器。

不能在同一个表中创建两个相同类型的触发器。在一个表上最多可以建立 6 个触发器，它们分别是：BEFORE INSERT 类型、BEFORE UPDATE 类型、BEFORE DELETE 类型、AFTER INSTER 类型、AFTER UPDATE 类型以及 AFTER DELETE 类型。

本节实验指导利用前面介绍的知识，为同一个表 student 创建多个触发器，每次激活触发器后都会更改 studentoper 表。如表 10-2 和表 10-3 所示分别为 student 表和 studentoper 表的结构。

表 10-2 student 表的字段列及其说明

列名称	数据类型	说明
stu_id	INT	学生 ID，主键，非空，唯一，自动增长
stu_name	VARCHAR(20)	学生姓名，非空
stu_age	INT	学生年龄，非空
stu_phone	VARCHAR(20)	联系电话，非空
stu_address	VARCHAR(100)	家庭住址
stu_startdate	DATETIME	入学时间，默认值为 2010 年 09 月 16 日

表 10-3 studentoper 表的字段列及其说明

列名称	数据类型	说明
oper_id	INT	操作 ID，主键，非空，自动增长
oper_name	VARCHAR(50)	操作说明
oper_time	DATETIME	操作时间

如果 test 数据库中不存在 student 表和 studentoper 表，那么需要先进行创建。创建完成后向 student 表中插入数据，然后按照以下要求进行操作。

（1）在 student 表中分别创建 BEFORE INSERT 和 AFTER UPDATE 触发器。触发器的执行语句部分都是向 studentoper 表中插入操作说明和操作时间。

（2）对 student 表分别执行 INSERT 和 UPDATE 操作。

（3）删除第（1）步中创建的 BEFORE INSERT 和 AFTER UPDATE 这两种类型的触发器。

实现步骤如下。

（1）创建 BEFORE INSERT 类型的触发器，名称为 trigger_before_insert，代码如下。

```
CREATE TRIGGER trigger_before_insert BEFORE INSERT ON student FOR EACH ROW
INSERT INTO studentoper(oper_name,oper_time) VALUES('insert student',
NOW());
```

（2）创建 trigger_before_insert 触发器完成后，执行 SELECT 语句从 TRIGGERS 表中

查看触发器的基本信息，代码及执行结果不再显示。

（3）创建 AFTER UPDATE 类型的触发器，名称为 trigger_after_update，代码如下。

```
CREATE TRIGGER trigger_after_update AFTER UPDATE ON student FOR EACH ROW
INSERT INTO studentoper(oper_name,oper_time) VALUES('update student',
NOW());
```

（4）创建 trigger_after_update 触发器完成后，执行 SELECT 语句从 TRIGGERS 表中查看触发器的基本信息，代码及执行结果不再显示。

（5）对 student 表进行操作，向该表中插入一条记录，代码如下。

```
INSERT INTO student(stu_name,stu_age,stu_phone) VALUES('Jack', 4,'187387
56952');
```

（6）执行步骤（5）中的语句，结果显示插入完成后重新通过 SELECT 语句查看 student 和 studentoper 表中的数据。执行结果如图 10-16 和图 10-17 所示。

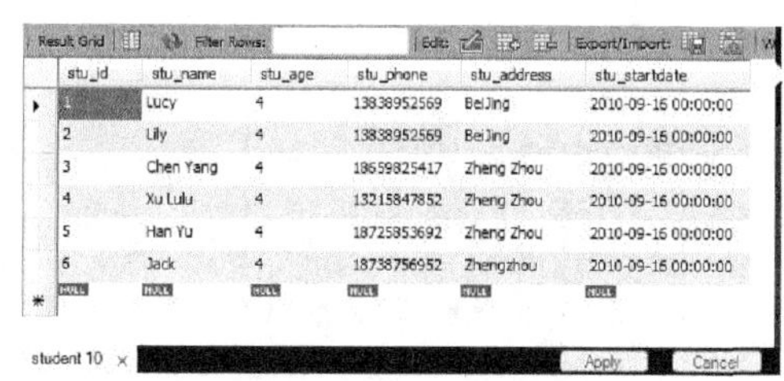

stu_id	stu_name	stu_age	stu_phone	stu_address	stu_startdate
1	Lucy	4	13838952569	BeiJing	2010-09-16 00:00:00
2	Lily	4	13838952569	BeiJing	2010-09-16 00:00:00
3	Chen Yang	4	18659825417	Zheng Zhou	2010-09-16 00:00:00
4	Xu Lulu	4	13215847852	Zheng Zhou	2010-09-16 00:00:00
5	Han Yu	4	18725853692	Zheng Zhou	2010-09-16 00:00:00
6	Jack	4	18738756952	Zhengzhou	2010-09-16 00:00:00
NULL	NULL	NULL	NULL	NULL	NULL

图 10-16 student 表中的数据

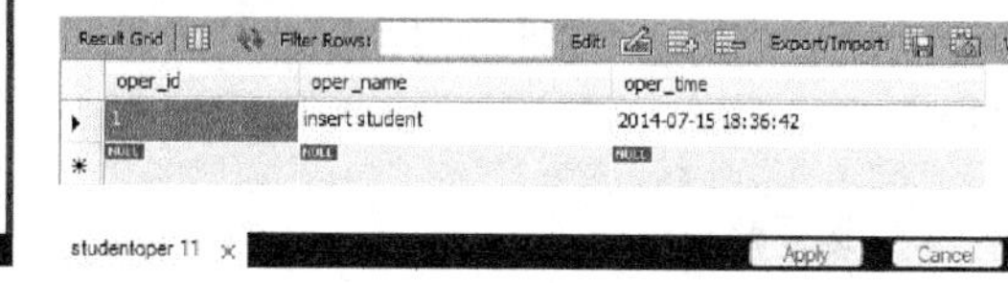

oper_id	oper_name	oper_time
1	insert student	2014-07-15 18:36:42
NULL	NULL	NULL

图 10-17 studentoper 表中的数据

（7）继续对 student 表进行操作，更改该表中 stu_id 列的值为 5 的记录，将 stu_address 列的值从“ZhengZhou”更改为“ShangHai”，代码如下。

```
UPDATE student SET stu_address='ShangHai' WHERE stu_id=5;
```

（8）执行步骤（7）中的语句，结果显示更新数据成功后，重新通过 SELECT 语句查看 student 和 studentoper 表中的数据。执行结果如图 10-18 和图 10-19 所示。

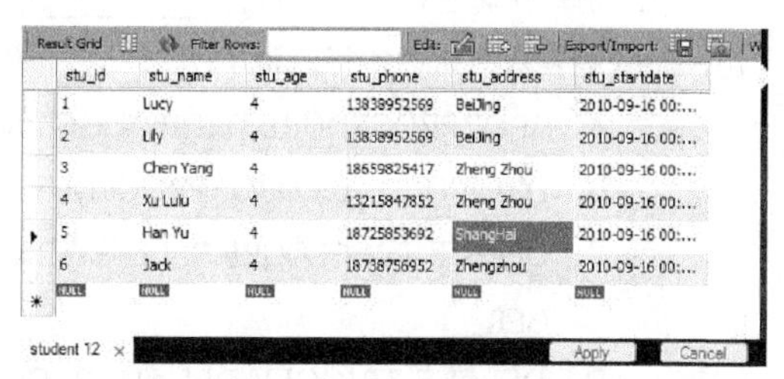

stu_id	stu_name	stu_age	stu_phone	stu_address	stu_startdate
1	Lucy	4	13838952569	BeiJing	2010-09-16 00:...
2	Lily	4	13838952569	BeiJing	2010-09-16 00:...
3	Chen Yang	4	18659825417	Zheng Zhou	2010-09-16 00:...
4	Xu Lulu	4	13215847852	Zheng Zhou	2010-09-16 00:...
5	Han Yu	4	18725853692	ShangHai	2010-09-16 00:...
6	Jack	4	18738756952	Zhengzhou	2010-09-16 00:...
NULL	NULL	NULL	NULL	NULL	NULL

图 10-18 student 更改后的数据

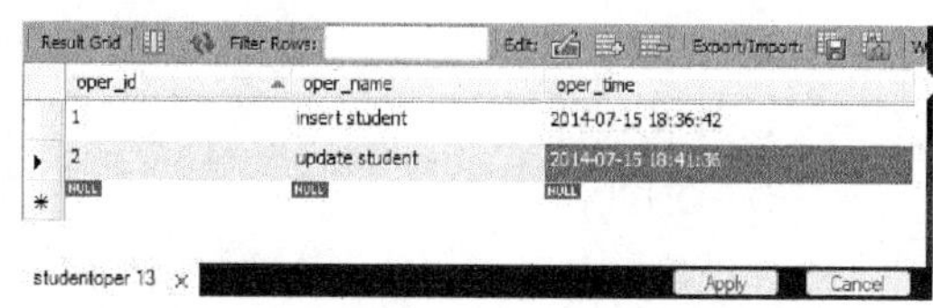

oper_id	oper_name	oper_time
1	insert student	2014-07-15 18:36:42
2	update student	2014-07-15 18:41:36
NULL	NULL	NULL

图 10-19 studentoper 表中的数据

（9）分别执行两条 DROP TRIGGER 语句删除 trigger_before_insert 和 trigger_after_update 触发器，代码如下。

```
DROP TRIGGER trigger_before_insert;
DROP TRIGGER trigger_after_update;
```

（10）删除触发器成功后，执行 SELECT 语句查看这两个触发器是否还存在。

思考与练习

一、填空题

1．通过语句创建存储时需要使用__________。

2．存储过程的参数列表由输出类型、参数名称和__________这三部分组成。

3．在 MySQL 中，information_schema 数据库下的__________表中保存了存储过程和自定义函数的信息。

4．创建触发器需要执行__________语句。

5．在 MySQL 中，information_schema 数据库下的__________表中存储所有数据库中的所有触发器。

二、选择题

1．存储过程的优点不包括__________。

A．可以避免代码冗余

B．可以将存储过程从一个数据库移植到另一个数据库

C．提高数据库的安全性

D．执行速度更快

2．存储过程的参数列表部分的输出类型不能定义为__________。

A．IN

B．OUT

C．INOUT

D．OUTIN

3．下面选项中，__________能够正确地创建存储过程。

A.

```
DELIMITER //
CREATE PROCEDURE mytest
SELECT * from product;
```

B.

```
DELIMITER //
BEGIN
CREATE PROCEDURE mytest()
SELECT * from product;
END//
DELIMITER ;
```

C.

```
DELIMITER //
CREATE PROCEDURE mytest
BEGIN
SELECT * from product;
END//
DELIMITER ;
```

D.

```
DELIMITER //
CREATE PROCEDURE mytest()
BEGIN
SELECT * from product;
END//
DELIMITER ;
```

4．激活触发程序的语句类型不包括__________。

A．INSERT

B．UPDATE

C．SELECT

D．DELETE

5．删除存储过程时可以执行__________语句，删除触发器时可以执行语句__________。

A．DROP PROCEDURE,DROP TRIGG ER

B．DROP TRIGGER,DROP PROCEDURE

C．DELETE PROCEDURE,DELETE TRIGGER

D．DELETE TRIGGER,DELETE PROCEDURE

6．创建触发器时，FOR EACH ROW 表示__________。

A．触发程序的动作时间

B．更改数据表时激活触发程序

C．任何一条记录上的操作满足触发事

件时都会触发该触发器

D．只有一条记录的操作满足触发事件时才会触发该触发器

7．关于触发器，下面说法正确的是__________。

A．MySQL 中触发器的执行顺序是 BEFORE 触发器、表操作和 AFTER 触发器

B．在触发器的执行过程中，如果 BEFORE 触发器失败，那么会执行相应行上的操作

C．在一个表中最多可以建立 8 个触发器，不能在同一个表中创建两个相同类型的触发器

D．在一个表中最多可以建立 6 个触发器，同时，可以在同一个表中创建两个相同类型的触发器，这时会采用就近原则

三、简答题

1．请分别说出使用存储过程和触发器的优缺点。

2．如何通过语句或表查看存储过程和触发器的信息？

3．请分别说出如何创建和删除存储过程与触发器。

第11章　MySQL事务

通常情况下，每个 MySQL 查询的执行是互相独立的，不必考虑哪个查询在前，哪个在后。例如，一系列的 INSERT 或者 UPDATE 语句被顺序地执行，不必考虑任何一个查询是否失败或者产生错误，这是因为 MySQL 认为每个查询是一个自我包含的单元。上述无状态的操作方法能够很好地工作，特别是对于简单业务逻辑相关的小型和中型的应用程序。但是在比较复杂的情况下，通过一组 SQL 语句执行的行为或者必须全部成功，或者必须全部撤销，这时再使用上述方法就不行了，需要使用到事务。

在 SQL 编程中，事务编程已经成为不可缺少的一部分。它能保证数据库从一种一致状态转换为另一种一致状态。本章将详细介绍 MySQL 中的事务编程，包括其特征、分类、执行操作以及隔离级别等多部分内容。

本章学习要点：

- ❑ 掌握事务的 ACID 特性
- ❑ 熟悉事务的分类
- ❑ 掌握开启事务的语句
- ❑ 掌握提交和回滚事务的语句
- ❑ 了解隐式提交的 SQL 语句
- ❑ 熟悉事务的隔离级别
- ❑ 掌握如何在存储过程中使用事务
- ❑ 熟悉 PHP 中与事务有关的函数

11.1 了解事务

事务是一组有着内在逻辑联系的 SQL 命令。支持事务的数据库系统要么确认同一个事务里的所有 SQL 命令，要么把它们当作整体全部放弃。也就是说，事务永远不会只完成一部分。

11.1.1 事务的特性

事务可以由一条非常简单的 SQL 语句组成，也可以由一组复杂的 SQL 语句组成。在事务中的操作，要么都执行修改，要么都不执行，这就是事务的目的，也是事务模型区别于文件系统的重要特征之一。

使用事务可以大大提高数据安全性和执行效率，因为在执行多条 SQL 命令的过程中不必再使用 LOCK 命令锁定整个数据表，MySQL 目前只支持 InnoDB 数据表上的事务。

从理论上讲，事务有着极其严格的定义，它必须同时满足 4 个特性，即通常所说事务的 ACID 特性。

1. 原子性

原子性（Atomicity）是指整个数据库事务是不可分割的工作单位。只有使事务中所有的数据库操作都执行成功，整个事务的执行才算成功。事务中任何一个 SQL 语句执行失败，那么已经执行成功的 SQL 语句也必须撤销，数据库状态应该退回到执行事务前的状态。

例如，一个用户在 ATM 机前取款，其操作流程如下。

（1）登录 ATM 机平台，验证密码。

（2）从远程银行的数据库中取得账户的信息。

（3）用户在 ATM 机上输入想要提取的金额。

（4）从远程银行的数据库中更新账户信息。

（5）ATM 机出款。

（6）用户取钱。

整个取款的操作过程应该视为原子操作，要么都做，要么都不做。不能出现用户钱未从 ATM 机上取得而银行卡上的钱已经被扣除的情况。通过事务模型，可以保证该操作的原子性。

2. 一致性

一致性（Consistency）是指事务将数据库从一种状态变成另一种一致的状态。在事务开始之前和事务结束以后，数据库的完整性约束没有被破坏。例如，在表中有一个列为姓名，它是一个唯一约束，即在表中姓名不能重复。如果一个事务对表进行修改，但是在事务提交或当事务操作发生回滚后，表中的数据姓名变得非唯一了，那么就破坏了事务的一致性要求，即事务将数据库从一种状态变为一种不一致的状态。因此，事务是一致性的单位，如果事务中某个动作失败了，系统可以自动地撤销事务使其返回初始化的状态。

在 MySQL 中，一致性主要由 MySQL 的日志机制处理，它记录了数据库的所有变化，为事务恢复提供了跟踪记录。如果系统在事务处理中间发生错误，MySQL 恢复过程将使用这些日志来发现事务是否已经完全成功地执行，是否需要返回。

3. 隔离性

隔离性（Isolation）要求每个读写事务的对象与其他事务的操作对象能相互分离，即该事务提交前对其他事务都不可见，这通常使用锁来实现。当前数据库系统中提供了一种粒度锁的策略，允许事务仅锁住一个实体对象的子集，以此来提高事务之间的并发度。

4. 持久性

事务一旦提交，其结果就是永久性的，即使发生死机等故障，数据库也能将数据恢复。持久性（Durability）只能从事务本身的角度来保证结果的永久性，如事务提交后，所有的变化都是永久的，即使当数据库由于崩溃而需要恢复时，也能保证恢复后提交的数据都不会丢失。但是如果不是数据库本身发生故障，而是一些外部的原因（如自然灾害）导致数据库发生问题，那么所有提交的数据可能会丢失。

注意

MySQL 是否支持事务由存储引擎决定，InnoDB 存储引擎支持事务及行级锁。使用事务之前需要确认存储引擎的类型，MyISAM 不支持事务，用于只读程序提高性能。通过执行"SHOW ENGINES;"语句可以显示存储引擎的状态信息。对于检查一个存储引擎是否被支持，或者对于查看默认引擎是什么，本语句十分有用。

11.1.2 事务的分类

从理论的角度来说，可以把事务分为扁平事务、带有保存点的扁平事务、链事务、嵌套事务、分布式事务。

1. 扁平事务

扁平事务是事务类型中最简单的一种，而在实际生产环境中，这可能是使用最为烦琐的事务。扁平事务中的所有操作都处于同一层次，由 START TRANSACTION 语句开始，BEGIN 和 BEGIN WORK 语句作为 START TRANSACTION 的别名，也可以开启事务。处于之间的操作是原子的，要么都执行，要么都回滚。因此，扁平事务是应用程序成为原子操作的基本组成模块。

2. 带有保存点的扁平事务

除了支持扁平事务支持的操作外，允许在事务执行过程中回滚到同一事务中较早的一个状态，这是因为可能某些事务在执行过程中出现的错误并不会对所有的操作都无效，放弃整个事务不合理的要求，开销也太大。保存点用来通知系统应该记住事务当前的状态，以便以后发生错误时，事务能回到该状态。

对于扁平事务来说，其隐式地设置了一个保存点，但是在整个事务中，只有一个保存点，回滚只能回滚到事务开始的状态。保存点用 SAVE WORK 函数来创建，通知系统记录当前的处理状态。当出现问题时，保存点能用作内部的重启动点，根据应用逻辑，决定是回到最近一个保存点还是其他更早的保存点。

3. 链事务

链事务可视为保存点模式的一个变种。该事务的思想是：在提交一个事务时，释放不需要的数据对象，将必要的处理上下文隐式地传给下一个要开始的事务。链事务与带有保存点的扁平事务不同的是：带有保存点的扁平事务能回滚到任意正确的保存点；链事务的回滚仅限于当前事务，即只能恢复到最近一个保存点。

4. 嵌套事务

嵌套事务是一个层次结构框架，有一个顶层事务控制着各个层次的事务，顶层事务之下嵌套的事务被称为子事务，它控制每一个局部的变换。

5. 分布式事务

分布式事务通常是一个在分布式环境下运行的扁平事务，因此需要根据数据所在位置访问网络中的不同节点。假设一个用户在 ATM 机前进行银行的转账操作，要从建设银行的储蓄卡转账 1000 元到交通银行的储蓄卡。在这个转账操作中可以分解为以下步骤。

（1）登录 ATM 机后，ATM 机发出转账命令。

（2）建设银行的后台数据库执行从储蓄卡中将余额值减少 1000 的操作。

（3）交通银行的后台数据库执行从储蓄卡中将余额值增加 1000 的操作。

（4）ATM 机通知用户操作完成或失败。

上述操作需要使用分布式事务，因为 ATM 机不能通过调用一个数据库就完成任务。对于分布式事务，同样需要满足 ACID 特性，要么都发生，要么都失败。

11.2 事务控制语句

在实际操作事务的过程中，需要使用到一系列的事务语句（如 START TRANSACTION、COMMIT 和 ROLLBACK 等），下面简单介绍这些语句。

11.2.1 开启事务

在 MySQL 命令行的默认设置下，事务都是自动提交的，即执行 SQL 语句后会马上执行 COMMIT 操作。因此要显式地开启一个事务必须使用 START TRANSACTION 或 BEGIN 和 BEGIN WORK 语句，或者执行 SET AUTOCOMMIT=0 语句，以禁用当前会话的自动提交。

START TRANSACTION 的作用相当于 SQL Server 数据库中的 BEGIN TRANSACTION 语句。该语句是本地事务的起始点，用于开始事务。

> **提示**
> BEGIN 和 BEGIN WORK 也可以开启事务。但是在存储过程中，MySQL 数据库分析器会自动将 BEGIN 识别为 BEGIN…END 语句，因此，在存储过程中只能使用 START TRANSACTION 语句来开启一个事务。

11.2.2 提交事务

如果要使用提交事务语句的最简单形式，只需发出 COMMIT 命令。COMMIT 语句会提交事务，并使已对数据库进行的修改成为永久性的。COMMIT 更详细的写法是 COMMIT WORK，这两者几乎是等价的。不同之处在于 COMMIT WORK 用来控制事务结束后的行为是 CHAIN 还是 RELEASE。如果是 CHAIN 方式，那么事务就变成了链事务。用户可以通过参数 completion_type 来进行控制，参数的取值说明如下。

（1）如果 completion 参数的值为 0（默认值），表示没有任何操作。在这种设置下，COMMIT 和 COMMIT WORK 是完全等价的。

（2）如果 completion_type 参数的值为 1，COMMIT WORK 等同于 COMMIT AND CHAIN，表示马上自动开启一个相同隔离级别的事务。

（3）如果 completion_type 参数的值为 2，COMMIT WORK 等同于 COMMIT AND RELEASE，当事务提交后会自动断开与服务器的连接。

11.2.3 回滚事务

如果要使用回滚事务语句的最简单形式，只需发出 ROLLBACK 命令。回滚会结束用户的事务，并撤销正在进行的所有未提交的修改。同样地，ROLLBACK 可以写为 ROLLBACK WORK，两者几乎是等价的，其不同之处与 COMMIT 和 COMMIT WORK 一样，这里不再详细说明。

11.2.4 其他语句

除了常用的开启事物、提交事务和回滚事务语句外，与 MySQL 事务处理相关的语句还有多个，说明如下。

1. SAVEPOINT identifier

SAVEPOINT 允许在事务中创建一个保存点，一个事务中可以有多个 SAVEPOINT。

2. RELEASE SAVEPOINT identifier

删除一个事务的保存点，当没有一个保存点执行 RELEASE SAVEPOINT identifier 语句时，会抛出一个异常。

3. ROLLBACK TO [SAVEPOINT] identifier

ROLLBACK TO [SAVEPOINT] identifier 语句与 SAVEPOINT 一起使用，可以把事务回滚到标记点，而不回滚在此标记点之前的任何工作。但是，如果回滚到一个不存在的保存点，会抛出异常。例如，可以发出两条 UPDATE 语句，后面跟一个 SAVEPOINT，然后再跟两条 DELETE 语句。如果执行 DELETE 语句期间出现了某种异常情况，而且捕获到这个异常，并发出 ROLLBACK TO SAVEPOINT 命令，事务就会回滚到指定的 SAVEPOINT，撤销 DELETE 完成的所有工作，而 UPDATE 语句完成的工作不受影响。

4. SET TRANSACTION

SET TRANSACTION 语句用来设置事务的隔离级别。InnoDB 存储引擎提供的事务隔离级别包括 READ UNCOMMITTED、READ COMMITTED、REPEATABLE READ 和 SERIALIZABLE。这些隔离级别会在 11.3 节中进行介绍。

11.2.5 隐式提交的 SQL 语句

前面已经介绍过，MySQL 的事务是自动提交的，即执行 SQL 语句后会马上执行 COMMIT 操作。本节介绍的这些语句会产生一个隐式的提交操作，即执行完这些语句后，会有一个隐式的 COMMIT 操作。

1. 数据定义语言

数据定义语言（Data Definition Language, DDL）是 SQL 集中负责数据结构定义与数据库对象定义的语言，由 CREATE、ALTER 与 DROP 三个语句所组成。

开发者经常使用的数据定义语句包括 ALTER DATABASE、ALTER EVENT、ALTER PROCEDURE、ALTER TABLE、ALTER VIEW、CREATE DATABASE、CREATE EVENT、CREATE INDEX、CREATE PROCEDURE、CREATE TABLE、CREATE TRIGGER、CREATE VIEW、DROP DATABASE、DROP EVENT、DROP INDEX、DROP TABLE、DROP VIEW、DROP PROCEDURE、DROP TRIGGER、RENAME TABLE 以及 TRUNCATE TABLE 等。

2. 隐式修改 MySQL 架构的操作语句

MySQL 中用来隐式修改 MySQL 架构的操作语句包括 CREATE USER、DROP USER、GRANT、RENAME USER、REVOKE 和 SET PASSWORD。

3. 管理语句

常用的管理语句包括 ANALYZE TABLE、CACHE INDEX、CHECK TABLE、LOAD INDEX INTO CACHE、OPTIMIZE TABLE 和 REPAIR TABLE。

注意

SQL Server 数据库管理员或开发人员往往会忽视对于数据定义语言的隐式提交操作，因为在 SQL Server 数据库中，即使是数据定义语言也是可以回滚的，这和 InnoDB 存储引擎、Oracle 这些数据库完全不同。

11.3 事务隔离级别

SQL 标准定义了 4 类隔离级别，包括一些具体规则，用来限定事务内外的哪些改变是可见的，哪些是不可见的。低级别的隔离一般支持更高的并发处理，并拥有更低的系统开销。

11.3.1 READ UNCOMMITTED

设置 READ UNCOMMITTED（读取未提交内容）隔离级别，所有事务都可以看到其他未提交事务的执行结果。READ UNCOMMITTED 隔离级别很少用于实际应用，因为它的性能也不比其他级别好多少。读取未提交的数据，也被称为脏读（Dirty Read）。

【范例 1】

本范例利用 MySQL 的客户端程序，通过一个比较完整、简单的例子测试 READ UNCOMMITTED 隔离级别。在测试之前需要创建一个 leveltest 数据库表，表中包含 id 和 num 两个字段列，其数据类型均为 int 类型。

假设当前存在两个客户端 A 和 B，更改 A 的隔离级别，在 B 端修改数据。实现步骤如下。

（1）在客户端 A 中通过 tx_isolation 变量查看隔离级别，语句和执行结果如下。

```
SELECT @@GLOBAL.tx_isolation,@@tx_isolation;
+-----------------------------+---------------------+
| @@global.tx_isolation       | @@tx_isolation      |
+-----------------------------+---------------------+
| REPEATABLE-READ             | REPEATABLE-READ     |
+-----------------------------+---------------------+
```


在上述语句代码中，@@GLOBAL.tx_isolation 用于查看全局隔离级别，@@tx_isolation 用于查看当前会话的事务隔离级别。

（2）通过 SET 将客户端事务 A 的隔离级别设置为 READ UNCOMMITTED，代码如下。

```
SET SESSION tx_isolation='READ-UNCOMMITTED';
```

如果要设置全局的事务隔离级别，那么需要将 SESSION 更改为 GLOBAL，代码如下。

```
SET GLOBAL tx_isolation='READ-UNCOMMITTED';
```

在 MySQL 中，除了使用上述介绍的方式设置会话隔离级别与全局隔离级别外，还可以通过其他的方式进行设置，代码如下。

```
SET TRANSACTION ISOLATION LEVEL READ UNCOMMITTED;
SET GLOBAL TRANSACTION ISOLATION LEVEL READ UNCOMMITTED;
```

（3）重新执行步骤（1）中的 SELECT 语句查看隔离级别，语句和执行结果不再显示。

（4）查看@@autocommit 变量的值，如果值为 ON 或 1 表示事务服务开启，这时需要将其关闭，代码如下。

```
SET @@autocommit=0;
```

（5）执行 START TRANSACTION 语句重新开启事务，然后通过 SELECT 语句查询 leveltest 表中的数据，如图 11-1 所示。

（6）在客户端 B 中插入两条数据，如图 11-2 所示。

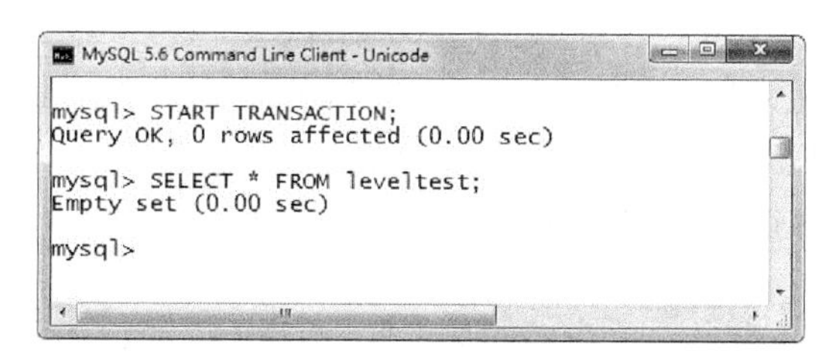

图 11-1　插入数据前的客户端 A

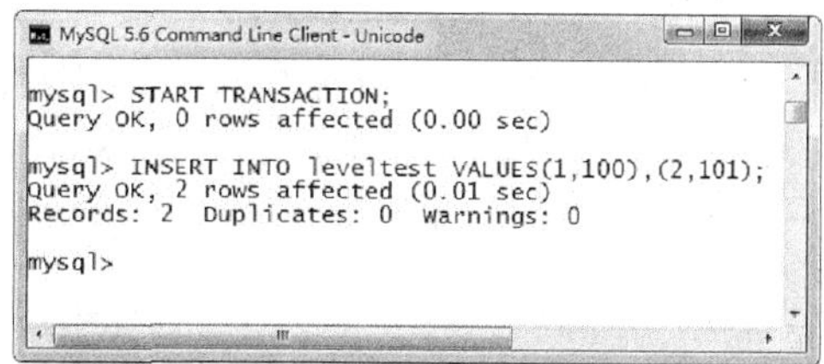

图 11-2　向客户端 B 中插入数据

（7）分别在客户端 A 和客户端 B 中执行 SELECT 语句，查询 leveltest 表中的数据，如图 11-3 和图 11-4 所示。

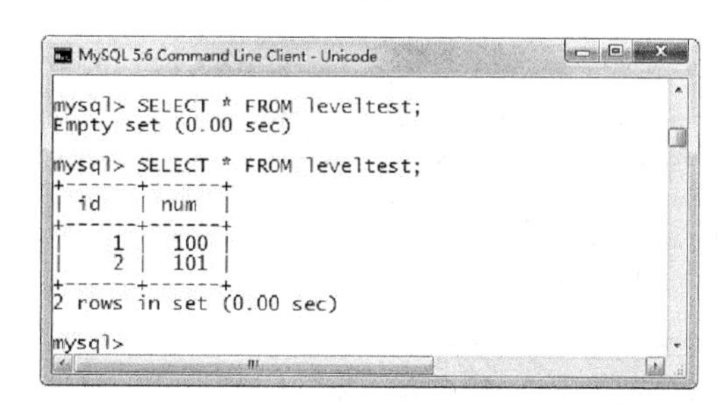

图 11-3　客户端 A 中查看 leveltest 表的数据

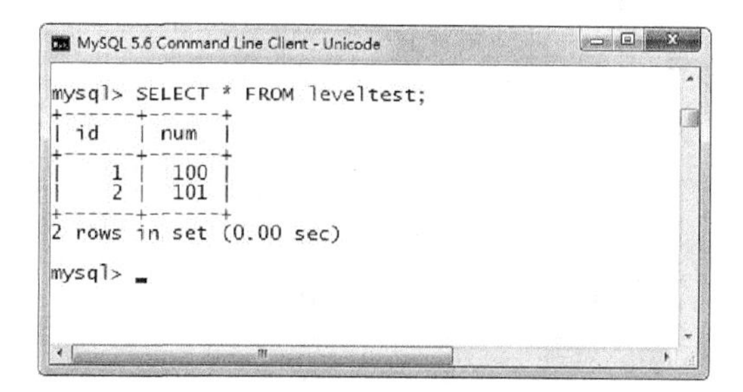

图 11-4　客户端 B 中查看 leveltest 表的数据

（8）在客户端 B 中使用 ROLLBACK 语句回滚事务，然后重新执行 SELECT 语句查看 leveltest 表的数据，如图 11-5 和图 11-6 所示。

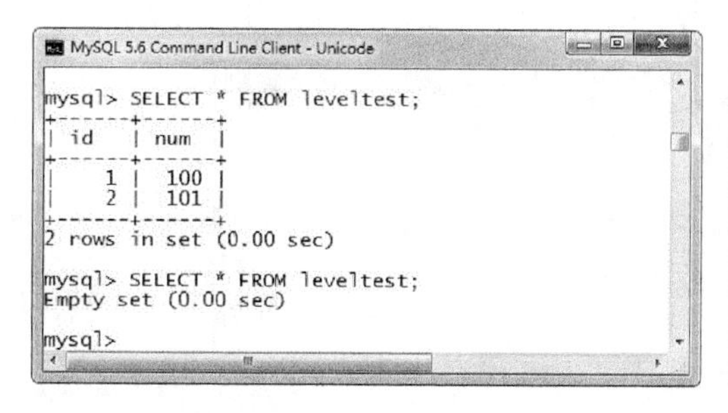

图 11-5　回滚事务后客户端 A

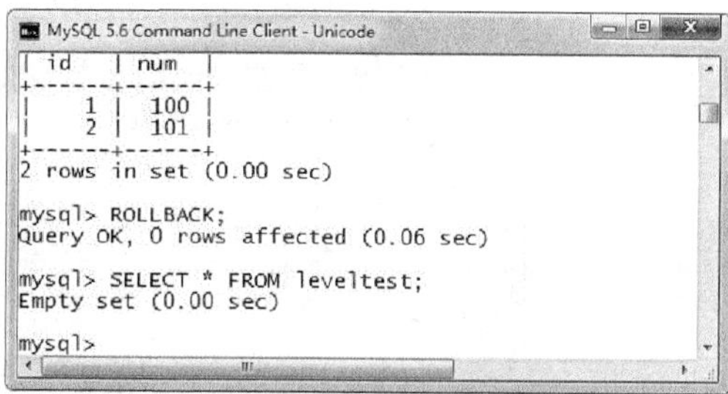

图 11-6　回滚事务后客户端 B

从范例 1 中可以看出：在客户端 B 中添加了两条数据，但是没有提交，这时在客户端 A 事务中可以查询出未提交的两条数据，这就造成了脏读现象。

11.3.2　READ COMMITTED

READ COMMITTED 是大多数数据库系统的默认隔离级别（但不是 MySQL 默认

的）。它满足了隔离的简单定义：一个事务只能看见已经提交事务所做的改变。这种隔离级别也支持所谓的不可重复读（NONREPEATABLE READ），因为同一事务的其他实例在该实例处理其间可能会有新的 commit，所以同一查询可能返回不同结果。

【范例 2】

本范例也利用 MySQL 的客户端程序测试 READ COMMITTED 隔离级别。在客户端 A 中更改隔离级别，在客户端 B 中修改数据。实现步骤如下。

（1）在客户端 A 中将隔离级别设置为 READ COMMITTED，语句如下。

```
SET SESSION tx_isolation='READ-COMMITTED';
```

（2）通过 SELECT 语句查看隔离级别，接着在开启事务后查询 leveltest 表中的数据，如图 11-7 所示。

（3）在客户端 B 中重新插入两条数据，然后通过 COMMIT 提交数据，如图 11-8 所示。

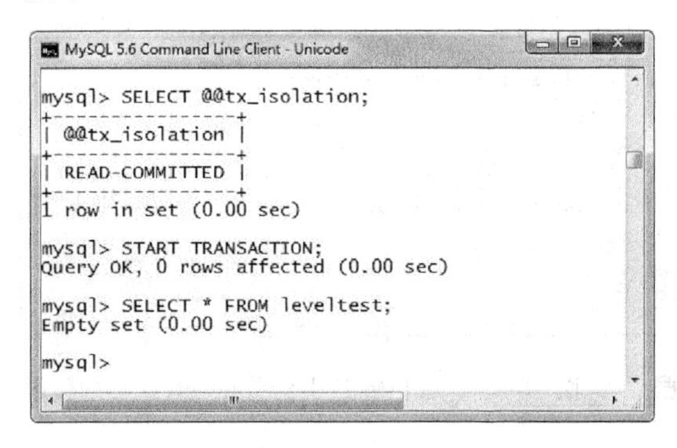

图 11-7　提交数据前 leveltest 表的数据

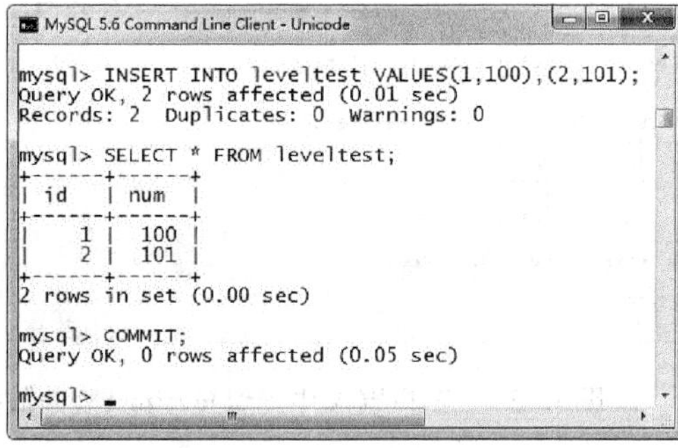

图 11-8　leveltest 表插入数据后提交

（4）数据提交之后重新查询客户端 A 中 leveltest 表中的数据，如图 11-9 所示。

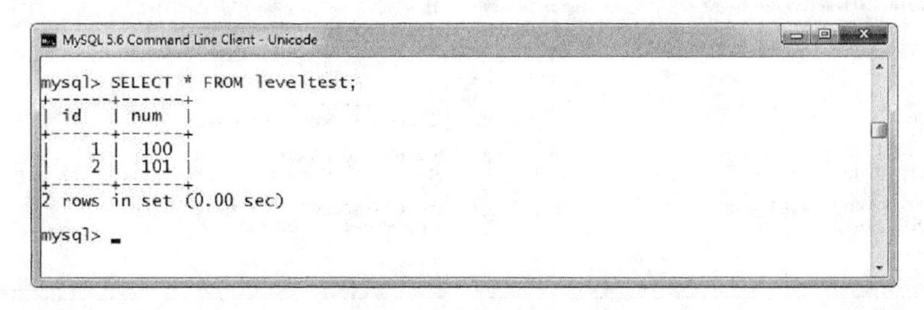

图 11-9　重新查询客户端 A 中 leveltest 表

READ COMMITTED 隔离级别解决了脏读的问题，但是出现了不可重复读的问题，即客户端事务 A 两次查询的数据不一致，因为在两次查询之间客户端事务 B 插入了两条数据。READ COMMITTED 只允许读取已提交的记录，但不要求可重复读。

11.3.3　REPEATABLE READ

REPEATABLE READ（可重复读）是 MySQL 的默认事务隔离级别，它确保同一事务的多个实例在并发读取数据时，会看到同样的数据行。

【范例 3】

本范例利用 MySQL 的客户端程序测试 REPEATABLE READ 隔离级别。在客户端 A 中更改隔离级别，在客户端 B 中修改数据。实现步骤如下。

（1）在客户端 A 中通过 SET 设置 tx_isolation 变量的值，其值为“REPEATABLE-READ”。

（2）执行 SELECT 语句查看当前的隔离级别。

（3）开启事务后查询 leveltest 表中的数据，如图 11-10 所示。

（4）在客户端 B 中执行 UPDATE 语句更改 id 值为 1 的记录，将 num 列的值修改为 1000。然后重新查询 leveltest 表中的数据，通过 COMMIT 提交事务，如图 11-11 所示。

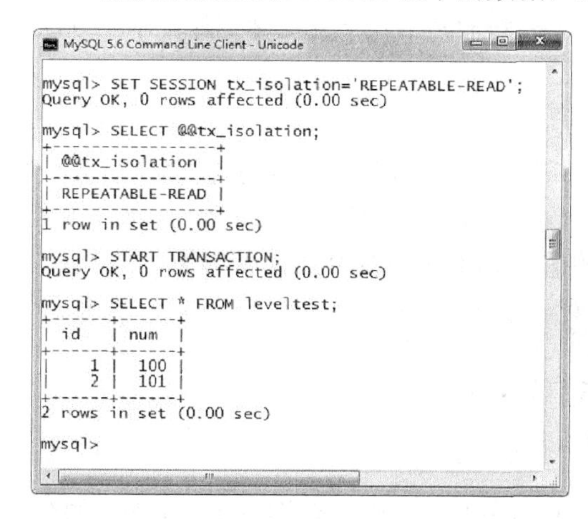

图 11-10 更改数据之前的客户端 A

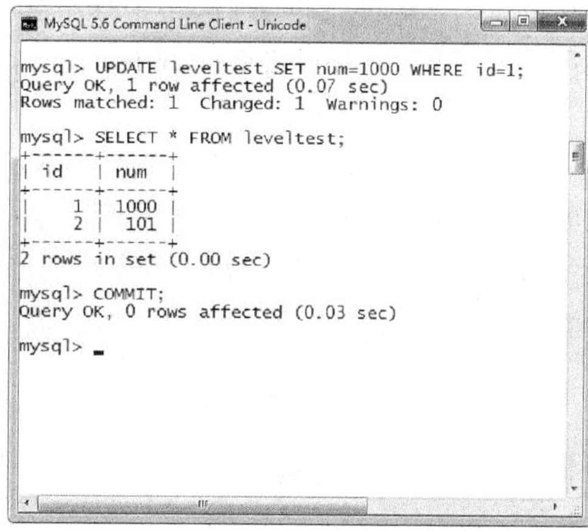

图 11-11 在客户端 B 中更改数据

（5）重新在客户端 A 中查看更改数据后的记录，效果图不再显示。

（6）在客户端 B 中向 leveltest 表中插入一条数据，插入完成后重新查看 leveltest 表中的记录，如图 11-12 所示。

（7）重新向客户端 A 中添加语句，提交后查看 leveltest 表中的数据，如图 11-13 所示。

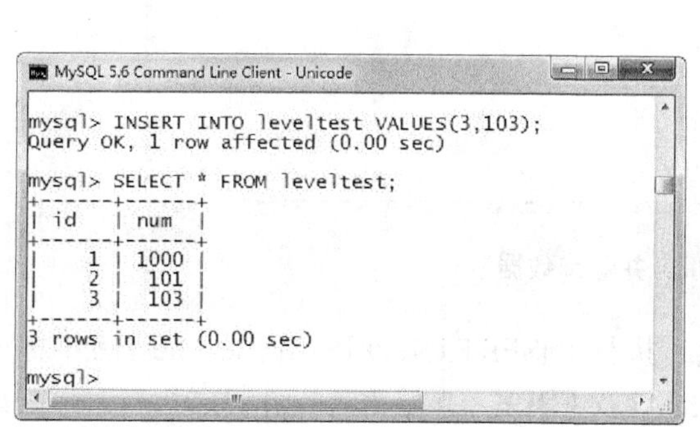

图 11-12 在客户端 B 添加数据

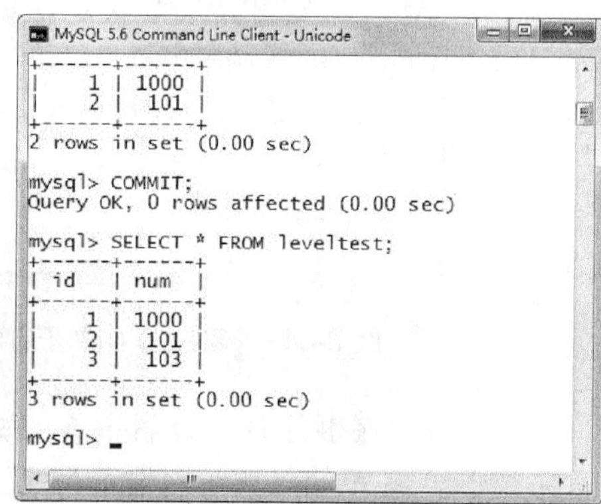

图 11-13 在客户端 A 查看数据

REPEATABLE READ 隔离级别只允许读取已提交记录，而且在一个事务两次读取一个记录期间保持一致，但是该事务不要求与其他事务可串行化。例如，一个事务可以找到由一个已提交事务更新的记录，但是可能产生幻读问题。简单地说，幻读指当用户读取某一范围的数据行时，另一个事务又在该范围内插入了新行，当用户再读取该范围的数据行时，会发现有新的“幻影”行。InnoDB 和 Falcon 存储引擎通过多版本并发控制（Multiversion Concurrency Control，MVCC）机制解决了该问题。

11.3.4 SERIALIZABLE

SERIALIZABLE 是最高的隔离级别，它通过强制事务排序，使之不可能相互冲突，从而解决幻读问题。简单来说，它是在每个读的数据行上加上共享锁。在这个级别中，可能导致大量的超时现象和锁竞争。

【范例 4】

本范例利用 MySQL 的客户端程序测试 SERIALIZABLE 隔离级别。在客户端 A 中更改隔离级别并打开事务，在客户端 B 中插入数据。实现步骤如下。

（1）在客户端事务 A 中设置隔离级别的值为 SERIALIZABLE，代码如下。

```
SET SESSION tx_isolation='SERIALIZABLE';
```


（2）通过 SELECT 语句查询当前的隔离级别，代码如下。

```
SELECT @@tx_isolation;
```

（3）执行“START TRANSACTION;”语句打开事务。然后查询 leveltest 表中的全部数据，如图 11-14 所示。

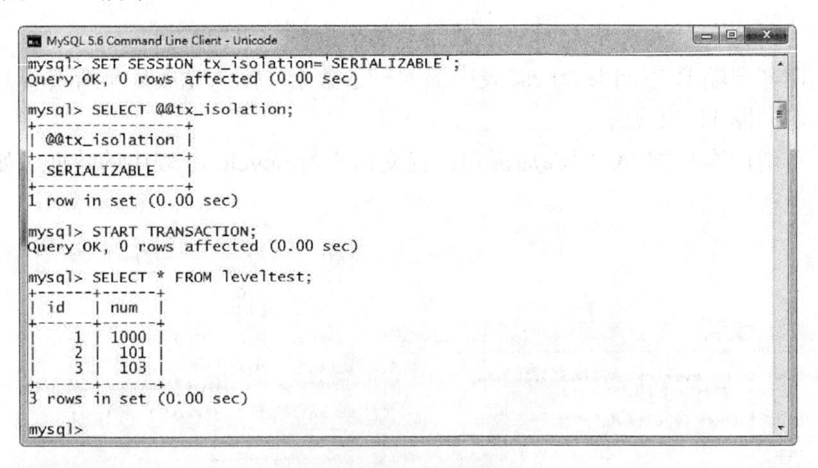

图 11-14 客户端 A 中开启事务并查询数据

（4）在客户端事务 B 中开启事务，然后执行 INSERT INTO 语句向 leveltest 表中插入数据。由于事务 A 的隔离级别设置为 SERIALIZABLE，开始事务后并没有提交，因此事务 B 只能等待。如果事务 A 一直不提交，那么事务 B 将超时，如图 11-15 所示。

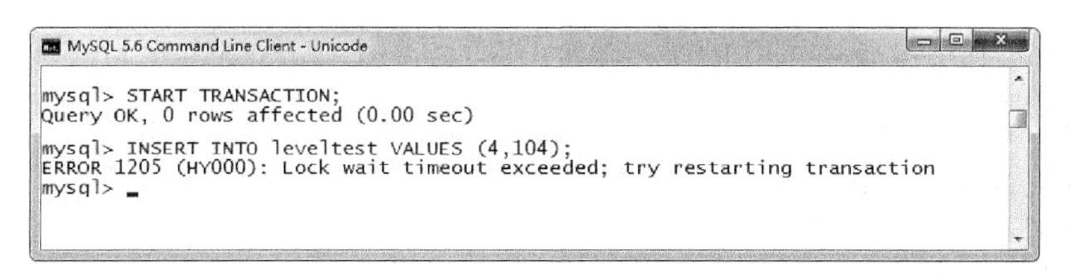

图 11-15 客户端 B 中开启事务并插入数据

使用 SERIALIZABLE 隔离级别完全锁定字段，如果一个事务来查询同一份数据就必须等待，直到前一个事务完成并解除锁定为止。SERIALIZABLE 是完整的隔离级别，会锁定对应的数据表格。

11.3.5 隔离级别发生的问题

前面介绍的类隔离级别采取不同的锁类型来实现，如果读取的是同一个数据，就容易发生问题。如表 11-1 所示列出了实现 4 类隔离级别可能产生的问题。

表 11-1 实现 4 类隔离级别可能产生的问题

隔离级别	脏读可能性	不可重复读可能性	幻读可能性	加锁读
READ UNCOMMITTED	是	是	是	否
READ COMMITTED	否	是	是	否
REPEATABLE READ	否	否	是	否
SERIALIZABLE	否	否	否	是

11.4 简单的事务提交和回滚

无论是前面介绍的事务特性或分类，还是有关事务的控制语句和隔离级别，它们都是为事务服务的。在 MySQL 事务中，最常用的控制语句就是开启事务、提交事务和回滚事务。

【范例 5】

本范例利用 MySQL 默认的隔离级别 REPEATABLE READ 向 leveltest 表中插入数据。实现步骤如下。

（1）执行 SELECT 语句从 leveltest 表中查询数据。代码和执行结果如下。

```
SELECT * FROM leveltest;
+----------+---------+
| id       | num     |
+---------+----------+
|        1 |    1000 |
|        2 |     101 |
|        3 |     103 |
+---------+----------+
```

（2）开启事务后通过 INSERT INTO 语句向 leveltest 表中插入一条数据，然后提交事务，代码如下。

```
START TRANSACTION;
INSERT INTO leveltest VALUES(4,104);
COMMIT;
```

（3）重新执行 SELECT 语句从 leveltest 表中查询数据。代码和执行结果如下。

```
SELECT * FROM leveltest;
+----------+---------+
| id       | num     |
+----------+---------+
|        1 |    1000 |
|        2 |     101 |
|        3 |     103 |
|        4 |     104 |
+---------+----------+
```

从上述结果可以看出，已经成功地向 leveltest 表中插入一条数据。

（4）再次通过 INSERT INTO 语句向 leveltest 表中插入一条数据，代码如下。


```
INSERT INTO leveltest VALUES(5,105);
```

（5）执行 SELECT 语句从 leveltest 表中查询数据，代码和执行结果如下。

```
SELECT * FROM leveltest;
+----------+---------+
| id       | num     |
+----------+---------+
|        1 |    1000 |
|        2 |     101 |
|        3 |     103 |
|        4 |     104 |
|        5 |     105 |
+----------+---------+
```

（6）在步骤（5）之后执行“ROLLBACK;”回滚事务，回滚事务后重新执行 SELECT 语句查看 leveltest 表中的数据。具体的代码和执行结果不再显示。

11.5 实验指导——存储过程中使用事务

MySQL 事务可以处理多个 SQL 语句的回滚情况，也可以在存储过程中使用事务。本节实验指导演示如何在存储过程中使用事务，该事务需要同时向 leveltest、producttype 和 product 三个表中插入数据。每插完一张表需要判断其是否操作成功，如果不成功则需要回滚，最后一张表判断插入成功后进行提交。

简单分析上面的描述，需要使用一个条件判断，例如 LOOP。创建名称为

proc_usetransaction 的存储过程，完整的代码如下。

```
DELIMITER $$
CREATE PROCEDURE proc_usetransaction()
BEGIN
    loop_label: LOOP
    START TRANSACTION;
    INSERT INTO leveltest VALUES(8,108);
    IF ROW_COUNT()<1 THEN
        SET @ret = -1;
        ROLLBACK;
        LEAVE loop_label;
    END IF;
    INSERT INTO producttype(type_id,type_name,type_parent_id) VALUES
    (14,'洗衣机',4);
    IF ROW_COUNT()<1 THEN
        SET @ret = -1;
        ROLLBACK;
        LEAVE loop_label;
    END IF;
    INSERT INTO product(proNo,proName,proOldPrice,proDisPrice) VALUES
    ('No1009','小神童雪糕',2.5,2.0);
    IF ROW_COUNT()<1 THEN
        SET @ret = -1;
        ROLLBACK;
        LEAVE loop_label;
    ELSE
        SET @ret = 0;
        COMMIT;
        LEAVE loop_label;
    END IF;
    END LOOP;
    SELECT @ret;
END$$
DELIMITER ;
```

在创建存储过程的代码中，首先执行 INSERT 语句向 leveltest 表中插入数据，接着通过 IF 语句判断 ROW_COUNT()函数返回的值是否小于 1，如果是将@ret 的值设置为-1 并且回滚事务，然后离开循环。

如果添加成功继续执行 INSERT 语句向 producttype 表中插入数据，也需要通过 IF 语句判断 ROW_COUNT()函数返回的值是否小于 1。

如果 producttype 表中插入数据成功，会继续向 product 表中插入数据，判断 ROW_COUNT()函数返回的值，如果返回的值大于等于 1，那么将@ret 的值设置为 0，并且通过 COMMIT 提交事务。在整个存储过程的最后，执行“SELECT @ret;”语句查看@ret 变量最终的值。

提 示

在 MySQL 中，ROW_COUNT()函数返回前一个 SQL 进行 UPDATE、DELETE 或 INSERT 操作所影响的行数。

通过 CALL 语句调用 proc_usetransaction 存储过程。语句和执行结果如下。

```
CALL proc_usetransaction;
+-----------+
| @ret      |
+-----------+
|         0 |
+-----------+
```

从上述执行结果中可以看出，已经成功地将数据插入到 leveltest、producttype 和 product 三个表中。如图 11-16～图 11-18 所示分别为这三个表中的记录。

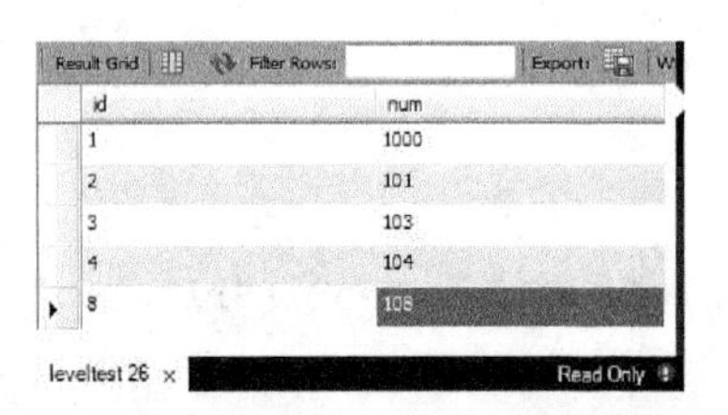

id	num
1	1000
2	101
3	103
4	104
8	108

图 11-16 leveltest 表的数据

type_id	type_name	type_parent_id	type_remark	last_update
10	冰箱	4	NULL	2014-2-2
12	彩电	4	彩色电视机	2014-7-15
13	手机	4	智能机	2014-7-15
14	洗衣机	4	NULL	NULL
NULL	NULL	NULL	NULL	NULL

图 11-17 producttype 表的数据

proNo	proName	proOldPrice	proDisPrice	proPubDate	proExpMonth	proUnit	proPlace
No1006	好想你野酸味枣280g*5袋	150	125	2014-07-01 0...	3	袋	
No1007	乡巴佬鸡蛋30g	2	1.5	2014-07-01 0...	6	个	
No1008	湿巾	1	0.8	2014-07-07 0...	NULL	NULL	NULL
No1009	小神童雪糕	2.5	2	2014-07-07 0...	NULL	NULL	NULL
NULL	NULL	NULL	NULL	NULL	NULL	NULL	NULL

图 11-18 product 表的数据

试一试

由于 MySQL 默认是会自动提交的，所以开发者不用担心 ROLLBACK 之后条件退出而没有 COMMIT。另外，可以重复执行 CALL proc_usetransaction 语句查看效果。当指定列的值是主键或唯一时，插入相同的数据会出现错误，读者可以亲自动手试一试。

11.6 实验指导——PHP 利用事务实现转账

在 PHP 编程中，对 MySQL 事务处理及锁定的操作非常重要。众多的 PHP 编程开发者都知道，在 PHP 编程中事务处理是将多个更新命令作为一个整体来执行，从而保证数据整合性的机制。PHP 编程提供了数据库事务函数，使用这些函数可以完成事务处理，常用的三个函数说明如下。

（1）autocommit(bool mode)函数：设置数据库自动提交状态。当 mode 的值为 true 时，打开自动提交设置；当 mode 的值为 false 时，关闭自动提交设置。

（2）commit()函数：提交当前事务的执行结果。

（3）rollback()函数：取消当前事务的执行结果。

在银行处理转账业务时，如果 A 账户中的金额刚被发出，而 B 账户还没来得及接收就发生停电，这时会给银行和个人带来很大的经济损失。采用事务处理机制，一旦在转账过程中发生意外，则程序将回滚，不做任何处理。

在实现转账功能之前，首先向 test 数据库中创建 account 表，该表包含 acc_id（账户ID）、acc_no（卡号）、acc_name（户主名称）、acc_balance（卡上金额）、acc_opendate（开户日期）以及 acc_lastdate（最近操作日期）列。创建 account 表完成后，需要向表中添加测试记录，如图 11-19 所示。

本节实验指导在 PHP 编程中模拟实现转账功能，实现本节的功能时需要读者对 PHP 知识有一定的了解，这样学习起来会觉得非常方便。

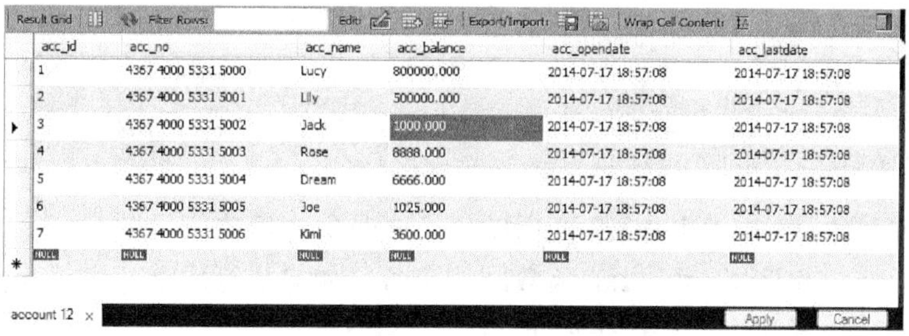

acc_id	acc_no	acc_name	acc_balance	acc_opendate	acc_lastdate
1	4367 4000 5331 5000	Lucy	800000.000	2014-07-17 18:57:08	2014-07-17 18:57:08
2	4367 4000 5331 5001	Lily	500000.000	2014-07-17 18:57:08	2014-07-17 18:57:08
3	4367 4000 5331 5002	Jack	1000.000	2014-07-17 18:57:08	2014-07-17 18:57:08
4	4367 4000 5331 5003	Rose	8888.000	2014-07-17 18:57:08	2014-07-17 18:57:08
5	4367 4000 5331 5004	Dream	6666.000	2014-07-17 18:57:08	2014-07-17 18:57:08
6	4367 4000 5331 5005	Joe	1025.000	2014-07-17 18:57:08	2014-07-17 18:57:08
7	4367 4000 5331 5006	Kimi	3600.000	2014-07-17 18:57:08	2014-07-17 18:57:08
NULL	NULL	NULL	NULL	NULL	NULL

图 11-19 account 表的测试记录

对 account 表中的前两条记录进行操作，acc_id 列的值为 1 的账户需要转账到 acc_id 列的值为 2 的账户，转账金额为 100 000。基本步骤如下。

（1）创建全称为 newfile.php 的页面，首先调用 header()函数向客户端发送原始的 HTTP 报头，代码如下。

```
<?php
    header("Content-type: text/html;charset=utf-8");
    //省略下面步骤的代码
?>
```

（2）在 header()函数之后添加新的代码，使用 MySQLi 类的构造函数初始化一个连接对象，代码如下。

```
$mysqli = new MySQLi("localhost","root","root","test");
```

（3）调用 connect()函数打开一个 test 数据库的连接，代码如下。

```
$mysqli->connect('localhost', 'root', 'root', 'test');
```

（4）通过 autocommit()函数设置数据库的提交模式为手动提交，代码如下。

```
$mysqli->autocommit (FALSE);
```

（5）判断连接是否出现错误，如果出现错误通过 die()函数输出错误消息，代码如下。

```
if($mysqli->connect_error)
{
    die($mysqli->connect_error);
}
```

（6）声明$sql1 和$sql2 变量，每一个变量都代表一条 UPDATE 语句，该语句更改账户金额，代码如下。

```
$sql1 = "UPDATE account SET acc_balance=acc_balance-100000.000 WHERE
acc_id=1";
$sql2 = "UPDATE account SET acc_balance=acc_balance+100000.000 WHERE
acc_id=2";
```

（7）利用 query()执行前面的 UPDATE 语句，执行成功时返回 true。将执行的结果分别保存到$r1 和$r2 变量中，代码如下。

```
$r1 = $mysqli->query($sql1);
$r2 = $mysqli->query($sql2);
```


（8）通过 if 语句判断$r1 和$r2 变量的值，这两个变量的值只要有一个为 false，那么将输出失败提示，并调用 rollback()函数回滚事务。如果执行成功，则输出成功提示，并调用 commit()函数提交事务，代码如下。

```
if(!$r1 || !$r2)
{
    echo "fail".$mysqli->error;
    $mysqli->rollback();//回滚
}
else
{
    echo "success";
    //调用函数提交修改，提交过后不能回滚
    $mysqli->commit();
}
```

（9）调用 close()函数关闭数据库连接，代码如下。

```
$mysqli->close();
```

（10）截止到这里，向 PHP 页面中添加代码已经完成。执行前面步骤中的完整代码，执行完成后如果输出 success 的提示，则表示转账成功。转账成功后可以重新查询 account 表中的数据进行确认，如图 11-20 所示。

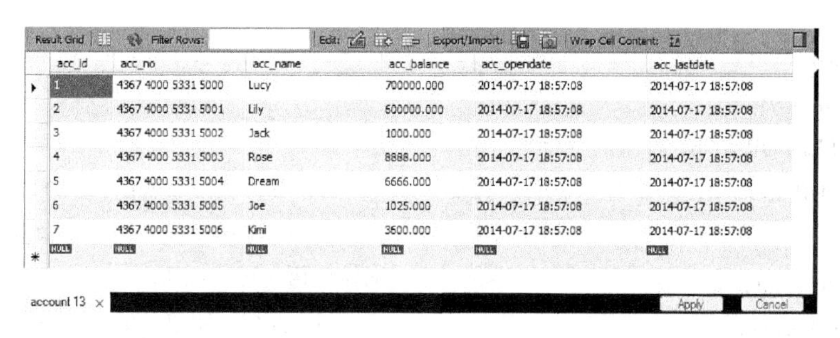

acc_id	acc_no	acc_name	acc_balance	acc_opendate	acc_lastdate
1	4367 4000 5331 5000	Lucy	700000.000	2014-07-17 18:57:08	2014-07-17 18:57:08
2	4367 4000 5331 5001	Lily	600000.000	2014-07-17 18:57:08	2014-07-17 18:57:08
3	4367 4000 5331 5002	Jack	1000.000	2014-07-17 18:57:08	2014-07-17 18:57:08
4	4367 4000 5331 5003	Rose	8888.000	2014-07-17 18:57:08	2014-07-17 18:57:08
5	4367 4000 5331 5004	Dream	6666.000	2014-07-17 18:57:08	2014-07-17 18:57:08
6	4367 4000 5331 5005	Joe	1025.000	2014-07-17 18:57:08	2014-07-17 18:57:08
7	4367 4000 5331 5006	Kimi	3600.000	2014-07-17 18:57:08	2014-07-17 18:57:08
NULL	NULL	NULL	NULL	NULL	NULL

图 11-20 转账后的数据记录

比较图 11-19 和图 11-20 可以发现，转账之前 acc_id 列的值为 1 和 2 的账户金额分别为 800 000 和 500 000。将 acc_id 列的值为 1 的账户的金额转 100 000 到 acc_id 列的值为 2 的账户，这时两个账户的金额分别变成 700 000 和 600 000，这说明转账成功。

思考与练习

一、填空题

1．事务的 4 大特性是指__________、一致性、隔离性和持久性。

2．从理论的角度来说，可以将事务分为扁平事务、带有保存点的扁平事务、链事务、嵌套事务以及__________。

3．提交事务语句的最简单形式是__________。

4．回滚事务语句的最简单形式是__________。

5．__________是 MySQL 的默认事务隔离级别。

二、选择题

1．在事务的 ACID 特性中，__________是指事务将数据库从一种状态变成另一种一致的状态。

A．Atomicity
B．Durability
C．Consistency
D．Isolation

2．__________可以看作是保存点模式的一个变种。

A．扁平事务
B．链事务
C．嵌套事务
D．带有保存点的扁平事务

3．开启事务时不能使用__________语句。

A．START TRANSACTION
B．BEGIN TRANSACTION
C．BEGIN WORK
D．BEGIN

4．__________用于删除一个事务的保存点。

A．ROLLBACK TO [SAVEPOINT] identifier
B．SET TRANSACTION
C．SAVEPOINT identifier
D．RELEASE SAVEPOINT identifier

5．__________解决了幻读问题，它是最高的隔离级别。

A．SERIALIZABLE
B．READ UNCOMMITTED
C．READ COMMITTED
D．REPEATABLE READ

6．在下列的 MySQL 存储引擎中，__________存储引擎支持事务。

A．MyISAM

B．MEMORY

C．InnoDB

D．PERFORMANCE_SCHEMA

7．在 PHP 编程中，与事务无关的函数是__________。

A．commit()

B．rollback()

C．autocommit(bool mode)

D．query()

三、简答题

1．简单说明事务的 ACID 特性。

2. MySQL 中的事务控制语句有哪些？分别对这些语句进行说明。

3．简单说明事务的隔离级别。

4．说出 PHP 中与事务有关的三个函数。

第 12 章　MySQL 性能优化

系统的优化能够有效地提升系统的运行速度和运行质量，有利于维护系统安全性。针对高并发，海量数据的互联网环境，最大限度地优化系统，才能够使系统安全有效地运行。

本章介绍 MySQL 性能优化，包括查询方面的优化、运维方面的优化和架构方面的优化等。

本章学习要点：

- ❑ 掌握查询语句的分析
- ❑ 理解查询优化原则
- ❑ 理解索引的结构
- ❑ 掌握索引的优化
- ❑ 掌握执行语句的优化
- ❑ 理解运维优化
- ❑ 掌握结构优化的目标
- ❑ 理解架构的拆分
- ❑ 理解字段类型和编码的优化
- ❑ 理解服务器的优化

12.1 优化基础

为了实现系统的优化，必须了解系统在运行时最常见的瓶颈，有如下 4 种。

1. 磁盘搜索

对于现在的磁盘来说，平时的搜索时间基本上小于 10ms，理论上每秒钟可以做 100 次磁盘搜索。这个时间对于全新的新磁盘来说提高的不多，并且对于只有一个表的情况也是如此。加快搜索时间的方法是将数据分开存放到多个磁盘中。

2. 磁盘读/写

当磁盘在正确的位置上时，就需要读取数据。对现在的磁盘来说，磁盘吞吐量至少是每秒在 10~20MB 之间。这比磁盘搜索的优化更容易，因此可以从多个媒介中并行地读取数据。

3. CPU 周期

数据存储在主内存中或者它已经在主内存中，这时就需要对这些数据进行处理以得到想要的结果。表相对于内存较小，这是最常见的限制因素，但是对于小表，速度通常不是问题。

4．内存带宽

当 CPU 要将更多的数据存放在 CPU 缓存中时，主内存的带宽就是瓶颈了。在大多数系统中，这不是常见的瓶颈，不过也是需要注意的一个因素。

为了提高 MySQL 数据库的性能，需要进行一系列的优化措施。如果 MySQL 数据库中需要进行大量的查询操作，那么就需要对查询语句进行优化，从而提高整体的查询速度。如果连接 MySQL 数据库的用户有很多，那么就需要对 MySQL 服务器进行优化。

在执行优化之前，可以通过执行 SHOW STATUS 语句或 mysqladmin 命令查看 MySQL 服务器的状态信息。如果直接执行 SHOW STATUS 语句则会显示所有的服务器状态信息，它包括两部分：变量和值。如果只显示匹配某个变量，可以使用 LIKE 关键字。查询语法如下：

```
SHOW STATUS LIKE 'value';
```

上述代码中 value 表示状态变量。一般情况下，SHOW STATUS 语句相关的状态变量有多个，但是这些变量并不是经常用到，如下所示为一些常用的状态变量。

（1）Connections：试图连接到 MySQL 服务器的连接数（不管是否成功）。

（2）Com_select：查询操作的次数。

（3）Com_insert：插入操作的次数。

（4）Com_update：更新操作的次数。

（5）Com_delete：删除操作的次数。

（6）Slow_queries：慢查询的次数。

（7）Uptime：MySQL 服务器的上线时间。

（8）Innodb_rows_read：表示 SELECT 语句查询的记录数。

（9）Innodb_rows_inserted：表示 INSERT 语句插入的记录数。

（10）Innodb_rows_updates：表示 UPDATE 语句更新的记录数。

（11）Innodb_rows_deleted：表示 DELETE 语句删除的记录数。

如果一个查询的结果是从查询缓存中得到的，这会增加 Qcache_hits，而不是 Com_select。只要执行 DELETE，Com_delete 就会增加，而 Handler_delete 只有当在表中删除了行的时候才增加。 如果 DELETE 删除没有影响到表里的任何行，则不会增加 Handler_delete 值。

【范例 1】

以 Com_select、Qcache_hits、Connections 这几个变量为例，查询变量的值，代码如下。

```
SHOW STATUS LIKE 'Com_select';
SHOW STATUS LIKE 'Qcache_hits';
SHOW STATUS LIKE 'Connections';
```

上述代码的执行效果如图 12-1 所示。

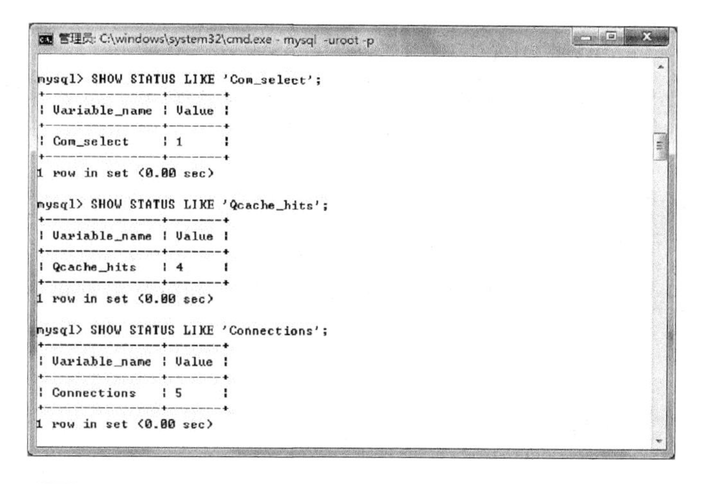

图 12-1 变量查询

除了使用 SHOW STATUS 语句获取服务器状态信息外，还可以通过使用 mysqladmin 命令，语法如下：

```
mysqladmin -u root -p extended-status
```

除此之外，还可以通过 MySQL Workbench 界面工具来查看状态变量。在界面中可以查看到变量的值和说明，在左侧 Navigator 中选择 Management 选项卡，如图 12-2 所示。选择 Status and System Variables 选项即可在右侧打开服务器变量列表，如图 12-2 所示。

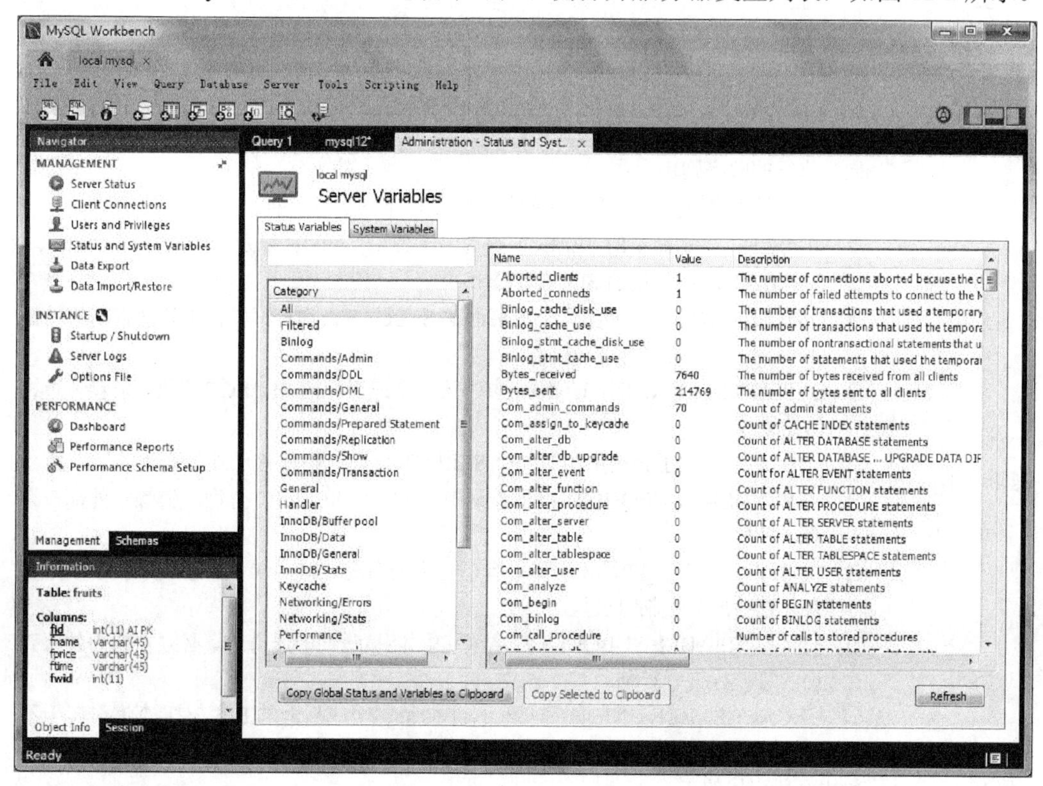

图 12-2 Status Variables

从图 12-2 可以看出窗口中包含两个选项卡，Status Variables 选项卡表示 MySQL 中的状态变量，可看到下方的类型范围和指定范围内的状态变量名称、值和变量说明。System Variables 选项卡表示 MySQL 中的系统变量。

12.2 查询优化

查询优化是指在查询数据时可进行的优化，包括查询语句的使用、索引的使用、执行语句的使用等。

12.2.1 分析查询语句

在对查询语句进行优化之前，可以分析查询语句的执行情况，并依据执行情况设计优化。MySQL 数据库中提供了 EXPLAIN 关键字和 DESCRIBE 关键字来分析查询语句。

EXPLAIN 一般放在 SELECT 查询语句的前面，它用于描述 MySQL 如何执行查询操作，以及 MySQL 成功返回结果集需要执行的行数。使用 EXPLAIN 可以帮助用户分析 SELECT 语句，从而使用户知道查询效率低的原因，达到改进查询的目的，让查询优化器能够更好地工作。

EXPLAIN 的每个输出行提供一个表的相关信息，并且每个行包括如表 12-1 所示的列。

表 12-1 EXPLAIN 的每个输出行包含的列

列名称	说明
id	SELECT 的查询序列号。它的值越大，优先级越高，就越先被执行。如果 id 的值相同，执行的顺序则由上往下
select_type	SELECT 是查询语句的类型。它的值可以是以下的任意一种。 ❑ SIMPLE：表示简单的 SELECT 查询，不使用 UNION 以及子查询 ❑ PRIMARY：最外层的 SELECT 查询 ❑ UNION：UNION 中的第二个或后面的 SELECT 查询，不依赖于外部查询的结果集 ❑ DEPENDENT UNION：UNION 中的第二个或后面的 SELECT 查询，依赖于查询的结果集 ❑ SUBQUERY：子查询中的第二个 SELECT 查询，不依赖于外部查询的结果集 ❑ DEPENDENT SUBQUERY：子查询中的第一个 SELECT 查询，依赖于外部查询的结果集 ❑ DERIVED：用于 FROM 子句里有子查询的情况。MySQL 会递归执行这些子查询，把结果放在临时表里 ❑ UNCACHEABLE SUBQUERY：结果集不能被缓存的子查询，必须重新为外层查询的每一行进行评估 ❑ UNCACHEABLE UNION：UNION 中的第二个或后面的 SELECT 查询，属于不可缓存的子查询
table	输出行所引用的表

续表

列名称	说明
type	表示表的连接类型，常用的取值参数说明如下。 ❑ system：表示表中只有一行记录，这是 const 连接类型的一个特例 ❑ const：表最多有一个匹配行，它将在查询开始时被读取。因为仅有一行，该行的列值可被优化器剩余部分认为是常数。用于用常数值比较 PRIMARY KEY 或 UNIQUE 索引的所有部分时 ❑ eq_ref：表示多表连接时，后面的表使用了 UNIQUE 或者 PRIMARY KEY ❑ ref：表示多表查询时，后面的表使用了普通索引 ❑ unique_subquery：表示子查询中使用了 UNIQUE 或者 PRIMARY KEY ❑ index_subquery：表示子查询中使用了普通索引 ❑ range：表示查询语句中给出了查询范围 ❑ index：表示对表中的索引进行了完整的扫描 ❑ index_merge：说明索引合并优化被使用了 ❑ ALL：表示对表进行了完整的扫描
possible_keys	指出 MySQL 能在该表中使用哪些索引有助于查询。如果为空，说明没有可用的索引
key	显示 MySQL 实际决定使用的索引。如果没有选择索引，键是 NULL
key_len	显示 MySQL 决定使用的索引字段的长度。如果索引为 NULL，则长度为 NULL
ref	使用哪个列或常数与 key 一起从表中选择行
rows	显示 MySQL 认为它执行查询时必须检查的行数
Extra	包含 MySQL 解决查询的详细信息

DESCRIBE 可以被缩写为 DESC，它的使用方法与 EXPLAIN 是一样的。以 EXPLAIN 为例，基本使用语法如下：

```
EXPLAIN SELECT 语句;
```

12.2.2 优化查询基本原则

执行数据库记录操作中 SELECT 语句是最常执行的操作，无论是优化 ORDER BY 还是 GROUP BY，它们都需要在 SELECT 语句中执行。如下总结了一些优化 SELECT 查询语句的基本原则。

（1）尽可能对每一条运行在数据库中的 SQL 进行 EXPLAIN。

（2）尽量少使用 JOIN。MySQL 的优势在于简单，但是在某些方面其实也是劣势。对于复杂的多表 JOIN，一方面由于优化器受限，另一方面 JOIN 的性能表现距离其他好的关系型数据库（例如 Oracle）有一定的差距。

（3）尽量少排序。排序操作会消耗较多的 CPU 资源，所以减少排序在缓存命中率高等 IO 能力足够的场景下会较大影响 SQL 的响应时间。

（4）尽量避免使用 SELECT *查询。大多数时候，SELECT 子句中的字段的多少并不会影响到读取的数据。但是当存在 ORDER BY 操作时，SELECT 子句中的字段多少在很大的程度上就影响到了排序效率。

（5）尽量用 JOIN 代替子查询。虽然 JOIN 的性能并不是特别好，但是和 MySQL 的子查询相比，它还是具有非常大的优势的。

(6)尽量少使用 OR 关键字。当 WHERE 子句中存在多个条件以“或”并存时，MySQL 的优化器并没有很好地解决其执行计划优化问题，再加上 MySQL 特有的 SQL 与 Storage 分层架构方式，造成了性能比较低下，这时使用 UNION ALL 或 UNION（必要的时候）的方式来代替“OR”会得到更好的效果。

(7) 尽量使用 UNION ALL 代替 UNION。UNION 和 UNION ALL 的差异主要是前者需要将两个（或多个）结果集合并后再进行唯一性过滤操作，这会涉及排序增加大量的 CPU 运算，加大资源消耗和延迟。所以当确认结果集中不可能出现重复结果或不在乎重复结果时，应尽量使用 UNION ALL 而不是 UNION。

(8) 尽量早过滤。它最常见于索引的优化设计中。在 SQL 语句中同样可以使用这一原则来优化一些 JOIN 的 SQL。这样可以尽可能多地减少不必要的 IO 操作，大大节省 IO 操作所消耗的时间。

(9) 避免“类型转换”。这里的“类型转换”是指 WHERE 子句中出现 COLUMN 字段的类型和传入的参数类型不一致时发生的类型转换。

(10) 优先优化高并发的 SQL。从破坏性方面来说，高并发的 SQL 总会比频率低的来得大，因为高并发的 SQL 一旦出现问题，甚至不给用户任何喘息的机会就会将系统压跨。而对于一些需要消耗大量 IO 且响应很慢的 SQL，由于频率低，即使遇到大多就是让整个系统响应慢一点儿，但至少会给用户喘息的机会。

(11) 从全局出发优化，而不是片面调整。SQL 优化不能是单独针对某一个进行，而是应该充分考虑系统中所有的 SQL，尤其是在通过调整索引优化 SQL 的执行计划时，千万不能顾此失彼，因小失大。

很多查询中需要使用子查询，子查询能使查询语句更加灵活，但是子查询的执行效率并不高。子查询时，MySQL 需要为内层查询语句的查询结果建立一个临时表，然后外层查询语句在临时表中查询记录。查询完毕后，MySQL 需要撤销这些临时表。因此，子查询的速度会受到一定的影响。如果查询的数据量比较大，这种影响就会随着增大。在 MySQL 中可以使用连接查询来替代子查询，连接查询不需要建立临时表，它的优化速度比子查询要快得多。

12.2.3 索引的结构

正确地使用索引能够有效提高执行效率，在此之前需要了解索引的结构，以便实现索引的优化。

使用数据索引之所以能提高效率，是因为数据索引的存储是有序的，通过索引查询一个数据是无须遍历索引记录的。极端情况下，数据索引的查询效率为二分法查询效率，趋近于 $\log_2(N)$。

数据索引通常默认采用 btree 索引（内存表也使用了 hash 索引）。单一有序排序序列是查找效率最高的（二分查找，或者说折半查找），使用树形索引的目的是为了达到快速的更新和增删操作。在极端情况下（比如数据查询需求量非常大，而数据更新需求极少，实时性要求不高，数据规模有限），直接使用单一排序序列，折半查找速度最快。在进行索引分析和 SQL 优化时，可以将数据索引字段想象为单一有序序列，并以此作为分析的基础。

影响结果集是数据查询优化的一个重要中间数据。查询条件与索引的关系决定影响结果集。即便查询用到了索引，但是如果查询和排序目标不能直接在索引中命中，其可能带来较多的影响结果，而这会直接影响到查询效率。

需要注意的是：影响结果集并不是说数据查询出来的结果数或操作影响的结果数，而是查询条件的索引所命中的结果数；影响结果集是搜索条件索引命中的结果集，而非输出和操作的结果集；影响结果集越趋近于实际输出或操作的目标结果集，索引效率越高。

12.2.4 优化索引

索引在使用时在注意：查询条件必须要使用索引的第一个字符；LIKE 关键字配置的字符串不能以符号“%”开头；OR 关键字连接的所有条件都必须使用索引。

多列索引是指在数据库表的多个字段上创建一个索引，查询语句中使用多列索引时，只有查询条件中使用了指定索引中的第一个字段时，索引才会被使用。

使用查询语句时可以在查询条件中使用 LIKE 关键字，使用该关键字进行查询时，如果匹配字符串的第一个字符为“%”时，索引不会被使用，即索引无效。相反，如果索引不是在第一个位置，索引就会被使用。

为查询语句指定查询条件时，可以使用 OR 关键字。当查询语句中只有 OR 关键字时，如果 OR 前后的两个条件的列都是索引时，查询中将使用索引。如果 OR 前后有一个条件的列不是索引，那么查询中将不使用索引。

在某些情况下，MySQL 可以直接使用索引来满足一个 ORDER BY 或 GROUP BY 子句而无须做额外的排序。尽管 ORDER BY 不是和索引的顺序准确匹配，索引还是可以被用到，只要不用的索引部分和所有的额外的 ORDER BY 字段在 WHERE 子句中都被包括了。

如下列出了常用的几个 ORDER BY 语句的 MySQL 优化。

（1）ORDER BY 的索引优化，基本语法如下：

```
SELECT [column1],[column2],…FROM [TABLE] ORDER BY [索引] LIMIT [offset],
[LIMIT];
```

（2）WHERE + ORDER BY 组合的索引优化，基本语法如下：

```
SELECT [column1],[column2],…FROM [TABLE] WHERE [columnX] = [value]
    ORDER BY [索引] LIMIT[offset],[LIMIT];
```

（3）WHERE + 多个字段 ORDER BY 组合的索引优化，基本语法如下：

```
SELECT * FROM [table] WHERE uid=1 ORDER x,y LIMIT 0,10;
```

在另一些情况下，尽管有些语句会使用索引来找到记录匹配 WHERE 语句，但是却无法使用索引来满足 ORDER BY 的优化。常见的情况如下。

（1）对不同的关键字使用 ORDER BY。

（2）ORDER BY 的字段混合使用 ASC 和 DESC。

（3）用于搜索记录的索引键与 ORDER BY 中指定的字段不是同一个。

（4）使用了不同的 ORDER BY 和 GROUP BY 表达式。

（5）表索引中的记录不是按照顺序存储，例如，HASH 和 HEAP 表就是这样。

GROUP BY 与 ORDER BY 一样，都可以通过索引进行优化，适当的优化能够提高查询语句的速度。

为 GROUP BY 使用索引的最重要的前提条件是所有 GROUP BY 列引用同一索引的属性，并且索引按顺序保存其关键字，是否用索引访问来代替临时表的使用还取决于查询中使用了哪部分索引、为该部分指定的条件，以及选择的累积函数。

MySQL 中 GROUP BY 利用索引进行优化有两种方式：使用松散索引和紧凑索引。

简单来说，索引中用于GROUP的字段不必完全覆盖WHERE条件中索引对应的key，由于只包含索引中关键字的一部分，因此会被称为松散的索引。要使用松散的索引实现 GROUP BY，需要至少满足以下几个条件。

（1）查询只针对一个表。

（2）GROUP BY 条件字段必须在同一个索引中最前面的连续位置。

（3）在使用 GROUP BY 的同时，如果有聚合函数，只能使用 MAX()和 MIN()两个，并且它们均指向相同的列。

（4）如果 WEHRE 条件中使用到索引中的 GROUP 条件之外的字段，必须以常量形式存在，但是 MAX()或 MIN()函数的参数除外。

（5）如果语句中存在 WHERE 条件，并且 SELECT 语句中引用了索引中 GROUP BY 条件之外的字段条件的时候，WHERE 中的这些字段要以常量形式存在。

（6）如果查询中有 WHERE 条件，则条件必须为索引，不能包含非索引的字段。

紧凑索引实现 GROUP BY 与松散索引实现的主要区别在于：紧凑索引需要在扫描索引时，读取所有满足条件的索引键，然后再根据读取出的数据来完成 GROUP BY 操作得到相应的结果。这时，执行结果中的 Extra 信息中不会再找到“Using index for group-by”内容了，但是这并不能说 MySQL 中的 GROUP BY 操作并不是通过索引完成的，只不过是需要访问 WHERE 条件所限定的所有索引键信息之后才能得到结果。

12.2.5 优化 LIMIT

在一些情况中，当用户使用 LIMIT 关键字而不使用 HAVING 时，MySQL 将以不同方式处理查询。

（1）如果用 LIMIT 只选择一些行，当 MySQL 选择做完整的表扫描时，它将在一些情况下使用索引。

（2）如果用户使用 LIMIT 与 ORDER BY，MySQL 一旦找到了排序结果的第一个对应的行，将结束排序而不是排序整个表。如果使用索引，将很快。如果必须进行文件排序，必须选择所有匹配查询没有 LIMIT 子句的行，并且在确定已经找到第 1 个行之前，必须对它们的大部分进行排序。在任何一种情况下，一旦找到了行，则不需要再排序结果的其他部分，并且 MySQL 不再进行排序。

（3）当结合 LIMIT 和 DISTINCT 时，MySQL 一旦找到唯一的行，它将停止。

（4）一些情况下 GROUP BY 能通过顺序读取键来解决，然后计算摘要直到关键字的值改变。在这种情况下，LIMIT 将不计算任何不必要的 GROUP BY 值。

（5）只要 MySQL 已经发送了需要的行数到客户，它将放弃查询，除非正在使用 SQL_CALC_FOUND_ROWS。

（6）LIMIT 0 总是快速返回一个空集合，这对检查查询的有效性很有用。当使用 MySQL API 时，它也可以用来得到结果列的列类型。

（7）当服务器使用临时表来进行查询时，可以使用 LIMIT 子句来计算需要多少空间。

12.2.6 优化执行语句

执行语句包括 INSERT、UPDATE 和 DELETE 等语句，本节介绍执行语句的优化注意事项。

1. 优化 INSERT 语句

使用 INSERT 语句添加数据记录时，索引和唯一性验证都会影响到插入记录的速度。而且，一次插入多条记录和多次插入记录所耗费的时间也是不一样的。

1）禁用索引

MySQL 插入数据记录时会根据表的索引对插入的记录进行排序，如果插入大量的数据时，这些排序会降低插入记录的速度。为了解决这种情况，在插入记录之前首先禁用索引，等到记录都插入完毕后再开启索引。

对于新创建的表可以先不创建索引，等到记录都导入后再创建索引，这样可以提高导入数据的速度。可以使用以下语句分别禁用索引和开启索引：

```
ALTER TABLE table_name DISABLE KEYS;                //禁用索引
ALTER TABLE table_name ENABLE KEYS;                 //启用索引
```

2）禁用唯一性检查

MySQL 中使用 INSERT 语句插入数据记录时会对记录进行唯一性的验证，这种验证会降低插入记录的速度。其解决方法与禁用索引的解决方法一样，可以在插入记录之前禁用唯一性检查，等到记录插入完毕后再开启。禁用和启用唯一性检查的语句如下：

```
SET UNIQUE_CHECKS= 0;                               //禁用唯一性检查
```

3）使用一个 INSERT 语句插入多条记录

INSERT 语句插入记录有两种方式：第一种方式是一个 INSERT 语句只插入一条记录，执行多个 INSERT 语句来插入多条记录。第二种方式是使用一个 INSERT 语句同时插入多条记录，这种方式减少了与数据库之间的连接等操作，执行速度要比第一种方式要快，当插入大量的数据时，可以使用这种方式进行操作。

在插入语句时锁定表可以加速用多个语句执行的 INSERT 操作，基本使用如下：

```
LOCK TABLES a WRITE;
INSERT INTO a VALUES…;
INSERT INTO a VALUES…;
…
UNLOCK TABLES;
```

2. 优化 UPDATE 语句

UPDATE 更新查询的优化同 SELECT 查询一样，但是需要额外的开销，写的速度依赖更新的数据大小和更新的索引的数量。因此，可以像 INSERT 语句那样锁定表，同时做多个更新，这样要比一次更新一条记录要快得多。

3. 优化 DELETE 语句

删除一条记录的时间与索引数量成正比。删除一个表的所有行，使用 TRUNCATE TABLE tbname 而不要使用 DELETE FROM tbname。

12.3 运维优化

本节介绍系统在运行维护时可注意的优化，以下分别从存储引擎类型、内存使用、性能与安全、存储压力和运维监控等方面来介绍运维优化。

1. 存储引擎类型

不同的存储引擎需要有不同的注意事项。MyISAM 速度快，响应快，其表级锁是致命问题；InnoDB 是目前的主流存储引擎；HEAP 在内存引擎频繁更新和海量读取情况下仍会存在锁定状况。

其中，InnoDB 存储引擎在行级需要注意影响结果集的定义是什么。行级锁会带来更新的额外开销，但是通常情况下是值得的。InnoDB 存储引擎在事务提交时有以下需要注意的优化。

（1）对 I/O 效率提升的考虑。

（2）对安全性的考虑。

2. 内存使用

理论上，内存越大，越多数据读取发生在内存，效率越高。要考虑到现实的硬件资源和瓶颈分布，学会理解热点数据，并将热点数据尽可能内存化。

所谓热点数据，就是最多被访问的数据。通常数据库访问是不平均的，少数数据被频繁读写，而更多数据鲜有读写。应学会制定不同的热点数据规则，并测算指标。

理论上，热点数据越少越好，这样可以更好地满足业务的增长趋势。响应满足度，对响应的满足率越高越好。比如依据最后更新时间、总访问量、回访次数等指标定义热点数据，并测算不同定义模式下的热点数据规模。

3．性能与安全性

性能与安全性的优化要从三方面考虑：数据提交方式、日志同步和性能与安全本身相悖时的取舍。

1）数据提交方式

数据提交方式由 innodb_flush_log_at_trx_commit 来控制：innodb_flush_log_at_trx_commit=1 每次自动提交，安全性高，I/O 压力大；innodb_flush_log_at_trx_commit=2 每秒自动提交，安全性略有影响，I/O 承载强。

2）日志同步

日志同步情况由 Sync-binlog 来控制：Sync-binlog=1 每条自动更新，安全性高，I/O 压力大；Sync-binlog=0 根据缓存设置情况自动更新，存在丢失数据和同步延迟风险，I/O 承载力强。

3）性能与安全本身存在相悖的情况

需要在业务诉求层面决定取舍：需要区分什么场合侧重性能，什么场合侧重安全，需要将不同安全等级的数据库用不同策略管理。

4．存储压力优化

顺序读写性能远高于随机读写。日志类数据可以使用顺序读写方式进行。将顺序写数据和随机读写数据分成不同的物理磁盘，有助于 I/O 压力的疏解，前提是，确信 I/O 压力主要来自于可顺序写操作。因随机读写干扰导致不能顺序写，但是确实可以用顺序写方式进行 I/O 操作。

5．运维监控体系

运维监控主要表现在系统监控和应用监控。系统监控下，需要注意运维前的资源、流量和连接状态的监控，表现如下。

1）服务器资源监控

需要监控 CPU，内存，硬盘空间，I/O 压力并设置阈值报警。

2）服务器流量监控

需要监控外网流量，内网流量并设置阈值报警。

3）连接状态监控

通过 Show processlist 设置阈值。

应用监控包括慢查询监控、请求错误监控、微慢查询监控和频繁度监控，表现如下。

1）慢查询监控

慢查询日志如果存在多台数据库服务器，应有汇总查阅机制。

2）请求错误监控

高频繁应用中，会出现偶发性数据库连接错误或执行错误，将错误信息记录到日志，查看每日的比例变化。偶发性错误如果数量极少，可以不用处理，但是需时常监控其趋势，避免存在恶意输入内容，输入边界限定缺乏导致执行出错，需基于此防止恶意入侵探测行为。

3）微慢查询监控

高并发环境里，超过 0.01s 的查询请求都应该关注一下。

4）频繁度监控

写操作基于 binlog，定期分析；读操作在前端 db 封装代码中增加抽样日志，并输出执行时间；分析请求频繁度是开发架构进一步优化的基础；最好的优化就是减少请求次数。

注意

监控与数据分析是一切优化的基础。没有运营数据监测就不能准确实施优化。

12.4 架构优化

这里的架构是指数据库和表。本节详细介绍数据库和表的优化，包括数据库和表的设计、字段的使用等。

12.4.1 架构优化目标

架构优化的目标主要表现在：防止单点隐患、方便系统扩容和安全可控，成本可控方面。

1. 防止单点隐患

所谓单点隐患，就是某台设备出现故障，会导致整体系统的不可用，这个设备就是单点隐患。

所谓连带效应，就是一种问题会引发另一种故障，举例而言，MemCache+MySQL 是一种常见缓存组合，在前端压力很大时，如果 MemCache 崩溃，理论上数据会通过 MySQL 读取，不存在系统不可用情况，但是 MySQL 无法对抗如此大的压力冲击，会因此连带崩溃。因 A 系统问题导致 B 系统崩溃的连带问题，在运维过程中会频繁出现。

（1）在 MySQL 连接不及时释放的应用环境里，当网络环境异常（同机房友邻服务器遭受拒绝服务攻击，出口阻塞），网络延迟加剧，空连接数急剧增加，导致数据库连接过多崩溃。

（2）前端代码通常封装 www.gzwansheng.commysql_connect 和 memcache_connect，二者的顺序不同，会产生不同的连带效应。如果 mysql_connect 在前，那么一旦 memcache 连接阻塞，会连带 MySQL 空连接过多崩溃。

（3）连带效应是常见的系统崩溃，日常分析崩溃原因的时候需要认真考虑连带效应的影响。

2. 防止单点隐患方便系统扩容

数据容量增加后，要考虑能够将数据分布到不同的服务器上。请求压力增加时，要考虑将请求压力分布到不同服务器上。扩容设计时需要考虑防止单点隐患。

3．防止单点隐患安全可控，成本可控

要确保数据安全，业务安全。在成本方面有以下公式。

```
人力资源成本>带宽流量成本>硬件成本
```

成本与流量的关系曲线应低于线性增长（流量为横轴，成本为纵轴）。

12.4.2 架构拆分

一个软件系统可能需要不止一个数据库和表，合理地设计数据库和表能够有效地提高系统查询数据的执行效率，提升系统性能。

首先了解分库和拆表两个概念。

（1）分库是指不同的数据表放到不同的数据库服务器中（也可能是虚拟服务器）。

（2）拆表是指一张数据表拆成多张数据表，可能位于同一台服务器，也可能位于多台服务器（含虚拟服务器）。

分库和拆表是解决数据库容量问题的唯一途径，也是解决性能压力的最优选择。分库和拆表要满足去关联原则，表现如下。

（1）摘除数据表之间的关联，是分库的基础工作。

（2）摘除关联的目的是，当数据表分布到不同服务器时，查询请求容易分发和处理。

（3）学会理解反范式数据结构设计，所谓反范式，第一要点是不用外键，不允许 JOIN 操作，不允许任何需要跨越两个表的查询请求；第二要点是适度冗余减少查询请求。

（4）去关联化处理会带来额外的考虑，比如说，某一个数据表内容的修改，对另一个数据表的影响。这一点需要通过程序或其他途径去考虑。

分库需要注意以下几个方案：安全性拆分、顺序写数据与随机读写数据分库、基于业务逻辑拆分和基于负载压力拆分。

1．安全性拆分

将高安全性数据与低安全性数据分库，这样的好处第一是便于维护，第二是高安全性数据的数据库参数配置可以以安全优先，而低安全性数据的参数配置以性能优先。参见运维优化相关部分。

2．顺序写数据与随机读写数据分库

顺序数据与随机数据区分存储地址，保证物理 I/O 优化。

3．基于业务逻辑拆分

根据数据表的内容构成，业务逻辑拆分，便于日常维护和前端调用。通过基于业务逻辑拆分，可以减少前端应用请求发送到不同数据库服务器的频次，从而减少链接开销；可保留部分数据关联，前端 Web 工程师可在限度范围内执行关联查询。

4．基于负载压力拆分

基于负载压力对数据结构拆分，便于直接将负载分担给不同的服务器。可能拆分后的数据库包含不同业务类型的数据表，日常维护会相对困难。

12.4.3 表的优化

表的优化主要注意分表和表的结构设计。分表有以下几个方案。

（1）数据量过大或者访问压力过大的数据表需要切分。

（2）单数据表字段过多，可将频繁更新的整数数据与非频繁更新的字符串数据切分。将更新频繁的字段独立拆出一张数据表，表内容变少，索引结构变少，读写请求变快。

（3）等分切表，如哈希切表或其他基于对某数字取余的切表。等分切表的优点是负载很方便的分布到不同服务器；缺点是当容量继续增加时无法方便地扩容，需要重新进行数据的切分或转表。而且一些关键主键不易处理。

（4）递增切表，比如每 1000 个用户开一个新表，优点是可以适应数据的自增趋势；缺点是往往新数据负载高，压力分配不平均。

（5）日期切表，适用于日志记录式数据，优缺点等同于递增切表。

（6）热点数据分表。在数据量较大的数据表中将读写频繁的数据抽取出来，形成热点数据表。通常一个庞大数据表经常被读写的内容往往具有一定的集中性，如果这些集中数据单独处理，就会极大减少整体系统的负载。具体方案选择需要根据读写比例决定，在读频率远高于写频率的情况下，优先考虑冗余表方案。

热点数据表可以是一张冗余表，即该表数据丢失不会妨碍使用，因源数据仍存在于旧有结构中。优点是安全性高，维护方便，缺点是写压力不能分担，仍需要同步写回原系统。

热点数据表可以是非冗余表，即热点数据的内容原有结构不再保存，优点是读写效率全部优化；缺点是当热点数据发生变化时，维护量较大。

热点数据表可以用单独的优化的硬件存储，比如昂贵的闪存卡或大内存系统。热点数据表的指标如下。

（1）热点数据的定义需要根据业务模式自行制定策略，常见策略为，按照最新的操作时间、按照内容丰富度等。

（2）数据规模，比如从 1000 万条数据中抽取出 100 万条热点数据。

（3）热点命中率，比如查询 10 次，多少次命中在热点数据内。

（4）理论上，数据规模越小，热点命中率越高，说明效果越好。需要根据业务自行评估。

热点数据表需要进行动态维护：加载热点数据方案选择，定时从旧有数据结构中按照新的策略获取，在从旧有数据结构读取时动态加载到热点数据；剔除热点数据方案选择，基于特定策略，定时将热点数据中访问频次较少的数据剔除，如热点数据是冗余表，则直接删除即可，如不是冗余表，需要回写给旧有数据结构。

涉及分表操作后，一些常见的索引查询可能需要跨表，带来不必要的麻烦。确认查询请求远大于写入请求时，应设置便于查询项的冗余表。冗余表要做到以下几点。

（1）数据一致性，简单说，同增，同删，同更新。

（2）可以做全冗余，或者只做主键关联的冗余，比如通过用户名查询 uid，再基于 uid 查询源表。

为了减少会涉及大规模影响结果集的表数据操作，比如 COUNT()，SUM()操作。应将一些统计类数据通过中间数据表保存。中间数据表应能通过源数据表恢复。

12.4.4 优化字段

字段的优化主要体现在字段类型和编码方面。字段类型决定了数据操作时的 I/O 处理。数据库操作中最耗费时间的操作就是 I/O 处理，大部分数据库操作 90%以上的时间都花费在了 I/O 上面，所以尽可能减少 I/O 读写量，可以在很大程度上提高数据库操作的性能。虽然无法改变数据库中需要存储的数据，但是可以在这些数据的存储方式上进行改变，如下列出了一些字段类型的优化建议。

1. 数字类型

不到万不得已时不要使用 DOUBLE 类型，它不仅是存储长度的问题，同时还会存在精确性问题。同样，也不建议使用 DECIMAL 固定精度小数，但是可以乘以固定倍数转换成整数存储，可以大大节省存储空间，且不会带来任何附加维护成本。

对于整数的存储，在数据量比较大的情况下，区分开 TINYINT、INT 和 BIGINT 的选择，这是因为三者所占用的存储空间也有很大的差别。如果能确定字段不使用负数，添加 UNSIGNED 定义。如果数据库中的数据量比较小，可以不用严格区分这三个整数类型。

2. 字符类型

不到万不得已时不要使用 TEXT 类型，该类型的处理方式决定了其性能要低于 CHAR 或者是 VARCHAR 类型的处理。定长字段可使用 CHAR 类型，不定长字段尽量使用 VARCHAR 类型，且仅设置适当的最大长度，而不是随意给一个最大长度限定，因为不同的长度范围，MySQL 会有不一样的存储处理。

3. 时间类型

尽量不要使用 TIMESTAMP 类型，它的存储空间只需要 DATETIME 类型的一半。对于只需要精确到某一天的数据，可以使用 DATE 类型，因为它的存储空间只需要 3 个字节，比 TIMESTAMP 还少。而且，不建议通过 INT 类型类存储一个 UNIX TIMESTAMP 的值，因为不直观，这会给维护带来不必要的麻烦，同时还不会带来任何好处。

4. ENUM 和 SET

状态字段可以尝试使用 ENUM 来存放，这可以极大地降低存储空间，而且即使需要增加新的类型，只要增加于末尾，修改结构也不需要重建表数据。如果是存放可预先定义的属性数据可以尝试使用 SET 类型，它可以节省很多的存储空间。

5．LOB 类型

虽然数据库提供了 LOB 类型，但是并不支持在数据库中使用该类型，它并不擅长做事情，不能将作用发挥到极致。

字符编码由字符集决定，由于同样的内容使用不同字符集表示所占用的空间大小会有较大的差异，因此，通过使用合适的字符集可以帮助使用者尽可能地减少数据量，从而减少 I/O 操作次数。

（1）纯拉丁字符能表示的内容，没必要选择 latin1 之外的其他字符编码，因为这会节省大量的存储空间。

（2）如果可以确定不需要存放多种语言，就没必要非得使用 utf8 或者其他 Unicode 字符类型，这会造成大量的存储空间浪费。

（3）MySQL 的数据类型可以精确到字段，所以当需要在大型数据库中存放多字节数据时，可以通过对不同表不同字段使用不同的数据类型来较大程度减小数据存储量，从而降低 I/O 操作次数并提高缓存命中率。

12.4.5　优化服务器

优化 MySQL 服务器可以从硬件优化和服务的参数优化两个方面进行，通过这两个方面可以提高 MySQL 的运行速度，如下所示为一些优化原则。

（1）内存中的数据要比磁盘上的数据访问得快。

（2）让数据尽可能长时间地留在内存里能减少磁盘读写活动的工作量。

（3）让索引信息留在内存里要比让数据记录的内容留在内存里更加重要。

针对上述所示的三个原则，使用者可以调整服务器：增加服务器的缓存区容量，以便数据在内存停留的时间长一点，以减少磁盘 I/O 操作。内存中会为 MySQL 保留部分的缓存区，它们可以提高 MySQL 数据库的处理速度，缓存区的大小都是在 MySQL 的配置文件中进行配置的，MySQL 中的一些比较重要的配置参数都在 my.ini 文件中，如下介绍几个比较重要的参数。

（1）key_buffer_size：表示索引缓存的大小，这个值越大，使用索引进行查询的速度就越快。

（2）max_connections：表示数据库的最大连接数。它的值并不是越大越好，这是因为这些连接会浪费内存的资源。

（3）table_cache：表示同时打开的表的个数，这个值越大，能够同时打开的表的个数越多。但是，它的值并不是越大越好，而且同时打开的表太多将影响操作系统的性能。

（4）thread_cache_size：可以复用的保存在缓存中的线程的数量。如果有，新的线程从缓存中取得，当断开连接的时候如果有空间，客户的线程在缓存中。

（5）query_cache_size：表示查询缓存区的大小，默认值为 0。使用查询缓存区可以提高查询的速度，这种方式只适用于修改操作少并且经常执行相同的查询操作的情况。

（6）query_cache_type：表示查询缓冲区的开启状态。值为 0 时表示关闭，值为 1 时表示开启，值为 2 时表示按要求使用查询缓存区。

（7）sort_buffer_size：表示排序缓存区的大小，这个值越大，进行排序的速度越快。

（8）read_buffer_size：表示为每个线程保留的缓冲区的大小。当线程需要从表中连续读取记录时需要用到这个缓冲区。

（9）read_md_buffer_size：表示为每个线程保留的缓冲区的大小，与 read_buffer_size 相似，但是它主要用于存储按特定顺序读取出来的记录。

（10）innodb_buffer_pool_size：表示 InnoDB 类型的表和索引的最大缓存，这个值越大，查询的速度就会越快。但是，如果将该参数的值设置的过大，就会影响操作系统的性能。

合理地配置上述参数可以提高 MySQL 服务器的性能，除了上述参数外，还有 innodb_log_buffer_size 和 innodb_log_file_size 等参数。这些参数配置后，需要重新启动 MySQL 服务才会生效。

除了优化服务器的参数外，为了提高数据运行速度，优化升级硬件才是最直接的解决方案，针对数据库应用的特点，在升级硬件时需要考虑以下三点内容。

（1）对于数据库服务器，内存是最重要的一个影响性能的因素。通过加大内存，数据库服务器可以把更多的数据保存在缓存区，可大大减少磁盘 I/O，从而提升数据库的整体性能。

（2）合理分布磁盘 I/O，应把磁盘 I/O 分散在多个设备上，从而减少资源竞争，提高并行操作能力。

（3）配置多处理器，MySQL 是多线程的数据库，多处理器可以同时执行多个线程。

思考与练习

一、填空题

1．系统在运行时最常见的瓶颈有 4 种：磁盘读/写、CPU 周期、内存带宽和__________。

2．Qcache_hits 和 Com_select 都表示查询的次数，如果新建查询的结果是从查询缓存中得到的，这会增加__________的值。

3．优化 MySQL 服务器可以从__________优化和服务的参数优化两个方面进行。

4．MySQL 中 GROUP BY 利用索引进行优化有两种方式：使用松散索引和__________。

二、选择题

1．只要执行 delete，__________就会增加，而__________只有当在表中删除了行的时候才增加。

A．Com_delete、Handler_delete

B．Handler_delete、Com_delete

C．Innodb_rows_deleted、Com_delete

D．Com_delete、rows_deleted

2．使用数据索引之所以能提高效率，是因为__________。

A．遍历索引记录比较方便

B．索引字段的值通常都是从大到小或从小到大排列的

C．索引对字段有约束

D．索引的存储是有序的

3．下列存储引擎说法错误的是__________。

A．InnoDB 需要考虑 I/O 效率和安全性

B．HEAP 内存引擎频繁更新和海量读

取情况下仍会存在锁定状况

C．MyISAM 速度快，响应快

D．MyISAM 是目前主流存储引擎

4．下列关于成本的关系正确的是________。

A．人力资源成本>带宽流量成本>硬件成本

B．人力资源成本>硬件成本>带宽流量成本

C．带宽流量成本>人力资源成本>硬件成本

D．人力资源成本<带宽流量成本<硬件成本

三、简答题

1．总结系统优化时最常见的瓶颈。

2．简述查询优化的基本原则。

3．描述索引的结构。

4．总结架构优化的目的。

第 13 章　MySQL 日常管理

日常管理的主要职责是对 MySQL 服务器程序 mysqld 的运行情况进行处理，使用户能够顺利地访问 MySQL 服务器。日常管理的主要职责有多个，包括服务器的启动和关闭、对用户账户进行管理、对日志文件进行管理、对数据库进行备份和还原、建立数据库镜像、对服务器进行配置和优化、对数据库服务器进行“本地化”以及 MySQL 软件进行升级等内容。

上述部分职责（例如服务器的配置和优化）在前面的章节已经介绍过，有些职责（例如数据库的备份和还原）会在后面章节中进行介绍。本章只介绍部分的日常管理，例如日志文件管理、对数据库服务器进行“国际化”和“本地化”操作，以及使用 Workbench 界面工具管理等内容。

本章学习要点：

- 掌握错误日志文件的启动和查看
- 熟悉通用查询日志和慢查询日志的启动和查看
- 掌握二进制日志的启动、删除和查看
- 熟悉 Workbench 界面工具如何维护日志
- 熟悉如何设置地理时区
- 了解如何设置错误消息语言
- 掌握字符集的查看和修改

13.1 维护日志文件

MySQL 服务器有能力生成多种日志，这些日志在诊断故障、改善服务器性能、建立复制机制和崩溃恢复等工作中很有用。本节简单介绍这些日志文件，如二进制日志、错误日志和通用查询日志等。

13.1.1 日志文件概述

日志是 MySQL 数据库的重要组成部分。日志文件记录着 MySQL 数据库运行期间发生的变化。在 MySQL 服务器开始运行的时候，它会去检查相关的启动选项查看是否应该启用日志功能，如果是则打开相应的日志文件。

当数据库遭到意外的损害时，可以通过日志文件来查询出错原因，并且可以通过日志文件进行数据恢复。MySQL 服务器可以生成多种不同类型的日志，下面简单地对这些日志文件进行说明。

1．错误日志

错误日志记录着服务器启动和关闭的情况，还记录着关于故障或异常状况的消息。如果服务器无法启动，首先应该查看一下这个日志。在意外发生时，服务器会在结束运行前把一条消息写入出错日志以表明发生了什么问题。

2．通用查询日志

通用查询日志又称为常规查询日志或普通查询日志，它包含用户连接的记录、来自客户的 SQL 查询和其他各种事件。这有助于监视服务器的活动：谁在连接，从何处连接和他们在做什么。当维护人员想要确定用户发送到服务器的是什么查询时，这是最方便使用的日志，对故障诊断或调试十分有用。

3．慢查询日志

慢查询日志的用途是为了改善性能，帮助开发者区别重写所需要的语句。服务器维护定义为“慢”查询（默认为 10s）的 long-quer-time 变量。如果查询花费的秒数过多，那么就会认为是慢的，并记录在慢查询日志中。另外，慢查询也用于记录不用索引的查询。

4．二进制日志和二进制日志索引文件

二进制日志由一个或多个文件构成，里面记录着由 UPDATE、DELETE、INSERT、CREATE TABLE 和 GRANT 等语句完成的数据修改情况。二进制日志文件有一个配套的索引文件，里面列出了服务器上现有的二进制日志文件。

二进制日志有以下两个基本用途。

（1）可以配合数据库备份文件在系统发生崩溃后对数据表进行恢复。先从备份文件恢复数据库，然后使用 mysqlbinlog 命令把二进制日志的内容转换为文本语句。然后把上次备份后执行过的每一条数据修改语句依次带入 mysql 程序执行，就可以把数据库的状态恢复到崩溃发生前的那一刻。

（2）在复制机制中，通过二进制日志把主服务器上发生的数据修改事件传输到从服务器去。

5．中继日志和中继日志索引文件

如果某个服务器是复制机制中的从服务器，它将维护一个中继日志，里面记录着从主服务器接收的、目前尚未执行的数据修改事件。中继日志文件和二进制日志文件的格式是一样的，并且也有一个配套的索引文件列出了从服务器上现有的中继日志文件。

提示

在上述所有的日志当中，通用查询日志最适合用来监控服务器的运行状态。因此，如果是刚开始学习 MySQL，那么建议读者在启用其他日志的时候也把通用查询日志加进去，等获得了经验之后再关闭该功能以减少硬盘空间的消耗。

默认情况下，每一个被启用的日志都将被写入数据目录中的某个文件或某一组文件。当启动日志功能时会降低 MySQL 数据库的执行速度。例如，一个查询操作比较烦琐的 MySQL 中，记录通用查询日志和慢查询日志要花费大量的时间，而且日志文件会占用大量的硬盘空间。对于用户量非常大、操作非常烦琐的数据库，日志文件需要的存储空间甚至比数据库文件需要的存储空间还要大。

13.1.2 错误日志

错误日志是 MySQL 数据库中最常用的一种日志。错误日志主要用来记录 MySQL 服务的启动、关闭和错误信息，还记录着关于故障或异常状况的消息。

1. 启动和设置错误日志

默认情况下，错误日志存储在 MySQL 数据库的数据安装目录下。错误日志文件通常的名称为 hostname.err，其中 hostname 是指 MySQL 服务器的主机名，假设当前的主机名为 admin，那么错误日志文件就是指 admin.err。

在 MySQL 数据库中，错误日志是默认开启的。而且错误日志无法被禁止。错误日志的存储位置可以通过 log-error 选项进行设置。在 Windows 操作系统下，需要将 log-error 选项加入到 my.ini 文件的[mysqld]组中。设置形式如下：

```
[mysqld]
# Error Logging.
log-error [= DIR\[filename]]
```

其中，DIR 参数表示指定错误日志的路径。filename 是一个可选的参数，指定错误日志的名称。如果不设置 filename 参数，那么 filename 将是默认的主机名。

> **注意**
> 在 Linux 操作系统中，也需要通过 log-error 选项设置错误日志，但是并不是将其加入到 my.ini 文件中，而是 my.cnf 文件。

重新启动 MySQL 服务后，log-error 的设置开始生效，可以在指定路径下看到指定的 filename.err 文件。

2. 查看错误日志

如果 MySQL 服务出现异常，可以到错误日志中查找原因。错误日志是以文本文件的形式存储的，可以直接使用普通文本工具查看。一般情况下，在 Windows 操作系统中，可以使用文本文件查看器进行查看。

> **注意**
> 在 Linux 操作系统下，不能直接使用文件查看器进行查看，但是可以通过 vi 工具或 gedit 工具进行查看。

如果不确定哪个是错误日志文件或者不知道错误日志文件的位置，那么可以打开 my.ini 文件查看，在 my.ini 文件中找到 log-error 选项，如图 13-1 所示。

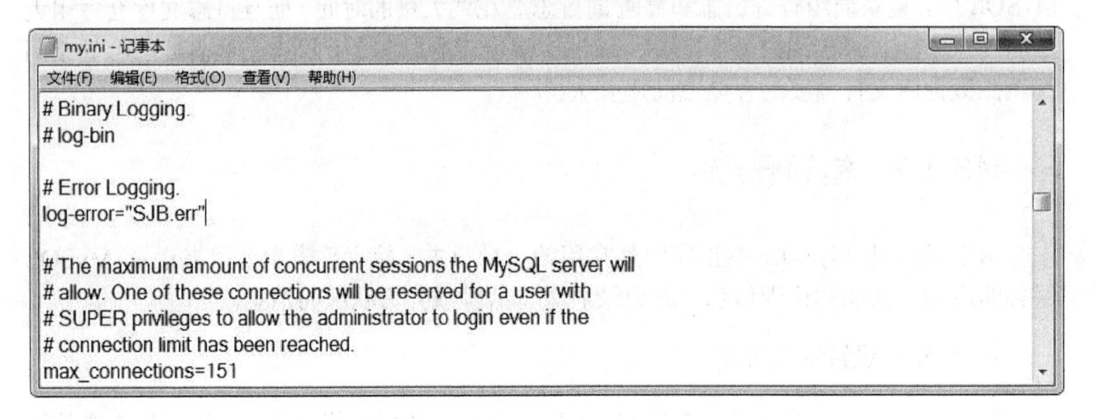

图 13-1 my.ini 文件

从图 13-1 中可以看到，SJB.error 就是错误日志文件，该文件默认存储在 MySQL 数据库与数据有关的安装目录下，打开 MySQL 数据库的数据安装目录并找到该文件，如图 13-2 所示。

图 13-2 SJB.err 文件所在的目录

通过文本文件查看器打开图 13-2 中选中的 SJB.err 文件，部分文件内容如图 13-3 所示。

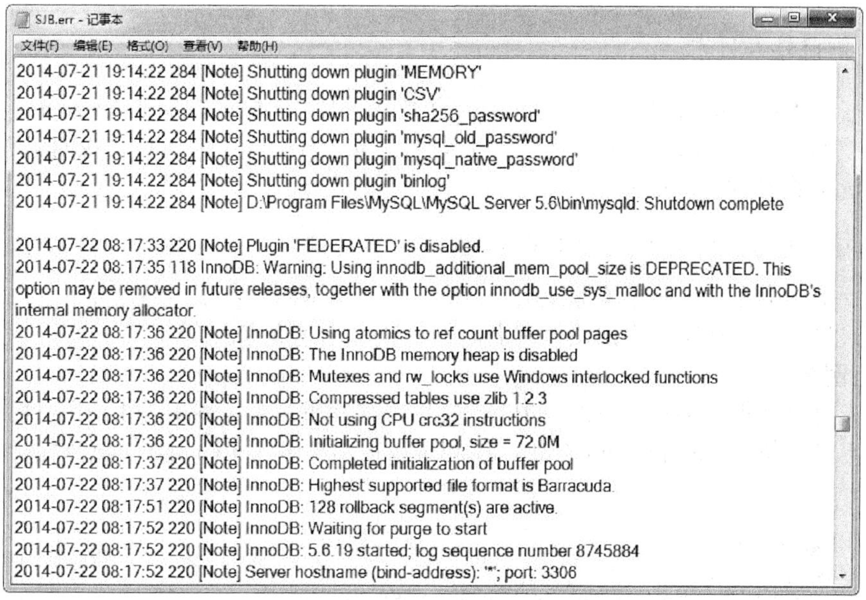

```
SJB.err - 记事本
文件(F) 编辑(E) 格式(O) 查看(V) 帮助(H)
2014-07-21 19:14:22 284 [Note] Shutting down plugin 'MEMORY'
2014-07-21 19:14:22 284 [Note] Shutting down plugin 'CSV'
2014-07-21 19:14:22 284 [Note] Shutting down plugin 'sha256_password'
2014-07-21 19:14:22 284 [Note] Shutting down plugin 'mysql_old_password'
2014-07-21 19:14:22 284 [Note] Shutting down plugin 'mysql_native_password'
2014-07-21 19:14:22 284 [Note] Shutting down plugin 'binlog'
2014-07-21 19:14:22 284 [Note] D:\Program Files\MySQL\MySQL Server 5.6\bin\mysqld: Shutdown complete

2014-07-22 08:17:33 220 [Note] Plugin 'FEDERATED' is disabled.
2014-07-22 08:17:35 118 InnoDB: Warning: Using innodb_additional_mem_pool_size is DEPRECATED. This
option may be removed in future releases, together with the option innodb_use_sys_malloc and with the InnoDB's
internal memory allocator.
2014-07-22 08:17:36 220 [Note] InnoDB: Using atomics to ref count buffer pool pages
2014-07-22 08:17:36 220 [Note] InnoDB: The InnoDB memory heap is disabled
2014-07-22 08:17:36 220 [Note] InnoDB: Mutexes and rw_locks use Windows interlocked functions
2014-07-22 08:17:36 220 [Note] InnoDB: Compressed tables use zlib 1.2.3
2014-07-22 08:17:36 220 [Note] InnoDB: Not using CPU crc32 instructions
2014-07-22 08:17:36 220 [Note] InnoDB: Initializing buffer pool, size = 72.0M
2014-07-22 08:17:37 220 [Note] InnoDB: Completed initialization of buffer pool
2014-07-22 08:17:37 220 [Note] InnoDB: Highest supported file format is Barracuda.
2014-07-22 08:17:51 220 [Note] InnoDB: 128 rollback segment(s) are active.
2014-07-22 08:17:52 220 [Note] InnoDB: Waiting for purge to start
2014-07-22 08:17:52 220 [Note] InnoDB: 5.6.19 started; log sequence number 8745884
2014-07-22 08:17:52 220 [Note] Server hostname (bind-address): '*'; port: 3306
```

图 13-3 SJB.err 错误日志文件的部分内容

在如图 13-3 所示的日志文件内容中，记录了不同日期的信息，如 2014 年 7 月 22 日的第一个信息是：FEDERATED 功能被禁用。日志文件的每一行格式为：

```
时间 [错误级别] 错误消息
```

需要注意的是，有些日志文件的信息中不一定包含错误级别。错误日志包含三个错误级别：error、warning 和 information。在相关文件中的定义如下：

```
enum loglevel{
    ERROR_LEVEL,            //错误级别
    WARNING_LEVEL,          //警告级别
    INFORMATION_LEVEL       //信息级别
}
```

【范例 1】

除了找到 my.ini 文件的 log-error 选项查看错误日志文件的信息外，还可以通过执行命令获取错误日志的详细位置。执行的语句代码和结果如下。

```
SHOW VARIABLES LIKE 'log_error';
+---------------+------------+
| Variable_name | Value      |
+---------------+------------+
| log_error     | .\SJB.err  |
+---------------+------------+
```

提示

一般情况下，管理员并不需要查看错误日志。但是，当 MySQL 服务器发生异常时，管理员可以从错误日志中找到发生异常的时间和原因，然后根据这些信息来解决异常。对于很久以前的错误日志，管理员查看这些错误日志的可能性不大，因此，可以将这些错误日志删除。

3．删除错误日志

数据库管理员可以删除很长时间之前的错误日志，这样可以保证 MySQL 服务器上的硬盘空间。在 MySQL 数据库中，可以使用 mysqladmin 命令开启新的错误日志。mysqladmin 命令的基本语法如下：

```
mysqladmin -u root -p flush-logs
```

执行上述命令后，数据库系统会自动创建一个新的错误日志。但是，如果想要创建新的错误日志，需要手工将旧文件重命名，再执行上述命令。

【范例 2】

首先打开数据安装目录下的 SJB.err 文件，将其重命名为 SJB-old.err 文件。然后在命令行工具中执行 mysqladmin 命令，按回车键后需要输入 root 用户的密码，如图 13-4 所示。

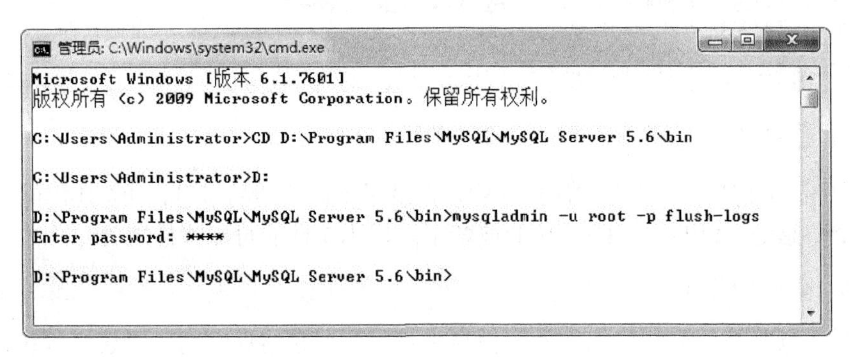

图 13-4　命令行工具中执行 mysqladmin 命令

如图 13-4 所示表示执行命令成功，重新打开目录查看 SJB.err 文件是否成功创建，如图 13-5 所示。

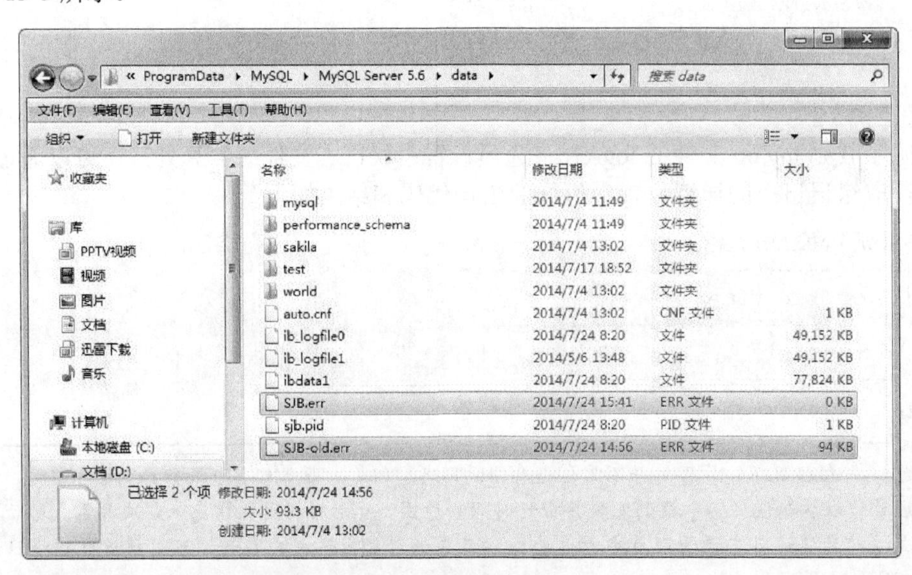

图 13-5　打开目录确认 SJB.err 是否重新创建

从图 13-5 中可以看到，SJB.err 已重新创建，这并不是原来的 SJB.err 日志文件，原来的文件已经重命名为 SJB-old.err。执行 mysqladmin 命令新创建 SJB.err 日志文件时，该文件的内容为空。

除了使用 mysqladmin 命令外，还可以使用 FLUSH LOGS 语句来开启新的错误日志。使用该语句之前必须先登录到 MySQL 数据库。

创建好新的错误日志之后，数据库管理员可以将旧的错误日志备份到其他的硬盘上。如果数据库管理员认为旧的错误日志文件已经没有存在的必要，那么可以直接将旧的日志文件删除。

13.1.3 通用查询日志

通用查询日志记录 MySQL 用户连接到 MySQL 和从 MySQL 断开的信息，并且包含 MySQL 服务器接收到的每一个 SQL 语句（无论这些语句是否被正确执行）。MySQL 服务器按照接收的顺序来记录 SQL 语句。

1. 查看通用查询日志选项

一般情况下，可以通过两种方式查看通用查询日志的相关选项，一种是在 my.ini 文件中查看，如图 13-6 所示。

图 13-6 my.ini 文件中查看通用查询日志

在图 13-6 中 log-output 控制日志文件的存放方法；log-output、general-log 和 general_log_file 都与通用查询日志有关；slow-query-log、slow_query_log_file 和 long_query_time 则与慢查询日志有关。

除了查看 my.ini 文件中的内容外，还有一种方法是使用 MySQL 的 SHOW VARIABLES 语句，如范例 3 所示。

【范例 3】

使用 SHOW VARIABLES 语句查看与通用查询日志有关的选项。语句的执行代码和结果如下。

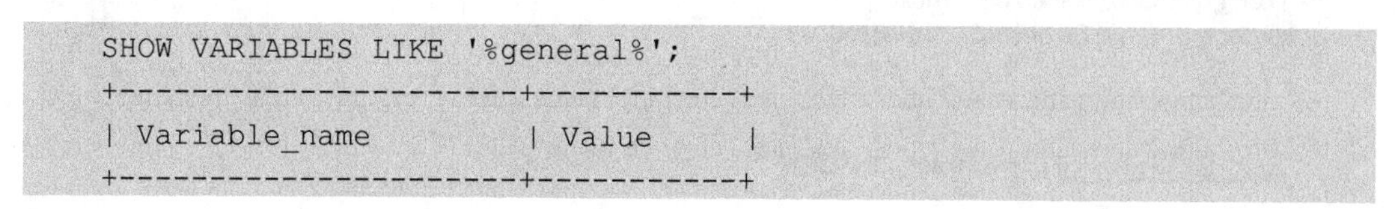

```
SHOW VARIABLES LIKE '%general%';
+----------------------+-----------+
| Variable_name        | Value     |
+----------------------+-----------+
```

```
| general_log          | OFF        |
| general_log_file     | SJB.log    |
+----------------------+------------+
```

2. 启用和设置通用查询日志

默认情况下，MySQL 数据库不开启通用查询日志文件。需要设置 general-log 选项打开此功能。同时，默认的通用查询日志文件名为 hostname.log，其中 hostname 表示主机名，这里的日志文件名为 SJB.log。如果需要重新设置通用查询日志文件的名称，可以设置 general_log_file 选项。

【范例 4】

直接更改 my.ini 文件中的 general-log 选项，将其值更改为 1，表示开启通用查询日志功能。然后重启 MySQL 服务，打开 MySQL 数据库的数据安装目录可以找到 SJB.log 文件，如图 13-7 所示。

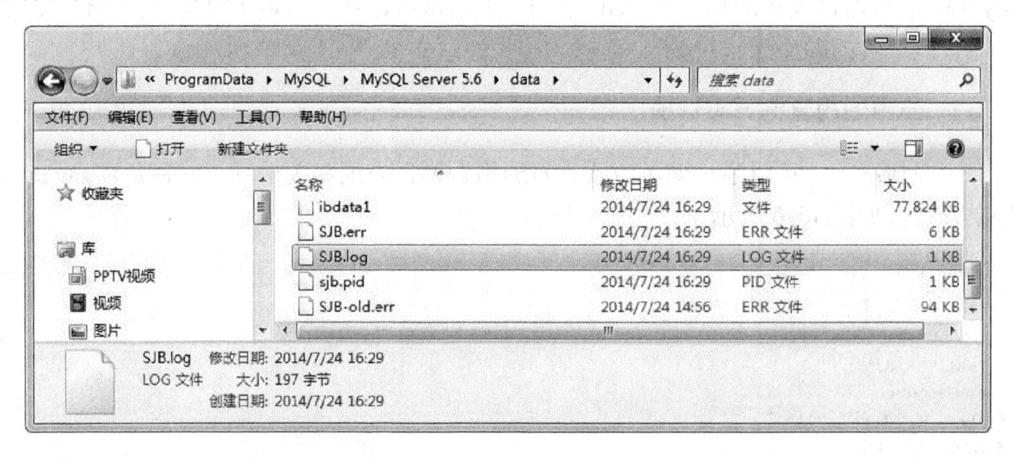

图 13-7 开启通用查询日志

打开 SJB.log 文件可以查看其内容，如图 13-8 所示。

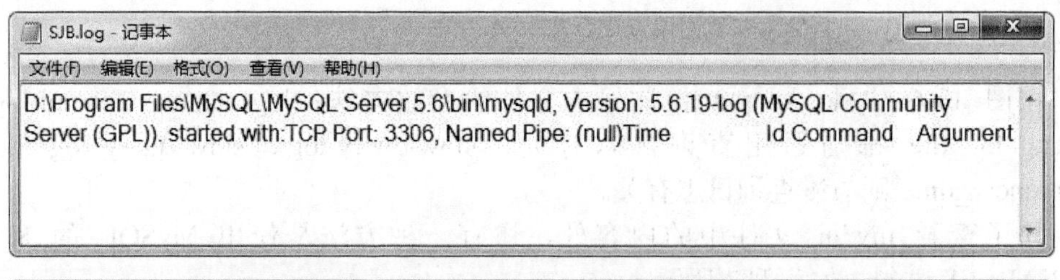

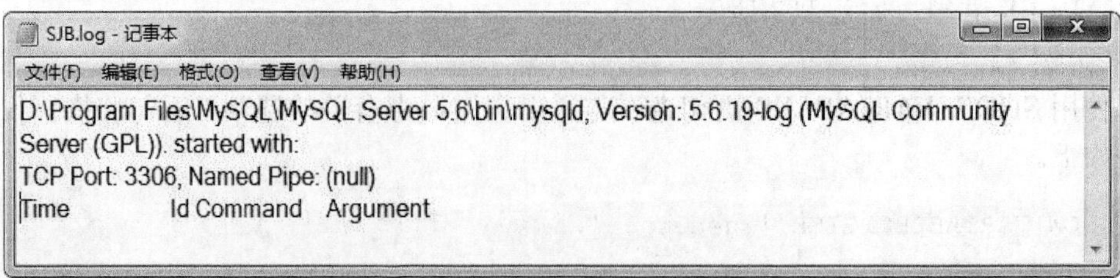

图 13-8 打开 **SJB.log** 日志文件

每次启动 MySQL 时都会在日志文件中写入如图 13-8 所示的前三行信息，这些信息与数据库有关，包括数据库的版本、mysqld 守护程序的路径和 MySQL 监听的端口等。最后一行是日志的头信息，包括日志时间（Time）、客户端连接的 ID（Id）、执行命令类型（Command）以及相关的参数（Argument）。

3. log-output 选项

从 MySQL 5.1.6 版本开始，MySQL 的通用查询日志可以记录到文件和数据表中。用户可以通过 log-output 选项进行设置。该选项的值包括 NONE、FILE 和 TABLE，说明如下。

1）取值为 NONE

NONE 是 log-output 选项的默认值，它表示即使启用通用查询日志并且设置了查询日志的路径名，也不会在任何时间真正被输入。

2）取值为 FILE

将 log-output 的值设置为 FILE 时，表示通用查询日志文件会记录到指定的文件中，由 general_log_file 选项的值决定。

【范例 5】

重新打开 my.ini 文件并找到 log-ouput 选项，将该选项的值设置为 FILE，然后重启 MySQL 服务，这时再打开 SJB.log 文件会发现又重新写了一次数据库信息。在 MySQL 客户端或 Workbench 界面的查询窗口执行相关的语句，执行后可以发现已经向 SJB.log 文件中写入了内容，如图 13-9 所示（这些内容已经经过简单的处理，例如换行和对齐）。

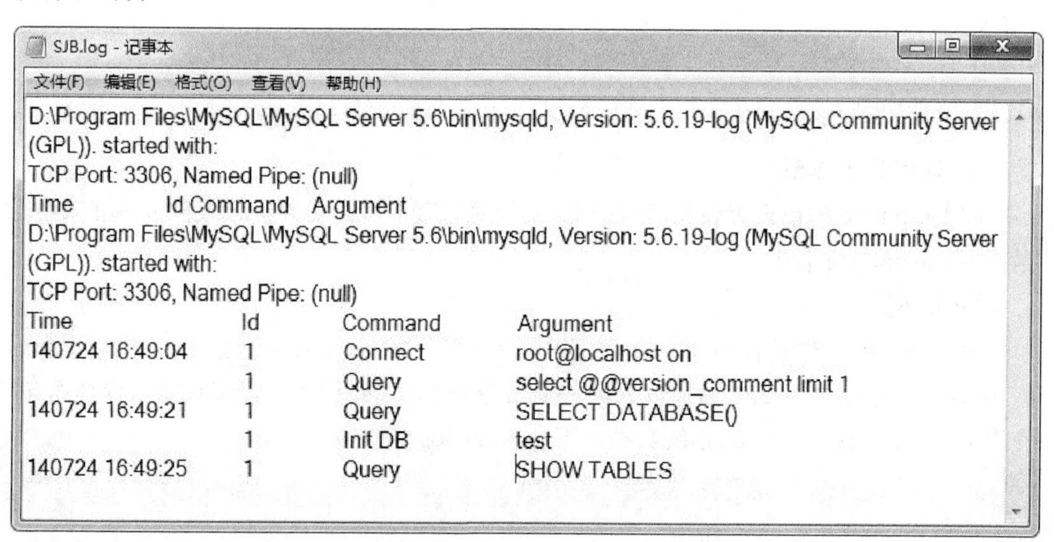

图 13-9 将 log-ouput 选项的值设置为 FILE

从图中可以看出，在 2014 年 7 月 24 日 16 点 49 分零 4 秒（图中对应的内容是：140724

16:49:04）时，MySQL 客户端以 root 身份从数据库本机连接到 MySQL，该命令的类型为 Connect；同时，执行下一行的命令“select @@version_comment limit 1”获取 MySQL 的详细版本信息返回给 MySQL 客户端。

Command 表示命令类型，它在数据库安装目录的 include/mysql_com.h 文件中的定义如下。

```
enum_server_command
{
  COM_SLEEP, COM_QUIT, COM_INIT_DB, COM_QUERY, COM_FIELD_LIST,
  COM_CREATE_DB, COM_DROP_DB, COM_REFRESH, COM_SHUTDOWN, COM_STATISTICS,
  COM_PROCESS_INFO, COM_CONNECT, COM_PROCESS_KILL, COM_DEBUG, COM_PING,
  COM_TIME, COM_DELAYED_INSERT, COM_CHANGE_USER, COM_BINLOG_DUMP,
  COM_TABLE_DUMP, COM_CONNECT_OUT, COM_REGISTER_SLAVE,
  COM_STMT_PREPARE, COM_STMT_EXECUTE, COM_STMT_SEND_LONG_DATA, COM_STMT_
  CLOSE,
  COM_STMT_RESET, COM_SET_OPTION, COM_STMT_FETCH, COM_DAEMON,
  COM_BINLOG_DUMP_GTID, COM_END
};
```


其中，COM_QUIT、COM_QUERY、COM_SHUTDOWN 和 COM_CONNECT 命令最常用，如表 13-1 所示。

表 13-1　最常用的命令类型说明

命令类型	说明
COM_QUIT	客户端关闭数据库连接
COM_QUERY	客户端执行 SQL 查询命令
COM_SHUTDOWN	客户端发出停止数据库命令
COM_CONNECT	客户端连接到数据库

3）取值为 TABLE

将 log-output 的值设置为 TABLE 时，表示通用查询日志文件会记录到 mysql 系统数据库下 general_log 表中。

【范例 6】

打开 my.ini 文件并找到 log-ouput 选项，将该选项的值设置为 TABLE，然后重新启用 MySQL 服务。重启成功后，以 root 的身份登录 MySQL 服务器，然后执行操作语句。使用下面的语句查看 mysql 系统数据库下 general_log 的全部记录。

```
SELECT * FROM mysql.general_log;
```

执行效果如图 13-10 所示。

开发人员可以执行 SHOW CREATE TABLE 语句查看 general_log 的信息。执行语句和输出结果如下。

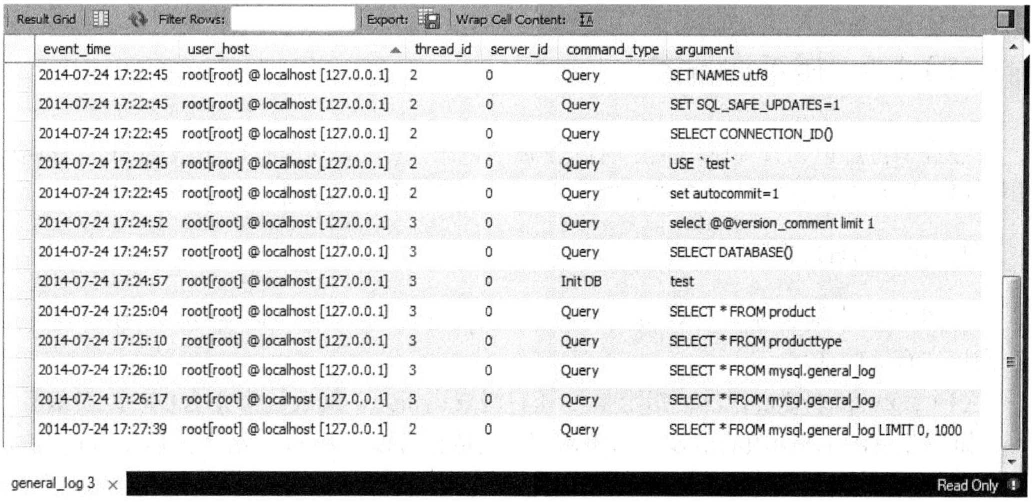

Result Grid | Filter Rows: | Export: | Wrap Cell Content:

event_time	user_host	thread_id	server_id	command_type	argument
2014-07-24 17:22:45	root[root] @ localhost [127.0.0.1]	2	0	Query	SET NAMES utf8
2014-07-24 17:22:45	root[root] @ localhost [127.0.0.1]	2	0	Query	SET SQL_SAFE_UPDATES=1
2014-07-24 17:22:45	root[root] @ localhost [127.0.0.1]	2	0	Query	SELECT CONNECTION_ID()
2014-07-24 17:22:45	root[root] @ localhost [127.0.0.1]	2	0	Query	USE \`test\`
2014-07-24 17:22:45	root[root] @ localhost [127.0.0.1]	2	0	Query	set autocommit=1
2014-07-24 17:24:52	root[root] @ localhost [127.0.0.1]	3	0	Query	select @@version_comment limit 1
2014-07-24 17:24:57	root[root] @ localhost [127.0.0.1]	3	0	Query	SELECT DATABASE()
2014-07-24 17:24:57	root[root] @ localhost [127.0.0.1]	3	0	Init DB	test
2014-07-24 17:25:04	root[root] @ localhost [127.0.0.1]	3	0	Query	SELECT * FROM product
2014-07-24 17:25:10	root[root] @ localhost [127.0.0.1]	3	0	Query	SELECT * FROM producttype
2014-07-24 17:26:10	root[root] @ localhost [127.0.0.1]	3	0	Query	SELECT * FROM mysql.general_log
2014-07-24 17:26:17	root[root] @ localhost [127.0.0.1]	3	0	Query	SELECT * FROM mysql.general_log
2014-07-24 17:27:39	root[root] @ localhost [127.0.0.1]	2	0	Query	SELECT * FROM mysql.general_log LIMIT 0, 1000

general_log 3 × Read Only

图 13-10 查看 general_log 表的全部记录

```
SHOW CREATE TABLE mysql.general_log \G
*************************** 1. row ***************************
      Table: general_log
Create Table: CREATE TABLE 'general_log' (
  'event_time' timestamp NOT NULL DEFAULT CURRENT_TIMESTAMP ON UPDATE
   CURRENT_TI
MESTAMP,
  'user_host' mediumtext NOT NULL,
  'thread_id' bigint(21) unsigned NOT NULL,
  'server_id' int(10) unsigned NOT NULL,
  'command_type' varchar(64) NOT NULL,
  'argument' mediumtext NOT NULL
) ENGINE=CSV DEFAULT CHARSET=utf8 COMMENT='General log'
```

从上述代码可以看出，用于存储通用查询日志的表默认采用的是 CSV 数据库引擎。实际上就是用一个逗号分隔的 CSV 文件来存储日志信息。

4. 删除通用查询日志

通用查询日志会记录用户的所有操作，如果数据库的使用非常烦琐，那么通用查询日志将会占用非常大的磁盘空间。数据库管理员可以删除很长时间之前的通用查询日志，这样可以保证 MySQL 服务器上的硬盘空间。

删除通用查询日志最简单的方式就是手动删除，直接右键单击选中的 SJB.log 文件，然后删除即可。删除之后需要重新启用 MySQL 服务，如果开启通用查询日志功能，那么重启 MySQL 服务之后会生成新的通用查询日志。

除了上述方式外，还可以执行 mysqladmin 命令来开启新的通用查询日志，这时新的通用查询日志会直接覆盖旧的查询日志，不再需要手动删除。mysqladmin 命令如下：

```
mysqladmin -u root -p flush-logs
```

13.1.4 慢查询日志

慢查询日志记录查询语句执行时间较长的记录，该日志功能有助于改进 SQL 查询语句。通过慢查询日志，可以查找出哪些查询语句的执行效率很低，以便进行优化。

1. 慢查询日志选项

在图 13-6 中提到过，slow-query-log、slow_query_log_file 和 long_query_time 是与慢查询日志有关的选项。

（1）slow-query-log 选项：指定是否开启慢查询日志，默认值为 0（OFF），表示不开启。如果开启，将该选项的值设置为 1 即可，当然也可以执行 SET 语句开启慢查询日志。

（2）slow_query_log_file 选项：指定慢查询日志文件，默认值为“SJB-slow.log”。该选项的值的格式如下：

```
slow_query_log_file [= DIR\[filename]]
```

其中，DIR 指定慢查询日志的存储路径，这是一个可选参数。如果不指定路径，慢查询日志将默认存储到 MySQL 数据库的数据目录下。filename 指定日志的文件名，生成日志文件的完整名称为 filename-slow.log。如果不指定文件名，默认文件名为 hostname-slow.log，其中 hostname 表示 MySQL 服务器的主机名。

（3）long_query_time 选项：设置时间值，时间以 s 为单位。如果查询时间超过了这个时间值，这个查询语句将被记录到慢查询日志。

2. 查看慢查询日志

将 slow-query-log 选项的值设置为 1 或者执行 SET 语句开启慢查询日志之后，需要重新启用 MySQL 服务，这时会创建一个慢查询日志文件。默认情况下（即重启 MySQL 服务后不执行任何操作），该文件的内容如图 13-11 所示。

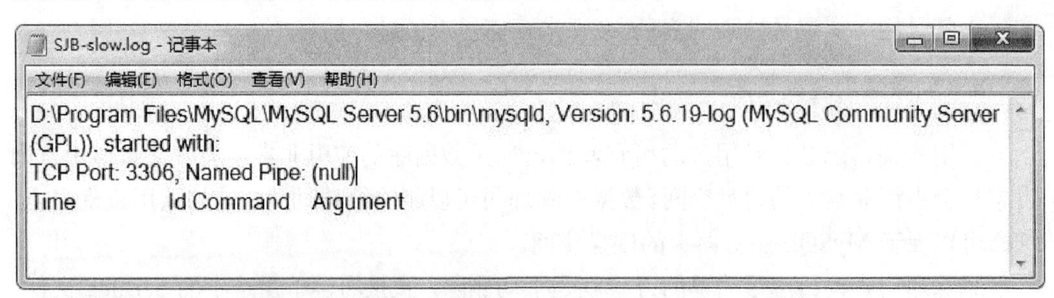

图 13-11 默认生成的慢查询日志文件的内容

默认情况下，允许查询的最大时间是 10s。为了方便测试，可以更改 my.ini 文件中 long_query_time 选项的值。当执行时间超过指定时间时，相关的查询语句会被记录到慢查询日志文件中。如果用户希望查询哪些查询语句的执行效率低，可以从慢查询日志文件中获取信息。

3．删除查询日志

慢查询日志的删除方法与通用查询日志的删除方法是一样的，既可以手工方式来删除，也可以执行 mysqladmin 命令删除。命令语句如下：

```
mysqladmin -u root -p flush-logs
```

13.1.5 二进制日志

二进制日志也叫变更日志，用于记录数据库的变化情况。通过二进制日志可以查询 MySQL 数据库中进行了哪些改变。二进制日志由一个或多个文件构成，下面对其进行简单说明。

1．启动和设置二进制日志

my.ini 文件中的 log-bin 选项与二进制日志有关。默认情况下，二进制日志功能是关闭的。内容如下：

```
# Binary Logging.
# log-bin
```


如果要启动二进制文件，需要将上述代码中 log-bin 选项前的“#”符号去掉，然后为该选项指定值。log-bin 的设置格式如下：

```
log-bin [= DIR\[filename]]
```

其中，DIR 的值指定二进制文件的存储路径。如果不设置 DIR 参数的值，那么二进制日志文件的默认路径是 MySQL 数据库的数据目录。filename 的值指定二进制文件的名称（如 SJB），显示的一般形式是 filename.number，其中 number 的形式是 000001、000002 和 000003 等。每次重启 MySQL 服务后都会生成一个二进制日志文件，这些日志文件的 number 的值会逐渐增加。

除了生成上述指定的文件外，还会生成一个 filename.index 文件，该文件存储所有二进制日志文件的清单。默认情况下，该清单也存在在 MySQL 数据库的数据目录下。

【范例 7】

启动二进制日志文件，然后将 log-bin 的值指定为 F:\SJB，内容如下。

```
# Binary Logging.
log-bin = "F:\SJB"
```

技巧

二进制日志与数据库的数据文件最好不要放在同一块硬盘上，即使数据文件所在的硬盘被破坏，也可以使用另一块硬盘上的二进制日志来恢复数据文件。两块硬盘同时坏了的可能性要小得多，这样可以保证数据库中数据的安全。

2. 查看二进制日志

在范例 7 中重新指定了二进制日志文件的路径，启用二进制日志文件之后重启 MySQL 服务，这时可以在 F 磁盘下找到一个 SJB.000001 文件和一个 SJB.index 文件，如图 13-12 所示。

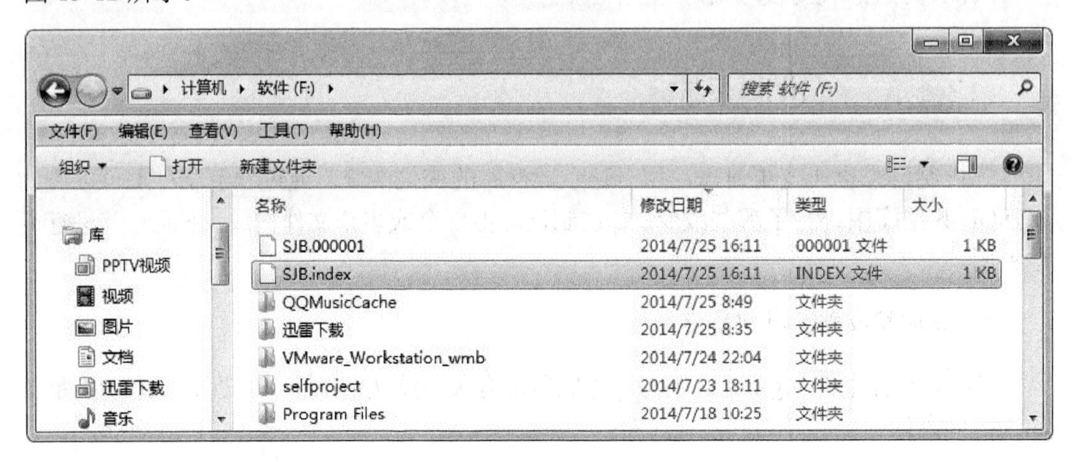

图 13-12 在 F 磁盘下找到的二进制日志文件

如果再次启用 MySQL 服务时，二进制日志文件的名称值为增加，但是 SJB.index 文件只有一个，如图 13-13 所示。

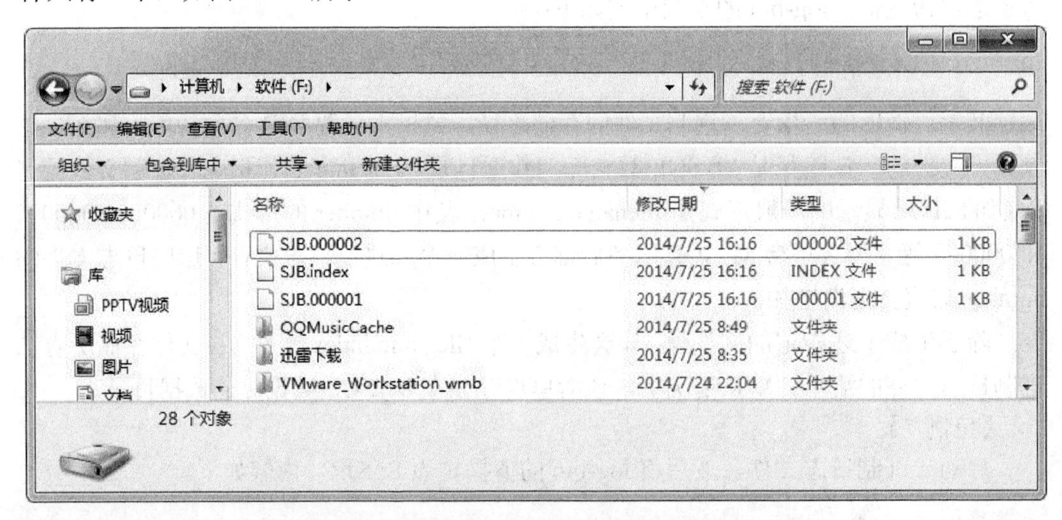

图 13-13 再次启用 MySQL 服务时的二进制日志文件名称

由于二进制日志文件是以二进制方式存储的，因此它并不能直接读取。如果要查看二进制日志的内容，必须使用 MySQL 自带的 mysqlbinlog 命令。形式如下：

```
mysqlbinlog filename.number
```

mysqlbinlog 命令将在当前目录下查找指定的二进制日志，因此执行 mysqlbinlog 命令时需要指定二进制日志文件的完整路径，否则可能导致指定的二进制日志文件找不到。

【范例 8】

在 Windows 操作系统的【开始】|【运行】命令的输入框中输入“cmd”后按 Enter 键，这时打开命令行界面工作。在该工具中首先进入 MySQL 数据库的 bin 目录，然后再执行 mysqlbinlog 命令查看 SJB.000002 文件，如图 13-14 所示。

图 13-14　查看 SJB.000002 日志文件的内容

> **提示**
>
> 二进制日志可以利用 mysqlbinlog 命令还原数据库，但是其占用的磁盘空间非常大，这里不再给出详细的说明。还原时的语法是“mysqlbinlog filename.number | mysql -u root -p”。

mysqlbinlog 命令查看指定的单个二进制日志文件的详细信息。如果不确定二进制日志文件的名称，或者不确定有多少个二进制日志，这时可以执行 SHOW MASTER LOGS 语句，该语句查看当前所有的二进制日志。

【示例 6】

执行 SHOW MASTER LOGS 语句查看当前所有的二进制日志文件。语句和执行结果如下。

```
SHOW MASTER LOGS;
+----------------------+-----------+
| Log_name             | File_size |
```

```
+---------------------+-----------+
| SJB.000001          |    143    |
| SJB.000002          |    120    |
+---------------------+-----------+
2 rows in set (0.00 sec)
```

3. 删除二进制日志

由于二进制日志会记录大量的信息，因此，如果长时间不清理二进制日志，将会浪费许多磁盘空间。在删除二进制日志时，可以删除所有的二进制日志，也可以根据编码或者时间进行删除。

1）删除所有的二进制日志

删除所有的二进制日志时需要使用 RESET MESTER 语句，删除成功后，MySQL 将会重新创建新的二进制日志，日志文件的编号从 000001 开始。执行语句如下：

```
RESET MASTER;
```

2）根据编号删除二进制日志

每一个二进制日志后面都有一个 6 位数字的编号，如 000001、000002 和 000003 等。可以根据这些编号来删除二进制日志，这需要执行 PURGE MASTER LOGS 语句。该语句用于删除编号小于这个二进制日志的所有日志。基本语法如下：


```
PURGE MASTER LOGS TO 'filename.number';
```

【范例 9】

删除 SJB.000003 之前的二进制日志文件，语句如下。

```
PURGE MASTER LOGS TO 'SJB.000003';
```

执行上述语句成功后，SJB.000001 和 SJB.000002 文件将被删除。

3）根据时间删除二进制日志

PURGE MASTER LOGS 语句不仅可以根据编号删除二进制日志，同样可以根据时间进行删除，这时不再使用 TO，而是使用 BEFORE。基本语法如下：

```
PURGE MASTER LOGS BEFORE 'yyyy-mm-dd hh:MM:ss';
```

其中，yyyy 表示年份，如 2013；mm 表示月份，如 02；dd 表示日或天，如 12；hh 表示 24 小时制。

【范例 10】

下面使用 PURGE MASTER LOGS BEFORE 语句删除 2014 年 7 月 25 日 17 点之前创建的二进制日志，代码如下。

```
PURGE MASTER LOGS BEFORE '2014-07-25 17:00:00';
```

4. SQL 语句设置二进制日志

在 my.ini 文件中设置 log-bin 选项之后，MySQL 服务器将会一直开启二进制日志功能。如果要停用该功能，可以删除该选项，或者将该选项重新进行注释。除了这两种方式外，还可以使用 SET 语句停用二进制日志。代码如下：

```
SET SQL_LOG_BIN = 0;
```

同样，如果不想在 my.ini 文件中开启二进制日志，那么可以通过 SET 语句进行操作，将 SQL_LOG_BIN 的值设置为 1 即可。代码如下：

```
SET SQL_LOG_BIN = 1;
```

13.2 实验指导——二进制日志的完整操作

13.1 节详细介绍了 MySQL 数据库中的错误日志、通用查询日志、慢查询日志和二进制日志。本节实验指导完成一个二进制日志的完整操作，操作描述如下。

（1）启动二进制日志功能，并且将二进制日志存储到 D 磁盘的根目录下。二进制日志文件命名为 mybinlog。

（2）启动 MySQL 服务后，查看二进制日志。

（3）在 test 数据库下 producttype 表中添加两条数据记录。

（4）暂停二进制日志功能，然后再次删除 producttype 表中的所有记录。

（5）重新开启二进制日志功能，使用二进制日志恢复 producttype 表。

（6）删除二进制日志。

实现上述操作的步骤如下。

（1）打开 my.ini 文件并找到 log-bin 选项修改其值，代码如下。

```
log-bin="C:\mybinlog"
```

（2）配置上述内容完成后重启 MySQL 服务，二进制文件将存储在 D 磁盘的根目录下，而且第一个二进制文件的完整名称为 mybinlog.000001，如图 13-15 所示。

图 13-15 D 磁盘下的二进制日志文件

（3）执行 mysqlbinlog 命令查看二进制日志文件的内容，操作语句和效果图这里不再显示。

（4）在 test 数据库的 producttype 表中添加两条数据，代码如下。

```
INSERT INTO producttype(type_id,type_name,type_parent_id) VALUES(15,'格力空调',4);
INSERT INTO producttype(type_id,type_name,type_parent_id) VALUES(16,'美的空调',4);
```

（5）重新执行 mysqlbinlog 命令查看 mybinlog.000001 二进制日志文件的内容，部分内容如图 13-16 所示。从这些内容可以看出，向 producttype 表中添加的两条数据已经在该文件中进行了记录。

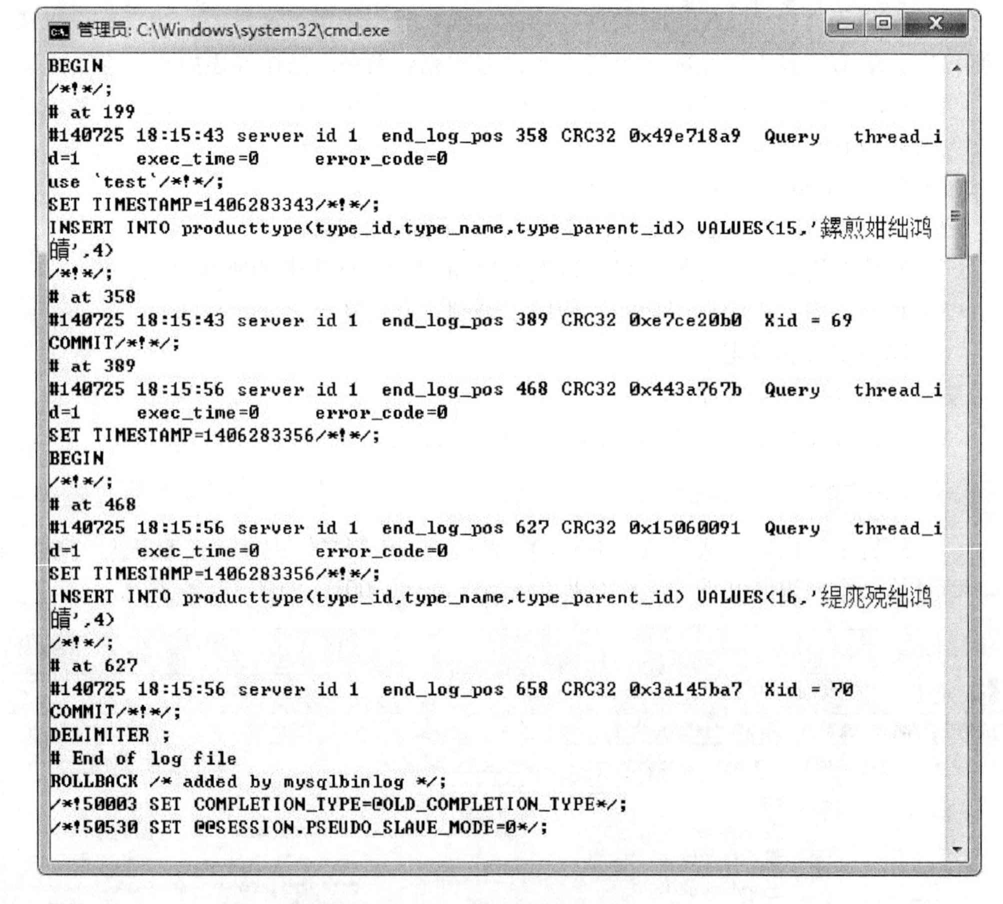

图 13-16 插入数据后 mybinlog.00001 文件的内容

（6）使用 SET 语句暂停二进制日志的功能，代码如下。

```
SET SQL_LOG_BIN = 0;
```

（7）执行 DELETE 语句删除 producttype 表中的全部数据，代码如下。

```
DELETE FROM producttype;
```

（8）删除 producttype 表中的数据之后，再次执行 SELECT 语句查看表中的记录，这时可以发现，表中没有任何一条数据。

（9）使用 SET 语句重新开启二进制日志功能，代码如下。

```
SET SQL_LOG_BIN = 1;
```

（10）使用二进制日志来还原 producttype 表中的数据，代码如下。

```
mysqlbinlog D:\mybinlog.000001 | mysql -u root -p
```

（11）执行上述语句之后，登录到 MySQL 数据库查看 producttype 表中的数据。语句和执行结果如下。

```
SELECT * FROM producttype;
+---------+-----------+----------------+-------------+------------+
| type_id | type_name | type_parent_id | type_remark | last_update |
+---------+-----------+----------------+-------------+------------+
|    15   | 格力空调  |              4 | NULL        | NULL       |
|    16   | 美的空调  |              4 | NULL        | NULL       |
+---------+-----------+----------------+-------------+------------+
```

从执行结果可以看出，二进制日志文件中的两条记录被还原回来。

（12）执行 RESET MASTER 语句删除二进制日志，执行完成后再次查看 mysqlbinlog.000001 日志文件的内容，如图 13-17 所示。

```
管理员: C:\Windows\system32\cmd.exe
D:\Program Files\MySQL\MySQL Server 5.6\bin>mysqlbinlog D:\mybinlog.000001;
/*!50530 SET @@SESSION.PSEUDO_SLAVE_MODE=1*/;
/*!40019 SET @@session.max_insert_delayed_threads=0*/;
/*!50003 SET @OLD_COMPLETION_TYPE=@@COMPLETION_TYPE,COMPLETION_TYPE=0*/;
DELIMITER /*!*/;
mysqlbinlog: File 'D:\mybinlog.000001;' not found (Errcode: 2 - No such file or
directory)
DELIMITER ;
# End of log file
ROLLBACK /* added by mysqlbinlog */;
/*!50003 SET COMPLETION_TYPE=@OLD_COMPLETION_TYPE*/;
/*!50530 SET @@SESSION.PSEUDO_SLAVE_MODE=0*/;

D:\Program Files\MySQL\MySQL Server 5.6\bin>_
```

图 13-17 删除二进制日志后再次查看

从图 13-17 中可以看出，mybinlog.000001 日志文件中已经没有 INSERT 语句，说明这个文件是新创建的，而原来的 mybinlog.000001 文件已经被删除了。

13.3 MySQL Workbench 维护日志

可以使用查询语句来维护 MySQL 中的日志，当然也可以使用 Workbench 界面工具进行维护。首先需要打开 Workbench 界面工具，然后以 root 身份登录到窗口界面中，选择左侧的 Server Logs 选项并打开新的窗口界面，这时可以查看错误日志，如图 13-18 所示。

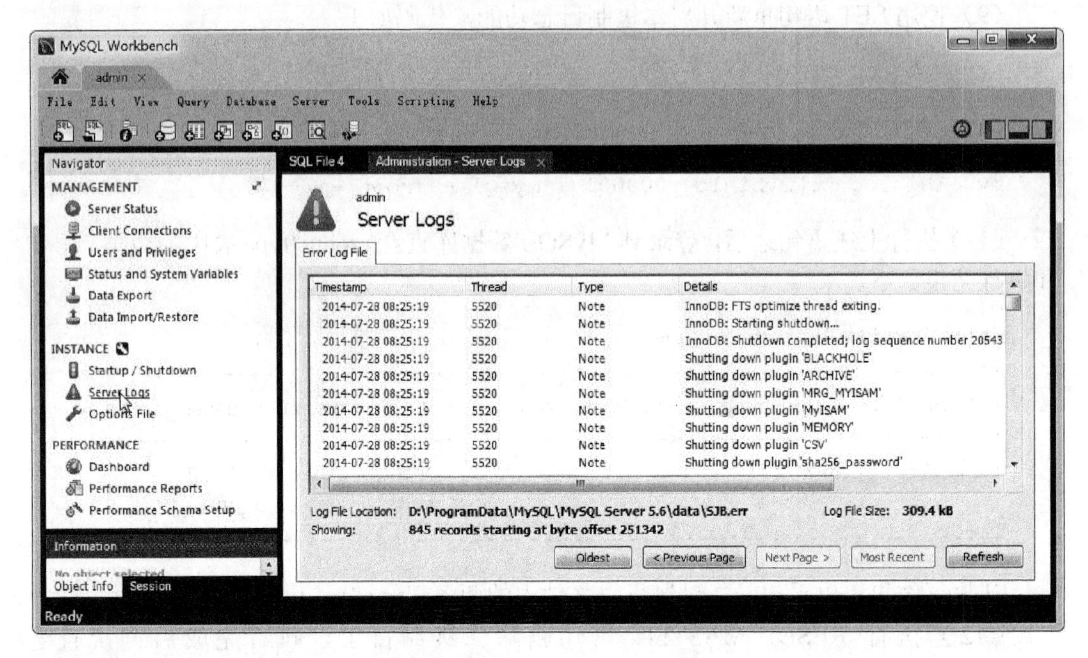

图 13-18 Workbench 界面查看错误日志

单击 Server Logs 选项下的 Options File 选项可以设置其他的日志，如通用查询日志和慢查询日志等，如图 13-19 所示。

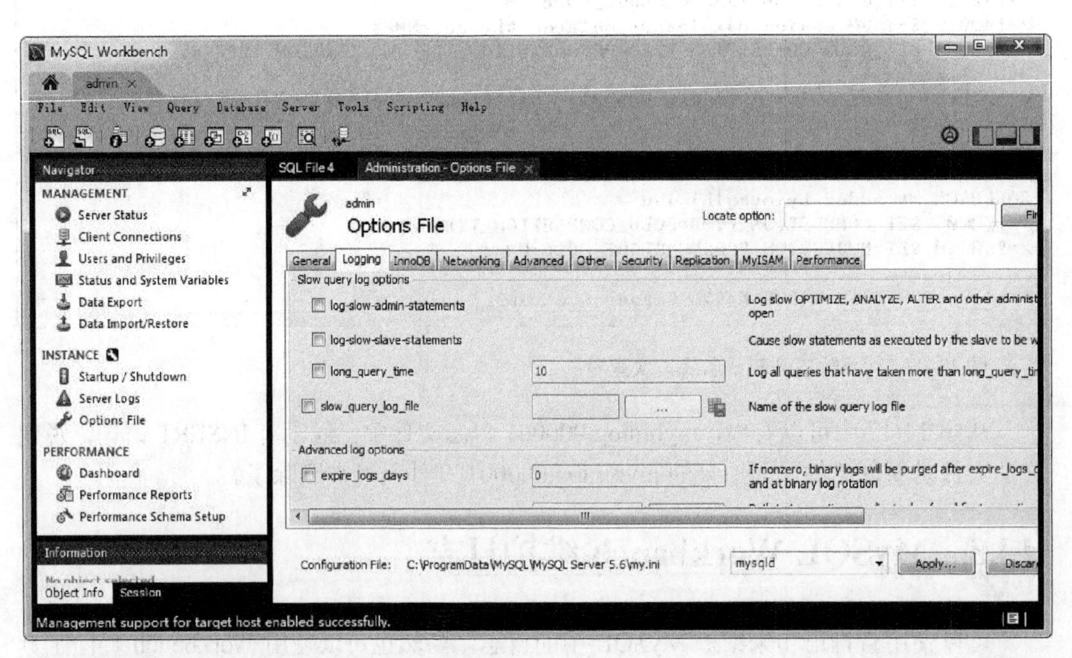

图 13-19 通过 Options File 选项设置日志

13.4 国际化和本地化

本节所说的“国际化”是指软件能够在世界多个地区使用，“本地化”则是指从软件的国际化支持里选择一个适用于本地区的来使用。下面分别从三个方面简单了解与国际化和本地化有关的 MySQL 配置问题。

13.4.1 设置 MySQL 地理时区

MySQL 时区默认是服务器的时区。MySQL 服务器可以通过检查它所在的运行环境来设置一个默认的地理时区。一般来说，这将是服务器主机的本地时区，开发人员可以在启用 MySQL 服务器时为它明确地设置一个时区。

【范例 11】

可以使用 SHOW VARIABLES 语句查看保存时区信息的变量和变量值。执行语句和代码如下。

```
SHOW VARIABLES LIKE '%time_zone%';
+------------------+---------+
| Variable_name    | Value   |
+------------------+--------+
| system_time_zone |        |
| time_zone        | SYSTEM |
+------------------+--------+
```

从上述代码中可以看出，MySQL 服务器把时区信息保存在 system_time_zone 和 time_zone 变量中。

（1）system_time_zone 变量：服务器在启动时确定的服务器主机所在的地理时区。该变量只有全局变量的一种形式，并且不允许在服务器运行期间重新设置。如果想让 MySQL 服务器在启用时把 system_time_zone 变量设置为期望的值，在启动它之前把环境变量设置为期望的值即可。

（2）time_zone 变量：代表 MySQL 服务器的默认时区。在默认情况下，这个变量被设置为 SYSTEM。在直接使用 mysqld 命令来启动 MySQL 服务器时，可以使用 default-time-zone 选项来设置 time_zone 变量。服务器在运行时将使用全局级的 time_zone 值为每一个连接成功的用户设置会话级 time_zone 值，该值将成为用户的默认时区。

【范例 12】

开发人员可以使用 SELECT 语句查看全局级和会话级时区变量的当前值。执行语句和结果如下。

```
SELECT @@GLOBAL.time_zone,@@SESSION.time_zone;
+--------------------+---------------------+
| @@GLOBAL.time_zone | @@SESSION.time_zone |
+--------------------+---------------------+
| SYSTEM            | SYSTEM               |
+-------------------+---------------------+
```

在设置 time_zone 变量的值时，一般可以使用三种方式。第一种方式是把 SYSTEM 赋值给 time_zone 变量，这将把它设置为 system_time_zone 变量的值，代码如下。

```
SET SESSION time_zone = 'SYSTEM';
```

第二种方式是可以把一个带正负号的“小时加分钟”时间值赋给 time_zone 变量，这是相对于 UTC 标准时间的偏移值，代码如下。

```
SET SESSION time_zone = '+00:00';
SET SESSION time_zone = '+03:00';
SET SESSION time_zone = '-11:00';
```

最后一种方式是把一个地理时区名赋给 time_zone 变量，这将把它设置为指定的地理时区，代码如下。

```
SET SESSION time_zone = 'US/Central';
SET SESSION time_zone = 'CST6CDT';
SET SESSION time_zone = 'Asia/Jakarta';
```

13.4.2 设置错误消息语言

MySQL 服务器能够使用多种语言来显示诊断信息与出错信息。默认情况下，MySQL 将用英语给出错误信息，但是也可以使用其他语言。如果开发人员想要知道有哪些语言可以使用，这时可以查看 MySQL 安装路径下 share 目录的子目录，该目录里有一些以语言名称为名字的下级子目录（例如 english、french 和 italian 等），如图 13-20 所示。

图 13-20 MySQL 支持的部分语言

提示

如果想将错误消息设置为另一种语言，可以使用 mysqld 命令语句设置 language 选项。在设置时所有的语言名称需要使用小写字母进行指定。

13.4.3 配置 MySQL 字符集

字符集决定哪些字符允许用在字符串值里。MySQL 支持多种字符集，可以在服务器、数据库、数据表、数据列和字符串常数等级别选用字符集。MySQL 还为每种字符集提供多种排序方式，排序方式将影响到字符串的比较和排序操作。

1. MySQL 默认字符集

MySQL 对于字符集的指定可以细化到一个数据库、一张表、一列，传统的程序在创建数据库和数据表时并没有使用那么复杂的配置，它们用的是默认的配置。

（1）编译 MySQL 时，指定了一个默认的字符集，即 latin1。

（2）安装 MySQL 时，可以在 my.ini 配置文件中指定一个默认的字符串。如果没有指定，这个值继承自编译时的指定值。

（3）启动 mysqld 时，可以在命令行参数中指定一个默认的字符集。如果没有指定，这个值继承自配置文件中的配置，这时 character_set_server 被设置为这个默认的字符集。

（4）安装 MySQL 选择多语言支持，安装程序会自动在 my.ini 配置文件中把 default_character_set 设置为 utf8，保证默认情况下所有的数据库所有表的所有列都使用 utf8。

注意

原来在 5.1 版本时，为了解决中文乱码问题设置默认字符集为 utf8 时，在 my.ini 内的[mysql]和[mysqld]项中都设置 default-character-set 选项。到了 5.5 版本，[mysql]项内可以这么写，[mysqld]项必须设置 character-set-server 选项，否则在启动 MySQL 服务时会有 1067 错误。

2. 查看字符集

默认情况下，mysql 的字符集是 latin1，查看系统的字符集和字符集的校对规则（即排序方式）时可以通过 SHOW VARIABLES 语句，如范例 13 和范例 14 所示。

【范例 13】

通过 SHOW VARIABLES 语句查询以 character 开头的系统变量和字符集设置，执行语句和结果如下。

```
SHOW VARIABLES LIKE 'character%';
+--------------------------+--------------------------+
| Variable_name            | Value                    |
```

```
+--------------------------+--------------------------+
| character_set_client     | utf8                     |
| character_set_connection | utf8                     |
| character_set_database   | utf8                     |
| character_set_filesystem | binary                   |
| character_set_results    | utf8                     |
| character_set_server     | utf8                     |
| character_set_system     | utf8                     |
| character_sets_dir | D:\Program Files\MySQL\MySQL Server 5.6\share\
charsets\ |
+--------------------------+--------------------------+
```

【范例 14】

通过 SHOW VARIABLES 语句查询以“collaction_”开头的系统变量和字符集的校对规则。执行语句和结果如下。

```
SHOW VARIABLES LIKE 'collation_%';
+------------------------------+--------------------+
| Variable_name                | Value              |
+------------------------------+--------------------+
| collation_connection         | utf8_general_ci    |
| collation_database           | utf8_general_ci    |
| collation_server             | utf8_general_ci    |
+------------------------------+--------------------+
```


3. 修改字符集

修改默认字符集时，最简单的修改方法就是修改 my.ini 文件中的字符集键值。在 my.ini 文件中找到 default-character-set 选项，修改完成后，重启 MySQL 服务即可。下面的代码用于修改服务器级别的字符集：

```
default-character-set = utf8
```

上述方法用于永久修改字符集，除了上述方法外，还可以使用 MySQL 语句进行修改，这种修改是临时性的。下面的代码用于修改服务器级别字符集：

```
SET GLOBAL character_set_server=utf8;
```

下面的代码用于修改数据库级别字符集：

```
SET GLOBAL character_set_database=utf8;
```

下面的代码用于修改连接字符集：

```
SET GLOBAL character_set_client;
```

下面的代码用于修改表级字符集，其中 table_name 表示数据表的名称，charset_name 表示字符集。

```
ALTER TABLE table_name DEFAULT CHARSET charset_name;
```

13.5 MySQL 维护管理工具

MySQL 是一个非常流行的小型关系型数据管理系统，许多中小型网站为了降低网站总体拥有成本而选择了 MySQL 作为网站数据库。MySQL 的管理维护工具有许多，除了系统自带的命令行管理工具和 MySQL Workbench 图形界面管理工具以外，还有许多其他的图形化管理工具，如下简单介绍三个。

1. phpMyAdmin 工具

phpMyAdmin 是最常用的 MySQL 维护工具，是一个用 PHP 开发的基于 Web 方式架构在网站主机上的 MySQL 管理工具，让管理者可用 Web 接口管理 MySQL 数据库。phpMyAdmin 工具支持中文，可以完全对数据库进行操作，管理起来非常方便。

phpMyAdmin 工具最大的不足之处在于对大数据库的备份和恢复不方便。

2. MySQLDumper 工具

MySQLDumper 使用 PHP 开发的 MySQL 数据库备份恢复程序，解决了使用 PHP 进行大数库备份和恢复的问题，数百兆的数据库都可以方便地备份恢复，不用担心网速太慢导致中间中断的问题，非常方便易用。

MySQLDumper 工具是由德国人开发的，目前还没有中文语言包。

3. Navicat 工具

Navicat 支持中文，它是一个桌面版 MySQL 数据库管理和开发工具，易学易用，其界面和 SQL Server 数据库的管理器很像。Navicat 使用图形化的用户界面，用户使用和管理起来更为轻松。

思考与练习

一、填空题

1. 在 my.ini 中设置__________选项指定错误日志文件。

2. __________记录 MySQL 用户连接到 MySQL 和从 MySQL 断开的信息，并且包含 MySQL 服务器接收到的每一个 SQL 语句。

3. log-output 选项的默认取值为__________。

4. 由于二进制文件是以二进制方式存储的，因此可以执行__________命令查看二进制文件的内容。

5. 执行下面的代码会删除 2014 年 7 月 30 日 18 点 30 分之前创建的二进制日志，那么横线处应该填写__________。

```
PURGE MASTER LOGS __________
'2014-07-25 18:30:00';
```

6. system_time_zone 和__________是与地理时区有关的两个变量。

二、选择题

1. 默认情况下，__________是开启的。

   A. 错误日志

B．通用查询日志

C．二进制日志

D．慢查询日志

2．错误日志包含三个错误级别不包括__________。

A．error

B．information

C．note

D．warning

3．当 log-output 选项的取值为__________时，表示通用查询日志文件会记录到指定的文件中。

A．NONE

B．FILE

C．TABLE

D．LIST

4．在 MySQL 的 my.ini 文件中，与慢查询日志有关的选项不包括__________。

A．slow-query-log

B．slow_query_log_file

C．long_query_time

D．general-log

5．在 my.ini 文件中修改 log-bin 选项的值，内容如下：

```
log-bin = "E:\master"
```

修改上述选项内容后重启 MySQL 服务，这时会在 E 磁盘目录下发现__________文件。

A．master

B．master000001.index

C．master.000001

D．master0001.index

6．执行下面选项__________中的语句可以查看以“collaction_”开头的字符集的校对规则。

A．

```
SHOW VARIABLES LIKE
'%collation_';
```

B．

```
SHOW VARIABLES LIKE
'collation_%';
```

C．

```
SHOW VARIABLES '%collation_';
```

D．

```
SHOW VARIABLES 'collation_%';
```

三、简答题

1. MySQL 数据库常用的日志有哪几种？它们都是用来做什么的？

2．在 MySQL 中如何设置地理时区？

3．如何查看和配置 MySQL 字符集？

4. MySQL 的常用维护工具有哪些？请简单进行说明。

第 14 章　MySQL 权限管理

MySQL 是一个多用户、多线程的关系型数据库管理系统。越来越多的人们把它作为网络开发数据库，对于数据库来讲，安全性在实际应用中最为重要。如果安全性得不到保证，那么数据库将面临各种各样的威胁，轻则数据丢失，重则直接导致系统瘫痪。为了保证数据库的安全，MySQL 数据库提供了完善的管理和操作手段，把对数据库的访问分为多个级别，对每个级别都进行安全性控制。

本章着重介绍 MySQL 数据库的权限系统，MySQL 数据库有一个先进但非标准的权限系统，权限系统的主要功能是证实连接到一台给定主机的一个用户，并且赋予该用户在一个数据库上的 SELECT、INSERT 和 UPDATE 等权限。本章涉及的内容包括权限工作原理、与权限有关的数据库、用户管理以及权限的分配和查看等内容。

本章学习要点：

- 了解权限的工作原理
- 掌握 user 表中的用户列
- 了解 user 表中的权限列和其他列
- 熟悉 tables_priv 表和 columns_priv 表
- 了解 db 表和 procs_priv 表
- 掌握创建和删除普通用户的方法
- 熟悉修改用户密码的方法
- 了解如何重命名用户
- 掌握 GRANT 和 REVOKE 的使用
- 掌握查看用户权限的方法
- 掌握 MySQL Workbench 工具如何管理用户和权限

14.1 权限工作原理

MySQL 权限保证所有的用户严格按照事先分配好的权限对数据库进行允许的操作，当用户试图连接并进行相关操作时，MySQL 权限系统会对用户的身份验证并授予权限。MySQL 的权限系统始终围绕着认证和授权两个概念。认证是指检查用户是否具有建立与 MySQL 的连接权利，主要检查用户名、主机名和密码；授权是指建立连接后，服务器检查客户端发出的请求，看是否有足够的权限去实施它。

如果认证阶段验证不成功，那么授权就无法进行。下面分别介绍权限系统的两个验证阶段：连接验证阶段和请求验证阶段。

1．连接验证阶段

连接验证阶段即将检查用户是否被允许连接到 MySQL 服务器。当用户试图连接到一个 MySQL 服务器时，MySQL 权限系统将基于用户的身份和提供的口令来判断接受或者拒绝连接。在验证时需要考虑两种情况，即用户没有通过验证和通过验证。

（1）如果用户没有通过验证，则到服务器的连接和对数据库的存取将会被完全拒绝。

（2）如果用户提供的身份和口令通过验证，那么 MySQL 服务器将接受连接，进入到请求验证阶段。

上面提到的用户身份是由连接主机和 MySQL 用户两个信息来确定的。在这个阶段需要使用系统数据库 mysql 中 user 表的 User、Host 和 Password 三个范围字段，当 user 表中一行能够匹配主机名和用户名以及口令时，才会接受连接。user 表范围字段的值在创建用户时就可以指定，指定它们的值时可以参考以下规则。

（1）一个 Host 值可以是主机名或一个 IP 地址，直接使用 localhost 指出本地主机。

（2）可以在 Host 字段中使用通配符字符“%”和“_”。其中，“%”用于匹配任何主机名，一个空白的 Host 值等价于“%”，这些值匹配能创建一个连接到服务器的任何主机。

（3）User 字段的值不能使用通配符，但是可以指定为空值，它用于匹配任何名字。

（4）Password 字段的值可以为空的，这并不表示匹配任何口令，而是用户必须不指定一个口令进行连接。

（5）Password 字段的值不为空则代表加密的口令。

> **提 示**
> 一个请求的连接可以被 user 表中的几个记录同时匹配，这时，MySQL 在启动时读入 user 表后对记录进行排序，当一个用户试图连接时，以排序的顺序检查记录，第一个匹配的记录将会被使用。

例如，Host 字段的值为“%”，User 字段的值为 testuser 时，表示 testuser 用户可以从任何主机连接；Host 字段的值为 localhost，User 字段的值为 testuser 时，表示 testuser 用户从本机连接。

2．请求验证阶段

连接验证阶段通过后就会进入到请求验证阶段。在请求验证阶段，MySQL 权限系统将会检查用户所发出的每一个对于数据库的操作请求，以确定用户是否具有足够的权限来执行这一操作。

权限系统在进行请求验证时，可能会用到来自系统数据库 mysql 中 user、db、tables_priv 或 columns_priv 表中的字段。这些表和表中的字段也需要遵循一些规则，说明如下。

（1）user 表的范围字段用于决定接受或拒绝连接，对于接受的连接，相应的权限字段将定义用户的全局权限（超级用户权限）。

（2）db 表用于授予对特定数据库的操作权限。

（3）tables_priv 和 columns_priv 表的作用类似于 db 表，除了可以针对数据库进行授权之外，还可以针对表和列进行授权，因此更加细致灵活。

（4）管理权限（例如 reload 和 shutdown 等）仅在 user 表中被指定。file 权限也仅在 user 表中指定。

提示

关于 mysql 数据库中 user、db、tables_priv 以及 columns_priv 表的说明，会在 14.2 节中进行详细介绍。

14.2 mysql 数据库

MySQL 的权限验证信息存储在 mysql 系统数据库中，这个数据库是与数据库服务器一起默认安装的。需要注意的是：mysql 系统数据库不能删除，而且如果开发者对 mysql 数据库不是很了解，最好也不要轻易修改数据库中的表信息。

在 mysql 数据库中，有 5 个表在认证和授权过程中起到了重要作用，它们分别是 user、db、tables_priv、columns_priv 和 procs_priv。

14.2.1 user 表

user 表确定哪些用户可以从哪台主机登录到数据库服务器。从某种程度上来讲，user 表是独一无二的，因为它是唯一一个在权限请求过程的两个阶段中都起到作用的表。在认证阶段，user 表只是负责为用户授权访问 MySQL 服务器，确定用户是否超出了每小时允许的最大连接数，并确定用户是否超出了最大并发连接数。在该阶段中，user 表还要确定是否需要基于 SSL 的授权，如果是，user 表则检查必要的凭证。

在请求授权阶段，user 表确定允许访问服务器的用户是否被赋予操作 MySQL 服务器的全局权限。也就是说，该表中启用的任何权限将允许用户对 MySQL 服务器上的所有数据库完成某种操作。在该阶段中，user 还确定用户是否超出了每小时允许的最大查询和更新数。

除了上述介绍的特点外，user 表还是唯一一个存储 MySQL 服务器管理相关权限的权限表。该表列出可以连接服务器的用户及其口令，并且它指定他们有哪种全局（超级用户）权限。在 user 表启用的任何权限均是全局权限，并适用于所有数据库。总之，user 在访问权限过程中起到非常重要的作用。

【范例 1】

开发人员可以通过执行 DESC 语句查询 user 表的结构，代码如下。

```
USE mysql;
DESC user;
```

运行效果如图 14-1 所示。

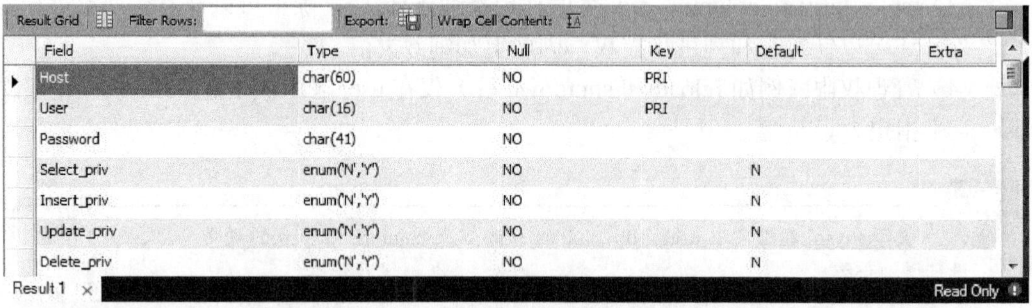

Result Grid | Filter Rows: | Export: | Wrap Cell Content:

Field	Type	Null	Key	Default	Extra
Host	char(60)	NO	PRI		
User	char(16)	NO	PRI		
Password	char(41)	NO			
Select_priv	enum('N','Y')	NO		N	
Insert_priv	enum('N','Y')	NO		N	
Update_priv	enum('N','Y')	NO		N	
Delete_priv	enum('N','Y')	NO		N	

Result 1 × Read Only

图 14-1 user 表中的数据

从图 14-1 中可以看出，user 表中包含多个列，如 Host、User、Password、Select_priv 以及 Insert_priv 等。大体来分，可以将 user 表中的列分为三类，用户列、权限列和其他列。

1. 用户列

顾名思义，用户列就是与用户有关的列，包括 User、Host 和 Password 三列，它们同时决定了用户能否登录。

（1）Host 列：指定主机名，用来确定用户从哪个主机地址发起连接。地址可以存储为主机名、IP 地址或通配符。通配符可以包括“%”或“_”字符。另外，还可以用网络掩码来表示 IP 地址。

（2）User 列：指定能够连接数据库服务器的区分大小写的用户名。虽然不允许使用通配符，但是可以使用空白值。如果 User 列的值为空，则来自相应 Host 主机的任何用户都允许登录数据库服务器。

（3）Password 列：存储连接用户提供的已加密密码。虽然不允许使用通配符，但是可以使用空白密码。因此，确保为所有用户提供了相应的密码，以减少潜在的安全问题。

用户在登录 MySQL 服务器时，首先要判断的就是 Host、User 和 Password 列的值，如果这三列的值同时匹配，MySQL 数据库系统才会允许其登录。而且，在创建用户时，也是设置这三个字段的值。修改用户密码时，实际上就是修改 user 表的 Password 列的值。

2. 权限列

权限列决定用户是否具有某一种权限，这些权限包括查询权限、修改权限和添加权限等普通权限，还包括关闭服务的权限、超级权限和加载用户等高级管理权限。普通权限用于操作数据库，高级管理权限用于对数据库进行管理。

权限列的名称以“_priv”结尾，这些列被声明为 enum('N','Y')类型，即每列的取值可能是 N 或 Y。其中，Y 表示指定权限可以用到所有数据库上，N 表指定权限不能用到所有数据库上。从安全角度考虑，这些列的默认值都是 N。

表 14-1　user 表中的权限列

权限列	对应权限	说明
Select_priv	SELECT	确定用户是否可以通过 SELECT 语句检索数据
Insert_priv	INSERT	确定用户是否可以通过 INSERT 语句插入数据
Update_priv	UPDATE	确定用户是否可以通过UPDATE 语句修改现有数据
Delete_priv	DELETE	确定用户是否可以通过 DELETE 语句删除现有数据
Create_priv	CREATE	确定用户是否可以创建新的数据库和表
Drop_priv	DROP	确定用户是否可以删除现有数据库和表
Reload_priv	RELOAD	确定用户是否可以执行刷新和重新加载 MySQL 所用各种内部缓存的特定语句，包括日志、权限、主机、查询和表
Shutdown_priv	SHUTDOWN	确定用户是否可以关闭MySQL 服务器。如果要将该权限提供给 root 账户之外的任何用户时，都应当谨慎
Process_priv	PROCESS	确定用户是否可以通过 SHOW PROCESSLIST 语句查看其他用户的进程
File_priv	FILE	确定用户是否可以执行 SELECT INTO OUTFILE 和 LOAD DATA INFILE 语句
Grant_priv	GRANT	确定用户是否可以将已经授予给该用户自己的权限再授予其他用户
References_priv	REFERENCES	目前只是某些未来功能的占位符。现在没有多大作用
Index_priv	INDEX	确定用户是否可以创建和删除表索引
Alter_priv	ALTER	确定用户是否可以重命名和修改表结构
Show_db_priv	SHOW DATABASES	确定用户是否可以查看服务器上所有数据库的名称，包括用户拥有足够访问权限的数据库
Super_priv	SUPER	确定用户是否可以执行某些强大的管理功能。例如通过 KILL 语句删除用户进程；使用 SET GLOBAL 修改全局 MySQL 变量
Create_tmp_table_priv	CREATE TEMPORARY TABLES	确定用户是否可以创建临时表
Lock_tables_priv	LOCK TABLES	确定用户是否可以使用 LOCK TABLES 语句阻止对表的访问或修改
Execute_priv	EXECUTE	确定用户是否可以执行存储过程
Repl_slave_priv	REPLICATION SLAVE	确定用户是否可以读取用于维护复制数据库环境的二进制的日志文件
Repl_client_priv	REPLICATION CLIENT	确定用户是否可以确定复制从服务器和主服务器的位置
Create_view_priv	CREATE VIEW	确定用户是否可以创建视图
Show_view_priv	SHOW VIEW	确定用户是否可以查看视图或了解视图如何执行
Create_routine_priv	CREATE ROUTINE	确定用户是否可以创建存储过程或函数
Alter_routine_priv	ALTER ROUTINE	确定用户是否可以修改或删除存储过程及函数
Create_user_priv	CREATE USER	确定用户是否可以执行 CREATE USER 语句，这个语句用于创建新的 MySQL 账户
Event_priv	CREATE/ALTER/DROP EVENT	确定用户是否可以创建、修改或删除事件
Trigger_priv	CREATE/ALTER/DROP TRIGGER	确定用户是否可以创建、修改或删除触发器
Create_tablespace_priv	CREATE tablespace	确定用户是否可以创建表空间

3. 其他列

除了前面介绍的用户列和权限列以外，user 表中还包含许多其他的列，例如 x509_issuer、x509_subject、authentication_strin、ssl_type 以及 ssl_cipher 等，部分列的说明如表 14-2 所示。

表 14-2 user 表中的其他列

user 表的列	说明
ssl_type	用来说明连接是否使用加密连接以及使用哪种类型的连接。其取值包括空字符串、ANY、X509 以及 SPECIFIED
ssl_cipher	指定允许使用的加密算法
max_questions	确定用户每小时可执行的最大查询数（使用 SELECT 语句）
max_updates	确定用户每小时可执行的最大更新数（使用 INSERT 和 UPDATE 语句）
max_connections	确定用户每小时连接数据库的最大次数
max_user_connections	确定用户可维护的最大并发连接数
password_expired	密码是否过期。默认值为 N

14.2.2 db 表

db 表用于为用户针对每个数据库赋予权限。检查这个表，查看请求用户是否没有试图执行的任务的全局权限。如果 db 表中有匹配的 Host/Db/User 三元组，而且已经为其授予了执行所请求任务的权限，则执行该请求。如果没有找到匹配的 Host/Db/User 任务，那么存在着两种可能。如果找到 Host/Db/User 三元组，但是权限被禁用，MySQL 就查找 tables_priv 表寻求帮助。

在 db 表中，通配符“_”和“%”可用于 Host 列和 Db 列中，但是不能用于 User 列。

【范例 2】

开发人员可以通过执行 DESC 语句查看 db 表的全部数据，代码如下。

```
DESC db;
```

执行结果如图 14-2 所示。

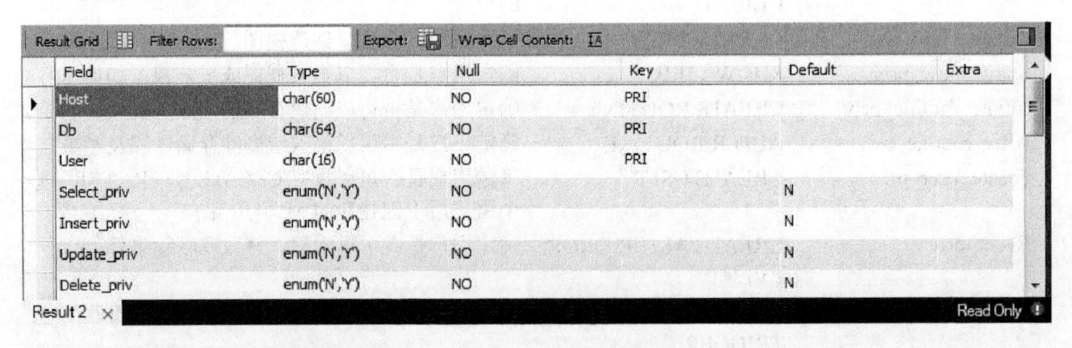

Field	Type	Null	Key	Default	Extra
Host	char(60)	NO	PRI		
Db	char(64)	NO	PRI		
User	char(16)	NO	PRI		
Select_priv	enum('N','Y')	NO		N	
Insert_priv	enum('N','Y')	NO		N	
Update_priv	enum('N','Y')	NO		N	
Delete_priv	enum('N','Y')	NO		N	

图 14-2 db 表的全部数据

从图 14-2 中可以看出，db 表包含多个列，其中 Host、Db 和 User 划分为用户列，分别表示主机名、数据库名和用户名；以“_priv”结尾的划分为权限列。开发人员也可以执行 DESC 语句查看 db 表中的结构，也 user 表相比，db 表的列要少得多。

db 表中一共包含 22 个列，除了前面提到的 Host、Db 和 User 列外，还包括 Select_priv、Insert_priv、Delete_priv、Update_priv、Create_priv、Drop_priv、Grant_priv、References_priv、Index_priv、Alter_priv、Create_tmp_table_priv、Lock_tables_priv、Create_view_priv、Show_view_priv、Create_routine_priv、Alter_routine_priv、Execute_priv、Event_priv 和 Trigger_priv。db 表中这些列的含义与 user 表中列的含义一致，因此这里不再做详细介绍。

14.2.3 tables_priv 表

tables_priv 表用于存储表的特定用户权限。它只在 user 和 db 表不满足用户的任务请求时起作用。

【范例 3】

执行 DESC 语句查看 tables_priv 表的结构，代码如下。

```
DESC tables_priv;
```

执行效果如图 14-3 所示。

Result Grid | Filter Rows: | Export: | Wrap Cell Content:

Field	Type	Null	Key	Default	Extra
Host	char(60)	NO	PRI		
Db	char(64)	NO	PRI		
User	char(16)	NO	PRI		
Table_name	char(64)	NO	PRI		
Grantor	char(77)	NO	MUL		
Timestamp	timestamp	NO		CURRENT_TIMESTAMP	on update CURRENT_TIMESTAMP
Table_priv	set('Select','Insert','Update','Delete','Create','Dro...	NO			
Column_priv	set('Select','Insert','Update','References')	NO			

Result 7 × Read Only

图 14-3 **tables_priv 表的结构**

在图 14-3 中，Host、Db 和 User 列分别表示主机名、数据库名和用户名。除了这些列外，下面对该表中的其他列进行说明。

（1）Tables_name 列：确定要对哪个表应用 tables_priv 表中指定表特定的权限设置。

（2）Grantor 列：确定为该用户授予权限的用户的用户名。

（3）Timestamp 列：指定为用户授权的确定日期和时间。

（4）Table_priv 列：确定用户可使用哪些表范围的权限，这些权限包括 SELECT、INSERT、UPDATE、DELETE、CREATE、DROP、GRANT、REFERENCES、INDEX、ALTER、CREATE VIEW、SHOW VIEW 以及 TRIGGER 等。

（5）Column_priv 列：存储针对 Table_name 列所引用的表为用户指定的列级权限名。

14.2.4　columns_priv 表

columns_priv 表负责设置字段特定的权限。它只在前面介绍的 user、db 和 tables_priv 表都无法确定请求用户是否有足够权限来执行请求任务时起作用。

【范例 4】

执行 DESC 语句查看 columns_priv 表的结构，代码如下。

```
DESC columns_priv;
```

执行效果如图 14-4 所示。

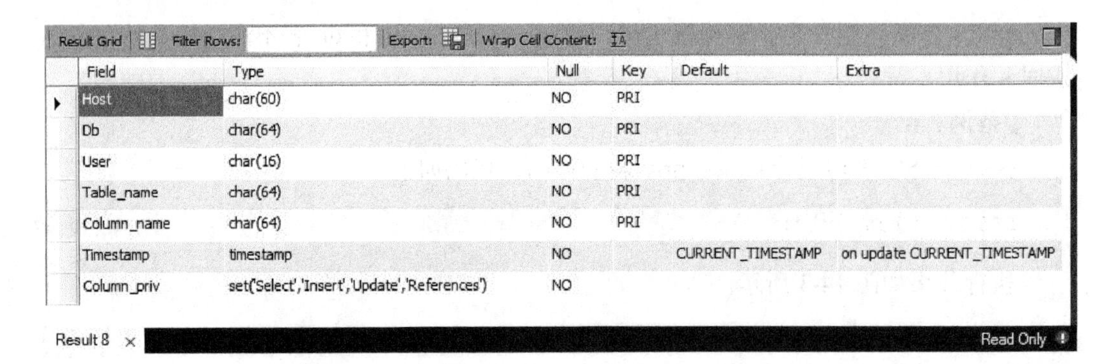

Field	Type	Null	Key	Default	Extra
Host	char(60)	NO	PRI		
Db	char(64)	NO	PRI		
User	char(16)	NO	PRI		
Table_name	char(64)	NO	PRI		
Column_name	char(64)	NO	PRI		
Timestamp	timestamp	NO		CURRENT_TIMESTAMP	on update CURRENT_TIMESTAMP
Column_priv	set('Select','Insert','Update','References')	NO			

图 14-4　**columns_priv 表的结构**

从图 14-4 中可以看出，columns_priv 表中包含 7 个列，分别是 Host、Db、User、Table_name、Column_name、Timestamp 以及 Column_priv。比较图 14-3 可以发现，columns_priv 表中少了 Grantor 列和 Table_priv 列，多了一个 Column_name 列，该列表示可以对哪些数据列进行操作。

注意

MySQL 中权限分配是按照 user、db、tables_priv 和 columns_priv 表的顺序进行分配的。在数据库系统中，先判断 user 表中的值是否为 Y，如果 user 表中的值是 Y，就不需要检查后面的表。如果 user 表的值为 N，则依次检查 db 表、tables_priv 表和 columns_priv 表。

14.2.5　procs_priv 表

procs_priv 表可以对存储过程和存储函数进行权限设置。开发人员可以像范例 1 和范例 2 那样查看表中的数据，也可以使用 DESC 语句查看表的结构，如图 14-5 所示为 procs_priv 表的结构。

Field	Type	Null	Key	Default	Extra
Host	char(60)	NO	PRI		
Db	char(64)	NO	PRI		
User	char(16)	NO	PRI		
Routine_name	char(64)	NO	PRI		
Routine_type	enum('FUNCTION','PROCEDURE')	NO	PRI	NULL	
Grantor	char(77)	NO	MUL		
Proc_priv	set('Execute','Alter Routine','Grant')	NO			
Timestamp	timestamp	NO		CURRENT_TIMESTAMP	on update CURRENT_TIMESTAMP

图 14-5 procs_priv 表的结构

从图 14-5 中可以看出，proc_priv 表中包含 8 个列。其中，Host、Db 和 User 分别表示主机名、数据库名和用户名。其他列的说明如下。

（1）Routine_name 列：表示存储过程或函数的名称。

（2）Routine_type 列：表示类型，取值为 FUNCTION 时表示存储函数；取值为 PROCEDURE 时表示存储过程。

（3）Grantor 列：该列存储权限是谁设置的。

（4）Proc_priv 列：拥有的权限，该权限分为三类，即 Execute、Alter Routine 和 Grant。

（5）Timestamp 列：存储过程或函数的更新时间。

14.3 用户管理

通常来说，用户具有某种指定的权限或者多种权限。MySQL 数据库中包括 root 用户和普通用户，这两种用户的权限是不一样的。root 用户是超级管理员，拥有所有的权限，而普通用户可拥有创建该用户时赋予它的权限。

14.3.1 查看用户

开发人员可以对用户进行操作，包括用户的创建、删除、修改密码以及查看等。本节首先介绍如何查看用户，user 表确定哪些用户可以从哪台主机登录到数据库服务器。在 user 表中存储了所有的用户信息。

【范例 5】

执行 SELECT 语句查看 user 表中的全部数据，代码如下。

```
SELECT * FROM user;
```

执行效果如图 14-6 所示。

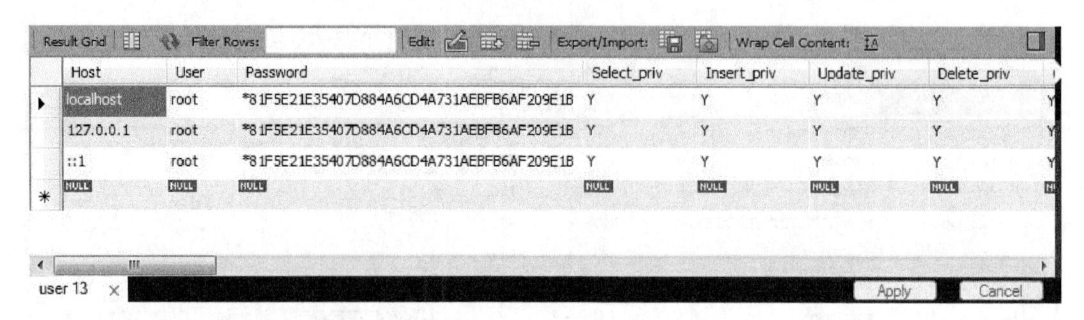

图 14-6 user 表的全部数据

从图 14-6 可以看出，user 表中包含三条数据。MySQL 不只是按提供的用户名来鉴别用户，而是通过提供的用户名和原始主机名的组合来标识用户。如图 14-6 所示，虽然 User 列的值都为 root，但是由于 Host 列的值不同，因此它们可以看作是不同的用户。

【范例 6】

开发人员可以利用 CONCAT()函数将 user 表中 User 列和 Host 列的值连接起来查看完整的用户名，代码如下。

```
SELECT DISTINCT CONCAT('User: ''',User,'''@''',Host,''';') AS query FROM
user;
```


执行结果如下。

```
+------------------------------+
| query                        |
+------------------------------+
| User: 'root'@'127.0.0.1';    |
| User: 'root'@'::1';          |
| User: 'root'@'localhost';    |
+------------------------------+
```

如果开发人员只想查看当前的 MySQL 用户（包括用户名和主机名），可以使用系统信息函数 USER()、SYSTEM_USER()或者 SESSION_USER()。

【范例 7】

下面分别利用 USER()、SYSTEM_USER()或者 SESSION_USER()获取当前的 MySQL 用户，代码如下。

```
SELECT USER(),SYSTEM_USER(),SESSION_USER();
+----------------+------------------------+---------------+
| USER()         | SYSTEM_USER()          | SESSION_USER() |
+----------------+------------------------+---------------+
| root@localhost | root@localhost         | root@localhost |
+----------------+------------------------+----------------+
```

14.3.2 创建普通用户

创建用户即添加用户，它是指向 user 表中添加一条或者多条新数据。MySQL 数据库中创建用户有三种方式：INSERT 语句创建；CREATE USER 语句创建；GRANT 语句创建。

1. INSERT 语句创建

可以使用 INSERT 语句直接将用户的信息添加到 mysql 系统数据库的 user 表中。通常情况下，需要为 user 表指定 Host 列、User 列和 Password 列的值。语法如下：

```
INSERT INTO user(Host,User,Password) VALUES('hostname', 'username',
PASSWORD('password'));
```

其中，PASSWORD()函数用来加密密码，必须使用该函数对密码进行加密。因为只设置了这三个列的值，那么其他列的取值为其默认值。如果这三个列以外的其他列没有默认值，那么这个语句将不能成功执行。实际上，在使用 INSERT 语句时，还需要指定 ssl_cipher、x509_issuer 和 x509_subject 这三个列的值，因为这三个列没有默认值。

【范例 8】

下面使用 INSERT 语句创建名称为 tfirst 的用户，主机名是 localhost，密码是 123456，代码如下。

```
INSERT INTO user(Host,User,Password,ssl_cipher,x509_issuer,x509_
subject) VALUES('localhost','tfirst', PASSWORD('123456'),'','','');
```

执行上述语句创建完成后，还需要使用 FLUSH 语句来使用户生效，语句如下。

```
FLUSH PRIVILEGES;
```

注意

用户必须拥有 INSERT 权限才能使用 INSERT 语句创建用户。INSERT 语句创建用户后，需要执行 FLUSH PRIVILEGES 语句告诉服务器重新授权表。否则，只有重启服务器后才会被注意到执行的 INSERT 操作。执行 FLUSH 语句时需要 RELOAD 权限。

2. CREATE USER 语句创建

CREATE USER 语句也可以创建用户，使用该语句创建用户时不赋予任何权限，这意味着需要通过 GRANT 语句分配权限。执行 CREATE USER 语句创建用户时必须拥有 CREATE USER 权限。基本语法如下：

```
CREATE USER user[IDENTIFIED BY [PASSWORD] 'password']
[,user [IDENTIFIED BY [PASSWORD] 'password']]…
```

其中，user 表示新建用户的账户，它由用户名（User）和主机名（Host）构成，其形式为 User@Host。IDENTIFIED BY 关键字用来设置用户的密码；password 表示用户密码，如果密码是一个普通的字符串，就不需要使用 PASSWORD 关键字。

【范例 9】

下面使用 CREATE USER 语句创建名称为 tsecond 的用户，主机名是 localhost，密码是 123456，代码如下。

```
CREATE USER tsecond@localhost IDENTIFIED BY '123456';
```

执行上述语句成功后通过 SELECT 语句查看 user 表的全部数据，如图 14-7 所示。

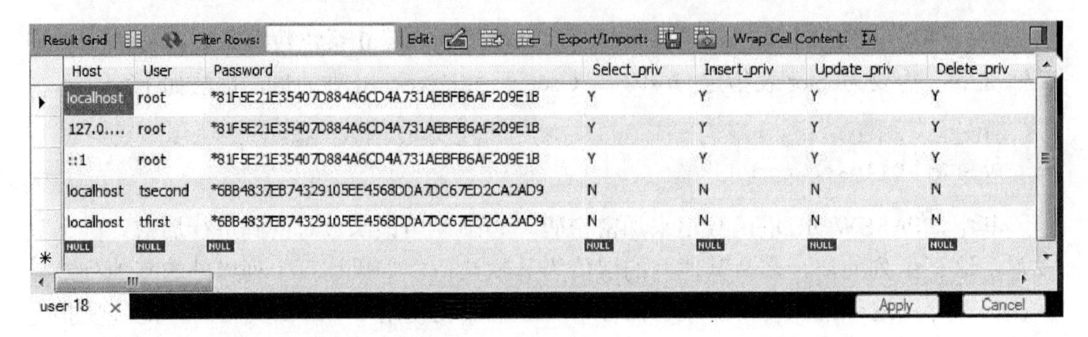

Host	User	Password	Select_priv	Insert_priv	Update_priv	Delete_priv
localhost	root	*81F5E21E35407D884A6CD4A731AEBFB6AF209E1B	Y	Y	Y	Y
127.0....	root	*81F5E21E35407D884A6CD4A731AEBFB6AF209E1B	Y	Y	Y	Y
::1	root	*81F5E21E35407D884A6CD4A731AEBFB6AF209E1B	Y	Y	Y	Y
localhost	tsecond	*6BB4837EB74329105EE4568DDA7DC67ED2CA2AD9	N	N	N	N
localhost	tfirst	*6BB4837EB74329105EE4568DDA7DC67ED2CA2AD9	N	N	N	N
NULL	NULL	NULL	NULL	NULL	NULL	NULL

图 14-7 添加一条记录后查看 user 表的全部数据

开发人员可以使用 CREATE USER 语句同时创建多个用户，而且新用户可以不设置密码。

【范例 10】

下面使用 CREATE USER 语句同时创建名称分别为 tthree 和 tfour 的用户，主机名均为 localhost，tthree 用户没有密码，tfour 用户的密码为 123456。代码如下：

```
CREATE USER tthree@localhost,tfour@localhost IDENTIFIED BY '123456';
```

执行上述语句成功后通过 SELECT 语句查看 user 表的全部数据，如图 14-8 所示。从该图可以看出，CREATE USER 语句同时创建多个用户完全没有问题，而且可以不为新用户设置密码，初始密码的默认值为空字符串。

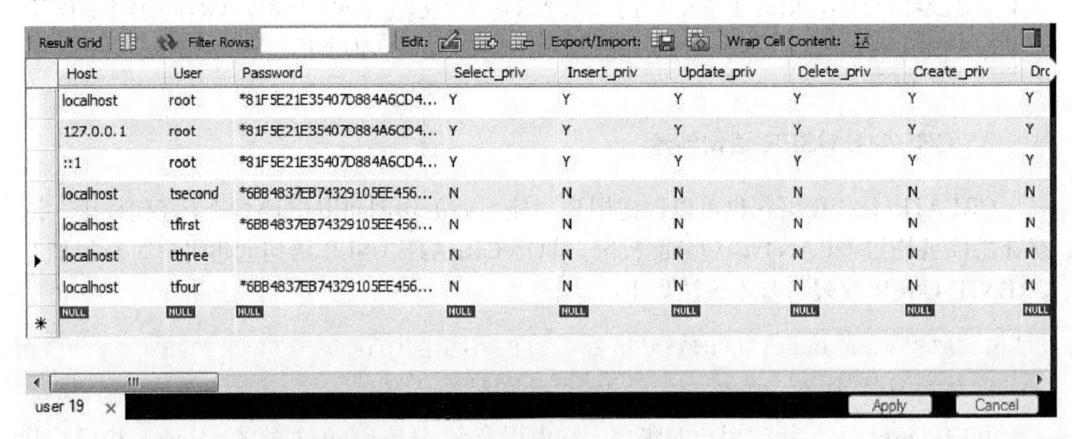

Host	User	Password	Select_priv	Insert_priv	Update_priv	Delete_priv	Create_priv	Drc
localhost	root	*81F5E21E35407D884A6CD4...	Y	Y	Y	Y	Y	Y
127.0.0.1	root	*81F5E21E35407D884A6CD4...	Y	Y	Y	Y	Y	Y
::1	root	*81F5E21E35407D884A6CD4...	Y	Y	Y	Y	Y	Y
localhost	tsecond	*6BB4837EB74329105EE456...	N	N	N	N	N	N
localhost	tfirst	*6BB4837EB74329105EE456...	N	N	N	N	N	N
localhost	tthree		N	N	N	N	N	N
localhost	tfour	*6BB4837EB74329105EE456...	N	N	N	N	N	N
NULL	NULL	NULL	NULL	NULL	NULL	NULL	NULL	NULL

图 14-8 添加多条记录后查看 user 表的全部数据

3. GRANT 语句创建

除了使用 INSERT 语句和 CREATE USER 语句创建用户外，还可以通过 GRANT 语句进行创建。使用 GRANT 语句时，开发人员必须拥有 GRANT 权限，而且可以为新创建的用户赋予权限。基本语法如下：

```
GRANT priv_type ON database.table TO user [IDENTIFIED BY [PASSWORD]
'password']
[, user [IDENTIFIED BY [PASSWORD] 'password']]…
```

其中，priv_type 表示新创建用户的权限。database.table 表示新创建用户的权限范围，即只能在指定的数据库和表上使用自己的权限。user 表示新用户的账户，由用户名和主机名构成。IDENTIFIED BY 关键字用来设置密码。password 表示新设置的密码。

提示

GRANT 的功能很强大，它不仅可以创建用户，也可以修改用户密码，还可以设置用户的权限。因此，GRANT 在 MySQL 中非常重要，读者一定要学会灵活运用。上面只是简单了解 GRANT 创建用户的基本语法，关于 GRANT 如何修改密码、如何设置权限将会在后面介绍。

【范例 11】

下面使用 GRANT 语句创建名称为 tfive 的用户，主机名为 localhost，密码为 123456。tfive 用户对数据库的所有表都有 SELECT、UPDATE 和 DELETE 权限，数据库的所有表通过“*.*”表示，代码如下。

```
GRANT SELECT,UPDATE,DELETE ON *.* TO 'tfive'@'localhost' IDENTIFIED BY
'123456';
```

执行上述语句完成后，通过 SELECT 语句重新查看 user 表中的数据，如图 14-9 所示。从图中可以看出，已经成功地为 tfive 用户赋予 SELECT、UPDATE 和 DELETE 权限，分别将 Select_priv、Update_priv 和 Delete_priv 列的值更改为 Y。

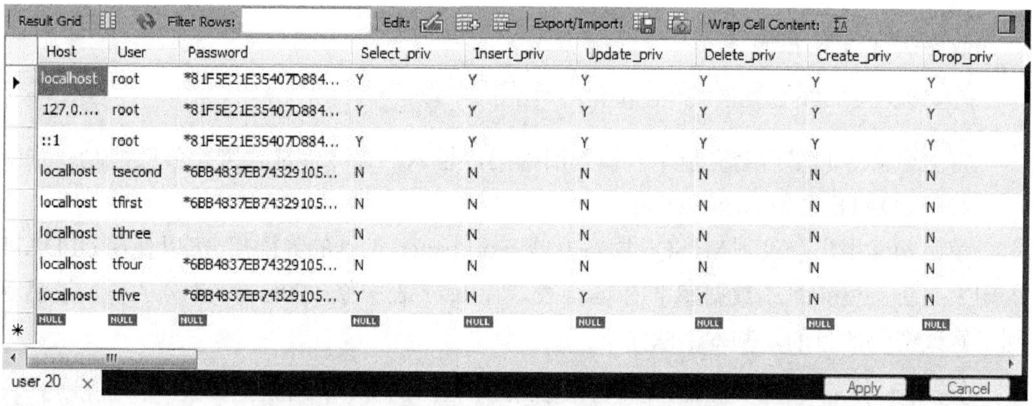

Host	User	Password	Select_priv	Insert_priv	Update_priv	Delete_priv	Create_priv	Drop_priv
localhost	root	*81F5E21E35407D884...	Y	Y	Y	Y	Y	Y
127.0....	root	*81F5E21E35407D884...	Y	Y	Y	Y	Y	Y
::1	root	*81F5E21E35407D884...	Y	Y	Y	Y	Y	Y
localhost	tsecond	*6BB4837EB74329105...	N	N	N	N	N	N
localhost	tfirst	*6BB4837EB74329105...	N	N	N	N	N	N
localhost	tthree		N	N	N	N	N	N
localhost	tfour	*6BB4837EB74329105...	N	N	N	N	N	N
localhost	tfive	*6BB4837EB74329105...	Y	N	Y	Y	N	N
NULL	NULL	NULL	NULL	NULL	NULL	NULL	NULL	NULL

图 14-9 查看 user 表中的数据

使用 GRANT 语句也可以同时创建多个用户，为这些用户指定相同的权限。

【范例 12】

下面通过 GRANT 语句同时创建用户名为 tsix 和 tseven 的用户，主机名均为 localhost，密码均为 123456。tsix 和 tseven 用户对 test 数据库的所有表都有 DELETE 的权限，代码如下。

```
GRANT DELETE ON test.* TO 'tsix'@'localhost' IDENTIFIED BY '123456',
'tseven'@'localhost' IDENTIFIED BY '123456';
```

14.3.3 修改密码

在 MySQL 中包含 root 用户和普通用户两种，root 用户是超级管理员，可以修改 root 用户的密码，也可以修改普通用户的密码，而普通用户也可以用来修改密码。

1. root 用户修改自己的密码

root 用户拥有很高的权限，因此必须保证 root 用户的密码安全。root 用户通常通过三种方式来修改自己的密码，下面简单进行介绍。

1）mysqladmin 命令修改

root 用户使用 mysqladmin 命令修改密码时的基本语法如下：

```
mysqladmin -u root -p 旧密码 password 新密码
```


【范例 13】

如果 root 用户现在还没有密码，希望将密码修改为 123456 时，可以执行以下命令。

```
mysqladmin -u root password 123456;
```

如果 root 用户现在有密码 123456，那么需要将密码修改为 root，可以执行以下命令。

```
mysqladmin -u root -p 123456 password root;
```

或者执行以下命令：

```
mysqladmin -u root -p password root;
```

将上述命令回车后会提示用户输入旧密码，输入后命令完成，密码修改成功。

2）UPDATE 语句修改 user 表

使用 root 用户登录到 MySQL 服务器或 Workbench 工具的界面后，可以使用 UPDATE 语句来更新 mysql 系统数据库下的 user 表。在 user 表中修改 Password 列的值，这就达到了修改密码的目的。基本语法如下：

```
UPDATE user SET Password = PASSWORD('newpass') WHERE User = 'root';
```

新密码必须使用 PASSWORD()函数来加密。如果有需要，还可以在 WHERE 子句后增加其他的限制条件。执行 UPDATE 语句之后，需要执行 FLUSH PRIVILEGES 语句来加载权限。

3）SET 语句修改 root 用户的密码

可以使用 SET 语句修改 root 用户的密码，在使用该语句设置新密码时同样需要使用 PASSWORD()函数来加密。基本形式如下：

```
SET PASSWORD = PASSWORD('new_password');
```

上述语法的完整形式如下：

```
SET PASSWORD FOR root = PASSWORD('new_password');
```

2．root 用户修改普通用户密码

root 用户不仅可以修改自己的密码，同样可以修改普通用户的密码。通常情况下，root 修改普通用户的密码时也有三种方式，下面简单进行介绍。

1）SET 语句修改

SET 语句修改普通用户的密码时需要使用以下语法：

```
SET PASSWORD FOR 'username'@'hostname' = PASSWORD('new_password');
```

其中，username 是指普通用户的用户名。hostname 是指普通用户的主机名。new_password 是指新密码，新密码必须使用 PASSWORD()函数来加密。

【范例 14】

从图 14-9 中可以看出，User 列的值为 tthree 的用户密码为空。下面使用 SET 语句来修改 tthree 用户的密码，将其修改为 root，代码如下。

```
SET PASSWORD FOR 'tthree'@'localhost' = PASSWORD('root');
```

执行上述代码修改密码后，通过 SELECT 语句查看 user 表的记录，再次确认是否更改成功，如图 14-10 所示。从图 14-10 可以看出，已经成功更改密码，tthree 用户的密码不再为空。

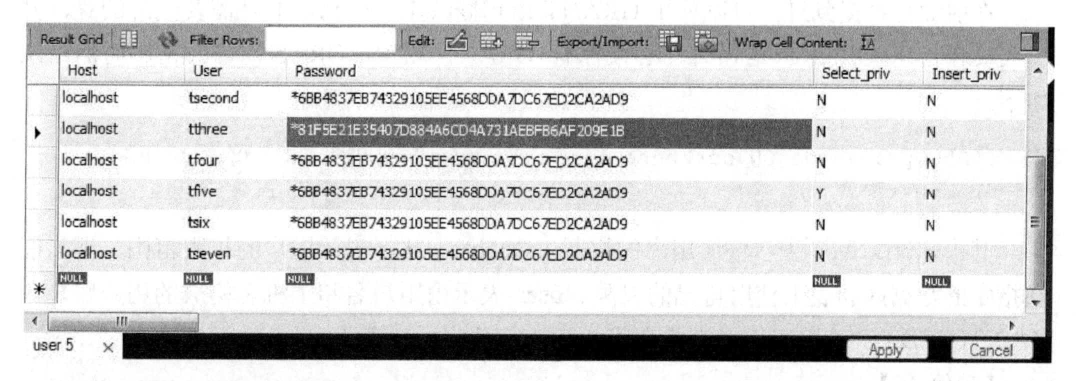

Host	User	Password	Select_priv	Insert_priv
localhost	tsecond	*6BB4837EB74329105EE4568DDA7DC67ED2CA2AD9	N	N
localhost	tthree	*81F5E21E35407D884A6CD4A731AEBFB6AF209E1B	N	N
localhost	tfour	*6BB4837EB74329105EE4568DDA7DC67ED2CA2AD9	N	N
localhost	tfive	*6BB4837EB74329105EE4568DDA7DC67ED2CA2AD9	Y	N
localhost	tsix	*6BB4837EB74329105EE4568DDA7DC67ED2CA2AD9	N	N
localhost	tseven	*6BB4837EB74329105EE4568DDA7DC67ED2CA2AD9	N	N
NULL	NULL	NULL	NULL	NULL

图 14-10 SET 语句修改 tthree 用户的密码

2）UPDATE 语句修改 user 表

同样可以使用 UPDATE 语句更改 mysql 系统数据库下的 user 表中的普通用户。更改语法如下：

```
UPDATE user SET Password = PASSWORD('new_password') WHERE User = 'username'
AND Host = 'hostname';
```

其中，username 表示普通用户的用户名。hostname 表示普通用户的主机名。new_password 是指新密码，新密码必须使用 PASSWORD()函数来加密。执行 UPDATE 语句完成后，需要执行 FLUSH PRIVILEGES 语句来加载权限。

【范例 15】

使用 UPDATE 语句重新更改 tthree 用户的密码，新密码为 123456，代码如下。

```
UPDATE user SET Password = PASSWORD('123456') WHERE User = 'tthree' AND
Host = 'localhost';
```

执行上述语句后再执行 FLUSH PRIVILEGES 语句。然后通过 SELECT 语句重新查看 user 表中 tthree 用户的密码，如图 14-11 所示。

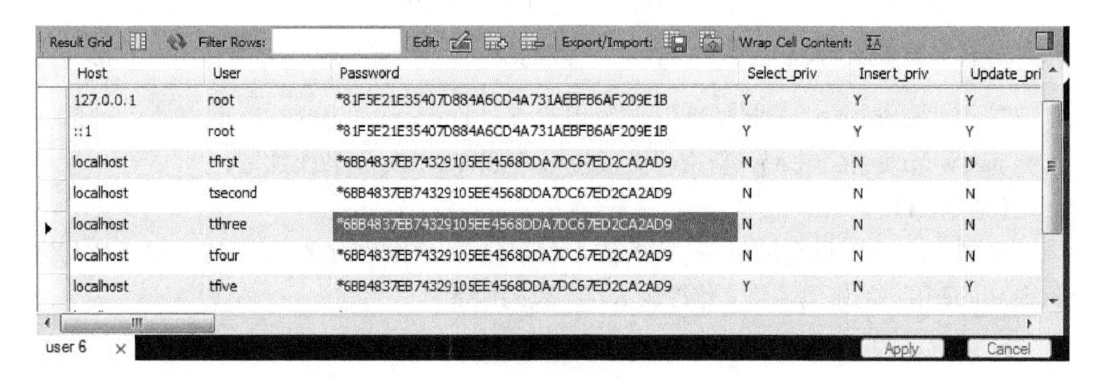

图 14-11 **UPDATE 语句修改 tthree 用户的密码**

3）GRANT 语句修改密码

在前面已经提到过，可以使用 GRANT 语句修改用户密码。但是需要注意的是，开发人员在使用 GRANT 语句时，必须拥有 GRANT 权限。GRANT 修改密码时的语法如下：

```
GRANT priv_type ON database.table TO user[IDENTIFIED BY PASSWORD]
'password';
```

其中，priv_type 表示普通用户的权限。database.table 表示用户的权限范围，即只能在指定的数据库和表上使用自己的权限。user 表示由用户名和主机名构成的用户账户。IDENTIFIED BY 关键字用来设置密码。password 表示新密码。

【范例 16】

使用 GRANT 语句重新更改 tthree 语句的密码，将密码修改为 tthree，代码如下。

```
GRANT SELECT ON *.* TO 'tthree'@'localhost' IDENTIFIED BY 'tthree';
```

执行成功后，再次查看 user 表中的数据进行确认，如图 14-12 所示。

Host	User	Password	Select_priv	Insert_priv
localhost	tfirst	*6BB4837EB74329105EE4568DDA7DC67ED2CA2AD9	N	N
localhost	tsecond	*6BB4837EB74329105EE4568DDA7DC67ED2CA2AD9	N	N
localhost	tthree	*B58CDEDF12AA0EFED366867421CF60562E19DB1B	Y	N
localhost	tfour	*6BB4837EB74329105EE4568DDA7DC67ED2CA2AD9	N	N
localhost	tfive	*6BB4837EB74329105EE4568DDA7DC67ED2CA2AD9	Y	N
localhost	tsix	*6BB4837EB74329105EE4568DDA7DC67ED2CA2AD9	N	N

图 14-12 GRANT 语句修改 tthree 用户的密码

3. 普通用户修改密码

不仅 root 用户可以修改密码，普通用户也可以修改密码，这样普通用户就不需要在每次修改密码时都通知管理员。普通用户只能修改自己的密码，不能修改其他用户的密码。使用 SET 语句修改普通用户的自身密码是最常用的方式，修改语法与 root 用户使用 SET 修改自身密码一样。

【范例 17】

在计算机【开始】|【运行】中输入“cmd”后回车打开命令行窗口，在命令行窗口中使用 tthree 用户进行登录，登录成功后使用 SET 语句修改密码，从结果来看，已经成功更改了密码，如图 14-13 所示。

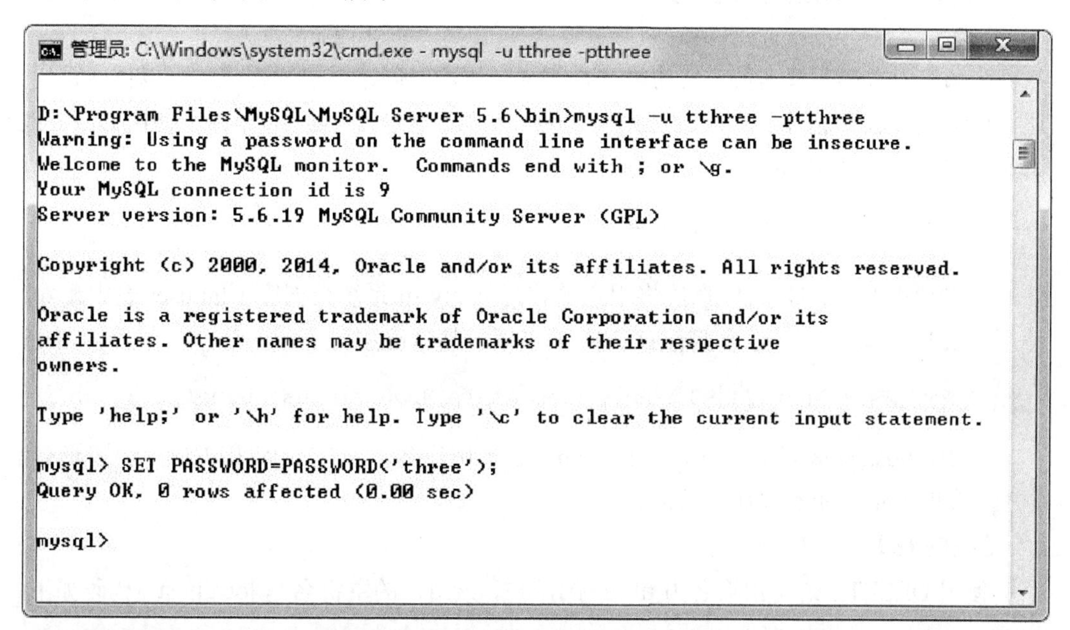
管理员: C:\Windows\system32\cmd.exe - mysql -u tthree -ptthree
D:\Program Files\MySQL\MySQL Server 5.6\bin>mysql -u tthree -ptthree
Warning: Using a password on the command line interface can be insecure.
Welcome to the MySQL monitor. Commands end with ; or \g.
Your MySQL connection id is 9
Server version: 5.6.19 MySQL Community Server (GPL)
Copyright (c) 2000, 2014, Oracle and/or its affiliates. All rights reserved.
Oracle is a registered trademark of Oracle Corporation and/or its
affiliates. Other names may be trademarks of their respective
owners.
Type 'help;' or '\h' for help. Type '\c' to clear the current input statement.
mysql> SET PASSWORD=PASSWORD('three');
Query OK, 0 rows affected (0.00 sec)
mysql>

图 14-13 SET 语句修改 tthree 用户的自身密码

使用 exit 退出 MySQL 数据库，然后分别使用 tthree 用户的原始密码 tthree 和新密码 three 进行登录，如图 14-14 所示。从该图可以看出，使用 three 密码可以成功登录到数据库，而使用原始密码 tthree 则登录失败。

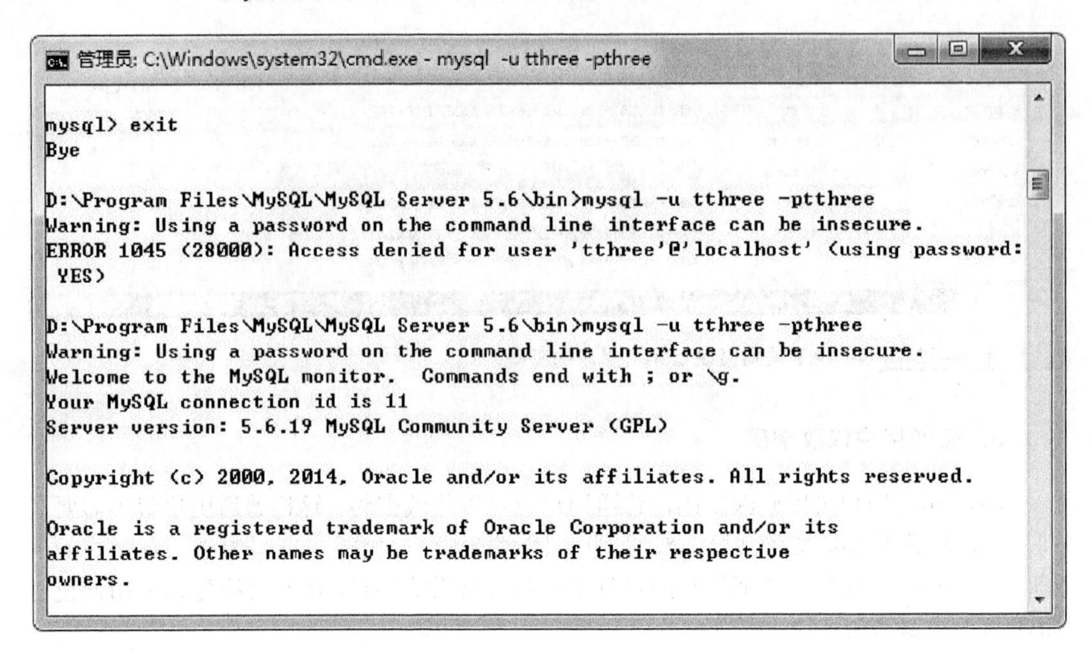
管理员: C:\Windows\system32\cmd.exe - mysql -u tthree -pthree
mysql> exit
Bye
D:\Program Files\MySQL\MySQL Server 5.6\bin>mysql -u tthree -ptthree
Warning: Using a password on the command line interface can be insecure.
ERROR 1045 (28000): Access denied for user 'tthree'@'localhost' (using password: YES)
D:\Program Files\MySQL\MySQL Server 5.6\bin>mysql -u tthree -pthree
Warning: Using a password on the command line interface can be insecure.
Welcome to the MySQL monitor. Commands end with ; or \g.
Your MySQL connection id is 11
Server version: 5.6.19 MySQL Community Server (GPL)
Copyright (c) 2000, 2014, Oracle and/or its affiliates. All rights reserved.
Oracle is a registered trademark of Oracle Corporation and/or its
affiliates. Other names may be trademarks of their respective
owners.

图 14-14 原始密码和新密码登录 MySQL 数据库

14.3.4 删除普通用户

root 作为数据库管理员，其功能非常强大。如可以创建用户和授权，可以修改密码，还可以取消授权和删除用户等。删除普通用户时常用的方式有两种：一种是使用 DELETE 语句；另一种是使用 DROP USER 语句。

1. DELETE 语句删除普通用户

可以使用 DELETE 语句直接将用户的信息从 mysql 系统数据库下的 user 表中删除。使用 DELETE 语句时，必须拥有 DELETE 权限。基本语法如下：

```
DELETE FROM user WHERE Host='hostname' AND User='username';
```

其中，hostname 表示主机名；username 表示用户名。只有在 WHERE 子句中同时指定 Host 和 User 才能确定唯一的值。

【范例 18】

使用 DELETE 语句删除名为 tthree 的用户，该用户的主机名是 localhost，代码如下。

```
DELETE FROM user WHERE Host='localhost' AND User='tthree';
```

删除成功后执行 SELECT 语句再次确认是否删除主机名为 localhost 的 tthree 用户，如图 14-15 所示。从该图中可以看出，表中已经不存在 tthree 用户，这表示已经成功地将该用户删除。

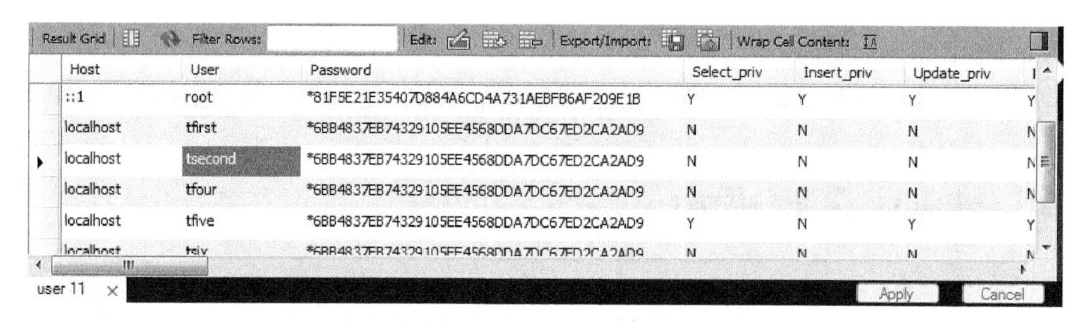

Host	User	Password	Select_priv	Insert_priv	Update_priv	I
::1	root	*81F5E21E35407D884A6CD4A731AEBFB6AF209E1B	Y	Y	Y	Y
localhost	tfirst	*6BB4837EB74329105EE4568DDA7DC67ED2CA2AD9	N	N	N	N
localhost	tsecond	*6BB4837EB74329105EE4568DDA7DC67ED2CA2AD9	N	N	N	N
localhost	tfour	*6BB4837EB74329105EE4568DDA7DC67ED2CA2AD9	N	N	N	N
localhost	tfive	*6BB4837EB74329105EE4568DDA7DC67ED2CA2AD9	Y	N	Y	Y
localhost	tsix	*6BB4837EB74329105EE4568DDA7DC67ED2CA2AD9	N	N	N	N

图 14-15　删除后重新查看数据

2．DROP USER 语句删除普通用户

DROP USER 语句也可以用来删除普通用户，使用该语句时，必须拥有 DROP USER 权限。基本语法如下：

```
DROP USER user[ ,user]…;
```

其中，user 是指由用户名和主机名构成的账户。

【范例 19】

使用 DROP USER 语句删除名称为 tfive 的用户，其主机名为 localhost，代码如下。

```
DROP USER 'tfive'@'locahost';
```

执行上述语句，然后通过 SELECT 语句查看 user 表中的数据，再次确认是否删除，如图 14-16 所示。在图 14-16 中已经找不到名称为 tfive 的用户，这表示该用户已经成功删除。

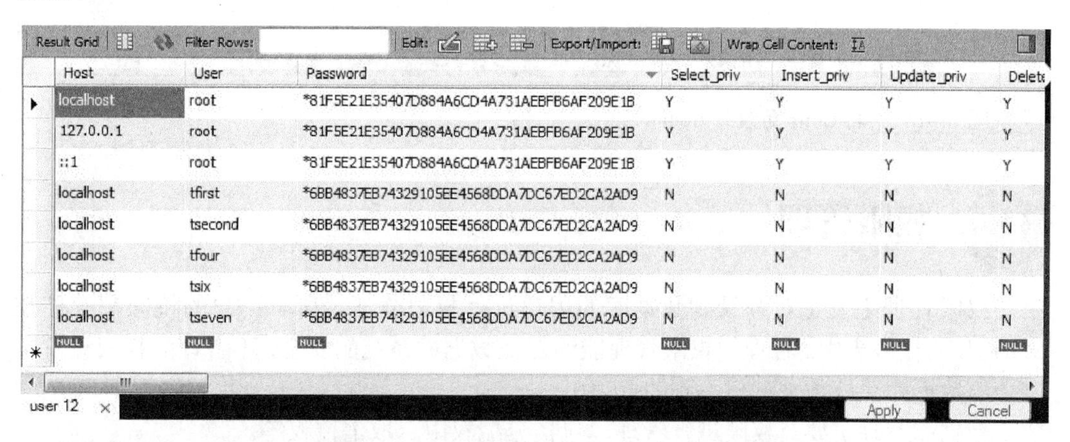

Host	User	Password	Select_priv	Insert_priv	Update_priv	Delete
localhost	root	*81F5E21E35407D884A6CD4A731AEBFB6AF209E1B	Y	Y	Y	Y
127.0.0.1	root	*81F5E21E35407D884A6CD4A731AEBFB6AF209E1B	Y	Y	Y	Y
::1	root	*81F5E21E35407D884A6CD4A731AEBFB6AF209E1B	Y	Y	Y	Y
localhost	tfirst	*6BB4837EB74329105EE4568DDA7DC67ED2CA2AD9	N	N	N	N
localhost	tsecond	*6BB4837EB74329105EE4568DDA7DC67ED2CA2AD9	N	N	N	N
localhost	tfour	*6BB4837EB74329105EE4568DDA7DC67ED2CA2AD9	N	N	N	N
localhost	tsix	*6BB4837EB74329105EE4568DDA7DC67ED2CA2AD9	N	N	N	N
localhost	tseven	*6BB4837EB74329105EE4568DDA7DC67ED2CA2AD9	N	N	N	N
NULL	NULL	NULL	NULL	NULL	NULL	NULL

图 14-16　DROP USER 语句删除一条数据

DROP USER 语句可以同时删除多个用户，多个用户之间通过逗号进行分隔即可，如范例 20。

【范例 20】

使用 DROP USER 语句同时删除名称为 tsecond、tsix 和 tseven 的用户，主机名均为

localhost，代码如下。

```
DROP USER 'tsecond'@'locahost','tsix'@'locahost','tseven'@'locahost';
```

14.3.5 重命名用户

如果开发人员在创建用户名时一不小心将名称写错，那么可以删除该用户，再创建一个新的用户。当然，也可以使用 RENAME 语句重命名用户。语法如下：

```
RENAME USER old_user TO new_user
[, old_user TO new_user];
```

【范例 21】

更改主机名为 localhost，用户名为 tfour 的用户，将用户名从 tfour 修改为 tfours，代码如下。

```
RENAME USER 'tfour'@'localhost' TO 'tfours'@'localhost';
```

执行 SELECT 语句查看 user 表中的数据，确认是否重命名成功，如图 14-17 所示。从该图中可以看出，RENAME 语句将 tfour 重命名为 tfours 成功。

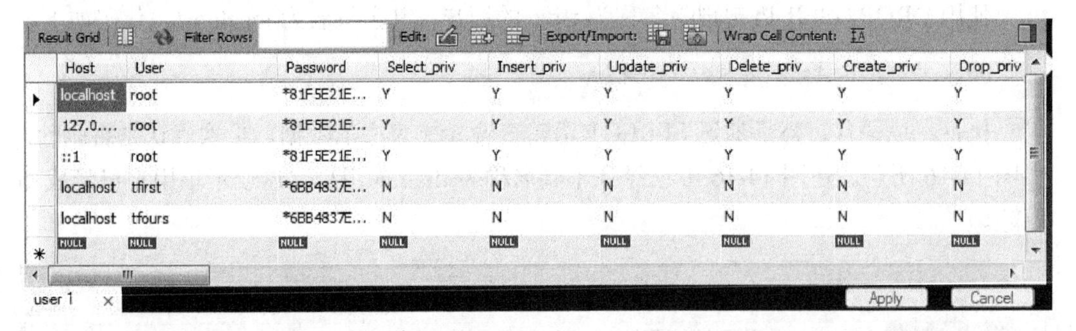

Host	User	Password	Select_priv	Insert_priv	Update_priv	Delete_priv	Create_priv	Drop_priv
localhost	root	*81F5E21E...	Y	Y	Y	Y	Y	Y
127.0....	root	*81F5E21E...	Y	Y	Y	Y	Y	Y
::1	root	*81F5E21E...	Y	Y	Y	Y	Y	Y
localhost	tfirst	*6BB4837E...	N	N	N	N	N	N
localhost	tfours	*6BB4837E...	N	N	N	N	N	N
NULL	NULL	NULL	NULL	NULL	NULL	NULL	NULL	NULL

图 14-17 将 tfour 更改为 tfours

14.4 权限管理

权限管理主要是对登录到数据库的用户进行权限验证。所有用户的权限都存储在 MySQL 的权限表中。合理的权限管理能够保证数据库系统的安全，不合理的权限设置可能会给数据库系统带来意想不到的危害。

数据库管理员要对权限进行管理，包括分配权限、取消授权等。

14.4.1 查看用户权限

在 MySQL 中，可以使用 SELECT 语句查询 user 表中各个用户的权限。user 表存储着用户的基本权限，执行语句和结果如图 14-18 所示。

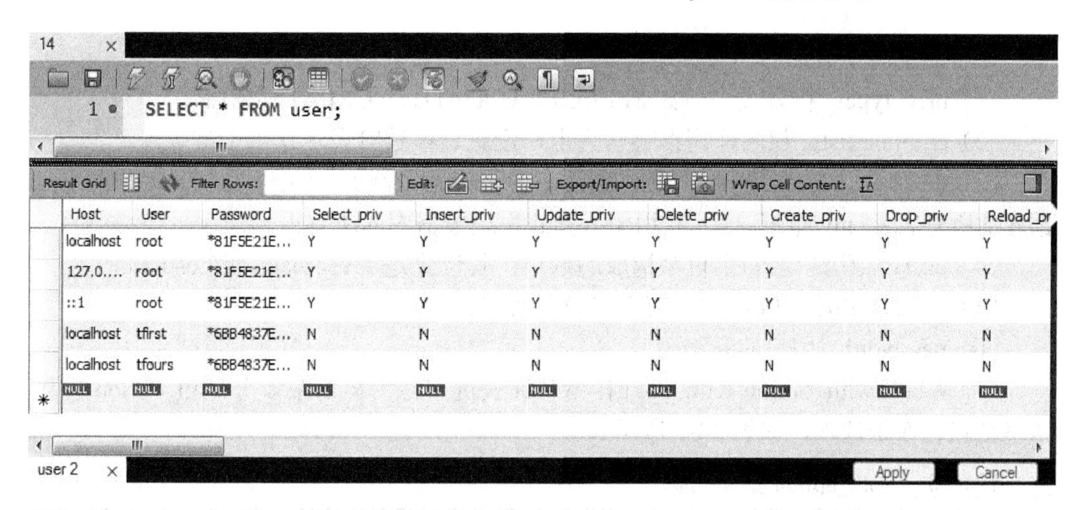

Host	User	Password	Select_priv	Insert_priv	Update_priv	Delete_priv	Create_priv	Drop_priv	Reload_pr
localhost	root	*81F5E21E...	Y	Y	Y	Y	Y	Y	Y
127.0....	root	*81F5E21E...	Y	Y	Y	Y	Y	Y	Y
::1	root	*81F5E21E...	Y	Y	Y	Y	Y	Y	Y
localhost	tfirst	*6BB4837E...	N	N	N	N	N	N	N
localhost	tfours	*6BB4837E...	N	N	N	N	N	N	N
NULL	NULL	NULL	NULL	NULL	NULL	NULL	NULL	NULL	NULL

图 14-18 SELECT 语句查看用户的权限

前面已经提到过，user 表中的权限列是以“_priv”结尾的，权限列及对应的权限如表 14-1 所示。如果支持某个权限，列值为 Y（YES），如果不支持则为 N（NO）。

除了使用 SELECT 语句外，还可以使用 SHOW GRANT 语句来查看权限。基本语法如下：

```
SHOW GRANT FOR 'username'@'hostname';
```

其中，username 表示用户名；hostname 表示主机名。

【范例 22】

通过 SHOW GRANTS 语句查看用户名为 root、主机名为 localhost 的账户的权限，代码如下。

```
SHOW GRANTS FOR 'root'@'localhost';
```

如果用户要查询当前自己的权限，那么可以直接执行“SHOW GRANTS;”语句进行查看。

14.4.2 分配权限

分配权限即授权，它是为某个用户赋予某些权限。例如，可以为新创建的用户赋予查询和删除所有数据库和表的权限。合理的权限能够保证数据库的安全，不合理的授权会使数据库存在安全隐患。

在 MySQL 数据库中，使用 GRANT 为用户分配权限。基本语法如下：

```
GRANT priv_type [(column_list)] ON database.tables
    TO user[IDENTIFIED BY [PASSWORD] 'password']
    [, user[IDENTIFIED BY [PASSWORD] 'password']]...
    [WITH with_option[with_optin]]...
```

上述语法的参数说明如下。

（1）priv_type：权限类型，如 SELECT、UPDATE 和 CREATE USER 等。

（2）column_list：权限作用在哪些列上，没有该参数时表示作用于整个表上。

（3）database.tables：作用于哪个数据库的哪些表。例如，“*.*”表示作用于所有数据库的所有表；“mysql.*”表示作用于 mysql 系统数据库的所有表。

（4）user：由用户名和主机名构成的账户，其形式是“'username'@'hostname'”。

（5）IDENTIFIED BY：用来为用户设置密码。

（6）password：用户的新密码。

（7）WITH with_option[with_optin]：WITH 关键字之后可以跟多个 with_option 参数，该参数包含 5 个选项，如表 14-3 所示。

表 14-3　**with_option 参数的选项**

选项	说明
GRANT OPTION	被授权的用户可以将这些权限赋予给别的用户
MAX_QUERIES_PER_HOUR count	设置每小时可以允许执行 count 次查询
MAX_UPDATES_PER_HOUR count	设置每小时可以允许执行 count 次更新
MAX_CONNECTIONS_PER_HOUR count	设置每小时可以建立 count 个连接
MAX_USER_CONNECTIONS count	设置单个用户可以同时具有的 count 个连接数

不同的角色可以具有不同的权限。例如，对于普通数据用户来说，他们具有查询、插入、更新、删除数据库中所有表数据的权利。这时可以使用以下语法：

```
GRANT SELECT, INSERT, UPDATE, DELETE ON testdb.* TO username@'%';
```

【范例 23】

下面使用 GRANT 语句来创建名称为 newtest 的用户，它对所有数据库有 DELETE 和 SELECT 的权限。将该用户的密码设置为 123456，而且加上 WITH GRANT OPTION 子句，代码如下：

```
GRANT SELECT,DELETE ON *.* TO 'newtest'@'localhost' IDENTIFIED BY '123456'
WITH GRANT OPTION;
```

执行上述语句查看结果。然后使用 SHOW GRANTS 语句查看 newtest 用户的权限，如图 14-19 所示。

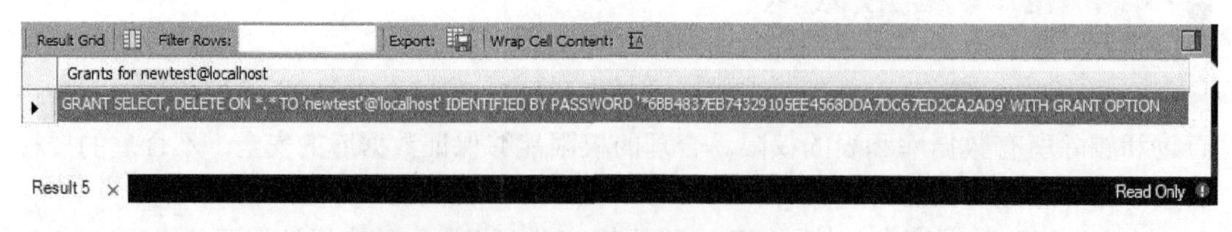

图 14-19　**查看 newtest 用户的权限**

【范例 24】

下面使用 root 用户进行客户端登录，登录成功后首先查看主机名为 localhost、用户名为 tfirst 的用户权限，如图 14-20 所示。

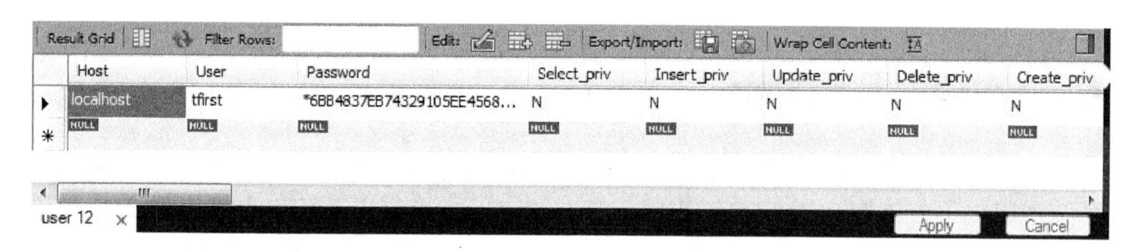

Host	User	Password	Select_priv	Insert_priv	Update_priv	Delete_priv	Create_priv
localhost	tfirst	*6BB4837EB74329105EE4568...	N	N	N	N	N
NULL	NULL	NULL	NULL	NULL	NULL	NULL	NULL

图 14-20　分配权限前的用户权限

然后使用 GRANT 语句为 tfirst 用户分配权限。设置 tfirst 用户对所有数据库下的所有表有 INSERT 和 DELETE 权限，代码如下。

```
GRANT INSERT,DELETE ON *.* TO 'tfirst'@'localhost';
```

执行上述语句查看效果。然后通过 SELECT 语句重新查看该用户的权限，如图 14-21 所示。从该图中可以看到，已经为指定的用户赋予了相应的 INSERT 和 DELETE 权限。

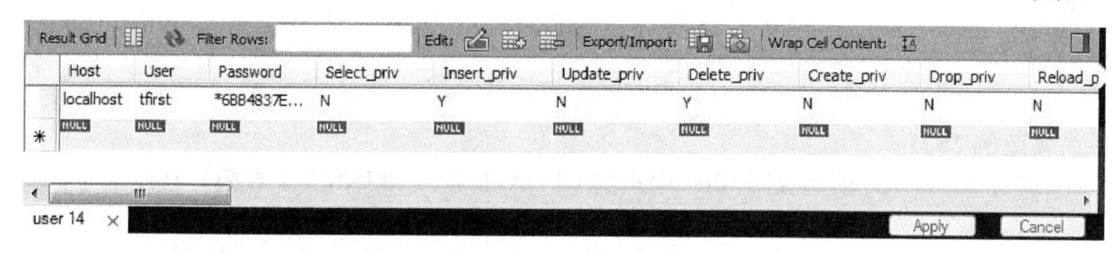

Host	User	Password	Select_priv	Insert_priv	Update_priv	Delete_priv	Create_priv	Drop_priv	Reload_p
localhost	tfirst	*6BB4837E...	N	Y	N	Y	N	N	N
NULL	NULL	NULL	NULL	NULL	NULL	NULL	NULL	NULL	NULL

图 14-21　分配权限后的用户权限

【范例 25】

如果为用户指定的权限过多时，可以直接使用 ALL PRIVILEGES 或 ALL。重新更改范例 24 的代码，指定 tfirst 用户具有超级管理员的权限，代码如下。

```
GRANT ALL PRIVILEGES ON *.* TO 'tfirst'@'localhost';
```

执行上述语句查看效果。然后执行 SELECT 语句重新查看该用户的权限，如图 14-23 所示。

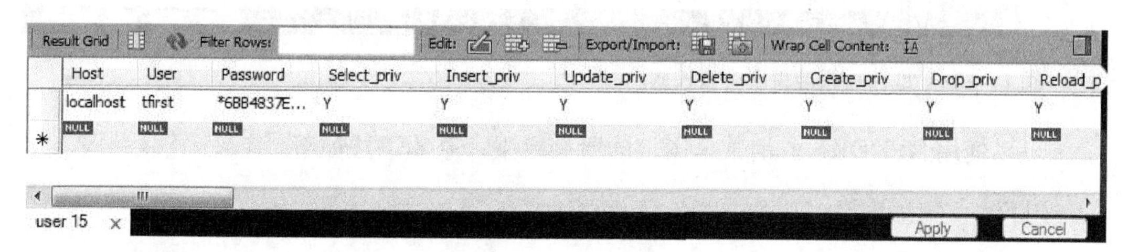

Host	User	Password	Select_priv	Insert_priv	Update_priv	Delete_priv	Create_priv	Drop_priv	Reload_p
localhost	tfirst	*6BB4837E...	Y	Y	Y	Y	Y	Y	Y
NULL	NULL	NULL	NULL	NULL	NULL	NULL	NULL	NULL	NULL

图 14-22　使用 **ALL PRIVILEGES** 分配所有的权限

在前面使用 GRANT 分配权限时，权限可以作用在多个层次上。例如，例如 ON 后跟“*.*”表示针对所有数据库下的所有表，即作用在整个 MySQL 服务器上。作用在单个数据库时，可以使用“testdb.*”。作用在单个数据表时，可以使用“testdb.tablename”。

当然，也可以在表中的列上添加权限。示例代码如下。

```
GRANT SELECT(id, se, rank) ON testdb.apache_log TO 'username'@'hostname';
```

14.4.3 取消权限

取消权限即收回权限，是指取消某个用户的某些权限。例如，如果数据库管理员角色某个用户不应该拥有 INSERT 权限，那么就可以将该用户已经存在的 INSERT 权限收回。

取消权限的方式可以保证数据库的安全。在 MySQL 数据库中，使用 REVOKE 关键字取消用户的权限。基本语法如下：

```
REVOKE priv_type[(column_list)]...
   ON database.table
   FROM user [,user]...
```

> **提 示**
>
> REVOKE 语句的参数与 GRANT 语句的参数一样，因此这里不再详细说明，读者可以参考 14.4.2 节关于 GRANT 语句的语法。

【范例 26】

通过 REVOKE 语句收回 tfirst 用户的 UPDATE 权限和 INSERT 权限，代码如下。


```
REVOKE UPDATE,INSERT ON *.* FROM 'tfirst'@'localhost';
```

执行上述语句查看效果。然后执行 SELECT 语句查看 tfirst 用户的权限，如图 14-23 所示。将该图与图 14-22 进行比较，可以发现，已经成功地取消了 tfirst 用户的 UPDATE 权限和 INSERT 权限。

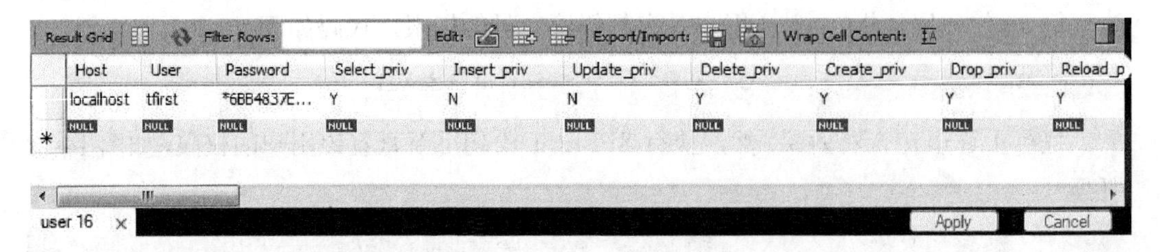

Host	User	Password	Select_priv	Insert_priv	Update_priv	Delete_priv	Create_priv	Drop_priv	Reload_p
localhost	tfirst	*6BB4837E...	Y	N	N	Y	Y	Y	Y
NULL	NULL	NULL	NULL	NULL	NULL	NULL	NULL	NULL	NULL

图 14-23 取消权限后再次查看权限

可以使用 REVOKE 取消某个用户的所有权限，基本语法如下。

```
REVOKE ALL PRIVILEGES, GRANT OPTION FROM user[,user];
```

【范例 27】

通过 REVOKE 语句收回 tfirst 用户的所有权限，代码如下：

```
REVOKE ALL PRIVILEGES,GRANT OPTION FROM 'tfirst'@'localhost';
```

执行上述语句查看效果。然后通过 SELECT 语句重新查看 tfirst 用户的权限，如图 14-24 所示。比较该图和图 14-23 可以发现，已经将该用户有关的权限取消，权限列的值都变成了 N。

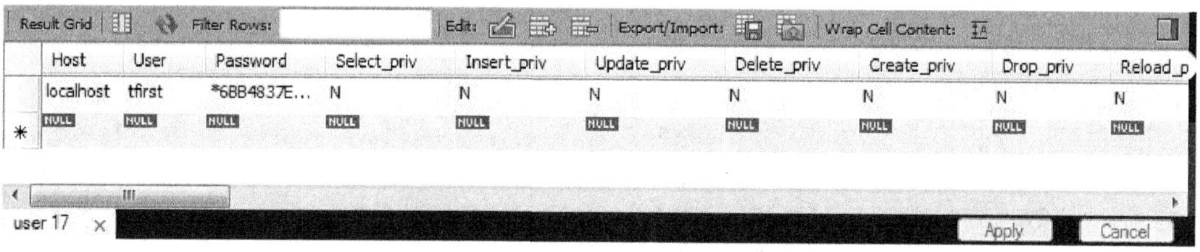
Result Grid
Filter Rows:
Edit:
Export/Import:
Wrap Cell Content:
Host User Password Select_priv Insert_priv Update_priv Delete_priv Create_priv Drop_priv Reload_p
localhost tfirst *6BB4837E... N N N N N N N
NULL NULL NULL NULL NULL NULL NULL NULL NULL NULL
user 17
Apply
Cancel

图 14-24　取消所有权限后再次查看权限

注意

无论是使用 GRANT 语句授权，还是使用 REVOKE 语句取消权限，该用户只有重新连接 MySQL 数据库，这些权限才能生效。另外，在给普通用户分配权限时一定要特别小心，如果授权不当，可能会给数据库带来致命的破坏。更需要注意的是，最好不要为普通用户授予 SUPER 权限和 GRANT 权限。

14.5 实验指导——对新创建的用户执行操作

在本节之前，已经详细介绍了 MySQL 数据库权限的工作原理、系统数据库 mysql 中与权限有关的表、用户管理以及权限管理等内容。本节利用前面的内容实现一个比较连贯的功能——对新创建的用户执行操作。

本节将创建一个名为 love 的用户，将其初始密码设置为 love123456。love 用户对 test 数据库下的所有表拥有查询、更新和删除的权限。创建完成后再进行以下操作。

（1）使用 root 用户将其密码修改为 love123456love。

（2）查看 love 用户拥有的权限。

（3）收回 love 用户的删除权限。

（4）删除 love 用户。

根据上述描述开始创建，实现步骤如下。

（1）先使用 root 用户登录到 MySQL 服务器或 Workbench 界面，登录成功后执行 GRANT 语句来创建 love 用户，代码如下。

```
GRANT SELECT,UPDATE,DELETE ON test.* TO 'love'@'localhost' IDENTIFIED BY
'love123456';
```

其中，SELECT、UPDATE、DELETE 分别表示查询权限、更新权限和删除权限。“test.*”表示 test 数据库下的全部表。由于服务器和客户端在同一台机器上，因此主机名直接使用 localhost。

（2）使用 SET 语句更改 love 用户的密码，将其修改为 love123456love，代码如下。

```
SET PASSWORD FOR 'love'@'localhost' = PASSWORD('love123456love);
```

（3）使用 SHOW GRANTS 语句查看 love 用户的权限，代码如下。

```
SHOW GRANTS FOR 'love'@'localhost';
```

（4）执行步骤（3）中的语句，效果如图 14-25 所示。

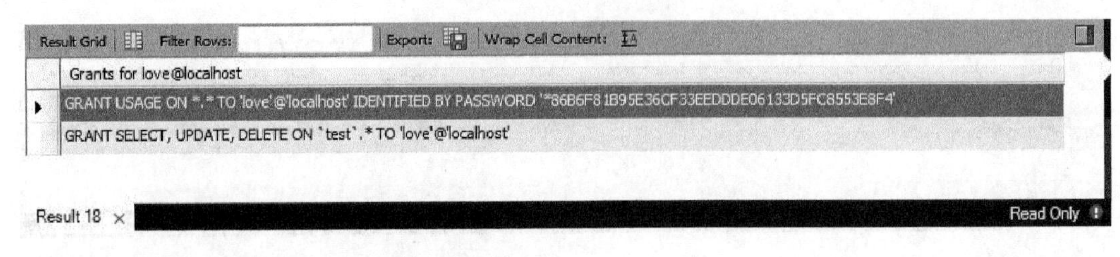

图 14-25　SHOW GRANTS 语句查看权限

（5）使用 REVOKE 语句收回 love 用户的 DELETE 权限，代码如下。

```
REVOKE DELETE ON test.* FROM 'love'@'localhost';
```

（6）执行步骤（5）中的语句，执行完成后再次通过 SHOW GRANTS 语句查看权限，如图 14-26 所示。

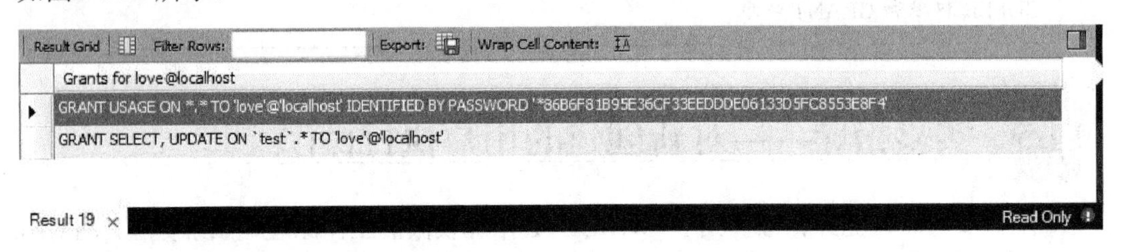

图 14-26　SHOW GRANT 语句重新查看权限

（7）使用 DROP USER 语句删除 love 用户，代码如下。

```
DROP USER 'love'@'localhost';
```

（8）执行步骤（7）中的语句查看效果。删除用户后重新执行 SHOW GRANTS 语句或者 SELECT 语句查看 love 用户。使用 SELECT 语句及其效果如图 14-27 所示。从该图中可以看出，user 表中已经找不到 love 用户，这说明该用户已经成功删除。

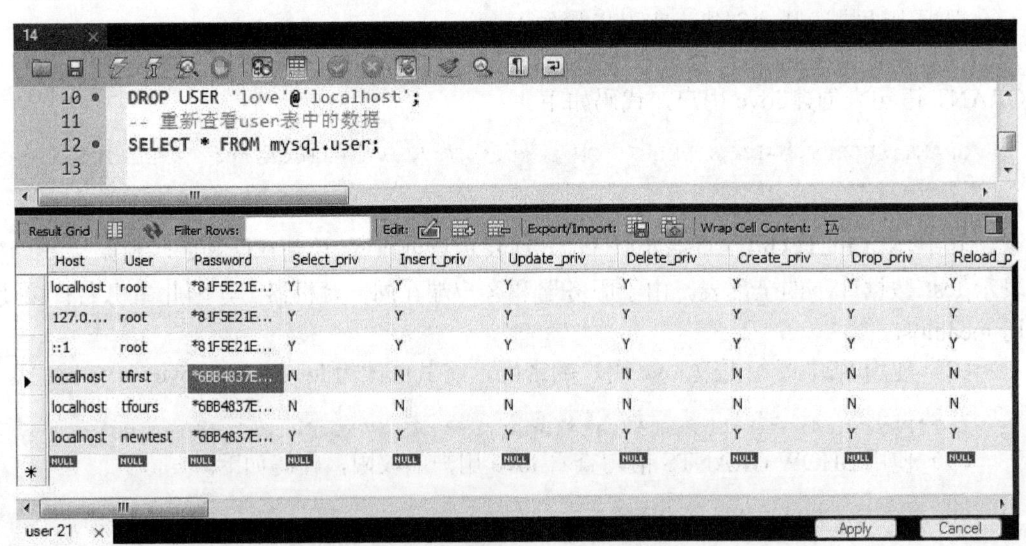

图 14-27　删除用户后查看 user 表的数据

14.6 MySQL Workbench 管理用户和权限

无论是前面介绍的范例，还是 14.5 节的实验指导，它们都是通过语句实现的。实际上，除了语句之外，还可能会使用到另一种方式，即 MySQL Workbench 操作界面工具。下面通过范例 28 详细介绍如何在 MySQL Workbench 界面中操作用户和权限。

【范例 28】

在 MySQL Workbench 界面中管理用户和权限，步骤如下。

（1）打开 Workbench 界面工具并连接到 MySQL 服务器，在左侧打开数据库操作管理界面，如图 14-28 所示。

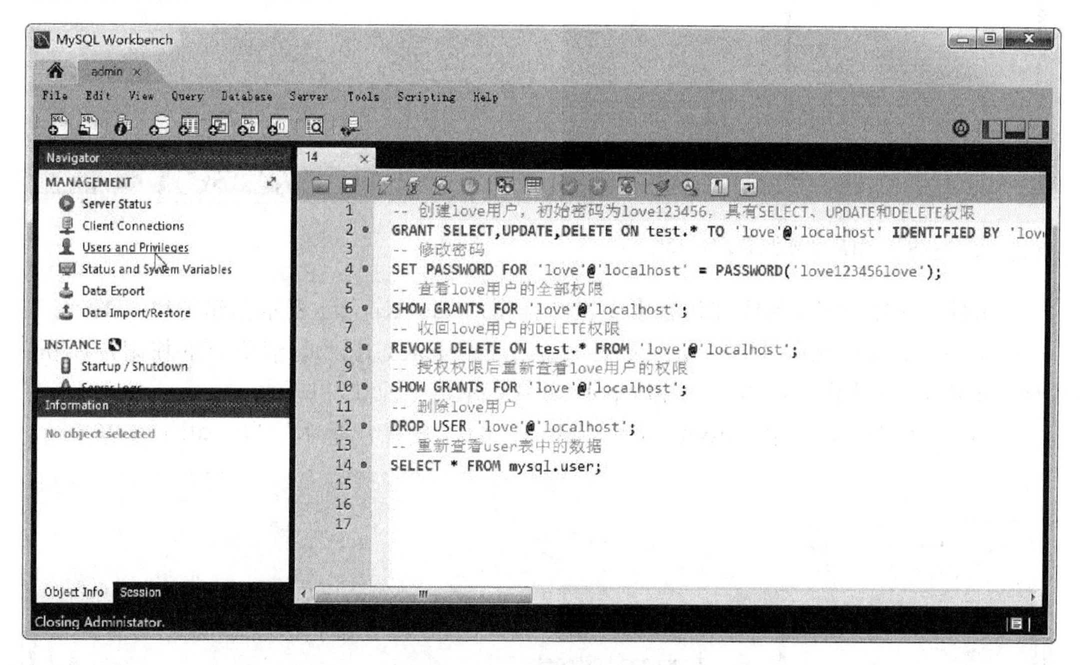

图 14-28 打开 Workbench 界面的左侧操作管理界面

（2）单击图 14-28 中的 Users and Privileages 命令打开与用户和权限有关的窗口，如图 14-29 所示。如果在 Workbench 工具中打不到图 14-28 左侧的管理界面，那么可以单击菜单栏中的 Server|Users and Privileages 命令打开。

在如图 14-29 所示的用户和权限管理窗口中显示所有的用户列表（包括超级用户和普通用户），单击左侧的用户可以在右侧查看其基本信息。在右侧信息显示部分包含 4 个选项卡，其中三个选项卡的说明如下。

（1）Login 选项卡：表示用户的基本信息，如登录名、认证类型和密码等。

（2）Account Limits 选项卡：表示账户的限制信息，如每小时允许用户执行的查询数、更新数和连接数等。

（3）Administrative Roles 选项卡：表示角色的权限分配，不同的角色其拥有的权限也可能不同。

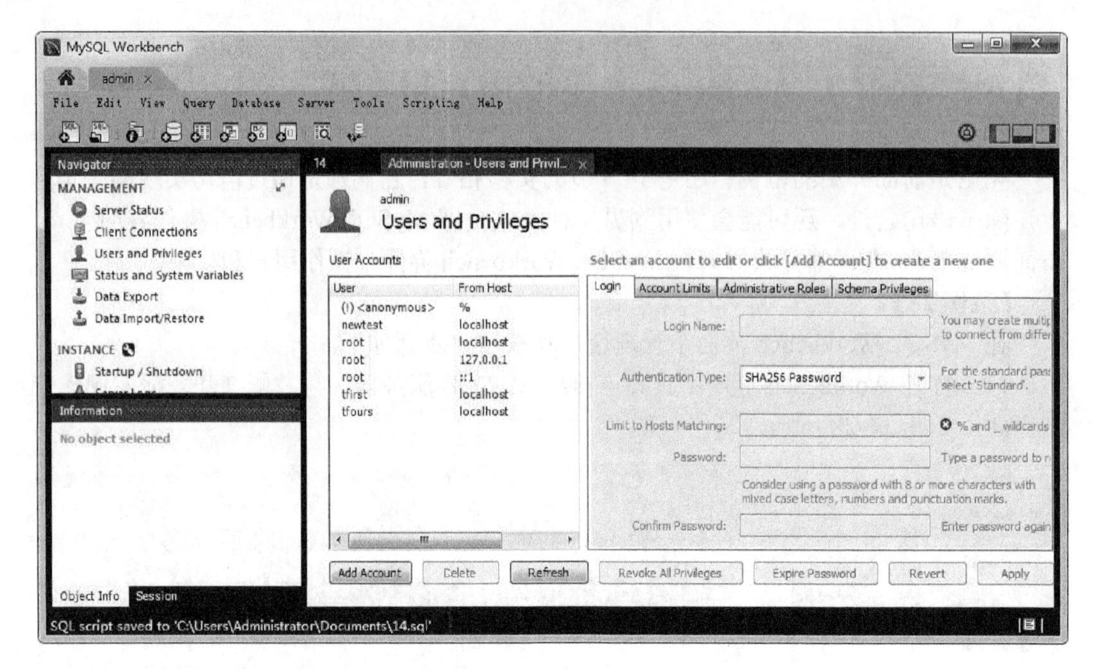

图 14-29 用户和权限管理窗口

另外，在图 14-29 的底部包含多个操作按钮：Add Account 表示创建用户；Delete 表示删除用户；Refresh 用于刷新；Revoke All Privileges 用于取消所有的权限；Expire Password 设置过期密码，Revert 和 Apply 分别表示恢复原状和应用。

（3）选择查看用户名为 root、主机名为 127.0.0.1 的账户基本信息，如图 14-30 所示。

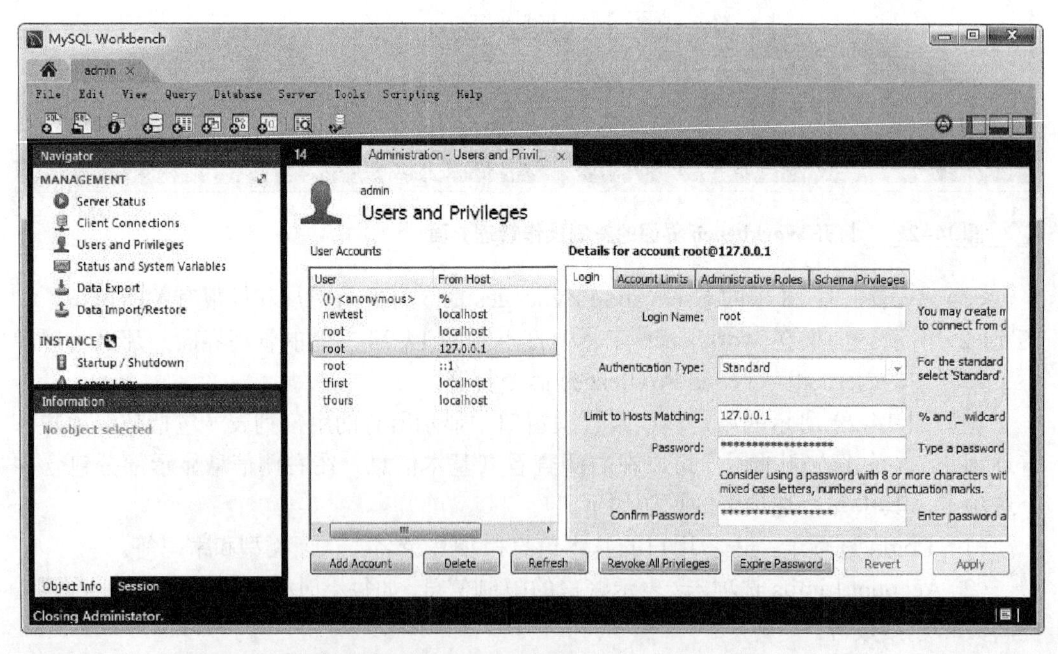

图 14-30 查看某个用户的信息

在图 14-30 中，右侧显示基本信息，同时可以单击部分按钮进行操作，如单击 Delete

按钮删除该用户，单击 Revoke Privileges 按钮取消该用户的所有权限。

（4）单击图 14-30 中的 Add Account 按钮创建名称为 newuser 的用户，其密码为 123456，如图 14-31 所示。

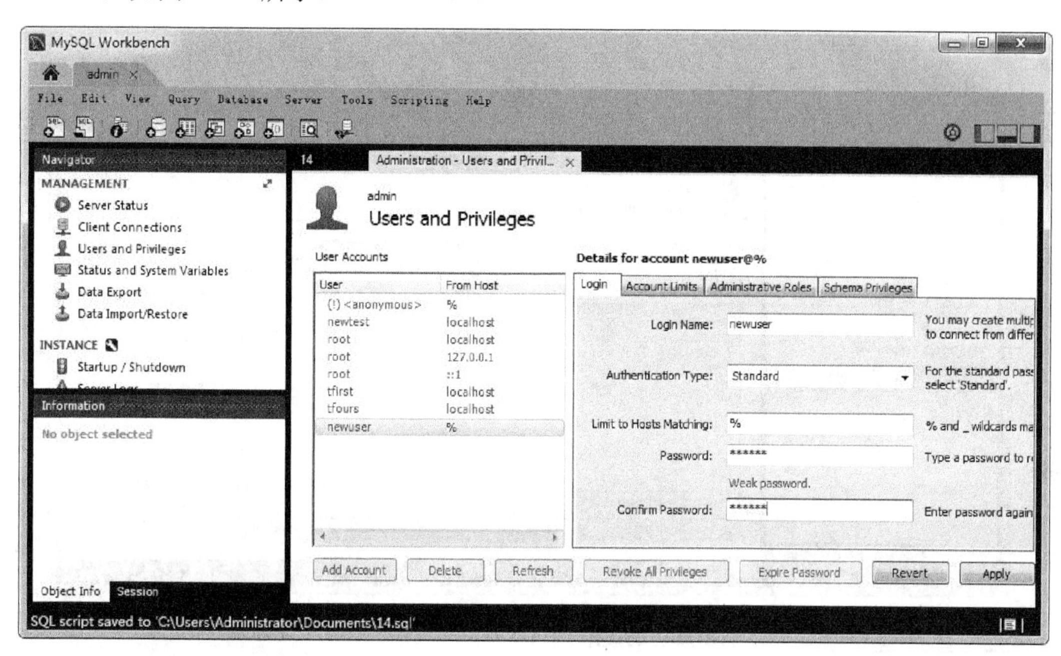

图 14-31 创建 newuser 用户

（5）可以根据需要为 newuser 用户分配权限，单击 Administration Roles 选项卡进行设置，如图 14-32 所示。

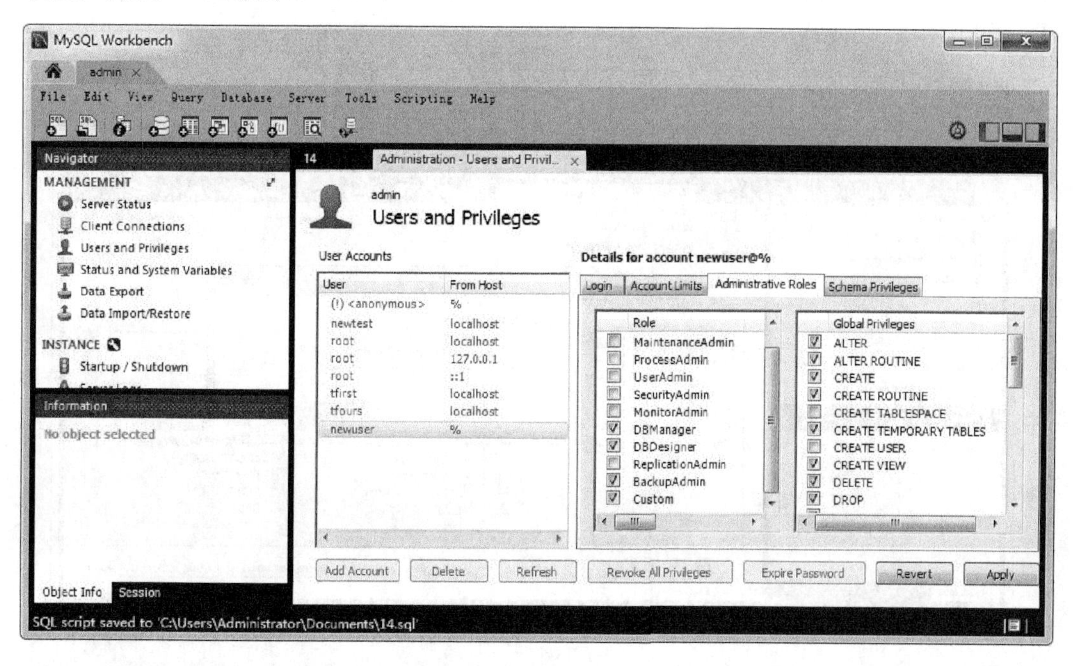

图 14-32 为 newuser 用户分配权限

（6）如果不想创建 newuser 用户，想重新创建一个用户，那么可以单击图 14-32 中的 Revert 按钮，这时会将所有的信息恢复原状。如果确定要创建该用户，那么可以直接单击 Apply 按钮，创建完成后会在左侧打开 newuser 用户，如图 14-33 所示。

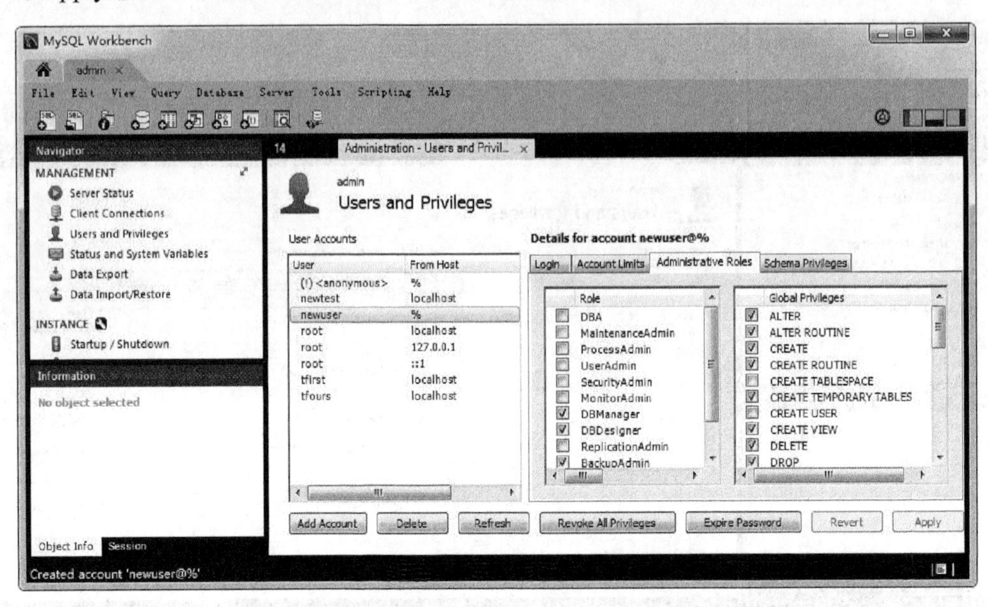

图 14-33　newuser 创建成功的效果

（7）如果某个用户确定不再使用，那么可以选中该用户，然后单击 Delete 按钮将其删除。分别选中 newtest、tfirst 和 tfours 用户将他们删除，删除时的提示如图 14-34 所示。在图 14-34 中，单击 Drop 按钮将其删除。newtest、tfirst 和 tfours 用户删除后的效果如图 14-35 所示。

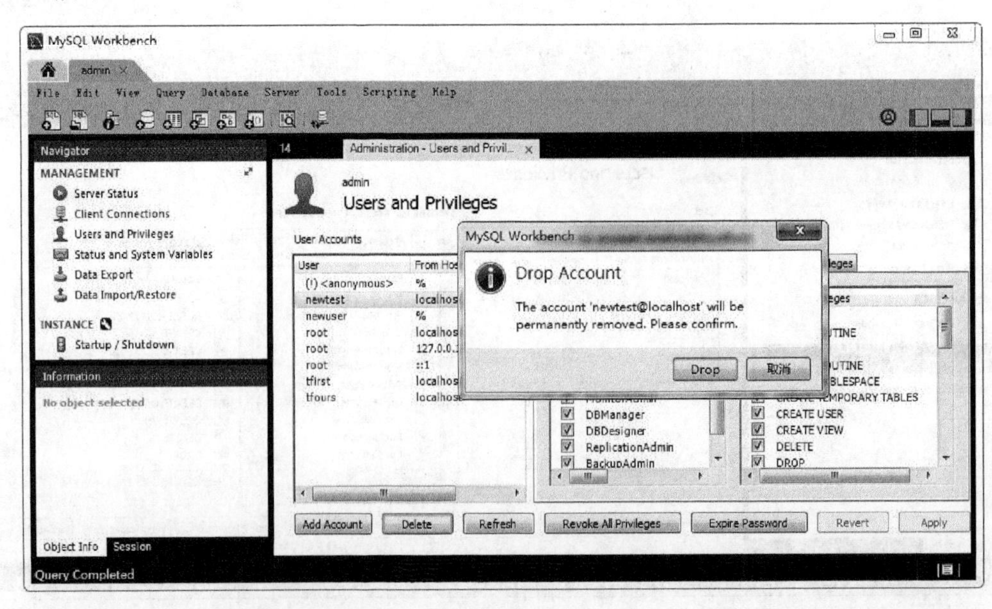

图 14-34　删除用户时的效果

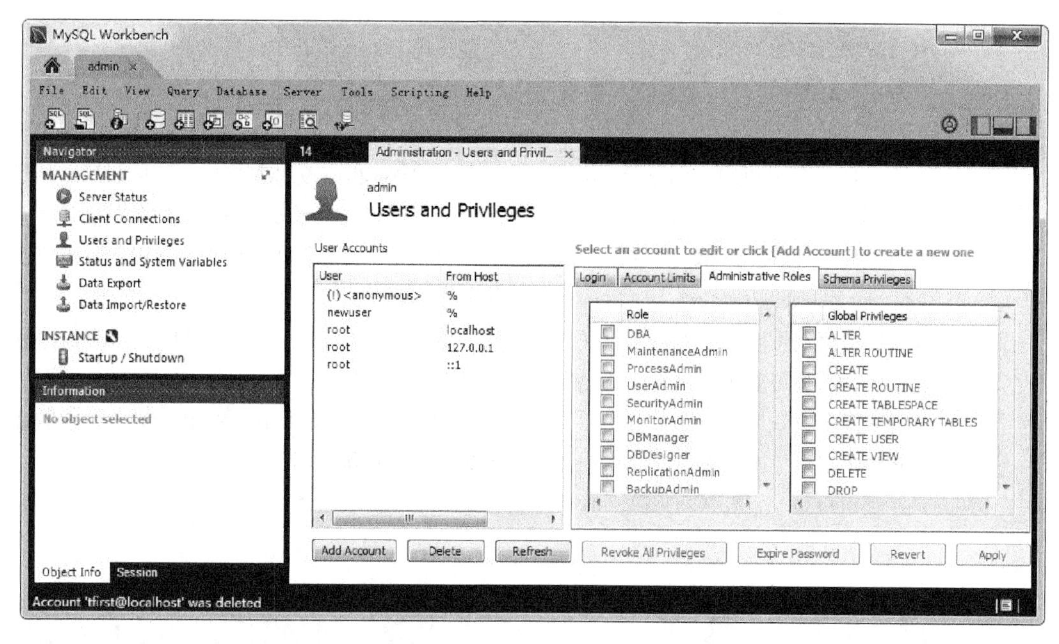

图 14-35 删除用户完成后的效果

试一试

在 MySQL Workbench 操作工具中还可以执行其他操作，例如，取消用户的所有权限，创建用户时指定每小时的最大更新数或查询数等。本节只是简单地进行介绍，其他的操作读者可以亲自动手试一试。

思考与练习

一、填空题

1．权限系统验证的两个阶段是指__________验证阶段和请求验证阶段。

2．在 user 表的结构中，__________列存储连接用户提供的已加密密码。

3．重命名用户时，需要使用__________语句。

4．取消授权时，需要使用__________语句。

二、选择题

1. MySQL 系统数据库的__________表确定哪些用户可以从哪台主机登录到数据库服务器。

A．user

B．db

C．procs_priv

D．tables_priv

2．在下面的选项中，__________列不是 tables_priv 表和 column_priv 表的共同列。

A．Host

B．Timestamp

C．Column_name

D．Tables_name

3．创建普通用户时，不能使用__________语句。

A．INSERT

B．GRANT

C．CREATE USER

D. CREATE USER INSERT

4. 下面关于 GRANT 语句，说法正确的是______。

A. GRANT 语句可以用来创建普通用户，创建时必须为用户指定初始密码

B. 普通用户可以使用 GRANT 语句修改 root 用户的密码

C. GRANT 语句可以直接为存在的用户分配权限，也可以在创建用户时直接分配权限

D. GRANT 可以更改普通用户的基本信息，如用户名、主机名和密码，但是不能使用 GRANT 语句分配权限

三、简答题

1. MySQL 系统数据库中与认证和授权有关的表有哪些？这些表分别用来做什么？

2. 简单说出创建和删除普通用户时需要使用的语句。

3. root 用户修改普通用户密码的方法有哪些？

4. 简单说出 GRANT 和 REVOKE 语句的基本语法，并举例说明。

第 15 章　数据备份与还原

每个公司都有着自己的数据，这些数据往往存储在数据库中。这些数据的误删或数据库的管理不当都将导致数据的丢失，严重影响公司的正常运行，如银行的数据丢失将导致众多无辜储户的巨大损失。

因此数据库系统都拥有一套数据备份和还原的机制，来应对数据库崩溃时的数据恢复，能够根据需求而备份和还原指定的数据，本章详细介绍 MySQL 中数据的备份和还原。

本章学习要点：

- ❑ 了解 MySQL 数据备份和还原的分类
- ❑ 了解 MySQL 数据备份和还原应用
- ❑ 熟练使用 SELECT INTO…OUTFILE 语句
- ❑ 了解 BACKUP TABLE 语句的使用
- ❑ 熟练使用 LOAD DATA INFILE 语句
- ❑ 能够使用 mysqlbinlog 自动还原
- ❑ 掌握 mysqldump 工具的使用
- ❑ 理解 myisamchk 工具的使用

15.1 数据备份基础

数据库备份是指将数据提取出来存储在其他地方，当需要时可以使用这些数据还原数据库。数据备份有多种方式和备份类型，本节介绍数据备份的基础和常见的备份方式。

15.1.1 数据备份简介

MySQL 数据库系统将每一个数据库的数据以文件的形式保存，因此可以通过复制文件的方式对数据库进行备份。

但是，复制文件时要保证表在复制期间不被使用。如果不能满足这一条件，复制的文件就可能存在数据的不一致性，复制操作将会失败。因此可以在复制以前关闭 MySQL 服务，复制完成后再重新启动服务。

由于某些应用要求 24 小时不间断服务，此时关闭服务器并不合适。MySQL 提供了表的锁定和解锁的相关操作，以确保在复制文件期间该文件不会被修改。使用锁定机制备份表的基本步骤如下。

（1）使用 LOCK TABLES 命令锁定某一个表或多个表。

（2）复制对应的文件。

（3）使用 UNLOCK TABLES 解锁已复制完的表。

对 MySQL 数据的备份，包括 SQL 级别的表备份、表的备份和数据库的备份。其主要应用如下所示。

（1）SQL 级别的表备份只需使用 SQL 语句将所查询的数据输出。

（2）表和数据库的备份，有着多种分类：自动备份、为恢复进行的备份、数据的迁移、文件导出等。

对 MySQL 数据表和数据库的备份，必须在操作系统下，使用系统命令来执行。如在 Linux 下使用 shell 命令；而在 Windows 下使用 cmd 命令打开系统终端，在终端执行。

使用 Windows 系统命令的前提是，MySQL 的安装路径存储在系统变量 Path 中。该变量的配置通常在安装 MySQL 时自动执行，若没有配置该环境变量，则需要执行如下几步。

（1）右击计算机，选择【属性】选项，打开如图 15-1 所示的窗口。在右侧控制面板主页中选择【高级系统设置】，打开【系统属性】对话框，如图 15-2 所示。

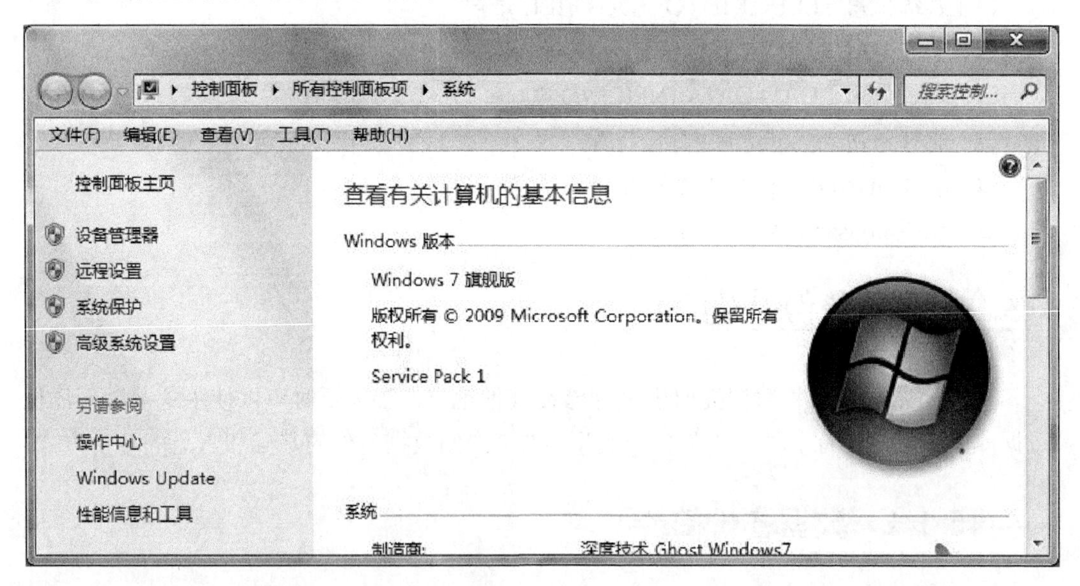

图 15-1 计算机属性

（2）在如图 15-2 所示的对话框中单击【环境变量】按钮可打开【环境变量】对话框，在下面的系统变量中找出 Path 并双击，弹出的对话框如图 15-2 所示。在【变量值】文本框中添加 MySQL 安装路径（bin 文件的路径），单击【确定】按钮保存配置。

（3）验证变量是否配置成功，可打开 Windows 下的终端，执行 mysql -uroot -p 命令。使用 root 用户名登录 MySQL，执行后终端将提示输入 MySQL 登录密码，如图 15-3 所示。

图 15-2 配置变量

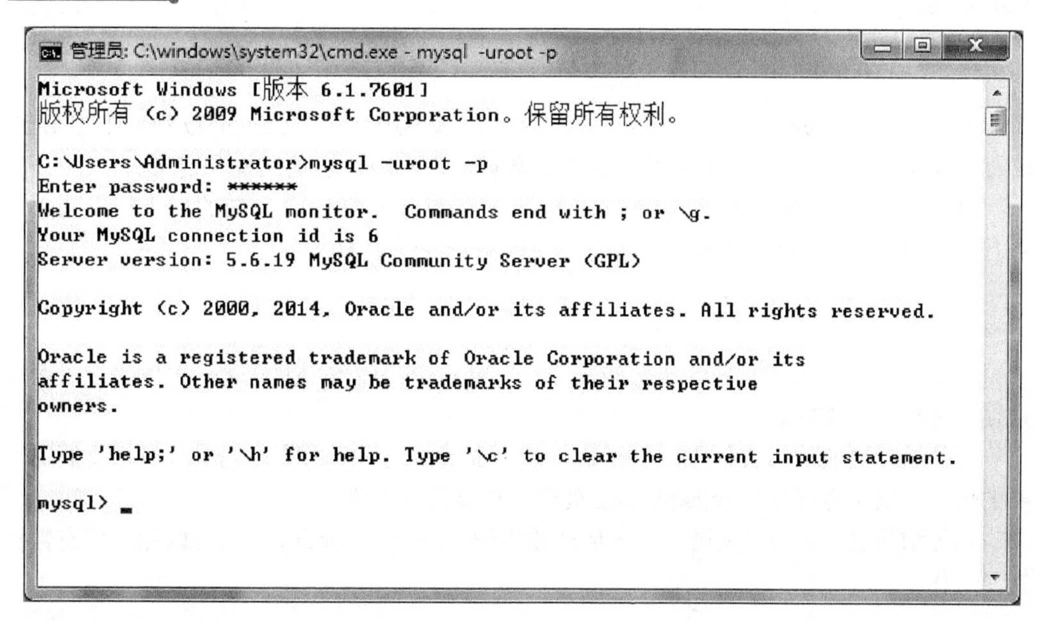

图 15-3 登录 MySQL

也可以不使用上述的方式，直接在 Windows 终端运行 MySQL Server Instance Config Wizard 就可以配置了。

15.1.2 常用备份

数据的备份需要根据其具体用途的不同而执行不同的操作。有为了防止数据丢失而进行的定期备份、有数据需要转移的备份、有数据丢失而需要找回的数据还原等。在

MySQL 中具体实现备份数据库的方法很多，可分为以下几种。

（1）完全备份：将数据库中的数据及所有对象全部进行备份。

（2）表备份：仅将一张或多张表中的数据进行备份。

（3）增量备份：在某一次完全备份的基础上，只备份其后数据的变化。

1．完全备份

完全备份最简单也最快速的方法是复制数据库文件夹，当然在复制时对 MySQL 会有些要求。也可以使用 mysqldump 程序或 mysqlhotcopy 脚本对数据库进行 SQL 语句级别的备份，它们速度要稍微慢一些，不过通用性更强。

使用复制的方法直接将数据表文件备份，也属于完全备份。只要服务器不再进行更新，可以复制所有表文件（*.frm、*.MYD 和*.MYI 文件）。对于 InnoDB 表，可以进行在线备份，不需要对表进行锁定。

mysqldump 可以在 MySQL 安装目录中找到，该程序用于转储数据库或搜集数据库进行备份或将数据转移到另一个支持 SQL 语句的服务器（不一定是一个 MySQL 服务器）。备份后产生的备份文件是一个文本文件，文件内容为创建表和往表中插入数据的 SQL 语句。

2．表备份

如果只想对数据库中的某些表进行备份，可以使用 SELECT INTO…OUTFILE 或 BACKUP TABLE 语句，只提取数据表中的数据，而不备份表的结构和定义。

LOAD DATA INFILE 语句是 SELECT INTO…OUTFILE 语句的反执行，能够将 SELECT INTO…OUTFILE 语句所备份的文件重新放回表中。

3．增量备份

增量备份是在某一次完全备份的基础上，只备份其后数据的变化。增量备份可用于定期备份和自动恢复。

系统的二进制日志文件中提供了执行 mysqldump 之后对数据库的更改进行复制所需要的信息。增量备份使用 mysqlbinlog 处理二进制日志文件。

通过增量备份，当出现操作系统崩溃或电源故障时，InnoDB 自己可以完成所有数据恢复工作。

15.1.3 表备份

表的备份实质是备份表中的数据，可以在查询窗口使用 SQL 语句执行，也可以在系统终端进行。若要备份完整的表（包括字段属性），则只能在系统终端进行。

进行 SQL 级别的表备份，可以使用 SELECT INTO…OUTFILE 语句或 BACKUP TABLE 语句。这两条语句都可以输出文件，将需要输出的结果以文件形式输出。但其所输出的文件不能够与执行路径的文件有重名，因此需要确定指定位置没有相同名称的文件。

1．SELECT INTO…OUTFILE 语句

SELECT INTO…OUTFILE 语句是 MySQL 对 SELECT 语句的扩展应用，其用法如下所示：

```
SELECT 列名列表 INTO OUTFILE|DUMPFILE '文件名' 输出选项
FROM 表名 [其他 SELECT 子句]
```

SELECT…INTO OUTFILE 语句的主要作用是快速地把一个表转储到服务器机器上。如果想在服务器主机之外的部分客户主机上创建结果文件，不能使用此语句。

【范例 1】

备份 fruitshop.work 表中除了 wid 字段以外的数据，创建“d:\work.txt”文件并将数据写入文件中，代码如下。

```
SELECT wname,wsex,wage,wemail INTO OUTFILE "d:\\work.txt" FROM fruitshop.
work;
```

上述代码中，由于反斜杠将被编译为转义字符，因此需要使用双反斜杠。此时查看 d 盘下的 work.txt 文件，如图 15-4 所示。

```
work.txt - 记事本
文件(F)  编辑(E)  格式(O)  查看(V)  帮助(H)
梁思    女    22    li@126.com
何健    男    21    jk@126.com
赵龙    男    26    zl@126.com
李虎    男    25    lh@126.com
张明    男    \N    \N王丽    女
\N      \N
```

图 15-4 表数据备份

由图 15-4 可以看出，SELECT…INTO OUTFILE 语句并没有备份表的定义，而是直接备份的表数据。而原表中字段值为 NULL 的，使用“\N”来表示。

范例 1 使用了绝对路径来备份数据，若省略其路径，使用代码"work.txt"代替代码"d:\\work.txt"，那么该文件将被保存在 fruitshop 数据库文件夹中，与该数据库的其他文件在同一个文件夹下。

2．BACKUP TABLE 语句

BACKUP TABLE 语句提供在线备份能力，但 MySQL 不推荐使用这种方法，如果可能，应尽量使用 mysqlhotcopy 替代本语句。

BACKUP TABLE 语句刷新了所有对磁盘的缓冲变更后，把恢复表所需的最少数目的表文件复制到备份目录中。

BACKUP TABLE 语句只对 MyISAM 表起作用。它可以复制.frm 定义文件和.MYD

数据文件。.MYI 索引文件可以从这两个文件中重建。

BACKUP TABLE 语句语法格式如下所示：

```
BACKUP TABLE 表名1 [,表名2]…
TO '/文件路径/文件名'
```

3. LOAD DATA INFILE 语句

LOAD DATA INFILE 语句用于高速地从一个文本文件中读取行，并装入一个表中。也可以通过使用 mysqlimport 应用程序载入数据文件，它通过向服务器发送一个 LOAD DATA INFILE 语句实现此功能。

LOAD DATA INFILE 语句格式如下：

```
LOAD DATA [LOW_PRIORITY | CONCURRENT] [LOCAL] INFILE '文件名'
    [REPLACE | IGNORE]
    INTO TABLE 表名
    [FIELDS
        [TERMINATED BY '字符串']
        [[OPTIONALLY] ENCLOSED BY '字符']
        [ESCAPED BY '字符' ]
    ]
    [LINES
        [STARTING BY '字符串']
        [TERMINATED BY '字符串']
    ]
    [IGNORE number LINES]
    [(col_name_or_user_var,...)]
    [SET col_name = expr,...]]
```


对上述代码中的选项解释如下。

1）LOCAL

如果指定了 LOCAL，则文件会被客户主机上的客户端读取，并被发送到服务器。文件会被给予一个完整的路径名称，以指定确切的位置。如果给定的是一个相对的路径名称，则此名称会被理解为相对于启动客户端时所在的目录。

2）LOW_PRIORITY

如果使用 LOW_PRIORITY，则 LOAD DATA 语句的执行被延迟，直到没有其他的客户端从表中读取为止。

3）CONCURRENT

如果一个 MyISAM 表满足同时插入的条件（即该表在中间有空闲块），并且对这个 MyISAM 表指定了 CONCURRENT，则当 LOAD DATA 正在执行时，其他线程会从表中重新获取数据。不过，使用本选项也会略微影响 LOAD DATA 的性能，即使没有其他线程在同时使用本表格。

如对范例 1 所备份的文件进行还原，将其数据放在 school 数据库下的空白表 student 中，如范例 2 所示。

【范例 2】

根据范例 1 所备份的表数据，来填充空白表 fruitshop.worker，其代码及其执行结果如下所示。

```
LOAD DATA INFILE "d:\\work.txt" INTO TABLE fruitshop.worker;
```

查看 fruitshop.worker 表中的数据，如下所示。

```
+ ------ + ----- + ------- + --------- +
| name   | sex   | age     | email     |
+ ------ + ----- + ------- + --------- +
| 梁思   | 女    | 22      | li@126.com |
| 何健   | 男    | 21      | jk@126.com |
| 赵龙   | 男    | 26      | zl@126.com |
| 李虎   | 男    | 25      | lh@126.com |
| 张明   | 男    |         |            |
| 王丽   | 女    |         |            |
+ ----- + ------ + ------ + ----------- +
6 rows
```

work 表和 worker 表的字段并不一样，不过数据备份文件中只有字段的值，没有字段名称和类型，因此只要备份文件中的数据能够与填充表的字段数据类型对应，即可实现数据填充。

15.1.4 自动备份

mysqlbinlog 用于处理二进制日志文件，如果 MySQL 服务器启用了二进制日志，可以使用 mysqlbinlog 工具来恢复：从指定的时间点开始到现在或另一个指定的时间点的数据。使用自动恢复，需要注意执行以下几个步骤。

（1）一定要用--log-bin 或--log-bin=log_name 选项运行 MySQL 服务器，其中日志文件名位于某个安全媒介上，不同于数据目录所在驱动器。

（2）定期进行完全备份，使用 mysqldump 命令进行在线非块备份。

（3）用 FLUSH LOGS 或 mysqladmin flush-logs 清空日志进行定期增量备份。

要想从二进制日志恢复数据，需要知道当前二进制日志文件的路径和文件名。一般可以从选项文件（后缀名.cnf 或.ini）中找到路径。如果未包含在选项文件中，当服务器启动时，可以在命令行中以选项的形式给出。

启用二进制日志的选项为--log-bin。确定当前的二进制日志文件的文件名，使用下面的 MySQL 语句：

```
SHOW BINLOG EVENTS
```

还可以从命令行输入下面的内容：

```
mysql --user=root -pmy_pwd -e 'SHOW BINLOG EVENTS '
```

上述代码中，密码 my_pwd 为服务器的 root 密码。

1. 指定恢复时间

可以在 mysqlbinlog 语句中通过--start-date 和--stop-date 选项指定 DATETIME 格式的起止时间。以终止时间为例，语法如下：

```
mysqlbinlog --stop-date="终止时间" 日志文件 | mysql -u root -p
```

上述代码中，"|" 符号表示管道，其作用是将该符号前面所得到的文件传给 mysql 命令。可以使用--start-datetime 和--stop-datetime 替代--start-date 和--stop-date。

【范例 3】

修改数据库数据，添加 fruitshop.student2 表。将数据恢复到 2014 年 7 月 23 日 9 点钟，没有添加 fruitshop.student2 表时的状态，步骤如下。

（1）首先找到 MySQL 服务器中所有日志文件的状态，代码如下。

```
SHOW VARIABLES LIKE 'log_%';
```

上述代码的执行效果如下所示。

```
+ ---------------------------------------- + ------------ +
| Variable_name                            | Value        |
+ ---------------------------------------- + ------------ +
| log_bin                                  | OFF          |
| log_bin_basename                         |              |
| log_bin_index                            |              |
| log_bin_trust_function_creators          | OFF          |
| log_bin_use_v1_row_events                | OFF          |
| log_error                                | .\HZWPP.err  |
| log_output                               | NONE         |
| log_queries_not_using_indexes            | OFF          |
| log_slave_updates                        | OFF          |
| log_slow_admin_statements                | OFF          |
| log_slow_slave_statements                | OFF          |
| log_throttle_queries_not_using_indexes   | 0            |
| log_warnings                             | 1            |
+ ---------------------------------------- + ------------ +
13 rows
```

上述代码的执行结果显示，log_bin 的值是 OFF，因此配置文件中没有日志文件，需要配置日志文件并重启 MySQL 服务。

（2）找到 MySQL 数据文件的路径，找到配置文件 my.ini，找到"#log-bin"语句并修改为"log-bin=mysql_bin.000001"，保存文件并重启 MySQL 服务。

（3）此时再次执行步骤（1），可以看到 log_bin 的值是 ON。可使用 show binlog events 语句查看当前的日志文件，代码如下。

```
show binlog events
```

上述代码的执行结果如图 15-5 所示。可见步骤（2）中所配置的日志文件可以使用。

查看找到 MySQL 数据文件的路径，在 data 文件夹下可看到服务器生成的 mysql_bin.000001 文件。

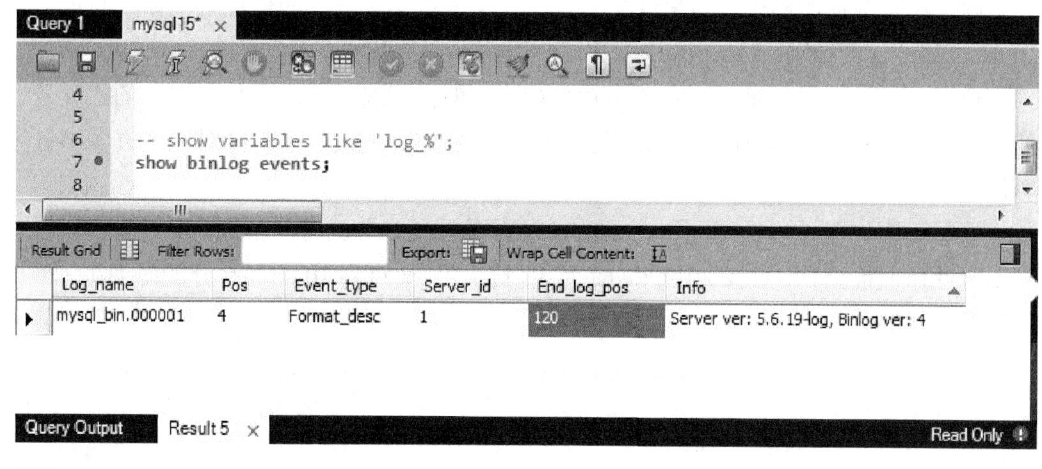

图 15-5 当前日志文件

（4）添加 fruitshop.student2 表，执行后查看当前的日志文件，执行效果如图 15-6 所示。

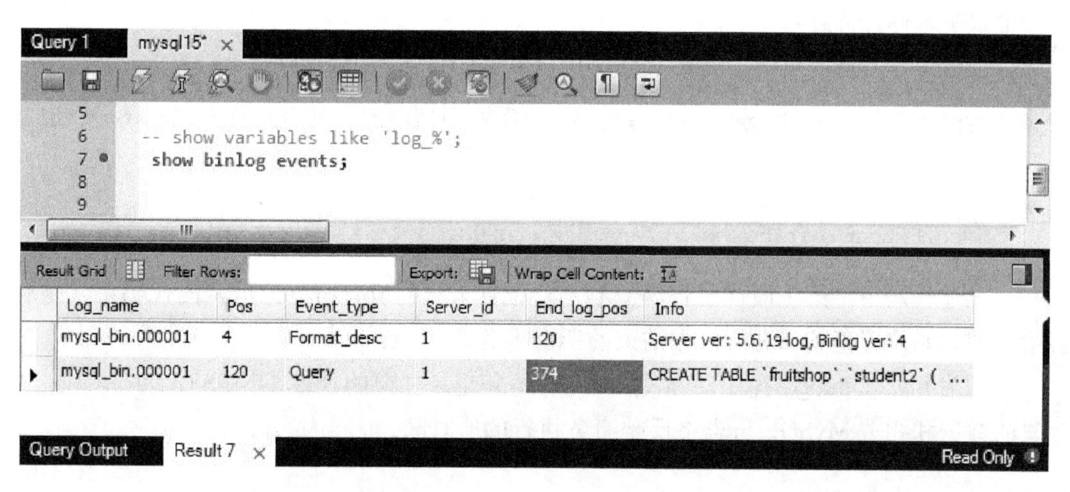

图 15-6 添加表之后的日志文件

对比图 15-5 和图 15-6 可以看到，对数据库进行的操作，将直接反映在日志文件中。而日志文件详细记录了数据库修改的时间、位置和修改内容。

图 15-6 中，第 2 列是数据修改的开始位置号，第 5 列是结束位置号，若需要通过位置号恢复数据，可使用这两列的值。

（5）将数据恢复到 2014 年 7 月 23 日 9 点钟，没有添加 fruitshop.student2 表时的状态，代码如下。

```
mysqlbinlog --stop-datetime="2014-7-23 9:00:00" mysql_bin.000001
```

2．指定恢复位置

除了根据数据的操作时间来恢复数据，还可根据系统日志的位置号来恢复数据，使用 mysqlbinlog 的选项--start-position 和--stop-position 来执行。

位置选项的作用与起止时间选项功能相同，但位置选项给出了从日志起的位置号。使用日志位置是更准确的恢复方法，特别是当由于破坏性 SQL 语句同时发生许多事务的时候。

要想确定位置号，可以运行 mysqlbinlog 寻找执行事务的时间范围，将结果重新指向文本文件以便检查。如查找 2014 年 12 月 12 日上午 10 点到 10 点零 5 分的时间范围，其位置号，代码如下。

```
mysqlbinlog --start-date="2014-12-12 10:00:00" --stop-date="2014-12-12
10:05:00" \
     /var/log/mysql/bin > /tmp/mysql_restore.sql
```

该命令将在/tmp 目录创建小的文本文件，显示该时间段执行的 SQL 语句。该文件可以用文本编辑器打开，查看所执行的 SQL 语句。

如果二进制日志中的位置号用于停止和继续恢复操作，应进行注释。用 log_pos 加一个数字来标记位置。

使用位置号恢复以前的备份文件，可以从命令行输入下面内容：

```
mysqlbinlog --stop-position="停止位置号" 日志文件 \ | mysql -u root -pmypwd
```

或

```
mysqlbinlog--start-position="开始位置号"日志文件\| mysql -u root -pmypwd \
```

上述代码中，第 1 段代码将恢复到停止位置为止的所有事务；第二段代码将恢复从给定的起始位置直到二进制日志结束的所有事务。

因为 mysqlbinlog 的输出包括每个 SQL 语句记录之前的 SET TIMESTAMP 语句，恢复的数据和相关 MySQL 日志将反映事务执行的原时间。

15.2 完全备份

完全备份通常使用 mysqldump 语句，但 mysqldump 语句不只能够备份完整的数据库，还能够备份指定的表，将数据库在不同系统间迁移和导出文本文件等。

15.2.1 mysqldump 简介

mysqldump 是对 MySQL 进行备份和还原的重要工具，它提供了对 MySQL 表的备份和还原、对 MySQL 数据库的备份和还原、对多个 MySQL 数据库的备份和还原，以及对服务器中所有数据库的备份和还原。

通过在系统终端执行“mysqldump -help”语句，可查询 mysqldump 语句的语法，如下所示。

```
C:\Users\Administrator>mysqldump -help
Usage: mysqldump [OPTIONS] database [tables]
OR     mysqldump [OPTIONS] --databases [OPTIONS] DB1 [DB2 DB3...]
OR     mysqldump [OPTIONS] --all-databases [OPTIONS]
For more options, use mysqldump --help
```

上述代码中，显示了 mysqldump 语句的三种格式，分别在第 2 行、第 3 行和第 4 行，如下所示。

（1）第一种用于备份指定数据库中的表（一个或多个）。

（2）第二种用于同时备份多个指定数据库，“DB1 [DB2 DB3…]”表示一个数据库或数据库列表。

（3）第三种用于备份服务器上所有的数据库。

mysqldump 语句有多个选项，可指定不同的参数，这里讲一下 mysqldump 的一些主要参数，如下所示。

1. --compatible=name

指定导出的数据将和哪种数据库或哪个旧版本的 MySQL 服务器相兼容。值可以为 ansi、mysql323、mysql40、postgresql、oracle、mssql、db2、maxdb、no_key_options、no_tables_options、no_field_options 等。若需要使用多个值，用逗号将它们隔开。

2. --complete-insert，-c

导出的数据采用包含字段名的完整 INSERT 方式，也就是把所有的值都写在一行。这么做能提高插入效率，但是可能会受到 max_allowed_packet 参数的影响而导致插入失败。

3. --default-character-set=charset

指定导出数据时采用的字符集，如果数据表不是采用默认的 latin1 字符集，那么导出时必须指定该选项，否则再次导入数据后将产生乱码问题。

4. --disable-keys

告诉 mysqldump 在 INSERT 语句的开头和结尾增加“/*!40000 ALTER TABLE table DISABLE KEYS */;和/*!40000 ALTER TABLE table ENABLE KEYS */;”语句，这能大大提高插入语句的速度，因为它是在插入完所有数据后才重建索引的。该选项只适合 MyISAM 表。

5. --extended-insert=true|false

默认情况下，mysqldump 开启--complete-insert 模式，因此如果不想用它，就使用本选项，设定它的值为 false 即可。

6. --hex-blob

使用十六进制格式导出二进制字符串字段。如果有二进制数据就必须使用本选项。影响到的字段类型有 BINARY、VARBINARY、BLOB。

7. --lock-all-tables，-x

在开始导出之前，提交请求锁定所有数据库中的所有表，以保证数据的一致性。这是一个全局读锁，并且自动关闭--single-transaction 和--lock-tables 选项。

8. --lock-tables

它和--lock-all-tables 类似，不过是锁定当前导出的数据表，而不是一下子锁定全部库下的表。本选项只适用于 MyISAM 表，如果是 InnoDB 表可以用--single-transaction 选项。

9. --no-create-info，-t

只导出数据，而不添加 CREATE TABLE 语句。

10. --no-data，-d

不导出任何数据，只导出数据库表结构。

11. --opt

这只是一个快捷选项，等同于同时添加--add-drop-tables、--add-locking、--create-option、--disable-keys、--extended-insert、--lock-tables、--quick 和--set-charset 选项。本选项能让 mysqldump 很快地导出数据，并且导出的数据能很快导回。该选项默认开启，但可以用--skip-opt 禁用。

但是，如果运行 mysqldump 没有指定--quick 或--opt 选项，则会将整个结果集放在内存中。如果导出大数据库可能会出现问题。

12. --quick，-q

该选项在导出大表时很有用，它强制 mysqldump 从服务器查询取得记录直接输出而不是取得所有记录后将它们缓存到内存中。

13. --routines，-R

导出存储过程以及自定义函数。

14．--single-transaction

该选项在导出数据之前提交一个 BEGIN SQL 语句，BEGIN 不会阻塞任何应用程序且能保证导出时数据库的一致性状态。它只适用于事务表，例如 InnoDB 和 BDB。

本选项和--lock-tables 选项是互斥的，因为 LOCK TABLES 会使任何挂起的事务隐含提交。如果要想导出大表，应结合使用--quick 选项。

15．--triggers

同时导出触发器。该选项默认启用，用--skip-triggers 禁用它。

15.2.2 mysqldump 备份

15.2.1 节简单介绍了 mysqldump 的一些选项，本节详细介绍 mysqldump 对数据表和数据库的备份，以及对所备份文件的查看。

为确保数据的一致性，需要确定数据在备份的过程中不会修改，将备份数据锁定。

1．备份一个数据库或一张表

对指定的数据库或指定的表进行备份，可提供其所生成的备份文件的名称和地址，也可以不提供。若不提供所备份的文件路径或名称，那么所备份的内容将直接显示在系统终端；否则其备份内容被记录在备份文件中。

（1）备份一个数据库或一张表，而不提供备份文件的地址，语法如下：

```
mysqldump [选项] 数据库名[表名]
```

（2）备份一个数据库或一张表，指明备份文件的名称和地址，语法如下：

```
mysqldump [选项] 数据库名[表名]>文件路径（文件名称）
```

上述两条语句中，[选项]中的内容必须包括 MySQL 的登录用户名和密码。备份数据库中的一张表，而不提供备份文件的地址，如范例 4 所示。

【范例 4】

对 fruitshop 数据库中的 work 表进行备份，使用 root 用户名，不提供备份文件的地址，其代码如下。

```
mysqldump -u root -p fruitshop work
```

执行上述代码，在提示输入密码时，输入 MySQL 的登录密码。执行效果如图 15-7 所示。

```
管理员: C:\windows\system32\cmd.exe
C:\Users\Administrator>mysqldump -u root -p fruitshop work
Enter password: ******
-- MySQL dump 10.13  Distrib 5.6.19, for Win32 (x86)
--
-- Host: localhost    Database: fruitshop
-- ------------------------------------------------------
-- Server version       5.6.19

/*!40101 SET @OLD_CHARACTER_SET_CLIENT=@@CHARACTER_SET_CLIENT */;
/*!40101 SET @OLD_CHARACTER_SET_RESULTS=@@CHARACTER_SET_RESULTS */;
/*!40101 SET @OLD_COLLATION_CONNECTION=@@COLLATION_CONNECTION */;
/*!40101 SET NAMES utf8 */;
/*!40103 SET @OLD_TIME_ZONE=@@TIME_ZONE */;
/*!40103 SET TIME_ZONE='+00:00' */;
/*!40014 SET @OLD_UNIQUE_CHECKS=@@UNIQUE_CHECKS, UNIQUE_CHECKS=0 */;
/*!40014 SET @OLD_FOREIGN_KEY_CHECKS=@@FOREIGN_KEY_CHECKS, FOREIGN_KEY_CHECKS=0
*/;
/*!40101 SET @OLD_SQL_MODE=@@SQL_MODE, SQL_MODE='NO_AUTO_VALUE_ON_ZERO' */;
/*!40111 SET @OLD_SQL_NOTES=@@SQL_NOTES, SQL_NOTES=0 */;

--
-- Table structure for table `work`
--

DROP TABLE IF EXISTS `work`;
/*!40101 SET @saved_cs_client     = @@character_set_client */;
/*!40101 SET character_set_client = utf8 */;
CREATE TABLE `work` (
  `wid` int(11) NOT NULL AUTO_INCREMENT,
  `wname` varchar(16) DEFAULT NULL,
  `wsex` varchar(4) DEFAULT NULL,
  `wage` int(11) DEFAULT NULL,
  `wemail` varchar(45) DEFAULT NULL,
  PRIMARY KEY (`wid`)
) ENGINE=InnoDB AUTO_INCREMENT=13 DEFAULT CHARSET=utf8;
/*!40101 SET character_set_client = @saved_cs_client */;

--
-- Dumping data for table `work`
--

LOCK TABLES `work` WRITE;
/*!40000 ALTER TABLE `work` DISABLE KEYS */;
INSERT INTO `work` VALUES (1,'姊傡Ç?,'濂?,22,'li@126.com'),(2,'浣曞仴','鐢?,21,'
jk@126.com'),(3,'璧甸槧','鐢?,26,'zl@126.com'),(4,'鏉庤檸','鐢?,25,'lh@126.com')
```

图 15-7 work 表备份

由图 15-7 可以看出，使用该语句所备份的有该数据所使用的 MySQL 版本号、表所在的数据库、表的定义及表数据。但表的数据部分，汉字被显示为乱码，这是由于该字符集不是默认的字符集，系统编译没有准确编译汉字。

对汉字的编译，需要在命令中添加“--default-character-set=utf8”语句，如下所示：

```
mysqldump -u root --default-character-set=utf8 -p library book
```

【范例 5】

对 fruitshop 数据库中的 work 表进行备份，指定其备份文件路径为“d:\work.sql”，使用 root 用户名，其代码如下。

```
mysqldump -u root -p fruitshop work>d:\work.sql
```

上述代码执行后，输入密码，其备份内容将被写入 work 文件。与范例 3 不同的是，被写入脚本文件的代码中，汉字部分不是乱码，如图 15-8 所示。

work.sql - 记事本

文件(F) 编辑(E) 格式(O) 查看(V) 帮助(H)

```
/*!40101 SET @saved_cs_client     = @@character_set_client */;
/*!40101 SET character_set_client = utf8 */;
CREATE TABLE `work` (
  `wid` int(11) NOT NULL AUTO_INCREMENT,
  `wname` varchar(16) DEFAULT NULL,
  `wsex` varchar(4) DEFAULT NULL,
  `wage` int(11) DEFAULT NULL,
  `wemail` varchar(45) DEFAULT NULL,
  PRIMARY KEY (`wid`)
) ENGINE=InnoDB AUTO_INCREMENT=13 DEFAULT CHARSET=utf8;
/*!40101 SET character_set_client = @saved_cs_client */;

--
-- Dumping data for table `work`
--

LOCK TABLES `work` WRITE;
/*!40000 ALTER TABLE `work` DISABLE KEYS */;
INSERT INTO `work` VALUES (1,'梁思','女',22,'li@126.com'),(2,'何
健','男',21,'jk@126.com'),(3,'赵龙','男',26,'zl@126.com'),(4,'李
虎','男',25,'lh@126.com'),(10,'张明','男',NULL,NULL),(12,'王丽','
女',NULL,NULL);
/*!40000 ALTER TABLE `work` ENABLE KEYS */;
UNLOCK TABLES;
/*!40103 SET TIME_ZONE=@OLD_TIME_ZONE */;
```

图 15-8　表的备份文件

> **注意**
>
> 若只是指明备份文件的名称，而没有指明该文件的路径，如使用“work.sql”来代替上述代码中的“d:\ work.sql”，那么该文件将被默认保存在 Windows 系统 C 盘用户文件夹下。

2. 同时备份多个数据库

对指定的数据库列表进行备份，可提供其所生成的备份文件的名称和地址，也可以不提供。若不提供所备份的文件路径或名称，那么所备份的内容将直接显示在系统终端；否则其备份内容被记录在备份文件中。

同时备份多个数据库，语法如下：

```
mysqldump [选项] --databases 数据库 1[数据库 2 数据库 3…]
```

同时备份多个数据库，指定备份文件路径，语法如下：

```
mysqldump [选项] --databases 数据库 1[数据库 2 数据库 3…] >文件路径（文件名称）
```

3. 备份服务器上所有的数据库

备份服务器上所有的数据库，语法如下：

```
mysqldump [选项] --all-databases
```

而 mysqldump 用于备份一个完整的数据库，基本语法如下：

```
mysqldump --opt 数据库名 > 备份文件名.sql
```

除了将数据库的备份显示在终端，还可使用数据表备份的方法，将上述备份保存在文件中，代码如下：

```
mysqldump -u root -p --all-databases > d:\databases.sql
```

4. 备份所有数据库中的所有 InnoDB 表

下面的命令可以完全备份所有数据库中的所有 InnoDB 表：

```
mysqldump --single-transaction --all-databases > 文件路径.sql
```


该备份为在线非块备份，不会干扰对表的读写。由于所备份的表为 InnoDB 表，因此--single-transaction 使用一致性地读，并且保证 mysqldump 所看见的数据不会更改。

15.2.3 mysqldump 还原

还原是备份的反过程，根据数据库/表所备份的文件来使数据恢复。由 mysqldump 备份的数据库或表，可以由 mysql 命令还原，语法如下：

```
mysql 数据库名 <备份文件名.sql
```

或者为：

```
mysql -e "备份文件路径/备份文件名.sql" 数据库名
```

使用 mysql 命令，根据指定的备份文件来还原数据，只需要指出所涉及的主机数据库名称和小于“<”符号（备份使用大于“>”符号）。

在 15.2.2 节中，所备份的文件均为.sql 类型，但 mysqldump 命令还可将文件备份为.txt 类型，其语法完全一样。

mysql 通常用来还原由 mysqldump 所备份的数据，而无法根据表备份所备份的文件来还原，如范例 6 所示。

【范例 6】

范例 5 使用 mysql 对 fruitshop 数据库中的 work 表进行备份，备份文件路径为“d:\work.sql”。现删除该表，再将改变还原，步骤如下。

（1）删除 fruitshop 数据库中的 work 表，代码如下。

```
DROP TABLE fruitshop.work;
```

（2）执行表的还原，代码如下。

```
mysql -u root -p fruitshop <d:\work.sql
```

上述代码执行后，输入 MySQL 的登录密码，即可执行表的还原。由于该表需要在数据库中进行还原，因此需要指明其所在的数据库，并要求该数据库与表备份时所在的数据库一致。

（3）再次查看该表的内容，其执行结果如下所示。

```
+ -------- + ----- + ------- + ------- + ----------- +
| wid      | wname | wsex    | wage    | wemail      |
+ -------- + ----- + ------- + ------- + ----------- +
| 1        | 梁思  | 女      | 22      | li@126.com  |
| 2        | 何健  | 男      | 21      | jk@126.com  |
| 3        | 赵龙  | 男      | 26      | zl@126.com  |
| 4        | 李虎  | 男      | 25      | lh@126.com  |
| 10       | 张明  | 男      |         |             |
| 12       | 王丽  | 女      |         |             |
+ ------- + ------ + ------- + ------- + ----------- +
6 rows
```

范例 6 还原了一个数据库中的一个表，使用相同的方法可还原完整数据库。

15.2.4 数据迁移

mysqldump 也可用于从一个 MySQL 服务器向另一个服务器复制数据时装载数据库，支持同版本 MySQL 数据库的迁移，不同软件系统之间的数据库迁移或不同计算机之间的数据库迁移等。

使用 mysqldump 命令迁移 MySQL 数据库，需要 MySQL 数据库的版本号相同，并直接通过复制数据库目录的方法实现迁移。如将备份文件还原到新的数据库中，格式如下：

```
mysqldump -h 主机名 -u MySQL用户名 -p 登录密码 数据库名|
mysql -h 目标主机 -u 目标主机用户 -p 目标用户密码 数据库名
```

mysqldump 采用 SQL 级别的备份机制，它将数据表导成 SQL 脚本文件，数据库大时，占用系统资源较多，支持常用的 MyISAM、InnoDB 类型。

另外，对于不同版本的 MySQL 数据库，可以使用 mysqlhotcopy 工具实现数据转移。使用 mysqlhotcopy 进行备份是备份数据库或单个表的最快的途径，mysqlhotcopy 只是简单的缓存写入和文件复制的过程，占用资源和备份速度比 mysqldump 快很多，特别适合大的数据库。

mysqlhotcopy 是一个 Perl 脚本，最初由 Tim Bunce 编写并提供，使用 mysqlhotcopy

需要安装 Perl 支持。它使用 LOCK TABLES、FLUSH TABLES 和 cp/scp 来快速备份数据库。

mysqlhotcopy 对使用场合有一定限制，它只能运行在数据库目录所在的机器上，只能用于备份 MyISAM 数据库，并且，它只能运行在 UNIX 和 NetWare 中。

mysqlhotcopy 使用的基本语法如下：

```
shell> mysqlhotcopy 数据库名 [/路径/备份目录]
shell> mysqlhotcopy 数据库名 1, 数据库名 2… [/路径/备份目录]
```

注意

只有所有数据库表都是 MyISAM 类型的数据库，才能使用数据库迁移。

15.2.5 导出文本

除了将数据库表的定义和数据进行备份和还原，mysqldump 命令还可以直接将表的数据以文本文件的形式导出。可见导出数据直接显示在系统终端，也可以文件的形式导出。其语法格式如下所示：


```
mysqldump -u root -p 密码 数据库 数据表
```

或

```
mysqldump -u root -p 密码 数据库 数据表 >导出文件名
```

由上述代码可以看出，数据库表的导出与文件备份类似，只是文件导出通常不使用.sql 类型进行保存，可使用文本文件或 XML 文件进行保存。

【范例 7】

直接导出 fruitshop 数据库中的 work 表的定义和数据，在系统终端进行显示，其代码及其部分执行结果如下所示。

```
C:\Users\Administrator>mysqldump -u root -p fruitshop work
Enter password: ******
-- MySQL dump 10.13  Distrib 5.6.19, for Win32 (x86)
--
-- Host: localhost    Database: fruitshop
-- ------------------------------------------------------
-- Server version      5.6.19-log
/*!省略注释*/;
--
-- Table structure for table 'work'
--
DROP TABLE IF EXISTS 'work';
```

```
/*!省略注释*/;
CREATE TABLE 'work' (
  'wid' int(11) NOT NULL AUTO_INCREMENT,
  'wname' varchar(16) DEFAULT NULL,
  'wsex' varchar(4) DEFAULT NULL,
  'wage' int(11) DEFAULT NULL,
  'wemail' varchar(45) DEFAULT NULL,
  PRIMARY KEY ('wid')
) ENGINE=InnoDB AUTO_INCREMENT=13 DEFAULT CHARSET=utf8;
/*!省略注释*/;
--
-- Dumping data for table 'work'
--
LOCK TABLES 'work' WRITE;
/*!40000 ALTER TABLE 'work' DISABLE KEYS */;
INSERT INTO 'work' VALUES (1,'姊佹€?','濂?,22,'li@126.com'),(2,'涜囑伄','
鐢?,21,'
jk@126.com'),(3,'璧甸厤','鐢?,26,'zl@126.com'),(4,'鏉庤檸','鐢?,25,
'lh@126.com')
,(10,'寮犳槑','鐢?,NULL,NULL),(12,'鏊嬩附','濂?,NULL,NULL);
/*!40000 ALTER TABLE 'work' ENABLE KEYS */;
UNLOCK TABLES;
/*!省略注释*/;
-- Dump completed on 2014-07-23 15:21:36
```

由上述代码可以看出，汉字部分显示为乱码，该问题需要使用--default-character-set=utf8 选项来改变。与生成.sql 文件不同的是，使用该语句直接生成的.txt 文件同样有汉字的乱码问题，将上述数据导出以.txt 文件存储，代码如下。

```
C:\Users\Administrator>mysqldump -u root -p fruitshop work >work.txt
```

添加--xml 选项或-X 选项，可导出 xml 格式的文件，该选项放在数据库名之前，如范例 8 所示。

【范例 8】

将上述 fruitshop 数据库中的 work 表，以 XML 格式的文件导出，其代码及其显示结果如下所示。

```
C:\Users\Administrator>mysqldump -u root --default-character-set=utf8 -p
-X fruitshop work > d:\work.xml
Enter password:
```

上述代码执行后，输入 MySQL 登录密码，即可生成 XML 文件，打开该文件，其内容如图 15-9 所示。

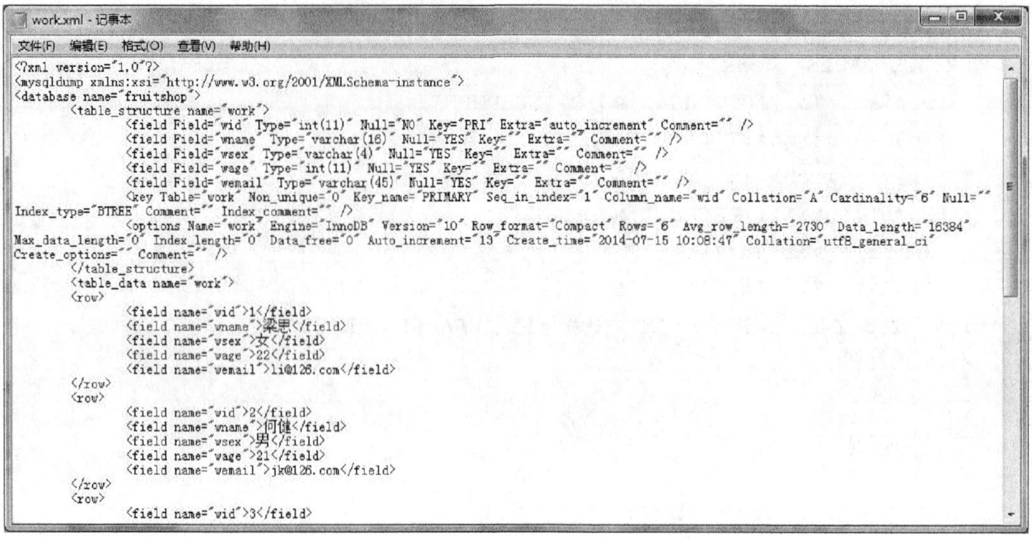

work.xml - 记事本

文件(F) 编辑(E) 格式(O) 查看(V) 帮助(H)

```
<?xml version="1.0"?>
<mysqldump xmlns:xsi="http://www.w3.org/2001/XMLSchema-instance">
<database name="fruitshop">
        <table_structure name="work">
                <field Field="wid" Type="int(11)" Null="NO" Key="PRI" Extra="auto_increment" Comment="" />
                <field Field="wname" Type="varchar(16)" Null="YES" Key="" Extra="" Comment="" />
                <field Field="wsex" Type="varchar(4)" Null="YES" Key="" Extra="" Comment="" />
                <field Field="wage" Type="int(11)" Null="YES" Key="" Extra="" Comment="" />
                <field Field="wemail" Type="varchar(45)" Null="YES" Key="" Extra="" Comment="" />
                <key Table="work" Non_unique="0" Key_name="PRIMARY" Seq_in_index="1" Column_name="wid" Collation="A" Cardinality="6" Null=""
Index_type="BTREE" Comment="" Index_comment="" />
                <options Name="work" Engine="InnoDB" Version="10" Row_format="Compact" Rows="6" Avg_row_length="2730" Data_length="16384"
Max_data_length="0" Index_length="0" Data_free="0" Auto_increment="13" Create_time="2014-07-15 10:08:47" Collation="utf8_general_ci"
Create_options="" Comment="" />
        </table_structure>
        <table_data name="work">
        <row>
                <field name="wid">1</field>
                <field name="wname">梁思</field>
                <field name="wsex">女</field>
                <field name="wage">22</field>
                <field name="wemail">li@126.com</field>
        </row>
        <row>
                <field name="wid">2</field>
                <field name="wname">何健</field>
                <field name="wsex">男</field>
                <field name="wage">21</field>
                <field name="wemail">jk@126.com</field>
        </row>
        <row>
                <field name="wid">3</field>
```

图 15-9 导出 XML 文件

15.3 表维护

数据的备份和还原，只是维护数据的一种方式。这里介绍表的维护，以另一种方式来维护和恢复数据。

15.3.1 表维护基础

定期对表进行检查能够很好地维护表数据，检查和修复 MyISAM 表的一个方式是使用 CHECK TABLE 和 REPAIR TABLE 语句。

检查表的另一个方法是使用 myisamchk。为维护目的，可以使用 myisamchk -s 检查表。-s 选项（简称--silent）使 myisamchk 以沉默模式运行，只有当错误出现时才打印消息。要想自动检查 MyISAM 表，需要用--myisam-recover 选项启动服务器。

在正常系统操作期间定期检查表，运行 cron 任务，使用如下代码。

```
35 0 * * 0 /path/to/myisamchk --fast --silent /path/to/datadir/*/*.MYI
```

可以打印损坏的表的信息，以便在需要时能够检验并且修复它们。对有问题的表需要执行 OPTIMIZE TABLE 来优化。要暂停 MySQL 服务器，进入数据目录，使用如下命令：

```
myisamchk -r -s --sort-index -O sort_buffer_size=16M */*.MYI
```

上述命令和选项只是表维护中的一部分，接下来详细介绍表的维护和恢复。

使用 myisamchk 可以获得数据库表的信息，可以检查、修复、优化数据表。尽管用 myisamchk 修复表很安全，在修复（或任何可以大量更改表的维护操作）之前先进行备份也是很好的习惯。

影响索引的myisamchk操作会使ULLTEXT索引用full-text参数重建，不再与MySQL服务器使用的值兼容。

在许多情况下，使用SQL语句实现MyISAM表的维护比执行myisamchk操作要容易得多，具体做法如下所示。

（1）检查或维护MyISAM表，使用CHECK TABLE或REPAIR TABLE。

（2）优化MyISAM表，使用OPTIMIZE TABLE。

（3）分析MyISAM表，使用ANALYZE TABLE。

可以直接使用这些语句，或使用mysqlcheck客户端程序，可以提供命令行接口。

这些语句比myisamchk有利的地方是服务器可以做任何工作。使用myisamchk，必须确保服务器在同一时间不使用表。否则，myisamchk和服务器之间会出现不期望的相互干涉。

15.3.2 myisamchk工具

myisamchk工具可以获得有关数据库表的信息或用于表的维护、检查和修复，适用MyISAM表（对应.MYI和.MYD文件的表），其用法如下所示：

```
myisamchk [options] tbl_name…
```

tbl_name是需要检查或修复的数据库表。如果不在数据库目录的某处运行myisamchk，则需要指定数据库目录的路径。

[options]为myisamchk可使用的选项，其主要的选项和使用，可使用--help选项来获取，其代码及其执行结果如图15-10所示。

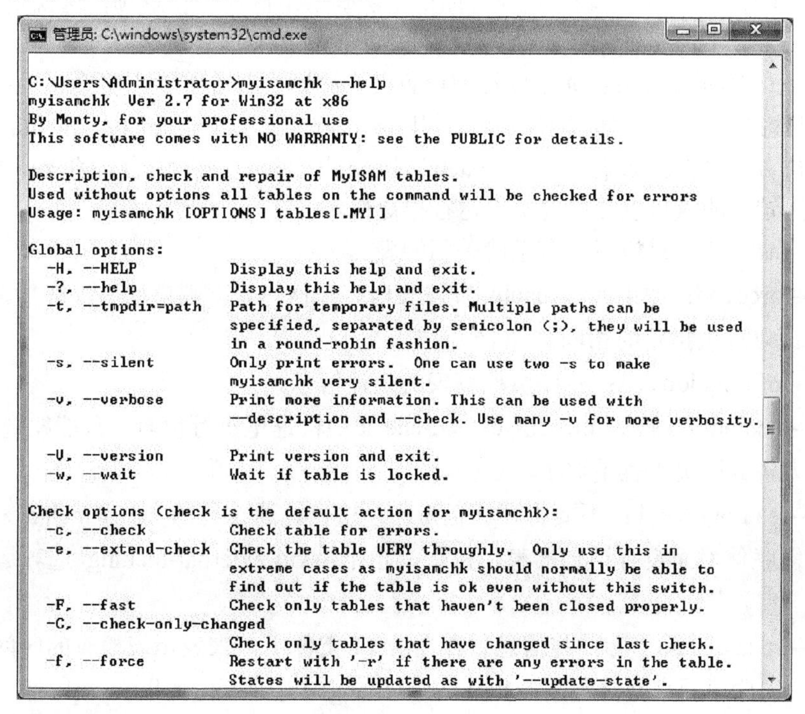

图15-10 myisamchk选项

由于 myisamchk 选项繁多，图 15-10 无法全部展示，其较为常用的现象如下所示。

（1）--help：显示帮助消息并退出。

（2）--debug=debug_options, -# debug_options：输出调试记录文件。debug_options 字符串经常是'd:t:o,filename'。

（3）--silent，-s：沉默模式。仅当发生错误时写输出。可以使用-s 两次（-ss）使 myisamchk 沉默。

（4）--verbose，-v：冗长模式。打印更多的信息。这能与-d 和-e 一起使用。为了更冗长，使用-v 多次（-vv, -vvv）。

（5）--version, -V：显示版本信息并退出。

（6）--wait, -w：如果表被锁定，不是提示错误终止，而是在继续前等到表被解锁。请注意如果用--skip-external-locking 选项运行 mysqld，只能用另一个 myisamchk 命令锁定表。

15.3.3 myisamchk 选项

充分了解 myisamchk 选项，才能够对表的维护和恢复准确操作。myisamchk 选项根据其功能的不同可分为：用于检查的选项、用于修复的选项和其他选项。

1．用于 myisamchk 的检查选项

myisamchk 支持下面的表检查操作选项。

（1）--check、-c：检查表的错误。如果不明确指定操作类型选项，这就是默认操作。

（2）--check-only-changed、-C：只检查上次检查后有变更的表。

（3）-extend-check、-e：非常仔细地检查表。如果表有许多索引将会相当慢。该选项只能用于极端情况。一般情况下，可以使用 myisamchk 或 myisamchk --medium-check 来确定表内是否有错误。如果使用了--extend-check 并且有充分的内存，将 key_buffer_size 变量设置为较大的值可以使修复操作运行得更快。

（4）--fast、-F：只检查没有正确关闭的表。

（5）--force、-f：如果 myisamchk 发现表内有任何错误，则自动进行修复。维护类型与--repair 或-r 选项指定的相同。

（6）--information、-I：打印所检查表的统计信息。

（7）--medium-check、-m：比--extend-check 更快速地进行检查。只能发现 99.99%的错误，在大多数情况下就足够了。

（8）--read-only、-T：不要将表标记为已经检查。通常使用 myisamchk 来检查正被其他应用程序使用而没有锁定的表，例如，当用--skip-external-locking 选项运行时运行 mysqld。

（9）--update-state、-U：将信息保存在.MYI 文件中，来表示表检查的时间以及是否表崩溃了。该选项用来充分利用--check-only-changed 选项，但如果 mysqld 服务器正使用表并且正用--skip-external-locking 选项运行时不应使用该选项。

2. myisamchk 的修复选项

myisamchk 支持下面的表修复操作的选项。

（1）--backup、-B：将.MYD 文件备份为 file_name-time.BAK。

（2）--character-sets-dir=path：字符集安装目录。

（3）--correct-checksum：纠正表的校验和信息。

（4）--data-file-length=len、-D len：数据文件的最大长度（当重建数据文件且为“满”时）。

（5）--extend-check、-e：进行修复，试图从数据文件恢复每一行。一般情况会发现大量的垃圾行。

（6）--force、-f：覆盖旧的中间文件（文件名类似 tbl_name.TMD），而不是中断。

（7）--keys-used=val、-k val：对于 myisamchk，该选项值为位值，说明要更新的索引。选项值的每一个二进制位对应表的一个索引，其中第一个索引对应位 0。选项值 0 禁用对所有索引的更新，可以保证快速插入。通过 myisamchk -r 可以重新激活被禁用的索引。

（8）--parallel-recover、-p：与-r 和-n 的用法相同，但使用不同的线程并行创建所有键。

（9）--quick、-q：不修改数据文件，快速进行修复。出现复制键时，可以两次指定该项以强制 myisamchk 修改原数据文件。

（10）--recover、-r：可以修复几乎所有一切问题，除非唯一的键不唯一时（对于 MyISAM 表，这是非常不可能的情况）。如果要恢复表，这是首先要尝试的选项。

（11）--safe-recover、-o：使用一个老的恢复方法读取，按顺序读取所有行，并根据找到的行更新所有索引树。

（12）--set-collation=name：更改用来排序表索引的校对规则。校对规则名的第一部分包含字符集名。

（13）--sort-recover、-n：强制 myisamchk 通过排序来解析键值，即使临时文件将可能很大。

（14）--tmpdir=path、-t path：用于保存临时文件的目录的路径。如果未设置，myisamchk 使用 TMPDIR 环境变量的值。

（15）--unpack、-u：将用 myisampack 打包的表解包。

3. 用于 myisamchk 的其他选项

myisamchk 支持以下表检查和修复之外的其他操作的选项。

（1）--analyze、-a：分析键值的分布。

（2）--description、-d：打印出关于表的描述性信息。

（3）--set-auto-increment[=value]、-A[value]：强制从给定值开始的新记录使用 AUTO_INCREMENT 编号（或如果已经有 AUTO_INCREMENT 值大小的记录，应使用更高值）。如果未指定 value，新记录的 AUTO_INCREMENT 编号应使用当前表的最大值加上 1。

（4）--sort-index、-S：以从高到低的顺序排序索引树块。这将优化搜寻并且将使按键值的表扫描更快。

（5）--sort-records=N、-R N：根据一个具体索引排序记录。这使数据更局部化并且可以加快在该键上的 SELECT 和 ORDER BY 的范围搜索。（第一次做排序可能很慢！）为了找出一张表的索引编号，使用 SHOW INDEX，它以 myisamchk 看见它们的相同顺序显示一张表的索引。索引从 1 开始编号。

15.3.4 myisamchk 检查表

使用 myisamchk 工具检查表，可获取目录下的所有表、获取指定路径的表、检查被破坏的表、检查表的错误等。这里将 myisamchk 的检查分为两类：一类是表的检查，获取指定条件下的表，包括目录下的所有表、指定路径的表等；另一类是检查表的错误，通过不同的方法检查不同程度的错误。以下根据这两类检查来介绍使用 myisamchk 工具检查表。

1. 表的检查

使用 myisamchk 命令行可以命名表，还可以通过命名索引文件（用“ .MYI”后缀）来指定一个表。它允许通过使用模式“*.MYI”指定在一个目录下所有的表。以下列举对表检查的常用方法。

（1）在目录下检查所有的 MyISAM 表，代码如下。

```
myisamchk *.MYI
```

（2）通过指定到目录的路径检查所有在那里的表，代码如下。

```
myisamchk /path/to/database_dir/*.MYI
```

（3）可以通过为 MySQL 数据目录的路径指定一个通配符来检查所有的数据库中的所有表，代码如下。

```
myisamchk /path/to/datadir/*/*.MYI
```

（4）快速检查所有 MyISAM 表，代码如下。

```
myisamchk --silent --fast /path/to/datadir/*/*.MYI
```

（5）检查所有 MyISAM 表并修复任何破坏的表，代码如下。

```
myisamchk --silent --force --fast --update-state \
        -O key_buffer=64M -O sort_buffer=64M \
        -O read_buffer=1M -O write_buffer=1M \
        /path/to/datadir/*/*.MYI
```

上述代码假定有大于 64MB 的自由内存。

当运行 myisamchk 时，必须确保其他程序不使用表，这与表的备份需要确保表数据不改变的原理一样。否则，运行 myisamchk 时，会显示下面的错误消息：

```
warning: clients are using or haven't closed the table properly
```

如果 mysqld 正在运行，必须通过 FLUSH TABLES 强制清空仍然在内存中的任何表修改。

除了上述应用，还可以通过--var_name=value 选项设置 myisamchk 变量，其变量将影响其对表的检查。这些变量的默认值如下所示。

（1）decode_bits：默认值为 9。

（2）ft_max_word_len：默认值取决于版本。

（3）ft_min_word_len：默认值为 4。

（4）ft_stopword_file：默认值为内建列表。

（5）key_buffer_size：默认值为 523 264。

（6）myisam_block_size：默认值为 1024。

（7）read_buffer_size：默认值为 262 136。

（8）sort_buffer_size：默认值为 2 097 144。

（9）sort_key_blocks：默认值为 16。

（10）stats_method：默认值为 nulls_unequal。

（11）write_buffer_size：默认值为 262 136。

可以用 myisamchk --help 检查 myisamchk 变量及其默认值。对上述变量的用法如下所示。

（1）当用排序键值修复键值时使用 sort_buffer_size，通常使用--recover 时使用。

（2）当用--extend-check 检查表或通过一行一行地将键值插入表中（如同普通插入）来修改键值时使用 Key_buffer_size。

（3）当直接创建键值文件时，需要对键值排序的临时文件有两倍大。通常是当 CHAR、VARCHAR 或 TEXT 列的键值较大的情况，因为排序操作在处理过程中需要保存全部键值。如果有大量临时空间，可以通过排序强制使用 myisamchk 来修复，可以使用--sort-recover 选项。

（4）如果想要快速修复，将 key_buffer_size 和 sort_buffer_size 变量设置到大约可用内存的 25%。可以将两个变量设置为较大的值，因为一个时间只使用一个变量。

（5）myisam_block_size 是用于索引块的内存大小。

（6）stats_method 影响当给定--analyze 选项时，如何为索引统计搜集处理 NULL 值。

（7）ft_min_word_len 和 ft_max_word_len 表示 FULLTEXT 索引的最小和最大字长。

（8）ft_stopword_file 为停止字文件的文件名。

如果使用 myisamchk 来修改表索引（例如修复或分析），使用最小和最大字长和停止字文件的默认全文参数值重建 FULLTEXT 索引。这样会导致查询失败。

出现这些问题是因为只有服务器知道这些参数。它们没有保存在 MyISAM 索引文件中。如果修改了服务器中的最小或最大字长或停止字文件，要避免该问题，为用于 mysqld 的 myisamchk 指定相同的 ft_min_word_len，ft_max_word_len 和 ft_stopword_file 值。

2. 表的错误

检查 MyISAM 表的错误，有多种方法可以使用。每一种方法可以检查不同程度的错误，如下所示。

（1）使用下面的命令能找出 99.99%的错误。它不能找出的是仅涉及数据文件的损坏（这很不常见）。如果想要检查一张表，通常应该没有选项地运行 myisamchk 或用-s 或--silent 选项中的任何一个。

```
myisamchk tbl_name
```

（2）使用下面的命令能找出 99.99%的错误。它首先检查所有索引条目的错误并通读所有行。它还计算行内所有键值的校验和，并确认校验和与索引树内键的校验和相匹配。

```
myisamchk -m tbl_name
```

（3）使用下面的命令可以完全彻底地检查数据（-e 意思是“扩展检查”）。它对每一行做每个键的读检查以证实它们确实指向正确的行。这在一个有很多键的大表上可能花很长时间。myisamchk 通常将在它发现第一个错误以后停止。如果想要获得更多的信息，可以增加--verbose(-v)选项。这使得 myisamchk 继续一直到最多 20 个错误。

```
myisamchk -e tbl_name
```

（4）如下命令的-i 选项告诉 myisamchk 打印出一些统计信息。

```
myisamchk -e -i tbl_name
```


通过对表的检查，可以获取表的错误，通过用 perror 命令可以根据错误码查看具体的错误信息。一张损坏的表的症状通常是查询意外中断并且能看到下述错误。

（1）“tbl_name.frm”被锁定不能更改。

（2）不能找到文件“tbl_name.MYI”（Errcode：nnn）。

（3）文件意外结束。

（4）记录文件被毁坏。

（5）从表处理器得到错误 nnn。

运行“perror 错误编号”可以查看具体的错误，如分别查看错误编号为 125、112、135、136 的信息，其代码和执行结果如下所示。

```
perror 125 112 135 136
```

上述代码的执行效果如下所示。

```
MySQL error code 125: Undefined handler error 125
Win32 error code 125: 磁盘没有卷标。
Win32 error code 112: 磁盘空间不足。
MySQL error code 135: No more room in record file
MySQL error code 136: No more room in index file
```

错误 135（记录文件中没有更多的空间）和错误 136（索引文件中没有更多的空间）不是可以通过简单修复可以修复的错误。在这种情况下，必须使用 ALTER TABLE 来增加 MAX_ROWS 和 AVG_ROW_LENGTH 表选项值，格式如下：

```
ALTER TABLE tbl_name MAX_ROWS=xxx AVG_ROW_LENGTH=yyy;
```

如果不知道当前表的选项值，使用 SHOW CREATE TABLE 或 DESCRIBE 来查询。对于其他的错误，必须修复表。myisamchk 通常可以检测和修复大多数问题。对表的修复，步骤如下。

（1）检查表，执行下列代码。

```
myisamchk *.MYI 或 myisamchk -e *.MYI。
```

可使用-s（沉默）选项禁止不必要的信息。如果 mysqld 服务器处于宕机状态，应使用--update-state 选项来告诉 myisamchk 将表标记为“检查过的”。

如果在检查时，得到异常的错误（例如 out of memory 错误），或如果 myisamchk 崩溃，转到步骤（3）。

（2）简单安全的修复。如果想更快地进行修复，当运行 myisamchk 时，应将 sort_buffer_size 和 key_buffer_size 变量的值设置为可用内存的大约 25%。

首先，试试 myisamchk -r -q tbl_name（-r -q 意味着“快速恢复模式”）。这将试图不接触数据文件来修复索引文件。如果数据文件包含它应有的一切内容和指向数据文件内正确地点的删除连接，这应该管用并且表可被修复。开始修复下一张表。

在继续前对数据文件进行备份。

使用 myisamchk -r tbl_name（-r 意味着“恢复模式”），这将从数据文件中删除不正确的记录和已被删除的记录并重建索引文件。

如果前面的步骤失败，使用 myisamchk --safe-recover tbl_name。安全恢复模式使用一个老的恢复方法，处理常规恢复模式不行的少数情况（但是更慢）。

（3）困难的修复。

只有在索引文件的第一个 16K 块被破坏，或包含不正确的信息，或如果索引文件丢失，才应该到这个阶段。在这种情况下，需要创建一个新的索引文件，步骤如下。

① 把数据文件移到安全的地方。

② 使用表描述文件创建新的（空）数据文件和索引文件。

```
mysql db_name
 SET AUTOCOMMIT=1;
 TRUNCATE TABLE tbl_name;
 quit
```

③ 如果 MySQL 版本没有 TRUNCATE TABLE，则使用 DELETE FROM tbl_name。

④ 将老的数据文件复制到新创建的数据文件之中。

⑤ 回到步骤（2）。

还可以使用 REPAIR TABLE tbl_name USE_FRM，将自动执行整个程序。

（4）非常困难的修复。

只有.frm 描述文件也破坏了，才到达这个阶段。这应该从未发生过，因为在表被创建以后，描述文件就不再改变了。

从一个备份恢复描述文件然后回到步骤(3)，也可以恢复索引文件然后回到步骤(2)。对后者，应该用 myisamchk -r 启动。

如果没有进行备份但是确切地知道表是怎样创建的，在另一个数据库中创建表的一个备份。删除新的数据文件，然后从其他数据库将描述文件和索引文件移到破坏的数据库中。这样就提供了新的描述和索引文件，但是让.MYD 数据文件独自留下来了。回到步骤（2）并且尝试重建索引文件。

15.3.5 myisamchk 内存

当运行 myisamchk 时，内存分配比较重要。myisamchk 使用的内存大小不能超过用-O 选项指定的数据。

如果对每一个大表使用 myisamchk，必须确定要使用多少内存。修复时可以使用的，默认值只有 3MB。使用更大的内存，可以让 myisamchk 工作得更快一些。例如，如果有大于 32MB 的 RAM，可以使用如下所示选项：

```
myisamchk -O sort=16M -O key=16M -O read=1M -O write=1M…
```

对于大多数情况，使用-O sort=16M 应该足够了。

myisamchk 使用 TMPDIR 中的临时文件。如果 TMPDIR 指向内存文件系统，很容易得到内存溢出的错误。如果发生，设定 TMPDIR 指向有更多空间的文件系统目录并且重启 myisamchk。

修复时 myisamchk 需要大量硬盘空间，表现如下。

（1）将数据文件大小扩大一倍（原文件和复制文件）。

如果用--quick 修复则不需要该空间；在这种情况下，只重新创建了索引文件。在文件系统上需要的空间与原数据文件相同（创建的复制文件位于原文件所在目录）。

（2）代替旧索引文件的新索引文件所占空间。

修复工作一开始，就对旧索引文件进行了删减，因此通常会忽略该空间。在文件系统上需要的该空间与原数据文件相同。

（3）当使用--recover 或---sort-recover（但不使用--safe-recover）时，需要排序缓冲区空间。

需要的空间为：(largest_key+row_pointer_length) × number_of_rows × 2，可以用 myisamchk -dv tbl_name 检查键值和 row_pointer_length 的长度。在临时目录分配该空间，用 TMPDIR 或--tmpdir=path 指定。

（4）如果在修复过程中出现硬盘空间问题，可以用--safe-recover 代替--recover 选项。

15.3.6 myisamchk 恢复

执行表恢复时，需要保证服务器没有使用该表，如果服务器和 myisamchk 同时访问表，表可能会被破坏。

使用“--skip-external-locking”一般是系统的默认启用选项，mysql 数据库一般也是应禁用该选项，因为使用系统的 lock 和 mysql 很容易产生死锁。

执行 myisam 表的恢复主要是修复表的三个文件，最常发生问题的文件是数据文件和索引文件，其后缀名及其作用如表 15-1 所示。

表 15-1　表恢复文件

文件名	作用
tbl_name.frm	定义（格式）文件
tbl_name.MYD	数据文件
tbl_name.MYI	索引文件

这三类文件的每一类都可能遭受不同形式的损坏，但是问题最常发生在数据文件和索引文件。

myisamchk 通过一行一行地创建一个“.MYD”数据文件的副本来工作，它通过删除旧的.MYD 文件并且重命名新文件到原来的文件名结束修复阶段。

如果使用--quick，myisamchk 不创建一个临时“.MYD”文件，只是假定“.MYD”文件是正确的并且仅创建一个新的索引文件，不接触“.MYD”文件，因为 myisamchk 自动检测“.MYD”文件是否损坏并且在这种情况下，放弃修复，所以这种方法较为安全。

也可以给 myisamchk 两个--quick 选项。在这种情况下，myisamchk 不会在一些错误上放弃，而试图通过修改“.MYD”文件解决。

通常，只有在太少的空闲磁盘空间上实施正常修复，使用两个--quick 选项时才有用。在这种情况下，应该在运行 myisamchk 前进行备份。恢复步骤如下。

（1）检查 myisam 表的错误，如果有错误，用 perror 命令查看错误码。

（2）初级修复 myisam 表，试图不接触数据文件来修复索引文件。

（3）中级修复 myisam 表。只有在索引文件的第一个 16K 块被破坏，或包含不正确的信息，或如果索引文件丢失，才到这个阶段。

需要把数据文件移到安全的地方；使用表描述文件创建新的（空）数据文件和索引文件；将原数据文件复制到新创建的数据文件之中。

（4）从一个备份恢复描述文件然后执行“myisamchk -r tablename”。

15.3.7　表优化

使用 myisamchk 工具还可以对表进行优化。表的优化有多种方式，如组合表记录的碎片、合理使用索引，常见的有如下几种形式。

（1）为了组合碎片记录并且消除由于删除或更新记录而浪费的空间，格式如下：

```
myisamchk -r tbl_name
```

（2）对所有的索引进行排序以便更快地查找键值，格式如下：

```
myisamch -S tablename
```

（3）对指定的索引进行排序以便更快地查找键值，格式如下：

```
mysql> show index from tablename;
# myisamch -R 1 tablename
```

还可以用 SQL 的 OPTIMIZE TABLE 语句使用的相同方式来优化表，OPTIMIZE TABLE 可以修复表并对键值进行分析，并且可以对索引树进行排序以便更快地查找键值。实用程序和服务器之间不可能交互操作，因为当使用 OPTIMIZE TABLE 时，服务器做所有的工作。

myisamchk 还有很多其他可用来提高表的性能的选项，如下所示。

（1）-S。

（2）--sort-index。

（3）-R index_num。

（4）--sort-records=index_num。

（5）-a, --analyze。

15.4 实验指导——图书信息备份与还原

创建数据库 library，有图书信息表 books，创建一个有相同字段类型的表 bookbackup。为 books 表添加数据，并执行如下操作。

（1）对 books 表实行表数据备份，生成文件 book.txt。

（2）使用 book.txt 文件中的数据，来填充 bookbackup 表，使其数据与 books 一致。

（3）对 books 表执行完全备份，将备份信息放在 d:\books.sql 文件中。

（4）删除 books 表，并执行 books 表的还原。

（5）将 books 表中的数据以 XML 文件导出，并查看该文件效果。

library 数据库 books 表中的数据如表 15-2 所示。

表 15-2 books 表中的数据

bid	bname	btype	bwriter	bpublisher	badmin
1	简爱	文学著作	夏洛蒂•勃朗特	清华大学出版社	1
2	语文	小学教材	梁笑笑	清华大学出版社	2
3	数学	小学教材	和小苗	清华大学出版社	2
4	傲慢与偏见	文学著作	简•奥斯汀	清华大学出版社	1

实现上述操作，步骤如下。

（1）创建数据库和表，并添加数据，步骤省略。

（2）对 books 实行表数据备份，生成文件 book.txt，其代码及其执行结果如下所示。

```
SELECT * INTO OUTFILE "d:\\book.txt" FROM library.books;
```

执行结束后，打开所备份的文件，内容如图 15-11 所示。

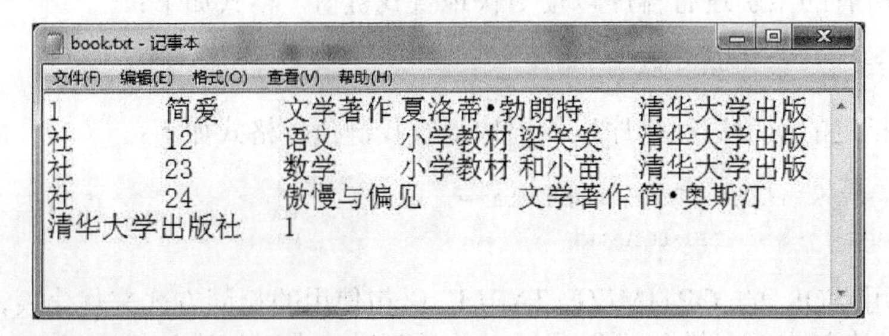

图 15-11 表备份文件

（3）使用 book.txt 文件中的数据，来填充表 bookbackup，使其数据与 books 一致，代码如下。

```
LOAD DATA INFILE "d:\\book.txt" INTO TABLE library.bookbackup;
```

上述代码执行后，查询表 bookbackup 中的数据，其执行结果如下所示。

```
+ ----- + ------- + ------- + ---------- + ----------- + ---------- +
| bid   | bname   | btype   | bwriter    | bpublisher  | badmin     |
+ ----- + ------- + ------- + ---------- + ----------- + ---------- +
| 1     | 简爱     | 文学著作 | 夏洛蒂•勃朗特 | 清华大学出版社 | 1          |
| 2     | 语文     | 小学教材 | 梁笑笑      | 清华大学出版社 | 2          |
| 3     | 数学     | 小学教材 | 和小苗      | 清华大学出版社 | 2          |
| 4     | 傲慢与偏见| 文学著作 | 简•奥斯汀    | 清华大学出版社 | 1          |
+ ------ + ------ + ------- + ---------- + ----------- + ---------- +
4 rows
```

（4）books 表执行完全备份，将备份信息放在 d:\books.sql 文件中，代码如下。

```
mysqldump -u root -p library books >d:\books.sql
```

上述代码执行后，可找到 d:\books.sql 文件，查看其效果，如图 15-12 所示。

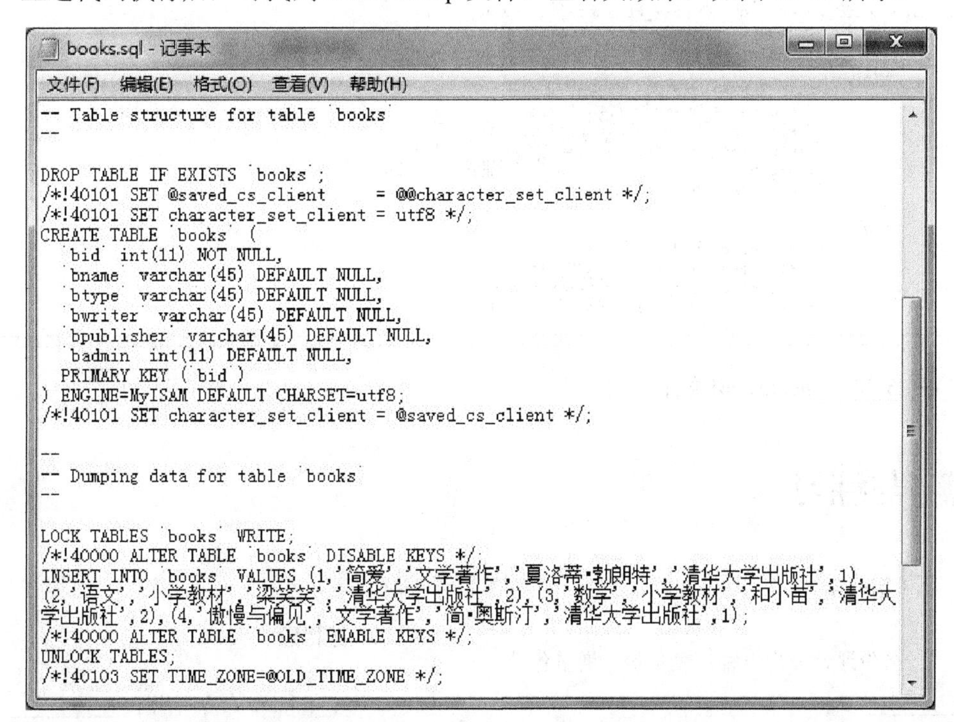

图 15-12　表的完全备份

（5）删除 books 表，并执行 books 表的还原。表的删除步骤省略，在系统终端对表 books 进行还原，代码如下。

```
mysql -u root -p library<d:\books.sql
```

（6）将 books 表中的数据以 XML 文件导出，并查看该文件效果。首先需要在系统终端执行如下语句。

```
mysqldump -u root --default-character-set=utf8 -p -X library books>
d:\books.xml
```

上述语句执行后，输入密码即可导出 books.xml 文件。以记事本的形式打开该文件，其内容如图 15-13 所示。

```
books.xml - 记事本
文件(F) 编辑(E) 格式(O) 查看(V) 帮助(H)
<?xml version="1.0"?>
<mysqldump xmlns:xsi="http://www.w3.org/2001/XMLSchema-instance">
<database name="library">
	<table_structure name="books">
		<field Field="bid" Type="int(11)" Null="NO" Key="PRI" Extra="" Comment="" />
		<field Field="bname" Type="varchar(45)" Null="YES" Key="" Extra="" Comment="" />
		<field Field="btype" Type="varchar(45)" Null="YES" Key="" Extra="" Comment="" />
		<field Field="bwriter" Type="varchar(45)" Null="YES" Key="" Extra="" Comment="" />
		<field Field="bpublisher" Type="varchar(45)" Null="YES" Key="" Extra="" Comment="" />
		<field Field="badmin" Type="int(11)" Null="YES" Key="" Extra="" Comment="" />
		<key Table="books" Non_unique="0" Key_name="PRIMARY" Seq_in_index="1"
Column_name="bid" Collation="A" Cardinality="4" Null="" Index_type="BTREE" Comment="" Index_comment=""
/>
		<options Name="books" Engine="MyISAM" Version="10" Row_format="Dynamic" Rows="4"
Avg_row_length="74" Data_length="296" Max_data_length="281474976710655" Index_length="2048"
Data_free="0" Create_time="2014-07-23 10:13:11" Update_time="2014-07-23 10:13:11"
Collation="utf8_general_ci" Create_options="" Comment="" />
	</table_structure>
	<table_data name="books">
	<row>
		<field name="bid">1</field>
		<field name="bname">简爱</field>
		<field name="btype">文学著作</field>
		<field name="bwriter">夏洛蒂·勃朗特</field>
		<field name="bpublisher">清华大学出版社</field>
		<field name="badmin">1</field>
	</row>
	<row>
		<field name="bid">2</field>
		<field name="bname">语文</field>
		<field name="btype">小学教材</field>
		<field name="bwriter">梁笑笑</field>
```

图 15-13　books.xml 文件

思考与练习

一、填空题

1．备份通常分为三种：表备份、增量备份和__________。

2．进行 SQL 级别的表备份，可以使用 SELECT INTO…OUTFILE 语句或__________。

3．自动备份使用__________处理二进制日志文件。

4．mysqlbinlog 语句用于指定恢复时间的选项是__________。

二、选择题

1．mysqldump 命令可用于__________。

A．备份

B．还原

C．完全备份

D．以上皆可以

2．下列哪条语句是 SELECT INTO…

OUTFILE 语句的反执行？__________

A．LOAD DATA INFILE 语句

B．BACKUP TABLE 语句

C．SELECT INTO…INFILE 语句

D．BACK TABLE 语句

3．下面的语句用于__________。

```
mysql -u root -p school<C:
\Users\Administrator\students.txt
```

A．将数据库 school 备份到 students.txt 文件中

B．将 students.txt 文件还原到 school 数据库中

C．将表 school 备份到 students.txt 文件中

D．将 students.txt 文件备份到 school 数据库中

4. 大多命令语句中的-u 选项（如 mysqldump 命令），其后面通常需要添加__________。

A．MySQL 服务器名

B．本机服务器名

C．MySQL 登录用户名

D．MySQL 登录密码

5．使用 mysqldump 备份和还原中，下列说法正确的是__________。

A．备份使用<，而还原使用>

B．备份使用>，而还原使用<

C．备份使用<<，而还原使用>>

D．备份使用>>，而还原使用<<

6．表示备份指定数据库内所有对象的语句是__________。

A．mysqldump[选项] ---database 数据库

B．mysqldump [选项] 数据库名[对象列表]

C．mysqldump [选项] –all--database 数据库

D．mysqldump[选项] ---database 数据库 -all

三、简答题

1．简单说明 mysqldump 如何执行数据库的备份和还原。

2．概述常用的几种备份。

3．说明表备份的几种方式。

4．介绍 myisamchk 工具的检查功能。

第 16 章　网上购物系统数据库

网上购物已经成为当前社会的主流，网络购物系统也各有千秋，但这些不同都体现在细节方面，在整体的轮廓和流程上都是一样的。本章为网上购物系统建立数据库，并通过存储过程等方式实现网购的部分功能。

本章学习要点：

- ❑ 理解网购系统的功能需求
- ❑ 理解网购系统的数据需求
- ❑ 掌握数据库和表的创建
- ❑ 掌握外键的使用
- ❑ 掌握视图的使用
- ❑ 了解密码的修改
- ❑ 了解商品查询
- ❑ 掌握物流更新功能
- ❑ 掌握好评管理功能
- ❑ 理解分页功能

16.1 系统分析

分析一个系统要了解系统是用来做什么的，有哪些用户，这些用户需要通过系统实现哪些功能。了解了这些之后，才能够为购物系统规划数据需求并创建数据库和表。本节介绍系统的需求分析和数据分析。

16.1.1 需求分析

网上购物系统通过网络实现了商品的交易，采用的是 B/S 结构，商家和客户只需在网页进行操作即可完成交易。但系统是整个交易的枢纽，除了实现交易，还要确保交易的安全可靠，包括商品的支付、发货和收货等。

网上交易免不了商品的信息管理，这属于一个大的模块。除了商家利用商品管理功能展示、修改或删除自己的商品信息，后台还要提供商品分类管理等功能的实现，包括新型商品种类的添加、旧种类的淘汰、对不合格供应商的处理等。

网上购物是一种交易，离不开支付，支付的方式有多种，其中使用网上银行支付需要网上银行账户的参与。由客户确认订单后将指定金额发往中介；再由中介在客户确认收货后，将金额发往商家。

网上购物当中的商品传递需要快递，系统需要快递传递商品的实时状态，供商家和客户审查。

系统的功能是完成交易，参与者有商家和客户。除此之外还要有快递传递商品并实时传递商品当前的位置和时间；网站管理员，管理系统后台，维护系统正常运行。

网站管理员负责监管商家和用户的操作，更新维护系统，保证系统正常运行。因不同网购系统要求不同，后台管理存在很大差异，这些功能本章不做介绍。

总体来说，系统分为呈现给所有用户的页面、呈现给注册客户的页面、呈现给商家的页面和快递页面。

（1）呈现给所有用户的首页面，作为网站的形象，提供站内部分商品展示、特价促销商品展示及商品分类搜索等功能。

（2）呈现给注册用户的页面，供注册客户使用。注册用户主要为商品交易的买家，需要挑选商品，支付、收货和评论。

（3）呈现给商家的页面为商家服务，商家是系统的主要用户，借助系统完成日常工作。商家主要需要利用系统展示自己的商品，供买家选购。在接到订单及到款通知之后发货，并跟踪商品实时位置。

（4）呈现给快递的页面只需要提供发货通知、实时更新商品状态和位置和收货通知即可。

系统是为商家和客户服务，通过快递完成商品交易的，因此分别从客户、商家、快递和交易的角度来看系统需要实现的具体功能。

对于客户来说，需要利用系统完成的有以下功能。

（1）拥有自己的账户，以便系统识别。

（2）根据不同条件，浏览选择商品。

（3）查看商品的详细信息。

（4）收藏商品。

（5）确认订单，包括商品、数量及发货地址。

（6）选择支付方式及支付。

（7）查看订单快递动向。

（8）确认收货、评论商品。

商家是系统的主要用户，需要借助系统完成日常工作，系统提供商家登录进入管理系统实现交易，具体要实现的功能如下。

（1）拥有自己的账户。

（2）管理商品信息，包括商品信息的分类、添加、删除、修改等。

（3）管理商品的促销、打折、包邮等。

（4）接收订单。

（5）接收支付方式确认支付金额。

（6）确认发货、实时快递动向。

（7）接收到货通知及评论。

快递是与系统接触较少，但不可忽视的，主要为商家、中介和客户提供商品的状态和位置，具体操作如下。

（1）接收订单。

（2）确定发货。

（3）实时更新商品的状态和位置。

（4）确定收货或退货。

除此之外，系统需要提供给所有用户的首页面和搜索浏览页面，客户登录后可转到这些页面，即这些是共有的主页面。

除了系统使用者，系统信息的处理包括：商品信息管理、订单信息管理和支付信息管理和快递信息管理。

为确保交易安全进行，系统中有网上银行账户和支付中介存在，他们需要依靠系统实现的功能如下。

（1）查看快递（商品是否接收）动态。

（2）确认金额交易条件。

（3）指定金额的转入转出。

结合上述内容，用户完成一次交易的状态图如图 16-1 所示。

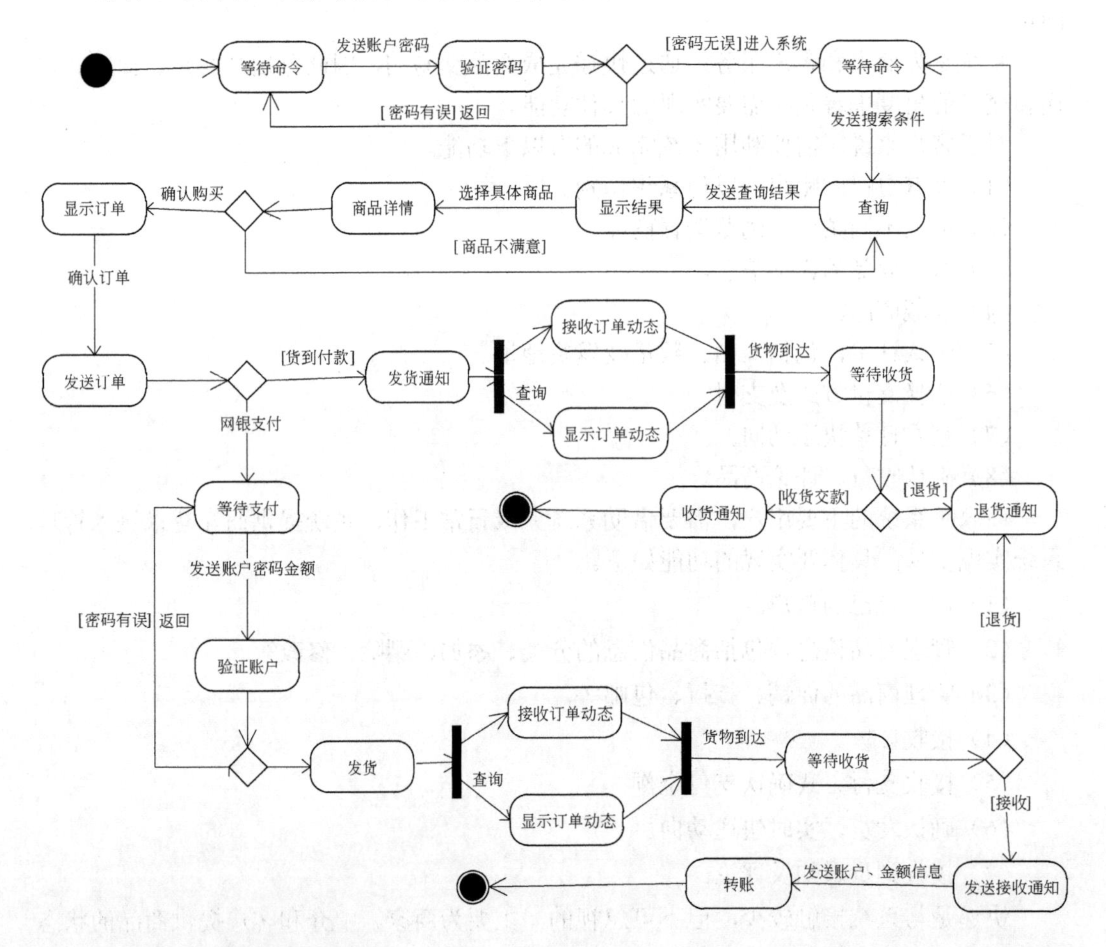

图 16-1 用户交易状态图

16.1.2 数据分析

根据 16.1.1 节所介绍的系统功能，分析系统所需要的数据。首先是用户注册所需要记录的用户信息；然后是商家展示的供用户浏览的商品信息；接着是用户选择商品所使用的购物车信息；之后是用户提交订单所产生的订单信息，以及商家发货的物流信息；最后是用户收货对商品所做出的评论信息。

1．用户信息表

用户信息表中除了用户注册时填写的基本信息，还有系统为用户生成的信息：用户会员等级、成交量。为了使商品能够准确到达用户手里，除了用户登录的用户名和密码之外，还需要用户提供收货时的姓名、地址和联系电话，并且联系电话不能为空。

商家将根据用户的成交量和评论为用户设置等级，在促销时为不同等级的用户提供不同的促销，每一个用户在注册时都是 1 级用户，因此等级字段有默认值 1。用户的用户名和密码是不能为空的，而且用户名最好不重复。一个 E-mail 只能够注册一个用户，因此 E-mail 字段有唯一约束。

综上所述，用户信息表的字段及其类型如表 16-1 所示。

表 16-1 用户信息表

字段名	字段描述	数据类型	主键	非空	唯一	默认值	自增
uid	用户 id	INT	是	是	是		是
uname	用户名	VARCHAR		是	是		
upas	密码	VARCHAR		是			
rname	收货姓名	VARCHAR					
address	地址	VARCHAR					
phone	联系电话	VARCHAR		是			
email	Email	VARCHAR			是		
vip	等级	INT		是		1	
num	成交量	INT					

2．商品信息表

网购系统是商品交易的平台，离不开商品信息的管理。首先分析商品信息表所拥有的字段。本章以服装类的网购为例，创建商品信息表。

商品信息字段的选取要考虑用户对商品所关注的属性，如冰箱类型的商品要关注制冷方式、能效等级、品牌等，而服装类型的商品要关注服装的品牌、材质、季节、上市时间等信息，另外，网购系统需要为商品填写库存和成交量，以便商品库存为 0 时及时添置或下架。

商品信息中，服装的名称是商品浏览时显示的重点，而商品类型是商品搜索的热点，建议这两个字段不为空。库存字段不能为空，以便商家根据商品的库存对商品做出处理。其字段及其类型如表 16-2 所示。

表 16-2 商品信息表

字段名	字段描述	数据类型	主键	非空	唯一	默认值	自增
cid	服装 id	INT	是	是	是		是
cname	服装名称	VARCHAR		是			
cbrand	品牌	VARCHAR					
texture	材质	VARCHAR					
season	季节	VARCHAR					
ctime	上市时间	DATETIME					
ctype	类型	VARCHAR		是			
price	价格	FLOAT					
stock	库存	INT		是			
vol	成交量	INT					

3．购物车信息表

接着是用户选择商品所使用的购物车信息；由于购物车信息表是一个表，而用户有很多，因此购物车需要有用户 id 字段来区分记录的所属用户，并以用户 id 字段获取用户的购物车信息显示在用户浏览器端的购物车页面。

用户放入购物车的数据需要有商品 id，以及选择商品时选取的商品颜色、尺码和数量。对于购物车中的数据，系统将获取商品单价和数量，来计算用户需要支付的金额。用户 id、商品 id、商品单价和数量这几个字段是不能为空的；商品数量默认值为 1。其字段及其类型如表 16-3 所示。

表 16-3 购物车信息表

字段名	字段描述	数据类型	主键	非空	唯一	默认值	自增
sid	购物 id	INT	是	是	是		是
suid	用户 id	INT		是			
scid	商品 id	INT		是			
color	颜色	VARCHAR					
size	尺码	VARCHAR					
price	单价	FLOAT		是			
countnum	数量	INT		是		1	
tprice	总价	FLOAT					

4．订单信息表

用户提交订单所产生的订单信息与购物车信息的情况一样，一个表有多个用户的数据，因此需要有用户 id。

订单描述了交易的信息，包括商品、支付方式、是否已支付、承接的快递公司、运单号和最新动态等，而具体的物流信息需要进入物流公司网站通过运单号来查询。由于运单号较长，因此可使用 VARCHAR 类型。订单信息表只显示订单的最新动态和交易是否成功，如表 16-4 所示。

表 16-4 订单信息表

字段名	字段描述	数据类型	主键	非空	唯一	默认值	自增
did	交易号	INT	是	是	是		是
dcid	商品 id	INT		是			
duid	用户 id	INT		是			
dtype	支付方式	VARCHAR		是			
dispay	是否已支付	VARCHAR					
express	快递公司	VARCHAR					
dnum	快递单号	VARCHAR					
newstate	最新动态	VARCHAR					
isfinish	交易是否成功	VARCHAR					

5. 物流信息表

物流信息表是物流公司的表，不过网购系统通常提供这样一个端口，获取物流公司的数据，供用户在团购系统网站查询订单的物流动态。由于网购系统可以同时使用多个物流公司，因此需要有物流信息的编号和快递公司名称。其字段及其类型如表 16-5 所示。

表 16-5 物流信息

字段名	字段描述	数据类型	主键	非空	唯一	默认值	自增
eid	快递信息编号	INT	是	是	是		是
express	快递公司	VARCHAR		是			
exnum	快递单号	VARCHAR		是			
estate	运单状态	VARCHAR					
allstate	运单动态	TEXT					

6. 评论信息表

最后是用户收货对商品所做出的评论信息，评价有创建评论的用户和所评论的商品，有评论内容和对商品的满意度（好评、中评、差评），商家可以根据用户的评论对评论做出回复，因此其字段及其类型如表 16-6 所示。

表 16-6 评论信息表

字段名	字段描述	数据类型	主键	非空	唯一	默认值	自增
rid	评论 id	INT	是	是	是		是
ruid	评论人 id	INT		是			
rcid	商品 id	INT		是			
review	评论内容	VARCHAR					
satisfaction	满意度	VARCHAR		是		好评	
rtime	评论时间	DATETIME					
answer	商品回复	VARCHAR					

16.2 数据库设计

数据库设计是数据库系统的基础，合理地设计数据库和表能够有效地提高系统查询数据的执行效率，提升系统性能。

16.2.1 创建数据库和表

根据本章前面的介绍，将数据分成 6 个表来存储。首先需要创建数据库，创建默认类型的数据库即可，代码如下。

```
CREATE SCHEMA 'shoping' ;
```

接着是创建表。以下分别创建 16.1.2 节所介绍的 6 个表。

1. 用户信息表

用户信息表 users 表有一个主键、一个默认值和几个非空约束字段，其中主键同时有着唯一约束和自增约束，代码如下。


```
CREATE TABLE 'shoping'. 'users' (
uid INT NOT NULL AUTO_INCREMENT,
uname VARCHAR(45) NOT NULL,
upas VARCHAR(45) NOT NULL,
rname VARCHAR(45) NULL,
address VARCHAR(45) NULL,
phone VARCHAR(45) NOT NULL,
email VARCHAR(45) NULL,
vip INT NOT NULL DEFAULT 1,
num INT NULL,
PRIMARY KEY ('uid'),
UNIQUE INDEX 'id_UNIQUE' ('uid' ASC));
```

2. 商品信息表

商品信息表 clouthes 表有一个主键和几个非空约束字段，其中主键同时有着唯一约束和自增约束，代码如下。

```
CREATE TABLE 'shoping'. 'clouthes' (
cid INT NOT NULL AUTO_INCREMENT,
cname VARCHAR(45) NOT NULL,
cbrand VARCHAR(45) NULL,
texture VARCHAR(45) NULL,
season VARCHAR(45) NULL,
ctime DATETIME NULL,
ctype VARCHAR(45) NOT NULL,
price FLOAT NULL,
```

```
stock INT NOT NULL,
vol INT NULL,
PRIMARY KEY ('cid'),
UNIQUE INDEX 'id_UNIQUE' ('cid' ASC));
```

3. 购物车信息表

购物车信息表 shop 表有一个主键、一个默认值和几个非空约束字段，其中主键同时有着唯一约束和自增约束，代码如下。

```
CREATE TABLE 'shoping'. 'shop' (
sid INT NOT NULL AUTO_INCREMENT,
suid INT NOT NULL,
scid INT NOT NULL,
color VARCHAR(10) NULL,
size VARCHAR(10) NULL,
price FLOAT NOT NULL,
countnum     INT NOT NULL DEFAULT 1,
tprice FLOAT NULL,
PRIMARY KEY ('sid'),
UNIQUE INDEX 'id_UNIQUE' ('sid' ASC));
```


4. 订单信息表

订单信息表 dingdan 表有一个主键和几个非空约束字段，其中主键同时有着唯一约束和自增约束，代码如下。

```
CREATE TABLE 'shoping'. 'dingdan' (
did INT NOT NULL AUTO_INCREMENT,
dcid INT NOT NULL,
duid INT NOT NULL,
dtype VARCHAR(20) NOT NULL,
dispay VARCHAR(10) NULL,
express VARCHAR(25) NULL,
dnum VARCHAR(25) NULL,
newstate VARCHAR(25) NULL,
isfinish VARCHAR(10) NULL,
PRIMARY KEY ('did'),
UNIQUE INDEX 'id_UNIQUE' ('did' ASC));
```

5. 物流信息表

物流信息表 expressin 表有一个主键和几个非空约束字段，其中主键同时有着唯一约束和自增约束，代码如下。

```
CREATE TABLE 'shoping'. 'expressin' (
eid INT NOT NULL,
express VARCHAR(25) NOT NULL,
```

```
exnum VARCHAR(25) NOT NULL,
estate VARCHAR(25) NULL,
allstate TEXT NULL,
PRIMARY KEY ('eid'),
UNIQUE INDEX 'id_UNIQUE' ('eid' ASC));
```

6. 评论信息表

评论信息表 Review 表有一个主键、一个默认值和几个非空约束字段，其中主键同时有着唯一约束和自增约束，代码如下。

```
CREATE TABLE 'shoping'. 'Review' (
rid INT NOT NULL AUTO_INCREMENT,
ruid INT NOT NULL,
rcid INT NOT NULL,
review VARCHAR(45) NULL,
satisfaction VARCHAR(10) NOT NULL DEFAULT '好评',
rtime DATETIME NULL,
answer VARCHAR(45) NULL,
PRIMARY KEY ('rid'),
UNIQUE INDEX 'rid_UNIQUE' ('rid' ASC));
```


16.2.2 表之间的关系

网购系统的表都是相互联系着的，没有独立的表。以订单信息表为例，该表需要记录订购用户和订购商品，这两条信息需要用到用户信息表和商品信息表来获取用户和商品的详细信息；订单需要获取最新的物流状态，因此需要与物流信息表相结合。

综上所述，订单信息表有两个外键，分别结合用户信息表、商品信息表还有物流信息表，其 dcid 字段对应 clouthes 表的 cid 字段；duid 字段对应 users 表的 uid 字段。

由于外键约束要求对应的字段必须数据类型和约束保持一致，因此需要取消 cid 字段和 uid 字段的自增约束。修改订单信息表，添加外键约束代码如下。

```
ALTER TABLE 'shoping'. 'dingdan'
ADD INDEX 'dc_idx' ('dcid' ASC),
ADD INDEX 'du_idx' ('duid' ASC);
ALTER TABLE 'shoping'. 'dingdan'
ADD CONSTRAINT 'dc'
  FOREIGN KEY ('dcid')
  REFERENCES 'shoping'. 'clouthes' ('cid')
  ON DELETE NO ACTION
  ON UPDATE NO ACTION,
ADD CONSTRAINT 'du'
  FOREIGN KEY ('duid')
  REFERENCES 'shoping'. 'users' ('uid')
  ON DELETE NO ACTION
```

```
  ON UPDATE NO ACTION,
```

除了订单信息表，评论表也需要用到用户信息表和商品信息表，其 rcid 字段对应 clouthes 表的 cid 字段；ruid 字段对应 users 表的 uid 字段。修改评论信息表，添加外键约束代码如下。

```
ALTER TABLE 'shoping'. 'review'
ADD INDEX 'ru_idx' ('ruid' ASC),
ADD INDEX 'rc_idx' ('rcid' ASC);
ALTER TABLE 'shoping'. 'review'
ADD CONSTRAINT 'ru'
  FOREIGN KEY ('ruid')
  REFERENCES 'shoping'. 'users' ('uid')
  ON DELETE NO ACTION
  ON UPDATE NO ACTION,
ADD CONSTRAINT 'rc'
  FOREIGN KEY ('rcid')
  REFERENCES 'shoping'. 'clouthes' ('cid')
  ON DELETE NO ACTION
  ON UPDATE NO ACTION;
```


最后是购物车信息表，同样需要用到用户信息表和商品信息表，其 scid 字段对应 clouthes 表的 cid 字段；suid 字段对应 users 表的 uid 字段。修改购物车信息表，添加外键约束代码如下。

```
ALTER TABLE 'shoping'. 'shop'
ADD INDEX 'su_idx' ('suid' ASC),
ADD INDEX 'sc_idx' ('scid' ASC);
ALTER TABLE 'shoping'. 'shop'
ADD CONSTRAINT 'su'
  FOREIGN KEY ('suid')
  REFERENCES 'shoping'. 'users' ('uid')
  ON DELETE NO ACTION
  ON UPDATE NO ACTION,
ADD CONSTRAINT 'sc'
  FOREIGN KEY ('scid')
  REFERENCES 'shoping'. 'clouthes' ('cid')
  ON DELETE NO ACTION
  ON UPDATE NO ACTION;
```

16.2.3 创建视图

视图为用户提供了浏览数据的平台，通过视图获取数据能够在优化查询数据的基础上确保数据的安全。

例如，用户需要查询商品的详细信息和商品的评论，但是这些数据在不同的表中，因此可以通过视图获取两个表的数据，优化了查询数据并间接获取数据，确保数据表的安全。

由于篇幅有限，本节仅介绍查看商品好评度的视图和查看订单的视图。

1. 查看商品好评度

查看商品的好评度包括查看所有商品的评论和查看指定商品的评论。查看所有商品的好评度，只需要结合商品信息表和评论信息表即可，创建名为 clouthesSatisfaction 的视图，查看商品好评度，代码如下。

```
USE shoping;
CREATE  OR REPLACE VIEW 'clouthesSatisfaction' AS
SELECT cid AS 服装编号,cname AS 服装名称,cbrand AS 品牌,texture AS 材质,ctime
AS 上市时间,review AS 评论,answer AS 回复,Satisfaction AS 满意度
FROM  'shoping'. 'Review', 'shoping'. 'clouthes' WHERE rcid=cid;
```

根据上述视图查询商品信息，代码如下。

```
SELECT * FROM clouthesSatisfaction;
```

上述代码的执行效果如图 16-2 所示。

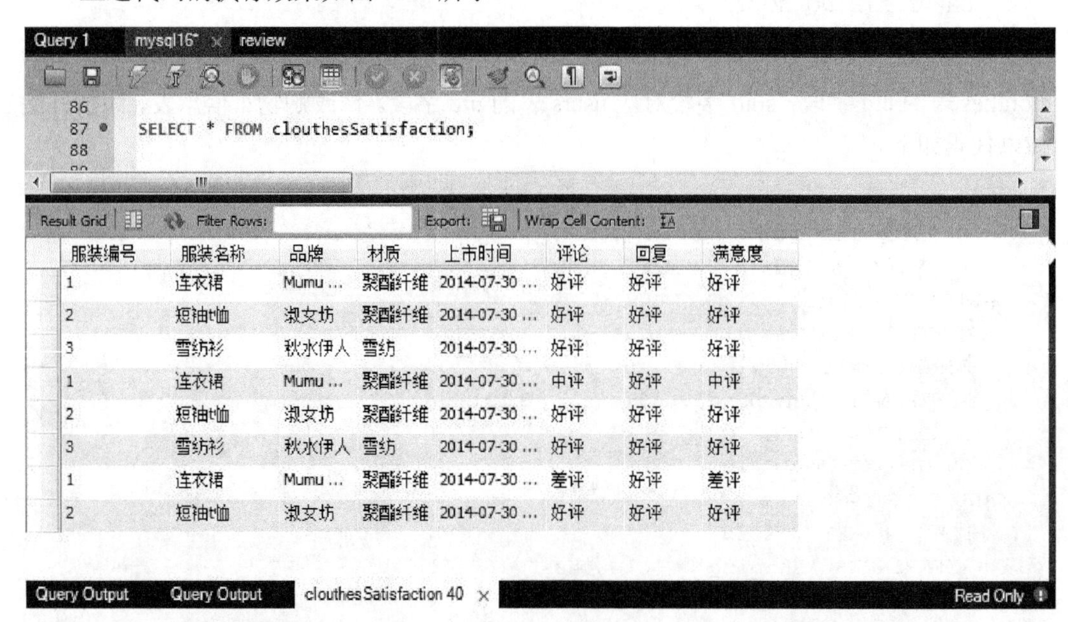

服装编号	服装名称	品牌	材质	上市时间	评论	回复	满意度
1	连衣裙	Mumu ...	聚酯纤维	2014-07-30 ...	好评	好评	好评
2	短袖t恤	淑女坊	聚酯纤维	2014-07-30 ...	好评	好评	好评
3	雪纺衫	秋水伊人	雪纺	2014-07-30 ...	好评	好评	好评
1	连衣裙	Mumu ...	聚酯纤维	2014-07-30 ...	中评	好评	中评
2	短袖t恤	淑女坊	聚酯纤维	2014-07-30 ...	好评	好评	好评
3	雪纺衫	秋水伊人	雪纺	2014-07-30 ...	好评	好评	好评
1	连衣裙	Mumu ...	聚酯纤维	2014-07-30 ...	差评	好评	差评
2	短袖t恤	淑女坊	聚酯纤维	2014-07-30 ...	好评	好评	好评

图 16-2 商品好评度

查看指定商品的好评度，需要获取商品的好评数量、中评数量和差评数量，直观地告诉用户商品的好评度，而需要获取的评论数量有三种，需要使用不同的查询语句，因此可使用用户变量来存储数据，在获取数据之后通过变量显示出来，步骤如下。

（1）获取编号为 1 的商品的好评数量，代码如下。

```
SELECT @rgood :=COUNT(*) FROM 'shoping'. 'Review' WHERE rcid=1 AND
satisfaction='好评';
```

（2）获取编号为 1 的商品的差评数量，代码如下。

```
SELECT @rbad :=COUNT(*) FROM 'shoping'. 'Review' WHERE rcid=1 AND
satisfaction='差评';
```

（3）获取编号为 1 的商品的中评数量，代码如下。

```
SELECT @rmedium :=COUNT(*) FROM 'shoping'. 'Review' WHERE rcid=1 AND
satisfaction='中评';
```

（4）获取上述三个变量的值并以表的形式显示，代码如下。

```
SELECT @rgood AS 好评,@rbad AS 差评,@rmedium AS 中评;
```

上述代码的执行效果如下所示。

```
+ ----------- + ----------- + ----------- +
| 好评        | 差评        | 中评        |
+ ----------- + ----------- + ----------- +
| 1           | 1           | 1           |
+ ----------- + ----------- + ----------- +
1 rows
```


2. 查看订单详情

订单只是存储了商品的最新动态，并没有物流详情，因此可结合订单信息表、物流信息表和商品信息表，展示商品的编号、名称、订单号、物流公司、物流单号和物流动态，创建名为 dingdanSel 的视图代码如下。

```
USE shoping;
CREATE  OR REPLACE VIEW 'dingdanSel' AS
SELECT cid AS 服装编号,cname AS 服装名称,did AS 订单编号,E.express AS 物流公司,exnum AS 物流单号,allstate AS 最新动态
FROM 'shoping'. 'dingdan' AS D, 'shoping'. 'expressin' AS E , 'shoping'.
'clouthes' AS C WHERE D.express=E.express AND cid=dcid;
```

查看 dingdanSel 视图中的数据，其代码和执行效果如图 16-3 所示。

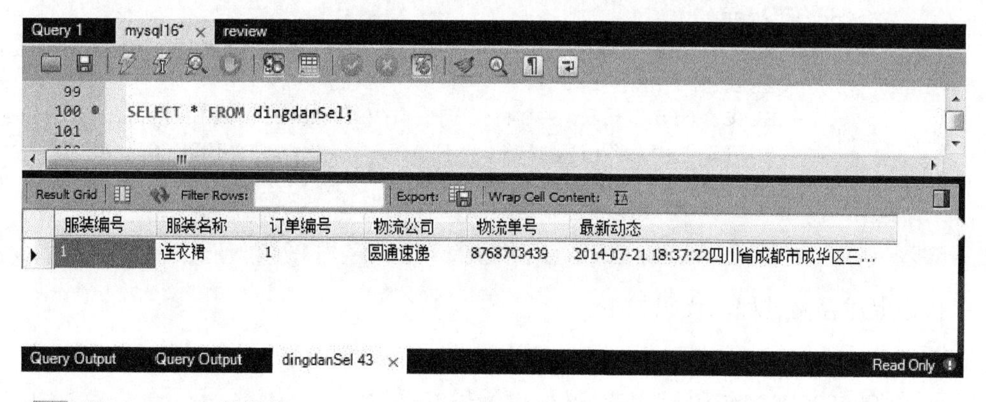

图 16-3 订单详情

16.3 功能实现

数据库通常与编程语言结合使用，通过编程语言编写代码，实现对数据的操作。无论是通过哪种方式操作数据，都离不开 SQL 语句，本节介绍网购系统的功能实现，通过创建存储过程的方式来实现指定的功能。

16.3.1 修改密码

密码的修改是软件系统的常用功能，几乎没有哪个中大型的网站系统不需要注册、登录和修改密码。修改密码是一个简单的操作，根据指定的数据修改字段的值即可。

不过在修改密码之前，需要确保用户有资格修改密码：用户提供正确的用户名和原密码。因此在修改数据之前需要验证数据是否有误。

创建名为 changePassword 的存储过程，根据用户名、密码和新密码来修改密码，步骤如下。

（1）首先获取用户名的数量，由于用户名是不能重复的，因此若存在该用户，则获取的数量为 1。

（2）只有当用户数量为 1 时才能继续进行，获取该用户的密码，并验证该密码与用户写入的密码是否一致，只有在密码一致的情况下才能够根据新密码进行修改。

（3）在确认用户名和密码无误的情况下，需要获取用户的 uid 字段才能进行数据修改。因为修改表的字段需要使用安全性较高的主键，所以只能通过用户的 uid 字段修改用户密码。

综上所述，创建 changePassword 存储过程代码如下。

```
USE shoping;
DELIMITER $$
CREATE PROCEDURE changePassword (IN unames varchar(45),IN old varchar(45),
in pas varchar(45))
BEGIN
    SELECT @num :=COUNT(*) FROM 'shoping'. 'users' WHERE uname=unames;
    IF @num=1 THEN
        SELECT @pas :=upas FROM 'shoping'. 'users' WHERE uname=unames;
        IF @pas=old THEN
            SELECT @id :=uid FROM 'shoping'. 'users' WHERE uname=unames;
            UPDATE 'shoping'. 'users' SET upas=pas WHERE uid=@id;
        END IF;
    END IF;
END
```

执行上述存储过程，代码如下。

```
use shoping;
CALL changePassword('lucy','lili','lucy');
```

上述代码将原密码 lili 修改为 lucy，若使用不正确的用户名和密码，将无法修改密码。

16.3.2 商品浏览

商品浏览是网页的重点，需要根据指定的查询条件来查询数据，需要指定商品的评论等。而首要的，是向商品信息表中添加数据，如向商品信息表中添加一条语句，代码如下。

```
INSERT INTO 'shoping'. 'clouthes' ('cname', 'cbrand', 'texture', 'season',
'ctime', 'ctype', 'stock', 'vol')
VALUES ('连衣裙', 'Mumu Home','聚酯纤维','夏季','2014/7/30','甜美
','506','1026');
```

查询商品需要根据指定的条件查询，如根据材质、季节、类型、上市时间等字段来查询数据。以根据季节查询为例，创建存储过程，代码如下。

```
USE shoping;
DELIMITER $$
CREATE PROCEDURE clouthesSelBySeason(in seasonvalue varchar(45))
BEGIN
    SELECT cid AS 服装编号,cname AS 服装名称,cbrand AS 品牌,texture AS 材
    质,season AS 季节,ctime AS 上市时间,
    ctype AS 类型,stock AS 库存,vol AS 成交量
    FROM 'shoping'. 'clouthes' WHERE season =seasonvalue;
END
```

执行上述存储过程，代码如下。

```
USE shoping;
CALL clouthesSelBySeason('夏季');
```

查询指定商品的评论并不是获取商品的好评度，只是获取用户评价的内容和商家回复的内容，创建存储过程代码如下。

```
USE shoping;
DELIMITER $$
CREATE PROCEDURE clouthesReview(IN IDvalue INT)
BEGIN
    SELECT cid AS 服装编号,cname AS 服装名称,review AS 评论,Satisfaction AS
    满意度,uname AS 评论人,answer AS 回复,rtime AS 评论时间
    FROM 'shoping'. 'Review', 'shoping'. 'clouthes', 'shoping'. 'users'
    WHERE cid =IDvalue AND ruid=uid AND rcid=cid;
END
```

试一试

商品浏览所涉及的查询有很多，这里不再详细介绍。用户可以尝试编写其他查询的存储过程。

16.3.3 购物车管理

购物车是网购系统中，用来供用户存放暂时选取的商品，其作用相当于超市的小推车。车里的商品是没有结账的，可随时调换，因此购物车内商品信息的增加和删除操作很频繁。而提交订单时，购物车里面的商品信息将自动被删除。这里介绍购物车内商品信息的添加和删除，其实质是购物车信息的添加和删除。

添加购物车信息，创建存储过程代码如下。

```
USE shoping;
DELIMITER $$
CREATE PROCEDURE shopAdd(IN uid INT,IN cid INT,IN color VARCHAR(10),IN size
VARCHAR(10),IN price FLOAT,IN countnum INT,IN tprice FLOAT)
BEGIN
    INSERT INTO 'shoping'. 'shop' ('suid', 'scid', 'color', 'size',
'price', 'countnum', 'tprice')
    VALUES (uid,cid, color, size, price, countnum, tprice);
END
```


删除指定的购物车信息，创建存储过程代码如下。

```
USE shoping;
DELIMITER $$
CREATE PROCEDURE shopDel(IN cid INT)
BEGIN
    DELETE FROM 'shoping'. 'shop' WHERE scid=cid;
END
```

16.3.4 提交订单

提交订单功能的实质是向订单信息表添加数据，同时删除购物车内对应的数据，订单在添加时并没有把商品交给物流，因此一部分的数据是不能够直接添加的。需要添加的有商品编号、用户编号、订单支付类型和是否已支付，代码如下。

```
USE shoping;
DELIMITER $$
CREATE PROCEDURE shopDel(IN uid INT,IN cid INT,IN dtype VARCHAR(20),IN
dispay VARCHAR(10))
BEGIN
    INSERT INTO 'shoping'. 'dingdan' ('dcid', 'duid', 'dtype', 'dispay')
    VALUES (cid, uid, dtype, dispay);
    DELETE FROM 'shoping'. 'shop' WHERE scid=cid;
END
```

16.3.5 物流更新

物流的更新并不是添加物流数据，而是修改物流的最新动态。由于不同地区之间的物流需要不同条数的物流状态，这样的情况使表的创建变得麻烦。因此物流信息表中只提供一个 allstate 字段记录所有的物流状态。

那么该字段值在物流每发生一次变化之后，就要在原有内容的后面添加新的内容。即每一次的物流变化都获取原有的数据，在其基础上添加数据：在该字符串的基础上连接新的字符串。创建存储过程代码如下。

```
USE shoping;
DELIMITER $$
CREATE PROCEDURE UPDATEstate(IN exid INT,IN statenew VARCHAR(20))
BEGIN
    SELECT @astate :=allstate FROM 'shoping'. 'expressin' WHERE eid=1;
    SET @nstate=@astate+statenew;
    UPDATE 'shoping'. 'dingdan' SET allstate=@nstate WHERE eid=exid;
END
```

16.3.6 用户好评度管理

用户好评度是指用户对商品的好评度，如一些用户习惯对所有商品都写好评；另一些用户对商品要求严格，很少好评；还有用户为了竞争，故意差评。为了掌握用户对商品的好评度，避免恶意竞争，需要对用户好评度做一个管理。

用户好评度根据评论信息表获取用户总共参与评论的数量、好评的数量、差评的数量、中评的数量，并计算出好评数量占总评价数量的比值。

为了能够掌握用户的好评度，需要创建新的表，并根据评论信息表中的数据为用户好评度表添加数据，步骤如下。

（1）首先查询评论信息表，获取所有用户的评论，如图 16-4 所示。

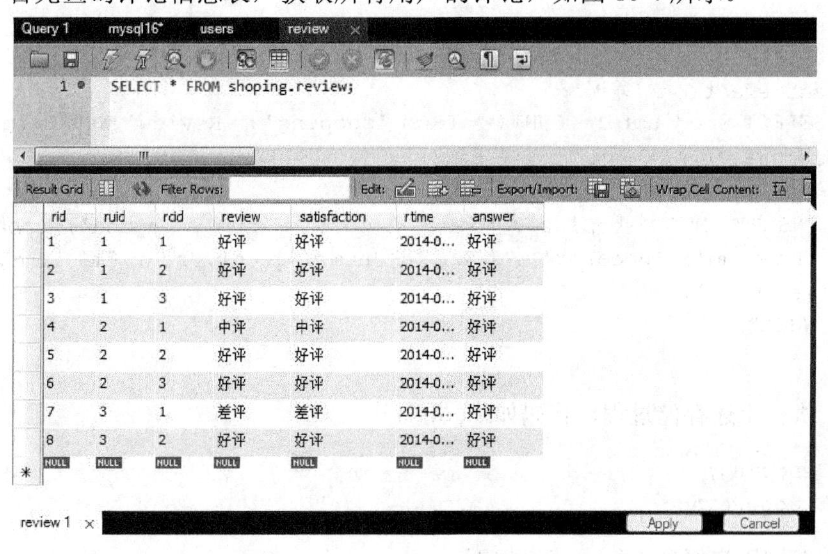

rid	ruid	rcid	review	satisfaction	rtime	answer
1	1	1	好评	好评	2014-0...	好评
2	1	2	好评	好评	2014-0...	好评
3	1	3	好评	好评	2014-0...	好评
4	2	1	中评	中评	2014-0...	好评
5	2	2	好评	好评	2014-0...	好评
6	2	3	好评	好评	2014-0...	好评
7	3	1	差评	差评	2014-0...	好评
8	3	2	好评	好评	2014-0...	好评
NULL	NULL	NULL	NULL	NULL	NULL	NULL

图 16-4 用户评论

（2）创建用户好评度表，记录用户 id、用户评论总数、用户好评数、用户差评数、用户中评数和好评率，代码如下。

```
CREATE TABLE 'shoping'. 'goodr' (
uid INT NOT NULL,
num INT NOT NULL,
rgood INT NOT NULL,
rbad INT NOT NULL,
rmedium INT NOT NULL,
goodPer FLOAT NOT NULL,
PRIMARY KEY ('uid'),
UNIQUE INDEX 'id_UNIQUE' ('uid' ASC));
```

（3）创建存储过程，根据用户的数量向用户好评度表中添加数据。用户信息表中只有三名用户，因此需要添加三条数据。

在添加数据之前，需要循环获取每一个用户的评论总数、好评数、差评数、中评数，并计算出好评率。由于用户 id 是从 1 开始自增 1 的，因此可根据用户 id 循环从评价信息表获取数据，并循环向用户好评度表中添加数据。

创建用户好评度信息添加的存储过程代码如下。


```
USE shoping;
DELIMITER $$
CREATE PROCEDURE goodPerAdd()
BEGIN
declare n int;
declare good FLOAT;
set n=1;
WHILE n<4 DO
    SELECT @numr :=COUNT(*) FROM 'shoping'. 'Review' WHERE rcid=n;
    SELECT @goodr :=COUNT(*) FROM 'shoping'. 'Review' WHERE rcid=n AND
    satisfaction='好评';
    SELECT @badr :=COUNT(*) FROM 'shoping'. 'Review' WHERE rcid=n AND
    satisfaction='差评';
    SELECT @mediumr :=COUNT(*) FROM 'shoping'. 'Review' WHERE rcid=n AND
    satisfaction='中评';
     set good=@goodr/@numr;
     INSERT INTO 'shoping'. 'goodr' ('uid', 'num', 'rgood', 'rbad',
     'rmedium', 'goodPer')VALUES (n,@numr,@goodr,@badr,@mediumr,good);
     set n=n+1;
END WHILE;
END
```

（4）执行上述存储过程，代码如下。

```
USE shoping;
CALL goodPerAdd();
```

（5）查询用户好评度表，代码如下。

```
SELECT * FROM 'shoping'. 'goodr';
```

上述代码的执行效果如下所示。

```
+ -------- + ----- + --------- + ------- + -------- + --------- +
| uid      | num    | rgood     | rbad      | rmedium | goodPer   |
+ -------- + ------- + ------- + ------- + -------- + --------- +
| 1        | 3      | 3         | 0         | 0        | 1         |
| 2        | 3      | 2         | 0         | 1        | 0.666667  |
| 3        | 2      | 1         | 1         | 0        | 0.5       |
+ ------- + ------ + --------- + ------- + -------- + --------- +
3 rows
```

由上述代码可以看出，goodPerAdd 存储过程成功获取了指定数据，通过计算为 goodr 表循环添加数据。

16.3.7 用户等级管理

用户的等级关系到用户可以享受商品的折扣和商家的活动，如 2 级用户可以在生日当天收到商家的精美礼品、可以买到指定的打折商品等。这里的网购系统中，商家对用户的等级分类如下。

（1）用户注册默认为 1 级用户。

（2）当用户对商品的好评超过 40 或成交量超过 70 时，为 2 级用户。

（3）当用户对商品的好评超过 60 并且成交量超过 100 时，为 3 级用户。

那么需要获取用户的成交量和好评数量，计算结果并修改用户信息表中用户等级字段值。由于一些用户买了东西但并不是每一件商品都参与评价，因此成交量需要通过订单信息表获取用户参与的次数；而好评数量根据用户好评度表来获取。

创建存储过程，管理用户等级，代码如下。

```
USE shoping;
DELIMITER $$
CREATE PROCEDURE vipAdd()
BEGIN
declare n INT;
declare vipnum INT;
SET n=1;
SET vipnum=1;
WHILE n<4 DO
    SELECT @num :=COUNT(*) FROM 'shoping'. 'dingdan' WHERE duid=n;
    SELECT @goodr :=COUNT(*) FROM 'shoping'. 'Review' WHERE ruid=n AND
    satisfaction='好评';
     IF @num>70 OR @goodr>40 THEN
         set vipnum=2;
     END IF;
     IF @num>100 AND @goodr>60 THEN
         set vipnum=3;
```

```
        END IF;
        UPDATE 'shoping'. 'users' SET vip=vipnum WHERE uid=@id;
        set n=n+1;
    END WHILE;
    END
```

16.3.8 分页

当数据过多，浏览起来不方便时，分页是一种很好的功能。将数据根据指定的条数进行分页，每一页显示指定条数，能够很好地为用户展示数据。本节创建分页存储过程名为 GetRecordFromPage，适用于所有的数据表和视图，代码如下。

```
CREATE PROCEDURE GetRecordFromPage(
    IN currpage INT,
    IN COLUMNS VARCHAR(500),
    IN tablename VARCHAR(500),
    IN sCondition VARCHAR(500),
    IN order_field VARCHAR(100),
    IN asc_field INT,
    IN primary_field VARCHAR(100),
    IN pagesize INT
)
BEGIN
    DECLARE sTemp  VARCHAR(1000);
    DECLARE sSql   VARCHAR(4000);
    DECLARE sOrder VARCHAR(1000);
    IF asc_field = 1 THEN
        SET sOrder = CONCAT(' ORDER BY ', order_field, ' DESC ');
        SET sTemp  = '<(SELECT MIN';
    ELSE
        SET sOrder = concat(' ORDER BY ', order_field, ' ASC ');
        SET sTemp  = '>(SELECT MAX';
    END IF;
    IF currpage = 1 THEN
        IF sCondition <> '' THEN
            SET sSql = CONCAT('SELECT ', COLUMNS, ' FROM ', tablename, ' WHERE
            ');
            SET sSql = CONCAT(sSql, sCondition, sOrder, ' LIMIT ?');
        ELSE
            SET sSql = CONCAT('SELECT ', COLUMNS, ' FROM ', tablename, sOrder,
            ' LIMIT ?');
        END IF;
    ELSE
        IF sCondition <> '' THEN
            SET sSql = CONCAT('SELECT ', COLUMNS, ' FROM ', tablename);
            SET sSql = CONCAT(sSql, ' WHERE ', sCondition, ' AND ',
```

```
            primary_field, sTemp);
            SET sSql = CONCAT(sSql, '(', primary_field, ')', ' FROM (SELECT
            ');
            SET sSql = CONCAT(sSql, ' ', primary_field, ' FROM ', tablename,
            sOrder);
            SET sSql = CONCAT(sSql, ' LIMIT ', (currpage-1)*pagesize, ') AS
            TABTEMP)', sOrder);
            SET sSql = CONCAT(sSql, ' LIMIT ?');
        ELSE
            SET sSql = CONCAT('SELECT ', COLUMNS, ' FROM ', tablename);
            SET sSql = CONCAT(sSql, ' WHERE ', primary_field, sTemp);
            SET sSql = CONCAT(sSql, '(', primary_field, ')', ' FROM (SELECT
            ');
            SET sSql = CONCAT(sSql, ' ', primary_field, ' FROM ', tablename,
            sOrder);
            SET sSql = CONCAT(sSql, ' LIMIT ', (currpage-1)*pagesize, ') AS
            TABTEMP)', sOrder);
            SET sSql = CONCAT(sSql, ' LIMIT ?');
        END IF;
    END IF;
    SET @iPageSize = pagesize;
    SET @sQuery = sSql;
    PREPARE stmt FROM @sQuery;
    EXECUTE stmt USING @iPageSize;
END
```

上述代码中该存储过程需要传入8个参数，各个参数意义如下。

（1）currentpage 表示当前页。

（2）COLUMNS 表示查询的字段列表。

（3）通配符“*”表示查询所有字段。

（4）tablename 表示查询的表名。

（5）sCondition 指定查询条件。

（6）order_field 指定排序字段。

（7）primary_field 指定主键字段。

（8）pagesize 表示每页显示的记录数。

附录　思考与练习答案

第 1 章　MySQL 入门知识

一、填空题

1．Oracle
2．Percona XtraDB
3．3306
4．net start mysql5
5．SHOW DATABASES
6．SHOW TABLES
7．mysql -u admin –p

二、选择题

1．D　　2．A
3．C　　4．D
5．A　　6．C
7．A

第 2 章　MySQL 数据库体系结构

一、填空题

1．.frm
2．慢查询
3．日志记录
4．InnoDB
5．SHOW ENGINES
6．SMALLINT
7．UNSIGNED
8．8

二、选择题

1．A　　2．A
3．D　　4．A
5．A　　6．D
7．B

第 3 章　操作数据库和表

一、填空题

1．InnoDB
2．CREATE TABLE
3．DESC
4．后面

二、选择题

1．C　　2．D
3．B　　4．A
5．C　　6．D

第 4 章　数据完整性

一、填空题

1．Primary
2．Unique
3．1
4．外键

二、选择题

1．A　　2．C
3．A　　4．D
5．B

第 5 章　数据查询

一、填空题

1．DISTINCT
2．*
3．ASC
4．子查询

二、选择题

1．A　　2．B
3．D　　4．B
5．C　　6．D

第 6 章　数据维护

一、填空题

1．INSERT INTO client VALUES (1,'ying','sql@qq.com')
2．UPDATE client SET email='ying@163.com' WHERE name='ying'
3．INSERT SELECT
4．SET
5．TRUNCATE

二、选择题

1．C　　2．C
3．A

第 7 章　视图与索引

一、填空题

1．CREATE VIEW
2．DELETE
3．CREATE
4．MyISAM

二、选择题

1．B
2．A
3．C
4．A
5．D

第 8 章　MySQL 编程

一、填空题

1．用户变量
2．Unicode
3．NULL
4．<=>

二、选择题

1．B　　2．C
3．C　　4．A
5．D　　6．B

第 9 章　系统函数

一、填空题

1．AVG()
2．19
3．PI()
4．CONCAT_WS()
5．-1
6．VERSION()

二、选择题

1．D　　2．A
3．D　　4．C
5．B　　6．A

第 10 章　存储过程和触发器

一、填空题

1．CREATE PROCEDURE
2．参数类型
3．ROUTINES
4．CREATE TRIGGER
5．TRIGGERS

二、选择题

1．B　　2．D
3．D　　4．C
5．A　　6．C
7．A

第 11 章　MySQL 事务

一、填空题

1．原子性
2．分布式事务
3．COMMIT
4．ROLLBACK
5．REPEATABLE READ

二、选择题

1．C　　2．B
3．B　　4．D
5．A　　6．C
7．D

第 12 章　MySQL 性能优化

一、填空题

1．磁盘搜索
2．Qcache_hits
3．硬件
4．紧凑索引

二、选择题

1．A　　2．D
3．D　　4．A

第 13 章　MySQL 日常管理

一、填空题

1．log-error
2．通用查询日志
3．NONE
4．mysqlbinlog
5．BEFORE
6．time_zone

二、选择题

1．A　　2．C
3．B　　4．D
5．C　　6．B

第 14 章　MySQL 权限管理

一、填空题

1．连接
2．Password
3．RENAME
4．REVOKE

二、选择题

1．A　　2．C
3．D　　4．C

第 15 章　数据备份与还原

一、填空题

1．完全备份
2．BACKUP TABLE 语句
3．mysqlbinlog
4．--stop-date

二、选择题

1．D　　2．A
3．B　　4．C
5．A　　6．A